中国轻工业"十三五"规划教材

物联网工程专业系列教材

物联网导论

（第三版）

主　编　张翼英

副主编　张素香　梁　琨

中国水利水电出版社

www.waterpub.com.cn

·北京·

内 容 提 要

本书紧密追踪物联网最新技术发展与典型应用,结合互联网+、云计算、大数据等技术,从基础知识、关键技术到典型应用,全方位阐述物联网的现状、关键技术及部分典型应用。全书共 13 章。第 1 章阐述物联网的发展背景、定义、特征及发展趋势;第 2 章至第 4 章从物联网感知层出发,分别介绍物联网识别技术(RFID)、物联网传感技术以及物联网智能视觉技术;第 5 章从物联网传输层出发,主要介绍支撑信息传输的关键通信技术;第 6 章从应用层出发,详细介绍大数据、云计算、物联网定位等应用技术;第 7 章介绍物联网安全技术;第 8 章至第 13 章主要介绍智能交通、智能家居、智能物流、智能诊疗等物联网典型应用。

本书适合作为高等院校物联网及相关专业学生的教材和参考书,也适合作为物联网技术相关研究人员、企事业单位相关专业人员进行物联网工作的重要参考资料。

本书配有电子教案,读者可以从中国水利水电出版社网站和万水书苑免费下载,网址为:http://www.waterpub.com.cn/softdown/和 http://www.wsbookshow.com。

图书在版编目(C I P)数据

物联网导论 / 张翼英主编. -- 3版. -- 北京 : 中国水利水电出版社, 2020.2
中国轻工业"十三五"规划教材. 物联网工程专业系列教材
ISBN 978-7-5170-8428-0

Ⅰ. ①物… Ⅱ. ①张… Ⅲ. ①互联网络—应用—高等学校—教材②智能技术—应用—高等学校—教材 Ⅳ.
①TP393.4②TP18

中国版本图书馆CIP数据核字(2020)第027442号

策划编辑:石永峰　　责任编辑:高 辉　　加工编辑:周益丹　　封面设计:李 佳

书　　名	中国轻工业"十三五"规划教材 物联网工程专业系列教材 物联网导论(第三版)　WULIANWANG DAOLUN
作　　者	主　编　张翼英 副主编　张素香　梁　琨
出版发行	中国水利水电出版社 (北京市海淀区玉渊潭南路 1 号 D 座　100038) 网址:www.waterpub.com.cn E-mail:mchannel@263.net(万水) 　　　　sales@waterpub.com.cn 电话:(010)68367658(营销中心)、82562819(万水)
经　　售	全国各地新华书店和相关出版物销售网点
排　　版	北京万水电子信息有限公司
印　　刷	三河市铭浩彩色印装有限公司
规　　格	184mm×260mm　16 开本　19.75 印张　487 千字
版　　次	2012 年 8 月第 1 版　2012 年 8 月第 1 次印刷 2020 年 2 月第 3 版　2020 年 2 月第 1 次印刷
印　　数	0001—3000 册
定　　价	49.00 元

第三版前言

物联网（Internet of Things，IoT）是通过信息传感设备，按照约定的协议，把物品与互联网连接起来，进行信息交换及通信，以实现智能化识别、定位、跟踪、监控和管理的一种网络。它是在互联网基础上延伸和扩展的网络。随着 5G、低功耗广域网等基础设施加速落地，物联网技术与应用得到迅猛发展。数以万亿的新设备、感知终端接入网络并产生海量数据，人工智能、边缘计算、区块链等新技术加快与物联网结合，极大促进了物联网与各个行业的跨界融合，各种创新应用层出不穷，物联网的生态构建、产业发展及技术创新快速发展。

随着我国"互联网+""智能+"等战略提出，互联网企业、传统行业企业、设备商、电信运营商等全面加入物联网产业，产业生态初具雏形，连接技术不断突破，NB-IoT、eMTC、Lora 等低功耗广域网全球商用化进程不断加速。在感知层面，各类终端持续向多功能、智能化发展；在传输层面，各类通信技术不断创新落地，网络基础设施迅速完善，物联网从碎片化逐渐互联互通；在应用层方面，大数据、人工智能、区块链等技术迅猛发展，各类应用不断涌现。

本书汇集了十余名相关专业的博士和专家，结合各自在物联网相关领域的理论研究和实践，从物联网关键技术和典型应用两方面全方位阐述了物联网的发展现状及关键技术，全书共 13 章。

第 1 章阐述物联网的发展背景、定义、特征以及发展趋势，深入分析物联网体系架构，并分别对欧美、日韩和中国等国内外物联网的发展进程、主要研究和实践情况进行介绍。

第 2 章介绍物联网识别技术。主要对射频识别（RFID）技术进行详细介绍，包括 RFID 技术背景、原理、产品及中间件等。同时，对 RFID 安全隐私问题及 IPv6 等进行阐述。

第 3 章从物联网感知层出发，详细介绍物联网传感技术。包括传感器的构成、分类；传感网的自组网技术、协议体系、节点覆盖等理论、技术原理及应用。

第 4 章主要介绍物联网智能视觉技术。包括智能视觉技术的定义，智能视觉的分析、识别、改良技术以及智能视觉技术的典型应用。

第 5 章从物联网传输层出发，主要介绍支撑信息传输的关键通信技术，包括 ZigBee 技术、WLAN 技术、LiFi 技术、蓝牙技术等，以及低功耗广域网技术（NB-IoT 等）、广域网通信技术及卫星、光纤通信技术等。

第 6 章从应用层出发，主要介绍大数据、云计算、物联网定位等应用技术。

第 7 章介绍物联网安全技术，主要从物联网三个层次的安全威胁、安全技术及相关案例进行详细阐述。

第 8 章至第 13 章主要介绍智能交通、智能家居、智能物流、智能医疗等物联网典型应用。

本书由张翼英任主编，张素香、梁琨任副主编。张翼英负责全书统筹再版工作并参与全部章节编写。张素香、梁琨对全书进行了审校。

具体编写分工如下：第 1 章由张翼英任编写，第 2 章由梁琨、阎宏艳、侯琳、张翼飞编写，第 3 章由袁仲云、韦然、李温静编写，第 4 章由吴超、胡志强编写，第 5 章由张爱华、张素香、何业慎编写；第 6 章由梁琨、侯荣旭、张翼英编写，第 7 章由王聪、张翼英、高德荃、朱少敏编写；第 8 章由郭庆雷、史艳翠、张亚男编写，第 9 章由杨美艳、刘柱、何业慎、吴庆编写；第 10 章由张茜编写，第 11 章由马兴毅、陈亚瑞、李冰编写，第 12 章由张素香、张翼英、甄岩编写，第 13 章由张波、曾令康、廖逍、张喆编写。同时，刘飞、庞浩渊、刘松、阮元龙、尚静、王鹏凯、周保先、刘晶晶等同学为本书的编写做了一定的工作。

感谢中国水利水电出版社在本书出版过程中给予的大力支持，感谢石永峰编辑的帮助。感谢西安电子科技大学杨清海博士、山东大学孙丰金博士等对本书提出的宝贵意见，使我们受益匪浅。

希望本书能够对关心物联网技术和产业发展的各级领导和行业监管部门、高校师生，以及产业链相关领域的从业人员、投融资人士等都能有所裨益，为我国物联网产业发展添砖加瓦。由于笔者水平及时间所限，各位编者编写风格各异，书中难免有不足之处，恳请专家和读者批评指正。

编　者
2019 年 8 月

第一版前言

物联网（Internet of Things，IoT）是通过信息传感设备，按照约定的协议，把物品与互联网连接起来，进行信息交换及通信，以实现智能化识别、定位、跟踪、监控和管理的一种网络。它是在互联网基础上延伸和扩展的网络。物联网以感知设备、智能设备为基础实现对现实世界的全面感知；以互联网为核心，通过各种通信技术实现感知信息及控制信息等的可靠传输；以海量存储技术、云计算技术等各种数据处理技术实现智能应用。通过物联网，可以实现人与客观世界的有效交互。

物联网已成为当前世界新一轮经济和科技发展的战略制高点之一，是各国进行经济社会发展新模式和重塑国家竞争力的先导领域。随着各国通过国家战略导引、政策支持、技术研发、企业推进等，物联网技术及物联网产业得到迅速发展和广泛应用。我国已经具备一定的物联网应用、技术和产业基础，在《物联网"十二五"发展规划》（工信部，2012）中提出，在重点领域开展物联网应用示范工程，探索物联网应用模式，积累物联网应用部署和推广的经验和方法，形成一系列成熟的可复制推广的物联网应用模板，为物联网在全社会、全行业的规模化推广做准备。其中，特别在智能工业、智能农业、智能物流、智能交通、智能电网、智能环保、智能安防、智能医疗、智能家居等领域进行重点应用示范工程建设。物联网已经从概念化阶段逐步落实，将逐步成为每个人都触手可及的应用实践。

本书由十余名相关专业的博士和专家，结合各自在物联网相关领域的理论研究和实践，从物联网关键技术和典型应用两方面全方位阐述了物联网的发展现状、关键技术及其典型应用，全书共分 11 章。

第 1 章首先阐述物联网的发展背景、定义、特征以及物联网安全等概念，并对物联网体系架构进行深入分析。最后，分别对欧美、日韩和中国等国内外物联网的发展进程、主要研究和实践情况进行介绍。

第 2 章介绍物联网识别技术，主要对射频识别技术（RFID）进行详细介绍，包括 RFID 技术背景、原理、产品及中间件等。同时，对 RFID 的典型应用进行了介绍。

第 3 章从物联网感知功能出发，详细介绍了传感网及 GPS 技术，包括传感网的自组网技术、协议体系、节点覆盖等理论以及 GPS 技术原理及应用。

第 4 章主要介绍物联网智能视频技术，包括智能视频技术的定义，智能视频的分析、识别、改良技术以及智能视频技术的典型应用。

第 5 章从物联网传输层出发，主要介绍支撑传输层的信息通信技术，包括 ZigBee 技术、WLAN 技术、蓝牙技术等，以及广域网通信技术，如 3G、4G 技术。

第 6～11 章主要介绍物联网应用层的关键技术及典型应用。关键技术如云计算技术、中间件技术、海量数据存储技术等；典型应用包括智能电网、智能家居、智能建筑、智能交通、智能物流、智能医疗等。

本书由张翼英博士、杨巨成博士、李晓卉博士及张茜博士共同负责撰写。其中，张翼英博士负责全书的组织并参与第 1、3、6 章的编写；杨巨成博士、李晓卉博士及张茜博士分别参与部分章节的编写。张翼英博士、杨巨成博士和李晓卉博士对全书进行了审校。

具体分工为：第 1 章由张翼飞博士、张翼英博士编写，第 2 章由宿浩茹博士、张翼飞博士编写，第 3 章由韦然博士、张翼英博士编写，第 4 章由张茜博士编写，第 5 章由杨巨成博士、兰芸编写，第 6 章由李晓卉博士、张翼英博士编写，第 7 章由丁月民博士、李晓卉博士编写，第 8 章由吕淑贤博士编写，第 9 章由王卫杰博士编写，第 10 章由张茜博士编写，第 11 章由马兴毅博士、游学秋博士编写。

同时，感谢中国水利水电出版社在本书出版过程中给予的大力支持，感谢石永峰编辑的帮助。感谢西安电子科技大学杨清海博士，山东大学孙丰金博士，韩国高丽大学贾琼博士、西莎博士、朱丽晶博士，韩国汉阳大学段权珍博士等对本书提出的宝贵评审意见，使我们受益匪浅。此外，感谢王奔、吴军军、孙超、钟青、付鹏、江东升等对本书撰写所做的工作。

希望本书能够对关心物联网技术和产业发展的各级领导和行业监管部门、高校师生，以及产业链相关各领域的从业人员、投融资人士等读者有所裨益，能够为我国物联网产业发展添砖加瓦。

由于笔者水平及时间所限，各位作者写作风格各异，书中难免会有局限和诸多不足之处，欢迎广大专家和读者不吝指正。

作 者

2012 年 4 月

目　　录

第1章　物联网概述

本章导读

物联网（Internet of Things，IoT）是通过信息传感设备，按照约定的协议，把任何物品与互联网连接起来，进行信息交换和通信，以实现智能化识别、定位、跟踪、监控和管理的一种网络。物联网以感知设备、智能设备为基础实现对现实世界的全面感知；以互联网为核心，通过各种通信技术实现感知信息及控制信息等的可靠传输；以海量存储技术、云计算技术等各种数据处理技术实现智能应用。通过对感知数据进行计算、处理和知识挖掘，实现人与物、物与物的信息交互和无缝链接，达到对物理世界实时控制、精确管理和科学决策的目的。

本章我们将学习以下内容：

● 物联网基础知识
● 物联网特征及体系架构
● 物联网发展状况

物联网（Internet of Things，IoT）作为新一代信息通信技术的典型代表，已成为全球新一轮科技革命与产业变革的核心驱动和经济社会绿色、智能、可持续发展的关键基础与重要引擎。近几年，由于通信技术快速发展和智能设备推陈出新，极大地促进物联网产业的发展。全球物联网正从碎片化、孤立化的典型性应用转变为示范性、可推广新阶段。尤其伴随"互联网+"的提出，物联网及其相关市场快速启动，在诸多领域加速渗透，物联网逐步走向大规模爆发式增长。物联网已成为当前世界新一轮经济和科技发展的战略制高点之一，是各国进行经济社会发展新模式和重塑国家竞争力的先导领域。随着各国通过国家战略导引、政策支持、技术研发、企业推进等，物联网技术及物联网产业得到迅速发展和广泛应用。我国已经具备一定的应用、技术和产业基础，在 2019 年《政府工作报告》明确提出深入开展"互联网+"行动，实行包容审慎，努力推动大数据、云计算、物联网广泛应用。工业和信息化部发布的《信息通信业发展规划物联网分册（2016—2020 年）》指出："十三五"时期是我国物联网加速进入"跨界融合、集成创新和规模化发展"的新阶段，与我国新型工业化、城镇化、信息化、农业现代化建设深度交汇，面临广阔的发展前景。另一方面，我国物联网发展又面临国际竞争的巨大压力，核心产品全球化、应用需求本地化的趋势更加凸显，机遇与挑战并存。物联网将进入万物互联发展新阶段，智能可穿戴设备、智能家电、智能网联汽车、智能机器人等数以万亿计的新设备将接入网络，形成海量数据，应用呈现爆发性增长，促进生产生活和社会管理方式进一步向智能化、精细化、网络化方向转变，经济社会发展更加智能、高效。

1.1　物联网的概念

物联网（Internet of Things，IoT），通俗地讲就是物理世界中物物互连的互联网。物联网的核心仍然是互联网，是在互联网基础上的延伸和扩展的网络，通过网络连接，搭建物与物、人与物等直接的交流通道；通过配置在感知对象的感知设备（如标签、传感器、智能设备等），将用户端延伸和扩展到了任何物品与物品之间，对现实世界进行感知；通过智能设备对感知对象的识别、反馈其状态等，进行信息交换、通信和智能处理。

1.1.1 物联网发展背景

物联网的说法最早出现于比尔·盖茨 1995 年《未来之路》一书，在《未来之路》中，比尔·盖茨已经提及 Internet of Things 的概念，但是由于当时感知设备、智能设施以及网络技术发展限制，并没有得到广泛认可。1998 年，美国麻省理工学院（Massachusetts Institute of Technology，MIT）提出了当时被称作 EPC（Electronic Product Code，产品电子代码）系统的"物联网"的构想。

物联网概念最早于 1999 年由美国麻省理工学院提出，早期的物联网是指依托射频识别（Radio Frequency IDentification，RFID）技术和设备，按约定的通信协议与互联网相结合，使物品信息实现智能化识别和管理，实现物品信息互联而形成的网络。随着技术和应用的发展，物联网内涵不断扩展。现代意义的物联网可以实现对物的感知识别控制、网络化互联和智能处理有机统一，从而形成高智能决策。

日本在 2004 年提出了 u-Japan 战略，即建设泛在的物联网，并服务于 u-Japan 及后续的信息化战略。2004 年，韩国提出为期十年的 u-Korea 战略，目标是"在全球最优的泛在基础设施上，将韩国建设成全球第一个泛在社会"。2009 年，韩国通过了《基于 IP 的泛在传感器网基础设施构建基本规划》，将物联网确定为全国重点发展战略。

2005 年 11 月，在突尼斯举行的信息社会世界峰会（World Summit on the Information Society，WSIS）上，国际电信联盟发布了《ITU 互联网报告 2005：物联网》，引用了"物联网"的概念。报告指出，无所不在的"物联网"通信时代即将来临，世界上所有的物体从轮胎到牙刷、从房屋到纸巾都可以通过因特网主动进行交换。射频识别（RFID）技术、传感器技术、纳米技术、智能嵌入技术将得到更加广泛的应用。

此时，物联网的定义和范围已经发生了变化，覆盖范围有了较大的拓展，不再只是指基于 RFID 技术的物联网。根据国际电信联盟（ITU）的描述，在物联网时代，通过在各种各样的日常用品上嵌入一种短距离的移动收发器，人类在信息与通信世界里将获得一个新的沟通维度，从任何时间任何地点的人与人之间的沟通连接扩展到人与物和物与物之间的沟通连接。物联网概念的兴起，很大程度上得益于国际电信联盟 2005 年以物联网为标题的年度互联网报告。然而，国际电信联盟的报告对物联网缺乏一个清晰的定义。

2008 年底，IBM 向美国政府提出了"智慧地球"的战略，强调传感等感知技术的应用，提出建设智慧型基础设施，并智能化地快速处理、综合运用这些设施，使得整个地球上的物都"充满智慧"。由美国主导的 EPC Global 标准在 RFID 领域中呼声最高；德州仪器（TI）、英特尔、高通、IBM、微软则在通信芯片及通信模块设计制造上全球领先。

2009 年 6 月，欧盟委员会向欧盟议会、理事会、欧洲经济和社会委员会及地区委员会递交了《欧盟物联网行动计划》，其目的是希望欧洲通过构建新型物联网管理框架来引导世界物联网发展。有 8 个欧盟国家计划普及物联网，目的是让物联网为尽快摆脱经济危机做贡献。2009 年 9 月，欧盟发布《欧盟物联网战略研究路线图》，提出 2010、2015、2020 三个阶段物联网研发路线图，并提出物联网在航空航天、汽车、医药、能源等 18 个主要应用领域，以及识别、数据处理、物联网架构等 12 个方面需要突破的关键技术。

2010 年 5 月，欧盟提出《欧洲数字议程》，旨在通过物联网等技术抢占数字经济发展的制高点，该议程是《欧盟 2020 战略》的重要组成部分。欧盟提出了促进物联网发展的一些具体措施：严格执行对物联网的数据保护立法，建立政策框架使物联网能应对信用、承诺及安全方面的问题；公民能读取基本的射频识别（RFID）标签，并可以销毁它们以保护隐私；为保护关键的信息基础设施，把物联网发展成为欧洲的关键资源；在必要的情况下，发布专门的物联网标准化强制条例；启动试点项目，以促进欧盟有效地部署市场化的、相互操作性的、安全的、具有隐私意识的物联网应用；加强国际合作，共享信息和成功经验，并在相关的联合行动中达成一致等。

在我国，中科院早在 1999 年就启动了传感网研究，并在无锡成立了微纳传感网工程技术研发中心，在此之后，我国物联网的研究、开发和应用工作进入了高潮。目前我国已经拥有从材料、技术、器件、系统到网络的完整产业链，是世界上少数能实现物联网产业化的国家之一，国际标准制定的主导国之一。

我国就物联网发展做出了多项国家政策及规划，推进物联网产业体系不断完善。《物联网"十二五"发展规划》《关于推进物联网有序健康发展的指导意见》《关于物联网发展的十个专项行动计划》及《中国制造 2025》等多项政策不断出台，并指出"掌握物联网关键核心技术，基本形成安全可控、具有国际竞争力的物联网产业体系，成为推动经济社会智能化和可持续发展的重要力量。"用工业物联网改造传统产业，必将提升产业的经济附加值，有力推动我国经济发展方式从生产驱动向创新驱动的转变，促进我国产业结构的调整。

1.1.2　物联网的定义

虽然目前对物联网还没有一个统一的标准定义，但从物联网本质上看，物联网是现代信息技术发展到一定阶段后出现的一种聚合性应用与技术提升，将各种感知技术、现代网络技术和人工智能与自动化技术聚合与集成应用，使人与物智慧对话，创造一个智慧的世界。因为物联网技术的发展几乎涉及信息技术的方方面面，是一种聚合性、系统性的创新应用与发展，也因此才被称为是信息产业的第三次革命性创新。

2005 年，国际电气联盟（International Telecommunication Union，ITU）在 *The Internet of Things* 报告中对物联网概念进行了扩展，提出了任何时刻、任何地点、任意物体之间的互联，无所不在的网络和无所不在的计算的发展前景。报告认为物联网是在任何时间、环境，任何物品、人、企业、商业，采用任何通信方式（包括汇聚、连接、收集、计算等），以满足所提供的任何服务的要求。按照 ITU 给出的这个定义，物联网主要解决物品到物品（Thing to Thing，T2T）、人到物品（Human to Thing，H2T）、人到人（Human to Human，H2H）之间的互联。这里与传统互联网最大的区别是，H2T 是指人利用通用装置与物品之间的连接，H2H 是指人与人之间不依赖于个人计算机而进行的互联。需要利用物联网才能解决的是传统意义上的互联网没有考虑的，对于任何物品连接的问题。

2009 年 9 月，欧盟提出了物联网的定义。欧盟认为物联网是未来互联网的一部分，能够被定义为基于标准和交互通信协议具有自配置能力的动态全球网络设施,在物联网内物理和虚拟的"物件"具有身份、物理属性、拟人化、使用智能接口并且无缝综合到信息网络中。

2010 年我国的政府工作报告中对物联网有如下定义：物联网是指通过信息传感设备，

按照约定的协议，把任何物品与互联网连接起来，进行信息交换和通信，以实现智能化识别、定位、跟踪、监控和管理的一种网络。它是在互联网基础上延伸和扩展的网络。

因此，物联网是指通过各种信息传感设备，如传感器、射频识别技术、全球定位系统、红外感应器、激光扫描仪、气体感应器等各种装置与技术，实时采集任何需要监控、连接、互动的物体或过程，采集其声、光、热、电、力学、化学、生物、位置等各种需要的信息，与互联网结合形成的一个巨大网络。其目的是实现物与物、物与人，所有的物品与网络的连接，方便识别、管理和控制。

1.1.3 物联网的特征

物联网是继计算机、互联网与移动通信网之后的又一次信息产业浪潮。与传统的互联网相比，物联网有其鲜明的特征。物联网是具有全面感知、可靠传输、智能处理三大特征的连接物理世界的网络，实现了任何人（Anyone）、任何时间（Anytime）、任何地点（Anywhere）及任何物体（Anything）的4A连接。物联网的三大特征如图1.1所示。

图1.1 物联网的三大特征

全面感知是指利用射频识别、二维码、GPS、摄像头、传感器、网络等感知、捕获、测量的技术手段，随时随地对物体进行信息的采集和获取。这个层面要突破的是更加敏感、准确，更加全面的感知能力。物联网上部署了海量的多种类型传感器，每个传感器都是一个信息源，不同类别的传感器所捕获的信息内容和信息格式不同。传感器获得的数据具有实时性，按一定的频率周期性地采集环境信息，不断更新数据。物联网中的"物"并非是世间万物的无限大的范围，而是在目前的科技发展状态下的能够满足一定要求的"物"。这里的"物"要满足以下条件才能够被纳入"物联网"的范围：如要有相应信息的接收器；要有数据传输通路；要有一定的存储功能；要有专门的应用程序；要有数据发送器；遵循物联网的通信协议等。

可靠传送是指通过各种通信网、广电网与互联网的融合，将物体信息接入网络，随时随地进行可靠的信息交互和共享。物联网是一种建立在互联网上的泛在网络。物联网技术的核心仍旧是互联网，通过各种有线和无线网络与互联网融合，将物体的信息实时准确地传递出去。在物联网上的传感器定时采集的信息需要通过网络传输，由于其数量极其庞大，形成了海量信息，在传输过程中，为了保障数据的正确性和及时性，必须适应各种异构网络和协议。

智能处理是指利用云计算、数据挖掘等各种智能计算技术，对海量的跨地域、跨行业、跨部门的同构、异构数据和信息进行分析处理，提升对物理世界、经济社会各种活动和变化的洞察力、实现智能化的决策和控制。物联网不仅仅提供了传感器的连接，其本身也具有智能处理的能力，能够对物体实施智能控制。物联网将传感器和智能处理相结合，利用云计算、模式识别等各种智能技术，扩充其应用领域。从传感器获得的海量信息中分析、加工和处理出有意义的数据，以适应不同用户的不同需求，发现新的应用领域和应用模式。

1.1.4 物联网应用范围

物联网被称为信息技术移动泛在化的一个具体应用。物联网通过智能感知、识别技术与普适计算、泛在网络的融合应用，打破了之前的传统思维，人类可以实现无所不在的计算和网络连接。传统的思路一直是将物理基础设施和 IT 基础设施分开：一方面是机场、公路、建筑物，而另一方面是数据中心，个人电脑、宽带等。而在"物联网"时代，钢筋混凝土、电缆将与芯片、宽带整合为统一的基础设施，在此意义上，基础设施更像是一块新的地球工地，世界的运转就在它上面进行，其中包括经济管理、生产运行、社会管理乃至个人生活。物联网使得人们可以用更加精细和动态的方式管理生产和生活，管理未来的城市，达到"智慧"状态，提高资源利用率和生产力水平，改善人与自然间的关系。

物联网前景非常广阔，它将极大地改变我们目前的生活方式。物联网把我们的生活拟人化了，万物成了人的同类。在这个物物相连的世界中，物品（商品）能够彼此进行"交流"，而无需人的干预。物联网利用 RFID 技术、传感技术、通信技术，通过计算机互联网实现物品（商品）的自动识别和信息的互联与共享。可以说，物联网描绘的是充满智能化的世界。

物联网运行需要标识物体属性，属性包括静态属性和动态属性。其中，静态属性可初始化在传感设备（如标签）中，而动态属性首先需要由传感器实时进行感知、智能处理；其次需要识别设备完成对物体属性的读取，并将信息转换为适合网络传输的数据格式；最后将物体的信息通过网络传输到信息处理中心，由处理中心完成物体通信的相关计算。物联网用途广泛，遍及政府工作、公共安全、工业监控、城市管理、远程医疗、智能电网、智能小区、智能家居、工农业监测、环境保护监测、食品溯源等各个行业。例如，基于有线电视网络的智能电表的应用，人们可以通过电视机实时查看自家的用电量和电费，据此调控电器以避开用电高峰。物联网的典型应用如图 1.2 所示。

图 1.2　物联网的典型应用

物联网把新一代 IT 技术、信息通信技术、传感技术、海量信息处理技术等充分运用在各行各业之中。具体地说，就是把传感器嵌入和装备到电网、铁路、公路、建筑、供水（气）系统等各种物体中，然后将"物联网"与现有的互联网整合起来，在这个整合的网络当中，依靠超级强大的计算机群，对网络内的人员、机器、设备和基础设施进行实时管理、监测和控制。在此基础上，人类将以更加精细的、动态的方式管理生产和生活，以提高资源利用率和生产力水平。物联网重要应用示范领域见表 1.1。

表 1.1　物联网重要应用示范领域

物联网重点 应用领域	物联网应用领域典型应用
智能工业	生产过程控制、生产环境监测、制造供应链跟踪、产品生命周期监测，促进安全生产和节能减排
智能农业	农业资源利用、农业生产精细化管理、生产养殖环境监控、农产品质量安全管理与产品溯源
智能物流	建设库存监控、配送管理、安全追溯等现代流通应用系统，建设跨区域、行业、部门的物流公共服务平台，实现电子商务与物流配送一体化管理
智能交通	交通状态感知与交换、交通诱导与智能化管控、车辆定位与调度、车辆远程监测与服务、车路协同控制，建设开放的综合智能交通平台
智能电网	电力设施监测、智能变电站、配网自动化、智能用电、智能调度、远程抄表，建设安全、稳定、可靠的智能电力网络
智能环保	污染源监控、水质监测、空气监测、生态监测，建立智能环保信息采集网络和信息平台
智能安防	社会治安监控、危化品运输监控、食品安全监控，重要桥梁、建筑、轨道交通、水利设施、市政管网等基础设施安全监测、预警和应急联动
智能医疗	药品流通和医院管理，以人体生理和医学参数采集及分析为切入点面向家庭和社区开展远程医疗服务
智能家居	家庭网络、家庭安防、家电智能控制、能源智能计量、节能低碳、远程教育等

来源：《物联网"十二五"发展规划》（工业和信息化部，2011）

物联网的发展需要经历四个阶段：第一阶段（基础期）是电子标签和传感器被广泛应用在物流、零售和生产领域；第二阶段（导入期）则是实现物体互联；第三阶（成长期）段是物体进入半智能化；第四阶段（发展期）就是物体进入了全智能化。如图 1.3 所示。

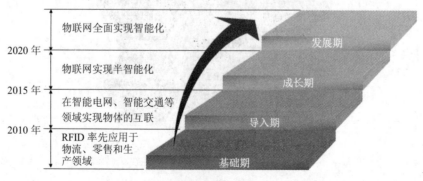

图 1.3　物联网的发展阶段

1.2　物联网体系结构

物联网发展的关键要素包括由感知层、网络层和应用层组成的体系架构，物联网技术和标准，物联网相关产业、资源体系，隐私和安全以及促进和规范物联网发展的法律、政策和国际治理体系。在业界，物联网大致被公认为有三个层次，底层是用来感知数据的感知层，第二层是数据传输的网络层，最上面则是应用层，如图 1.4 所示。

图 1.4　物联网体系架构

1.2.1　感知层

物联网感知层主要依靠各种类型的传感器实现对物品信息的获取，由各种传感器以及传感器网关构成，包括二氧化碳浓度传感器、温度传感器、湿度传感器、二维码标签、RFID 标签和读写器、摄像头、GPS 等感知终端。感知层的作用相当于人的眼耳鼻喉和皮肤等感知器官，主要实现物体的信息采集、捕获和识别，这些信息包括物体本身固有属性、实时状态、环境特征等参数。传感和识别技术是物联网感知物理世界获取信息和实现物体控制的首要环节。感知层是物联网发展和应用的基础，关键技术包括 RFID、自组织网络、传感器、传感网等技术。同时，也涉及如芯片研发、通信协议研究、RFID 材料、智能节点供电等细分技术。

感知层包括海量的多种类型传感器，每个传感器都是一个信息源，传感器将物理世界中的物理量、化学量、生物量转化成可供处理的数字信号。不同类别的传感器所捕获的信息内容和信息格式不同。传感器获得的数据具有实时性，它按一定的频率周期性地采集环境信息，不断更新数据。识别技术实现对物联网中物体标识和位置信息的获取。例如安装在设备上的 RFID

标签和用来识别 RFID 信息的扫描仪、感应器属于物联网的感知层。在感知层中被检测的信息也包括 RFID 标签内容，诸如高速公路不停车信息获取、超市仓储物品识别与计数等都是基于这一类结构的物联网。

要产生真正有价值的信息，仅有射频识别技术是不够的，还需要传感技术。由于物联网通常处于自然环境中，传感器要长期经受恶劣环境的考验，因此，物联网对传感器技术提出了更高的要求。作为摄取信息的关键器件，传感器是现代信息系统和各种装备不可缺少的信息采集设备。例如用于战场环境信息收集的智能微尘（Smart Dust）网络，感知层由智能传感节点和接入网关组成，智能节点感知信息（温度、湿度、图像等），并自行组网传递到上层网关接入点，由网关将收集到的感应信息通过网络层提交到后台处理。环境监控、污染监控等应用也是基于这一类结构的物联网。另外，如在智能电网中，在变电站、输电线路等上面部署大量的温湿度传感器、SF_6 传感器、电流电压传感器等，对相关的电器设备参数进行信息采集，并汇集数据进行智能分析、处理。在智能医疗中，对患者安装人体传感器（Body Sensor），对血液、脉搏、心率等进行感知，可以实现实时身体机能诊断和反馈，有益于对身体健康情况做及时检查。常见的几种传感器如图 1.5 所示。

| 压力传感器 | 电流传感器 | 电压传感器 | 光纤电流传感器 | 气体传感器 |
| 噪声传感器 | 振动传感器 | 泄漏电流传感器 | 无线温度传感器 | 无线湿度传感器 |

图 1.5　常见的几种传感器

但是，由于感知层的设备，尤其是无线无源设备，在使用中会受到有限资源的限制，如低运算能力、低能量支撑、低存储容量等，通常采用轻量级的嵌入式软件系统与之适应，目的是采集信息和处理信号。有时还要通过自组织网络技术以协同工作的方式组成一个自组织的多跳网络进行数据传递。从数据处理能力和数据量来讲，数据采集和信号处理一般的数据量为 KB 量级，处理能力达到每秒百万级的机器语言指令级别；自组网协议组成的数据量为 MB 量级，处理能力在 10 MIPS 级别。

1.2.2　网络层

物联网网络层在现有的互联网和移动通信网基础上，由各种私有网络、互联网、有线和无线通信网、网络管理系统等组成，相当于人的神经中枢，负责传递和处理感知层获取的信息。网络层根据感知层的业务特征，优化网络特性，实现感知层与应用层之间信息的传递、路由和控制，实现物与物、物与人、人与人等直接的通信，网络层包括接入网和核心网。接入网为物联网终端提供网络接入、移动性管理等功能，包括移动互联网、有线网、WiFi、WiMAX 等各种接入技术。接入网的异构性使得如何为终端提供移动性管理以保证异构网络间节点漫游和服务的无缝移动成为研究的重点。核心网是基于接口的统一、高性能、可扩展的网络，支持异构接入以及终端的移动性。核心网将会在很大程度上基于已有的电信网和互联网。网络层将是物联网信息的数据传输支撑通道。

网络层通过各种近距离通信技术、2G/3G/4G/5G 等通信技术、NGN 技术、卫星通信技术、异构网融合技术、自适应网络传输技术等多种通信技术实现感知数据上传。包括：蓝牙（Bluetooth）无线网络技术，该技术属于无线数据与语音通信的开放性全球规范，通过低带宽电波实现点对单/多点的低成本、短距离连接；ZigBee 技术是一种基于 IEEE 802.15.4 的低功耗、低传输速率、架构简单的短距离无线通信技术，ZigBee 技术具有强大的组网能力（ZigBee 每个网络可以包含至少 6 万个节点）；WiFi（Wireless Fidelity）技术是基于美国电子和电气工程师协会 IEEE 802.11 网络规范，现阶段主要使用的标准有 IEEE 802.11a 和 IEEE 802.11b，其主要特性为速度快、可靠性高；WiMAX（Worldwide Interoperability for Microwave Access）技术，即"全球微波互联接入技术"，其属于城域网（MAN）技术，能够在比 WiFi 技术更为广阔的地域范围内提供"最后一公里"宽带连接，WiMAX 可以为高速数据应用提供更出色的移动性。WAPI（WLAN Authentication and Privacy Infrastructure，无线局域网鉴别与保密基础结构）是我国自主研发的，拥有自主知识产权的无线局域网安全接入技术标准。WAPI 解决 IEEE 802.11 中 WEP 协议安全问题，它的主要特点是采用基于公钥密码体系的证书机制，真正实现了移动终端（MT）与无线接入点（AP）间双向鉴别。WAPI 同时也是我国无线局域网强制性标准中的安全机制。WLAN 像红外线、蓝牙、GPRS、CDMA1X 等协议一样，是无线传输协议的一种。GPRS（General Packet Radio Service）技术，即通用无线分组业务是一种基于全球移动通信系统（Global System for Mobile Communications，GSM）的无线分组交换技术，按照统计复用的方式提供端到端的、广域的无线 IP 连接。

现有各种通信网针对各自的客户目标而设计，因此形成了目前多种异构网络并存的局面。物联网中有多种设备需要接入，因此物联网必须是异构泛在的。由于物体可能是移动的，因此物联网的网络层必须支持移动性，从而实现无缝透明的接入。

1.2.3　应用层

物联网应用层利用经过分析处理的感知数据，采用海量数据处理、云计算等技术，为用户提供各种智能化服务。物联网的应用可分为监控型（智能视频、物流监控、环境感知、人脸识别、车辆识别等），查询型（智能检索、远程抄表），控制型（智能交通、智能家居、路灯控制），扫描型（门禁系统、手机钱包、高速公路不停车收费）等。应用层是物联网和用户（包括人、组织和其他系统）的接口，它与行业需求结合，实现物联网的智能应用。应用层是物联网发展的目的，软件开发、智能控制技术将会为用户提供丰富多彩的物联网应用。

物联网应用是物联网最终目的和核心灵魂，是物联网产业的核心价值所在，物联网发展最终也必然是以数据智能化应用为主。物联网用途广泛，遍及智能交通、环境保护、政府工作、公共安全、平安家居、智能消防、工业监测、环境监测、个人护理、健康维护、花卉栽培、水系监测、食品溯源、敌情侦查和情报搜集等多个领域。如图 1.6 和图 1.7 所示。

图 1.6　物联网典型应用

图 1.7　物联网产业体系示意图

目前已经有比较成熟的物联网应用。譬如，在上海浦东国际机场防入侵系统中用到大量物联网技术，该系统铺设了 3 万多个传感节点，覆盖了地面、栅栏和低空探测，可以防止人员的翻越、偷渡、恐怖袭击等攻击性入侵。济南园博园通过 ZigBee 路灯控制系统实现路灯照明节能环保技术，园区所有的功能性照明都采用了 ZigBee 无线技术达成的无线路灯控制等。2010年 12 月，无锡 220 千伏西泾变电站成功投运，成为全国首座全面应用物联网技术的智能化变电站。变电站的监测控制系统全部采用 IEC-61850 通信协议，通过统一规约集成所有辅助系统，形成全站状态监测统一的分析平台。用传感器替代人工或传统报警装置提升了变电站整体辅助系统的水准，从安保到消防、排水、温控，各系统对外界变化和异常的感知应变能力都明显增强，对主设备形成更全面的保护。防入侵系统以多种传感器组成协同感知网络，能将探测分析、阻挡延缓、复核响应相结合，预防和阻止所有形式的非正常进入；温湿度传感器则遍布设备周围，能准确向系统传递实时数据，弥补了过去用空调控制室温无法顾及到所有设备空间的局限性。

1.2.4 物联网安全

物联网是通过部署大量智能终端和设备，来感知并采集海量的实时数据、非实时数据、结构化数据、非结构化数据，利用各种网络技术进行信息传输及交换，通过信息处理系统进行信息加工及决策。因此，物联网除了传统网络安全威胁之外，还存在着一些特殊安全问题。物联网的安全和隐私技术包括安全体系架构、网络安全技术、智能终端的广泛部署对社会生活带来的安全威胁、隐私保护技术、安全管理机制和保证措施等。物联网各层次主要防护措施如图1.8 所示。

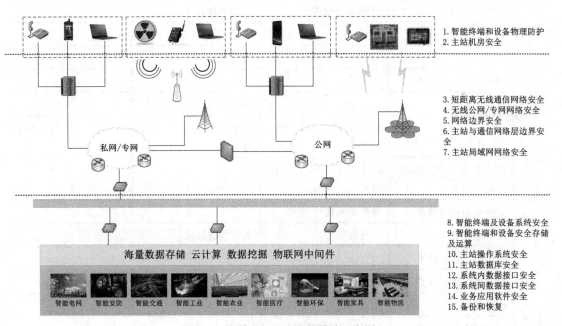

图 1.8　物联网各层次防护措施示意图

物联网安全防护是基于信息安全风险分析，依据信息安全法令法规，以防止物联网系统服务中断，防止恶意渗透攻击，防止智能终端和设备被非法操控，防止业务数据篡改或丢失为目标，提出边界防护、区域防护、节点防护和核心防护四个层面，及不同层次面向的重点安全防护技术，从物理安全、计算环境安全、区域边界安全、通信网络安全、管理中心安全及应急响应恢复与处置等几个方面进行全方面分析。见表 1.2。

表 1.2　物联网安全技术

	边界防护	区域防护	节点防护	核心防护
物理安全	访问控制技术			
		EPC 设备安全技术	EPC 设备安全技术	
		抗电磁干扰技术		
计算环境安全	授权管理技术	授权管理技术	授权管理技术	授权管理技术
	身份认证技术	身份认证技术	身份认证技术	身份认证技术
	自主/强制/角色访问控制技术	自主/强制/角色访问控制技术	自主/强制/角色访问控制技术	自主/强制/角色访问控制技术
			异常节点识别技术	
			标签数据源认证技术	
			安全封装技术	安全封装技术
	系统审计技术	系统审计技术	系统审计技术	系统审计技术
			数据库安全防护技术	数据库安全防护技术
	密钥管理技术	密钥管理技术	密钥管理技术	
	可信接入	可信接入	可信接入	
			可信路径	可信路径
区域边界安全	网络访问控制技术			
			节点设备认证技术	
		数据机密性与完整性技术	数据机密性与完整性技术	数据机密性与完整性技术
	指令数据与内容数据分离	指令数据与内容数据分离		
	数据单向传输技术	数据单向传输技术		
	入侵检测技术	入侵检测技术	入侵检测技术	
	非法外联检测技术			
	恶意代码防范技术	恶意代码防范技术	恶意代码防范技术	恶意代码防范技术
通信网络安全	物理链路专用	物理链路专用		
	链路逻辑隔离技术	链路逻辑隔离技术		
	加密与数字签名技术	加密与数字签名技术	加密与数字签名技术	
	消息认证技术	消息认证技术	消息认证技术	
管理中心安全	业务准入与接入控制	业务准入与接入控制	业务准入与接入控制	
		EPCIS 管理技术	EPCIS 管理技术	
	入侵检测	入侵检测	入侵检测	入侵检测
	违规检查	违规检查	违规检查	违规检查

	边界防护	区域防护	节点防护	核心防护
管理中心安全	EPC 取证技术	EPC 取证技术	EPC 取证技术	EPC 取证技术
	EPC 策略管理	EPC 策略管理	EPC 策略管理	
	审计管理技术	审计管理技术	审计管理技术	审计管理技术
	授权管理技术	授权管理技术	授权管理技术	
	异常与报警管理	异常与报警管理	异常与报警管理	异常与报警管理
应急响应恢复与处置		容灾备份技术	容灾备份技术	
	故障恢复技术	故障恢复技术	故障恢复技术	故障恢复技术
	数据恢复与销毁技术	数据恢复与销毁技术	数据恢复与销毁技术	数据恢复与销毁技术
			安全事件处理与分析技术	

　　物联网的安全也存在着自身的安全和对他方的安全问题。其中自身的安全就是物联网是否会被攻击而不可信，其重点表现在如果物联网出现了被攻击、数据被篡改等，并致使其出现了与所期望的功能不一致的情况，或者不再发挥应有的功能，那么依赖于物联网的控制结果将会出现灾难性的问题，如工厂停产或出现错误的操控结果。这一点通常称之为物联网的安全问题。而对他方的安全则涉及的是通过物联网来获取、处理、传输用户的隐私数据，如果物联网没有防范措施则会导致用户隐私的泄露。这一点通常称之为物联网的隐私保护问题。因此，人们习惯于说物联网的安全与隐私保护问题是最让人困惑的物联网安全问题。

　　就信息安全而言，我们通常将其分为四个层次，包括物理安全，即信息系统硬件方面，或者说是表现在信息系统电磁特性方面的安全问题；运行安全，即信息系统的软件方面，或者说是表现在信息系统代码执行过程中的安全问题；数据安全，即信息自身的安全问题；内容安全，即信息利用方面的安全问题。物联网作为以控制为目的的数据体系与物理体系相结合的复杂系统，一般不会考虑内容安全方面的问题。但是，在物理安全、运行安全、数据安全方面则与互联网有着一定的异同性。这一点需要从物联网的构成来考虑。

　　物联网的安全形态表现在感知节点、传输系统以及处理系统三个方面。

　　在感知节点的安全方面，包括对传感器的干扰、屏蔽、信号截获等，这一点应该说是物联网的特殊所在；就运行安全而言，则存在于各个要素中，即涉及传感器、传输系统及信息处理系统的正常运行，这方面与传统的信息安全基本相同；数据安全也是存在于各个要素中，要求在传感器、传输系统、信息处理系统中的信息不会出现被窃取、被篡改、被伪造、被抵赖等。但这里面的传感器与传感网所面临的问题比传统的信息安全更为复杂，因为传感器与传感网可能会因为能量受限的问题而不能运行过于复杂的保护体系。

　　从保护要素的角度来看，物联网的保护要素仍然是可用性、机密性、可鉴别性与可控性。由此可以形成一个物联网安全体系。其中可用性是从体系上来保障物联网的健壮性、鲁棒性与可生存性；机密性是要构建整体的加密体系来保护物联网的数据隐私；可鉴别性是要构建完整的信任体系来保证所有的行为、来源、数据的完整性等都是真实可信的；可控性是物联网最为特殊的地方，是要采取措施来保证物联网不会因为错误而带来控制方面的灾难，包括控制判断的冗余性、控制命令传输渠道的可生存性、控制结果的风险评估能力等。

总之，物联网安全既包括传统信息、通信安全需求，又包括物联网因自身特色所面临新的特殊需求。

1.3　国际物联网发展现状

物联网的发展推动了信息产业发展的第三次浪潮。随着 RFID 技术、传感技术、通信技术、智能嵌入技术、云计算等关键技术的迅猛发展，物联网及其相关产业得到迅速升级，世界多个国家纷纷在物联网领域加快研发进程。美国的"智慧地球"、日本的"i-Japan"、韩国的"u-Korea"、欧盟的"数字欧洲计划"、新加坡的"下一代 I-Hub 计划"以及我国的"感知中国"等战略纷纷开始部署。从形势上看，物联网正进入全面渗透、跨界融合、加速创新、引领发展的新阶段。为抓住新一轮发展机遇，多个国家和地区的政府都在不遗余力地促进物联网顶层设计与政策环境建设，以此巩固并提升本国物联网产业在全球范围内的竞争优势。

1.3.1　美国

美国最先提出物联网的概念，并凭借其在互联网时代积累起来的，在芯片、软件、互联网和高端应用集成等领域强大的技术优势，在军事、电力、工业、农业、环境监测、建筑、医疗、企业管理、空间和海洋探索等领域，大力推进 RFID、传感器和 M2M 等应用，在物联网领域已取得明显的成效。

美国非常重视物联网的战略地位，在国家情报委员会（NIC）发表的《2025 对美国利益潜在影响的关键技术》报告中，将物联网列为六种关键技术之一。美国国防部在 2005 年将"智能微尘"（Smart Dust）列为重点研发项目。美国国家科学基金会的全球网络调研环境计划（GENI）把在下一代互联网上组建传感器子网作为其中一项重要内容。2009 年 2 月，奥巴马总统签署生效的《2009 年美国恢复与再投资法案》中提出在智能电网、卫生医疗信息技术应用和教育信息技术进行大量投资，这些投资建设与物联网技术直接相关。

美国在物联网的发展方面具有优势地位，EPC Global 标准已经在国际上取得主导地位，许多国家采纳了这一标准架构。并且，美国在物联网技术研究开发和应用方面一直居世界领先地位，RFID 技术最早在美国军方使用，无线传感网络也首先用在作战时的单兵联络。新一代物联网、网格计算技术等首先在美国开展研究，新近开发的各种无线传感技术标准主要由美国企业制定。在智能微机电系统（MEMS）传感器开发方面，美国领先一步。例如，佛罗里达大学和飞思卡尔半导体公司开发的低功耗、低成本的 MEMS 运动传感器、罗格斯大学开发的多模无线传感器（MUSE）多芯片模块、伊利诺斯州 Urbaba-Champaign 大学开发的热红外（IR）无线 MEMS 传感器等，这些技术将为物联网发展奠定良好的基础。

在国家层面上，美国在更大方位地进行信息化战略部署，推进信息技术领域的企业重组，巩固信息技术领域的垄断地位；在争取继续完全控制下一代互联网（IPv6）的根服务器的同时，在全球推行 EPC 标准体系，力图主导全球物联网的发展，确保美国在国际上的信息控制地位。

2009 年 1 月，IBM 公司提出了"智慧地球"的构想，物联网成为其中不可或缺的一部分。"智慧地球"的核心是以一种更加智慧的方式，融合现有的传感技术、通信技术及信息技术等，改变政府、企业、个人的交互方式，建立物与物、物与人、人与人之间和谐关系，实现相互的信息化、互动化、智能化。2009 年初，美国总统奥巴马就职后，对"智慧地球"构想作出了积极回应，并将其提升为国家层级的发展战略，将"新能源"和"物联网"列为振兴经济的两大利器，从而引起全球的广泛关注。

2010 年至 2011 年，美国联邦政府颁布了关于政府机构采用云计算的政府文件以及《联邦云计算策略》白皮书，前者提出了制定一个政府层面风险授权的计划，建议对云计算服务商进行安全评估和授权认定，通过"一次认证，多次使用"的方式加速云计算的评估和结果的获取，从而降低风险评估的费用，增强政府管理目标的开放性和透明度，积极推广云计算在政府各部门的应用。后者则对云计算定义、云计算转移 IT 基本构架、云计算改变公共信息部门等内容进行了阐述。

2015 年是 AT&T 物联网业务发展的关键一年。AT&T 专门成立了"移动和商业"事业部门，把车联网、物联网业务当作未来最大的利润增长点，其目标是通过提供更加多样化的服务，使更多的营收来自于车联网和物联网。其物联网业务布局主要分为六大模块，分别是车联网、智慧城市、家庭连接、商业连接、智能设备和智能医疗。车联网是发展的重中之重。2016 年第一季度，AT&T 网内新增 120 万个连接设备，其中包括 100 万台汽车。

在 2016 年 11 月发布的"保障物联网安全的战略原则 V1.0"中，美国国土安全部（DHS）表示，物联网制造商必须在产品设计阶段构建安全，否则可能会被起诉。随着物联网产业的发展，物联网带来的安全问题开始受到重视。

美国商务部在 2017 年 1 月发布《推动物联网发展》的报告，提出未来物联网重点发展方向：

（1）加强基础设施的可用性和接入性，推动包括固定及移动网络、卫星网络以及 IPv6 等基础设施建设，增加频谱资源，以促进物联网发展。

（2）研究制定权衡各方利益的政策，促进并鼓励行业合作，积极消除物联网发展政策障碍，扩大应用的同时，推进制定保护物联网用户的规则。

（3）尽快完善物联网技术标准，以支持全球物联网的互操作，确保物联网设备和应用的不断增长。

报告同时提出政府部门促进物联网进一步发展应遵循的基本原则：

（1）出台针对性政策并采取措施，以保证稳定、安全、可信任的物联网生态系统。

（2）构建基于行业驱动、标准统一基础之上的互联开放、可互操作的物联网环境。

（3）为促进物联网发展创新，鼓励扩大市场并降低行业进入门槛，召集政府、民间团体、学术界、私营部门等利益相关方共同解决政策挑战。

1.3.2 欧盟

欧盟非常重视物联网的研究与推进。2005 年 4 月，欧盟执委会正式公布了欧盟信息通信政策框架"i2010"，提出整合不同的通信网络、内容服务、终端设备，以提供一致性的管理架构来适应全球化的数字经济，发展更具市场导向、弹性及面向未来的技术。2006 年 9 月，当值欧盟理事会主席国芬兰和欧盟委员会共同发起举办了欧洲信息社会大会，主题为"i2010——创建一个无处不在的欧洲信息社会"。自 2007 年至 2013 年，欧盟投入大量研发经费，推动欧洲最重要的第 7 期欧盟科研架构（EU-FP7）研究补助计划。在此计划中，信息通信技术研发是最大的一个领域，其中包括：

（1）普遍深入和可信赖的网络，以及基础网络服务。

（2）有感知的系统，交互作用和机器人技术。

（3）元件、系统和工程。

（4）数字图书馆和目录。

（5）可持续性的和个人的卫生保健。

（6）灵活性，环境的可持续性和节能。

（7）独立的生活和包含物。

（8）将来和即将形成的技术（FET）。

为了推动物联网的发展，欧盟电信标准化协会下的欧洲 RFID 研究项目组的名称也变更为欧洲物联网研究项目组，致力于物联网标准化相关的研究。

2009 年，欧盟提出"物联网研究路线图"，将物联网研究划分为十个层面：一是感知，ID 发布机制与识别；二是物联网宏观架构；三是通信（OSI 参考模型的物理层与数据链路层）；四是组网（OSI 参考模型的网络层）；五是软件平台、中间件（OSI 参考模型的网络层以上各层）；六是硬件；七是情报提炼；八是搜索引擎；九是能源管理；十是安全。

2009 年 6 月，欧盟委员会向欧盟议会、理事会、欧洲经济和社会委员会及地区委员会递交了《欧盟物联网行动计划》，以确保欧洲在构建物联网的过程中起主导作用。2009 年 10 月，欧盟委员会以政策文件的形式对外发布了物联网战略，提出要让欧洲在基于互联网的智能基础设施发展上领先全球，除了通过 ICT 研发计划投资 4 亿欧元，启动 90 多个研发项目提高网络智能化水平外，欧盟委员会还将于 2011 至 2013 年间每年新增 2 亿欧元进一步加强研发力度，同时拿出 3 亿欧元专款，支持物联网相关公司合作短期项目建设。

欧洲智能系统集成技术平台（the European Technology Platform on Smart Systems Integration，EPoSS）在 *Internet of Things in 2020* 报告中分析预测，未来物联网的发展将经历四个阶段，2010 年之前 RFID 被广泛应用于物流、零售和制药领域，2010 至 2015 年物体互联，2015 至 2020 年物体进入半智能化，2020 年之后物体进入全智能化。

为了加强政府对物联网的管理，消除物联网发展的障碍，欧盟制定了一系列物联网相关的管理规则，并建立了一个有效的分布式管理架构，使全球管理机构可以公开、公平、尽责地履行管理职能。为了完善隐私和个人数据保护，欧盟提出持续监测隐私和个人数据保护问题，修订相关立法，加强相关方对话等；执委会将针对个人可以随时断开联网环境开展技术、法律层面的辩论。此外，为了提高物联网的可信度、接受度、安全性，欧盟积极推广标准化，执委会将评估现有物联网相关标准并推动制定新的标准，确保物联网标准的制定是在各相关方的积极参与下，以一种开放、透明、协商一致的方式达成。

2010 年，在欧盟第七框架计划（Framework Program 7，FP7）发布的"2011 年工作计划"中，确立了 2011 至 2012 年期间 ICT 领域需要优先发展的项目。2013 年，欧盟通过 Horizon 2020 计划，针对之前 FP7 的研发重点计划提出更全面和国际化的规划，旨在利用科技创新促进经济增长，增加就业。其研发重点集中在传感器、架构、标识、安全隐私等。此外，欧盟也在其国家型科研计划 FP7 中设立 IoT-A、IoT6、open IoT 等一系列项目，布建智能电网、智能交通等智能城市应用项目。

2015 年 3 月，欧盟成立了物联网创新联盟（Alliance for Internet of Things Innovation，AIOTI），汇集欧盟各成员国的物联网技术与资源，创造欧洲的物联网生态体系。同年 5 月，欧盟通过单一数字市场（Digital Single Market）策略，强调要避免分裂和促进共通性的技术和标准来发展物联网。在欧盟所提出的欧洲产业数字化（Digitising European Industry）新措施中，列出了三项具体行动：建构物联网的单一市场，强力发展物联网生态系统，深化以人为中心的物联网。2015 年 10 月，欧盟发布"物联网大规模试点计划书"征求提案，广泛向全球征求各种发展物联网产业的好点子。

从 2014 年至 2017 年，欧盟共投资 1.92 亿欧元用于物联网的研究和创新。目前，欧盟物联网产业发展的重点领域包括智慧农业、智慧城市、逆向物流（废弃产品回收）、智慧水资源管理和智能电网等。在发展物联网的同时，欧盟也同步进行各种预防性的研究，比如隐私和安全、商业模式、可用性、法律层面和对社会可能造成的冲击。欧洲物联网相关企业在欧盟支持下成立联盟，制定标准和政策，甚至执行大型试点计划。欧洲的物联网联盟汇集了欧洲企业能量，将各种创新应用导入欧盟地区，进而巩固欧洲企业在欧盟市场的主导地位。

1.3.3　日韩

日本是第一个提出"泛在"战略的国家。2001 年开始实施的 e-Japan 战略以互联网发展的宽带化为核心大力进行基础设施建设，在提前完成预定任务后，日本 ICT 战略本部于 2003 年及时调整 e-Japan 战略，制定了 e-Japan II 战略，将重点转向推进 ICT 技术在医疗、食品、生活、金融、教育、就业和行政 7 个重点领域率先应用。u-Japan 战略是 2004 年提出并开始实施的，u-Japan 战略是通过建立更高层次的无处不在的网络连接（即泛在网），实现基于泛在网络之上的新创意、新价值。直到 2009 年，日本政府提出 i-Japan 战略，i-Japan 描述了到 2015 年将会实现日本数字化社会的蓝图，阐述了实现数字化社会的战略。日本政府认识到，目前已进入到将各种信息和业务通过互联网提供的"云计算"时代。日本政府希望通过执行 i-Japan 战略，开拓支持日本中长期经济发展的新产业，大力发展以绿色信息技术为代表的环境技术和智能交通系统等重大项目。

其中，日本的 u-Japan、i-Japan 战略与"物联网"概念有许多共通之处。2008 年，日本总务省提出"u-Japan xICT"政策。"x"代表不同领域乘以 ICT 的含义，一共涉及三个领域，即"产业 xICT""地区 xICT""生活（人）xICT"。将 u-Japan 政策的重心从之前的单纯关注居民生活品质提升拓展到带动产业及地区发展，即通过各行业、地区与 ICT 的深化融合，进而实现经济增长的目的。

2015 年，日本发布中长期信息技术发展战略《i-Japan 战略 2015》，其目标是"实现以国民为中心的数字安心、活力社会"。i-Japan 战略描述了 2015 年日本的数字化社会蓝图，阐述了实现数字化社会的战略。该战略旨在通过打造数字化社会，参与解决全球性的重大问题，提升国家的竞争力，确保日本在全球的领先地位。i-Japan 战略在总结过去问题的基础上，从"以人为本"的理念出发，致力于应用数字化技术打造普遍为国民所接受的数字化社会。

日本为了建构新的物联网社会，提出了应对的战略计划，对于能源而言，有效率地分配电力也需要物联网的技术支持，因此，日本已经开始着手新一轮的商业模式布局。

韩国政府自 1997 年起出台了一系列推动国家信息化建设的产业政策，包括 RFID 先导计划、RFID 全面推动计划、USN 领域测试计划等。同时，韩国政府持续推动各项相关基础建设、核心产业技术发展，RFID/USN（传感器网）就是其中之一。

2006 年韩国提出了为期十年的 u-Korea 战略。在 U-IT839 计划中，确定了八项需要重点推进的业务，物联网是泛在家庭网络、汽车通信平台、基于位置的服务等业务的实施重点。

在 2011 年 5 月召开的经济政策调整会上，韩国放送通信委员会、行政安全部和知识经济部联合做出决定，计划到 2014 年前，向云计算领域投入 6146 亿韩元（约合 6 亿美元），大力培育云计算产业，使韩国在 2015 年发展成为全球"云计算"强国。该会议还发表了《云计算扩散和加强竞争力的战略计划》。计划规定，政府从 2012 年起，在政府综合计算机中心引进云系统供多个部门同时使用，并建设大型云检测中心。

2014 年 5 月，韩国《物联网基本规划》正式露面。在规划中，韩国政府提出成为"超联数字革命领先国家"的战略远景，计划提升相关软件、设备、零件、传感器等技术竞争力，并培育一批能主导服务及产品创新的中小及中坚企业；同时，通过物联网产品及服务的开发，打造安全、活跃的物联网发展平台，并推进政府内部及官民合作等，最终力争使韩国在物联网服务开发及运用领域成为全球领先的国家。

1.4　我国物联网的现状与展望

我国对物联网的发展十分重视，对于物联网的整体发展有着全局的控制。2013 年 2 月，国务院发布《关于推进物联网有序健康发展的指导意见》，针对物联网在发展过程中遇到的相关问题，以及近期和远期发展的规划，从全局性角度进行了考虑和安排，确立了发展目标，明确了发展思路。物联网作为我国新兴战略性产业之一，当前发展较为迅速，并取得重大进展。

1.4.1　发展状况

我国物联网发展状况体现在以下三方面。

1. 我国 M2M 用户快速增长

据不完全统计，2016 年年底我国的 M2M 用户已突破 1 亿。物联网产业普及的一种重要方式就是在 M2M 模式上实现。M2M 模式是在接口标准化的基础上，通过产业链各个环节的相互协作，形成多类应用能够通用共享的水平化服务，M2M 模式的核心是提供对用户的私人订制服务。借助 M2M 用户的高速增长，物联网应用也得到了越来越迅速的发展。

2. 我国物联网产业标准化程度比较高

中国产业调研网发布的《2016 年版中国物联网市场现状调研与发展趋势分析报告》显示，我国物联网标准化程度在国际的影响力不断提升。很多国内企业都积极参与物联网国际标准的制定和审核工作，我国已经成为 ISO/IEC 和 ITU-T 物联网相关工作组的主导国之一，并牵头制定了《物联网概览》，这是第一个国际物联网总体标准。

3. 我国物联网产业在多个地区都已形成规模发展

我国已初步形成分别以北京、天津为核心的华北地区，以上海为核心的华东地区，以深圳为核心的华南地区以及以重庆为核心的中西部地区四大物联网产业集聚区。

下面介绍我国物联网战略及建设实施。

1. 我国的物联网战略

"十三五"时期是经济新常态下创新驱动、形成发展新动能的关键时期，必须牢牢把握物联网新一轮生态布局的战略机遇，大力发展物联网技术和应用，加快构建具有国际竞争力的产业体系，深化物联网与经济社会融合发展，支撑制造强国和网络强国建设。

（1）我国物联网战略的发展思路。贯彻落实《国务院关于推进物联网有序健康发展的指导意见》《中国制造 2025》《国务院关于积极推进"互联网+"行动的指导意见》和《关于深化制造业与互联网融合发展的指导意见》，以促进物联网规模化应用为主线，以创新为动力，以产业链开放协作为重点，以保障安全为前提，加快建设物联网泛在基础设施、应用服务平台和数据共享服务平台，持续优化发展环境，突破关键核心技术，健全标准体系，创新服务模式，构建有国际竞争力的物联网产业生态，为经济增长方式转变、人民生活质量提升以及经济社会可持续发展提供有力支撑。

坚持创新驱动：强化创新能力建设，完善公共服务体系，加快建立以企业为主体、政产学研用相结合的技术创新体系。加强面向智能信息服务的关键技术研发及产业化，大力发展新技术、新产品、新商业模式和新业态，加快打造智慧产业和智能化信息服务。

坚持应用牵引：面向经济社会发展的重大需求，以重大应用示范为先导，统筹部署，聚焦重点领域和关键环节，大力推进物联网规模应用，带动物联网关键技术突破和产业规模化发展，提升人民生活质量，增强社会管理能力，促进产业转型升级。

坚持协调发展：充分发挥物联网发展部际联席会议制度作用，加强政策措施的协同，促进物联网与相关行业之间的深度融合。加强资源整合，突出区域特色，完善产业布局，避免重复建设，形成协调发展的格局。

坚持安全可控：建立健全物联网安全保障体系，推进关键安全技术研发和产业化，增强物联网基础设施、重大系统、重要信息的安全保障能力，强化个人信息安全，构建泛在安全的物联网。

（2）我国物联网战略规划的指导原则。

1）自主创新原则。自主创新原则是指力争在若干核心技术领域达到国际先进水平或者领先水平。

2）产业化原则。产业化原则是指确定企业在物联网发展过程中的主体地位，企业之间加强沟通合作形成完整的具有国际竞争力的产业链。

3）开放原则。开放原则是指密切跟踪技术发展前沿，注重借鉴国外先进技术，推进共赢合作。

4）协作原则。协作原则是指加强政府各部门之间的沟通协调，重视企业、高等院校及科研院所之间的协作，共同推进技术进步。

2. 国家物联网的建设实施

（1）强化产业生态布局。加快构建具有核心竞争力的产业生态体系。以政府为引导，以企业为主体，集中力量，构建基础设施泛在安全、关键核心技术可控、产品服务先进、大中小企业梯次协同发展、物联网与移动互联网、云计算和大数据等新业态融合创新的生态体系，提升我国物联网产业的核心竞争力。推进物联网感知设施规划布局，加快升级通信网络基础设施，积极推进低功耗广域网技术的商用部署。建立安全可控的标识解析体系，构建泛在安全的物联网。突破操作系统、核心芯片、智能传感器、低功耗广域网、大数据等关键核心技术。在感知识别和网络通信设备制造、运营服务和信息处理等重要领域，发展先进产品和服务，打造一批优势品牌。鼓励企业开展商业模式探索，推广成熟的物联网商业模式，发展物联网、移动互联网、云计算和大数据等新业态融合创新。

（2）完善技术创新体系。加快协同创新体系建设。以企业为主体，加快构建政产学研用结合的创新体系。统筹衔接物联网技术研发、成果转化、产品制造、应用部署等环节工作，充分调动各类创新资源，打造一批面向行业的创新中心、重点实验室等融合创新载体，加强研发布局和协同创新。继续支持各类物联网产业和技术联盟发展，引导联盟加强合作和资源共享，加强以技术转移和扩散为目的的知识产权管理处置，推进产需对接，有效整合产业链上下游协同创新。支持企业建设一批物联网研发机构和实验室，提升创新能力和水平。鼓励企业与高校、科技机构对接合作，打通科研成果转化渠道。整合利用国际创新资源，支持和鼓励企业开展跨国兼并重组，与国外企业成立合资公司进行联合开发，引进高端人才，实现高水平高起点上的创新。

（3）构建完善标准体系。完善标准化顶层设计。建立健全物联网标准体系，发布物联网标准化建设指南。进一步促进物联网国家标准、行业标准、团体标准的协调发展，以企业为主体开展标准制定，积极将创新成果纳入国际标准，加快建设技术标准试验验证环境，完善标准化信息服务。

（4）推动物联网规模应用。大力发展物联网与制造业融合应用。围绕重点行业制造单元、生产线、车间、工厂建设等关键环节进行数字化、网络化、智能化改造，推动生产制造全过程、全产业链、产品全生命周期的深度感知、动态监控、数据汇聚和智能决策。通过对现场级工业数据的实时感知与高级建模分析，形成智能决策与控制。完善工业云与智能服务平台，提升工业大数据开发利用水平，实现工业体系个性化定制、智能化生产、网络化协同和服务化转型，加快智能制造试点示范，开展信息物理系统、工业互联网在离散与流程制造行业的广泛部署应用，初步形成跨界融合的制造业新生态。

（5）完善公共服务体系。打造物联网综合公共服务平台。针对物联网产业公共服务体系做好统筹协调工作，充分利用和整合各区域、各行业已有的物联网相关产业公共服务资源，引导多种投资参与物联网公共服务能力建设，形成资源共享、优势互补的公共服务平台体系。整合创新资源，加强开源社区建设，促进资源流动与开放共享，提供物联网技术研发、标识解析、标准测试、检验检测等公共技术服务。

（6）提升安全保障能力。推进关键安全技术研发和产业化。引导信息安全企业与物联网技术研发与应用企业、科研机构、高校合作，加强物联网架构安全、异构网络安全、数据安全、个人信息安全等关键技术和产品的研发，强化安全标准的研制、验证和实施，促进安全技术成果转化和产业化，满足公共安全体系中安全生产、防灾减灾救灾、社会治安防控、突发事件应对等方面对物联网技术和产品服务保障的要求。

1.4.2 存在的问题

尽管我国物联网在产业发展、技术研发、标准研制和应用拓展等领域已经取得了一些进展，但应清醒地认识到，我国物联网发展还存在一系列瓶颈和制约因素。我国现阶段物联网发展存在的问题有：核心技术和高端产品与国外差距较大，高端综合集成服务能力不强，缺乏骨干龙头企业，应用水平较低，且规模化应用少等。此外，在以下几个方面还存在一定的问题。

（1）物联网政策与法规的制定与完善。物联网涉及各个行业和产业，因此需要全社会力量进行整合和完善。先进技术固然重要，但国家对于物联网政策上的支持和立法上的完善是物联网能顺利发展的保障与基石。只有制定出适合这个行业发展的政策和法规，物联网行业才能顺利的成长。

（2）建立统一的技术标准。如果没有统一的技术标准和协调机制，各个层面自行选择不同的技术方案，大量专业网之间无法通过统一化的接口互连，资源共享就是一纸空谈。高额的研发成本将是灾难性的。建立统一的技术标准和高效的管理机制，是当务之急。

（3）建立高效的管理平台。物联网的重中之重在于物。传感技术的研发是容易的，一个小型企业甚至都可以自行研发传感技术。被感知的信息，如果只是孤立的存在，那么对于实现规模经济效益是没有任何帮助的，因此必须要建立一个高效的管理平台，能够对各类信息进行收集、整理、分析、传输。管理平台的建立能够提高使用资源的效率，降低开发和运营成本，加速商业模式的整合。

（4）建立健全安全体系。物联网目前主要采用射频技术，任何人都可以通过芯片获取产品信息。这一方面使产品的主人方便对产品进行管理，另一方面也造成了巨大的安全隐患。管理平台的提供者，应该对出现的安全问题有提前的预判以及应对的措施。安全问题是体现物联网价值的首要问题。

（5）开发应用平台和软件。不同行业由于行业特性、商业模式、业务形式、商品特征的不同，对于物联网提出的要求都是不同的，适合的应用应该是在对行业深入了解和剖析的基础上，利用先进的技术，完成的有价值的开发。

（6）完善商业模式。不恰当的商业模式将造成高成本运营的状态，行业壁垒、行业保护、地方保护主义、不完善的制度都将成为物联网发展的绊脚石。因此物联网商用模式有待完善。

1.4.3 实践与展望

国务院在中国政府网公开发布的《"十三五"国家信息化规划》（以下简称《规划》）中有20处提到"物联网"，其中"应用基础设施建设行动"方案中，明确指出积极推进物联网发展的具体行动指南：推进物联网感知设施规划布局，发展物联网开发应用；实施物联网重大应用示范工程，推进物联网应用区域试点，建立城市级物联网接入管理与数据汇聚平台，深化物联网在城市基础设施、生产经营等环节中的应用。见表 1.3。

表 1.3 关键技术创新工程

类别	关键技术	创新需求
信息感知技术	超高频和微波 RFID	积极利用 RFID 行业组织，开展芯片、天线、读写器、中间件和系统集成等技术协同攻关，实现超高频和微波 RFID 技术的整体提升
	微型和智能传感器	面向物联网产业发展的需求，开展传感器敏感元件、微纳制造和智能系统集成等技术联合研发，实现传感器的新型化、小型化和智能化
	位置感知	基于物联网重点应用领域，开展基带芯片、射频芯片、天线、导航电子地图软件等技术合作开发，实现导航模块的多模兼容、高性能、小型化和低成本
信息传输技术	无线传感网	开展传感器节点及操作系统、近距离无线通信协议、传感网组网等技术研究，开发出低功耗、高性能、适用范围广的无线传感网系统和产品
	异构网络融合	加强无线传感网、移动通信网、互联网、专网等各种网络间相互融合技术的研发，实现异构网络的稳定、快捷、低成本融合
信息处理技术	海量数据存储	围绕重点应用行业，开展海量数据新型存储介质、网络存储、虚拟存储等技术的研发，实现海量数据存储的安全、稳定和可靠
	数据挖掘	瞄准物联网产业发展重点领域，集中开展各种数据挖掘理论、模型和方法的研究，实现国产数据挖掘技术在物联网重点应用领域的全面推广
	图像视频智能分析	结合经济和社会发展实际应用，有针对性地开展图像视频智能分析理论与方法研究，实现图像视频智能分析软件在物联网市场的广泛应用
信息安全技术	安全可信	构建"可管、可控、可信"的物联网安全体系架构，研究物联网安全等级保护和安全测评等关键技术，提升物联网信息安全保障水平

《规划》在重大任务和重点工程中囊括了十大体系，其中物联网相关的主要内容有：

（1）大力推进集成电路创新突破。加大面向新型计算、5G、智能制造、工业互联网、物联网的芯片设计研发部署，推动 32/28nm、16/14nm 工艺生产线建设，加快 10/7nm 工艺技术研发，加速芯片级封装、圆片级封装、硅通孔和三维封装等研发和产业化进程，突破电子设计自动化（EDA）软件。

（2）统筹应用基础设施建设和频谱资源配置。适度超前布局、集约部署云计算数据中心、内容分发网络、物联网设施，实现应用基础设施与宽带网络优化匹配、有效协同。支持采用可再生能源和节能减排技术建设绿色云计算数据中心。推进信息技术广泛运用，加快电网、铁路、公路、水利等公共设施和市政基础设施智能化转型。

（3）注重信息安全保护。实施大数据安全保障工程，加强数据资源在采集、传输、存储、使用和开放等环节的安全保护。推进数据加解密、脱密、备份与恢复、审计、销毁、完整性验证等数据安全技术研发及应用。

（4）设立信息经济示范区。深化信息技术在现代农业、先进制造、创新创业、金融等领域集成应用，依托现有新技术产业园区、创新园区，面向云计算、大数据、物联网、机器深度学习与新一代信息技术创新，探索形成一批示范效应强、带动效益好的国家级信息经济示范区。

（5）实施生态环境监测网络建设工程，建立全天候、多层次的污染物排放与监控智能多源感知体系。支持利用物联网、云计算、大数据、遥感、数据融合等技术，开展大气、水和土壤环境分析，建立污染源清单。开展环境承载力评估试点，加强环境污染预测预警，建立环境污染源管理和污染物减排决策支持系统。

第 2 章　物联网识别技术

本章导读

无线射频识别（Radio Frequency IDentification，RFID）技术，又称射频识别技术，是一种非接触的自动识别技术，其基本原理是利用射频信号和空间耦合（电感或电磁耦合）传输特性，实现对被识别物体的自动识别。与广泛采用的条形码识别技术相比，它具有识别距离远、穿透能力强、多物体识别、抗污染、抗干扰能力强、数据安全可靠性高、不易磨损、使用成本低等优点，现已广泛应用于工业、农业、物流、交通、电网、环保、安防、医疗、家居等众多领域。

本章我们将学习以下内容：

● RFID 基础知识
● RFID 国内外标准
● RFID 系统的安全隐私
● RFID 实际应用

随着电子技术的不断发展，RFID 常称为感应式电子晶片或感应卡、非接触卡、电子标签、电子条码等，作为物联网系统的关键技术之一，应用范围日益扩展，已涉及人们日常生活的各个领域。当前 RFID 可应用在物流领域的仓库管理、日用品销售、高速公路收费、医疗行业的药片生产及追踪、门禁管理等生活的各个方面。RFID 已经成为未来信息社会建设的基础技术之一。

2.1　RFID 技术概述

2.1.1　RFID 技术简介

近年来，自动识别技术被广泛应用于医疗卫生、物流运输、餐饮旅游、交通运输和商业贸易等各个领域。相对于早期的条码技术和磁条识别技术，RFID 技术最大的优点就是可以进行非接触识别，具有无需人工干预、不易损坏和操作方便快捷等优点。

典型的 RFID 系统主要包括三个部分：读写器（Reader）、标签（Tag）和中间件（应用软件）。读写器由天线、射频收发模块和控制单元构成。其中，控制模块通常包含放大器、解码和纠错电路、微处理器、时钟电路、标准接口以及电源电路等。标签一般包含天线、调制器、编码器以及存储器等单元。国际标准委员会制定的电子产品代码（EPC），为每一个产品定义全球唯一的 ID，使每个标签对象携带唯一的识别码。

2.1.2　RFID 技术的背景

RFID 技术的历史最早可以追溯到二战期间，雷达的改进和应用催生了 RFID 技术，RFID

技术早期用于敌我军用飞行目标的识别。RFID 技术的发展见表 2.1。

表 2.1　RFID 技术发展的历程表

时间	RFID 技术发展
1941—1950 年	雷达的改进和应用催生了 RFID 技术，1948 年奠定了 RFID 技术的理论基础
1951—1960 年	早期 RFID 技术的探索阶段，主要处于实验室实验研究
1961—1970 年	RFID 技术的理论得到了发展，开始了一些应用尝试
1971—1980 年	RFID 技术与产品研发处于一个大发展时期，各种 RFID 技术测试得到加速。出现了一些最早的 RFID 应用
1981—1990 年	RFID 技术及产品进入商业应用阶段，各种封闭系统应用开始出现
1991—2000 年	RFID 技术标准化问题日趋得到重视，RFID 产品得到广泛采用
2001 至今	标准化问题日趋为人们所重视，RFID 产品种类更加丰富，有源电子标签、无源电子标签及半无源电子标签均得到发展，电子标签成本不断降低

2.1.3　RFID 系统的组成

一套完整的 RFID 系统由电子标签、读写器、中间件和应用软件系统四部分组成，如图 2.1 所示。

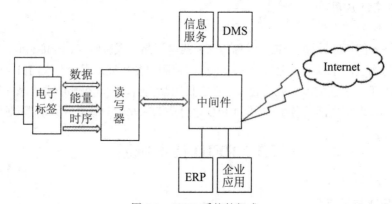

图 2.1　RFID 系统的组成

基本工作原理是先由读写器发射特定频率的射频信号，当电子标签进入磁场内，接收到读写器发射的无线电波，凭借所获得的能量将芯片中的数据发送出去，读写器依时序对接收到的数据进行解调和解码，并送给应用程序进行相应的处理。基本的工作流程如下：

（1）读写器通过发射天线向外发射无线电载波信号。

（2）当电子标签进入发射天线所覆盖的区域时，就会获得读写器发送的无线电波能量，凭借能量标签将自身的信息代码发射出去。

（3）系统接收电子标签发出的载波信号，经天线的调节器传输给读写器，读写器对接收到的信号进行解读，送往后台应用软件系统进行处理。

（4）应用软件判断该电子标签的合法性，针对不同的设定作出相应的处理和控制。

在 RFID 系统应用中，一般将标签置于需要进行跟踪管理的物品表面或内部，当带有标签的物品进入读写器发射的信号覆盖范围内时，读写器就能读取到标签内的数据信息。读写器将获取的信息发给中间件进行数据处理，由中间件对来自读写器的原始数据进行过滤、分组等处理。最终将中间件处理后的事件数据交给后台应用系统软件进行管理操作。

2.1.4　RFID 系统的分类

根据 RFID 系统的不同特征，可以将 RFID 系统按照多种方式进行分类。按照其工作频率的不同可以分为低频系统、中高频系统和超高频三种；按照基本工作方式进行分类，可以分为全双工系统、半双工系统和时序系统；按照电子标签的数据量进行分类可以分为 1 比特系统和多比特系统；按照耦合类型进行分类可以分为电感耦合系统和电磁反向散射耦合系统。下面对这些分类进行简要介绍。

（1）按照工作频率划分，可以将射频识别系统分为低频、中高频和超高频三种。

1）低频系统：低频系统的工作频率一般为 30kHz～300kHz。典型的工作频率为 125kHz 和 133kHz。低频标签与读写器传送数据的距离一般情况下要小于 1m。低频系统的优点是电子标签省电，成本较低；缺点是保存的数据量较少，和读写器之间的距离较短等。

2）中高频系统：中高频系统的工作效率一般在 3MHz～30MHz，典型的工作频率为 13.54MHz。在中高频系统中，标签与读写器的距离一般情况下要小于 1m，最大的读取距离是 1.5m。中高频系统的优点是保存数据量较大，数据传输速率较快；缺点是电子标签和读写器的成本较高。

3）超高频系统：超高频系统的工作频率一般为 300MHz～3GHz 或大于 3GHz。典型的工作频率为 433.92MHz、2.45GHz 等。在超高频系统中，读写器与电子标签的读取距离一般大于 1m，典型情况为 4m～7m，最大可达到 10m 及以上。超高频系统的优点是阅读距离长，读写速度快；缺点是价格昂贵。

（2）按照基本工作方式分类，可以分为全双工系统、半双工系统和时序系统。

1）全双工系统：在全双工系统中，读写器和电子标签之间可以双向传输数据，并且同时进行。读写器传输给电子标签的能量是连续的，与传输方向无关。

2）半双工系统：在半双工系统中，读写器和电子标签之间交替传输数据。读写器传输给电子标签的能量是连续的，与传输方向无关。

3）时序系统：在时序系统中，读写器的磁场周期性短时间断开，电子标签识别出这些间隔，在间隔时间内完成从电子标签到读写器之间的数据传输。时序系统的缺点是在读写器发出间隔时，会造成电子标签的能量供应中断，这就要求系统必须通过装入足够大容量的辅助电容器或辅助电池进行补偿。

（3）按照电子标签的数据量分类，可以分为 1 比特系统和多比特系统。

1）1 比特系统：1 位是最小的信息单位，可用"0"和"1"两种方式表示。因此，1 比特系统只有两种状态，即"在电磁场的响应范围内有电子标签"和"在电磁场的响应范围内无电子标签"。这种功能简单的 1 比特系统具有价格便宜、使用方便等特点。目前这种系统被广泛应用于商场的电子防盗系统中。如果带着没有付款的商品离开商场，安装在出口的读写器就会标识出"在电磁场的响应范围内有电子标签"，并作出报警反应。

2）多比特系统：在多比特系统中，电子标签的数据量可以是几字节或者是几千字节，具体由实际应用来决定。

（4）按照耦合类型分类，可以分为电感耦合系统和电磁反向散射耦合系统。

1）电感耦合系统：在电感耦合系统中，电子标签由一个电子数据载体，一个微芯片和一个作为天线的大面积线圈组成，供电是由读写器产生的交变磁场来提供。电感耦合方式一般适用于中、低频率工作的近距离射频识别系统。电感耦合系统如图 2.2 所示。

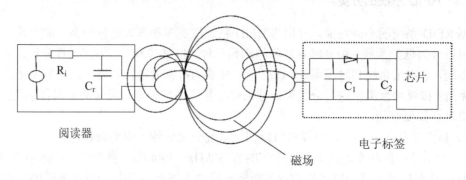

图 2.2 电感耦合系统

2）电磁反向散射耦合系统。电磁波从天线向周围空间发射，会遇到不同的目标。到达目标的电磁能量的一部分（自由空间衰减）被目标所吸收，另一部分以不同的强度散射到各个方向。反射能量的一部分最终会返回发射天线，称为回波。在雷达技术中，用这种反射波测量目标的距离和方位。对 RFID 系统来说，可以采用电磁反向散射耦合的工作方式，利用电磁波反射完成从电子标签到读写器的数据传输，主要应用在 915MHz、2.45GHz 或更高频率的系统中。RFID 系统的电磁反向散射耦合工作方式对应于 ISO/IEC15693 协议，其系统工作原理如图 2.3 所示。

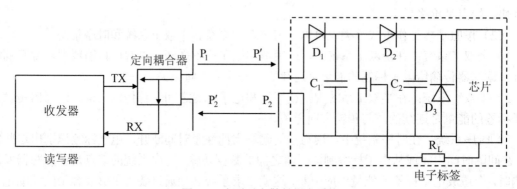

图 2.3 电磁反向散射耦合系统

2.2 RFID 读写器

2.2.1 读写器概述

读写器（Reader），也叫询问器。读写器用于发射和接收信号，主要负责读取电子标签的信息，然后将其送到后台系统软件中进行处理。可以是单独的设备，独立进行读写、数据处理等操作；也可以作为某一个组成部件嵌入到其他的系统中。读写器作为连接后台系统软件与电子标签的重要纽带，主要具有以下功能：

（1）读写器与电子标签之间的通信功能。读写器可以探测或者读取标签内的信息，对标签进行信息初始化。

（2）在工作范围内，读写器可以识别多个标签并读取其中的内容，也可以在一定技术指标下读取移动标签。

（3）读写器可以实现信号状态控制，执行防碰撞算法，还可以进行奇偶错误校验。

（4）对于有源标签，读写器可以读取有源标签的电池信息，如电池电量信息等。

在 RFID 系统中，读写器与电子标签的所有行为都是由后台的系统软件操控完成的。可以将整个 RFID 系统看作是两个子系统，一个是后台系统软件与读写器组成的系统，另一个是读写器与电子标签组成的系统。应用软件作为主动方向读写器发出多条指令，而读写器作为从动方接收到系统软件发出的指令后，根据不同的指令作出相应的回应，与电子标签建立通信关系；电子标签接收到读写器发出的指令，根据不同的指令作出对应的反应，在这个过程中，电子标签是被动方，读写器是主动方。读写器的基本作用是连接两个子系统核心数据的交换。与电子标签建立通信关系后，将标签中的信息数据传递给后台应用软件系统。其中，如信号状态控制、数据校验等工作都是由读写器完成的。

2.2.2　读写器的工作原理

不同的 RFID 系统在通信模式、数据传输方式、耦合方式和系统频率等方面存在着很大差别，但是作为 RFID 系统最核心最复杂的部件，读写器的基本工作原理和工作方式大体上都是相同的，基本模式如图 2.4 所示。

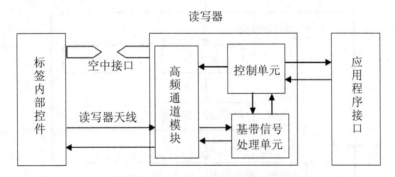

图 2.4　RFID 读写器工作模式

如图 2.4 所示，读写器通过空中接口将要发送的信号进行编码后加载到特定频率的载波信号上，通过天线向标签发出指令，进入到读写器工作范围内的标签收到指令后作出回应。另外，读写器从电子标签中采集到的数据进行解码处理后，送到后台由系统处理，处理后的数据再由读写器写入到标签中，在这个过程中，读写器是通过应用程序 API 接口实现的。

读写器有两种工作模式，分别是 RTF（读写器先发言）和 TTF（标签先发言）。在非工作情况下，电子标签一般处于"等待"状态，当标签进入到读写器的工作范围内，检测到有射频信号时，便从"等待"状态切换到"工作"状态。电子标签接收读写器发送的指令，作出相应处理，然后再将结果回传给读写器。只有接收到读写器发送的特殊信号，电子标签才发送数据的工作方式叫作 RTF 模式；电子标签一进入到读写器的工作范围就主动发送自身信息的工作方式叫作 TTF 模式。

如果读写器采用 RTF 的工作模式，读写器是主动方，电子标签则为从动方。在读写器的工作范围内，标签接收到读写器发送的特殊命令信号后，内部芯片对信号进行解调处理，然后对请求、密码和权限进行判断。若接收到的是读取标签内部信息命令，逻辑控制电路则会从存储器中读取相关信息，经编码调制后再发回给读写器。读写器将接收到的标签信息进行解码解调后送至后台应用程序进行处理。

2.2.3　读写器的组成结构

同计算机的结构组成一样，读写器的结构组成也分为硬件和软件两部分。

1. 硬件组成

读写器的硬件由基带控制模块、射频模块和天线三部分组成，详细组成如图 2.5 所示。

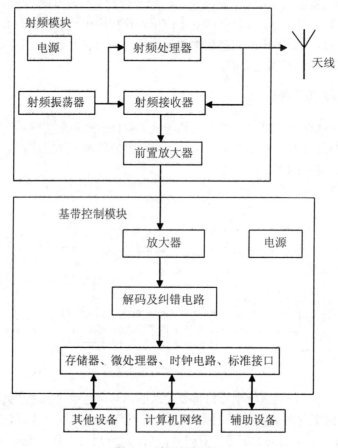

图 2.5　读写器组成

（1）射频模块。射频模块主要负责信号的发射和接收，由电源、射频处理器、射频振荡器、射频接收器和前置放大器组成。完成的功能有：

1）射频振荡器可以产生高频发射能量，其中一部分能量用于维持读写器正常工作，另一部分经由天线传送给电子标签，激活标签并为其提供能量。

2）将要发送给电子标签的信号调制到读写器的载频信号上，从而形成发射信号，通过天线将数据传送给标签。

3）射频接收器可以将电子标签回应读写器的信号进行解调，并将其送给前置放大器进行信号的放大处理。

（2）基带控制模块。控制模块是读写器的工作控制中心，一般由电源、放大器、解码及纠错电路、微处理器、时钟电路和标准接口等组成。控制模块可以通过放大器接收射频模块传输的信号，也可以将要写入电子标签的信息传送给射频模块，还可以通过标准接口将标签内容和其他信息传送给外部设备。控制模块完成的主要功能有：

1）对读写器和电子标签之间传递的数据进行调制，如加密和解密。

2）使读写器与后台应用程序之间进行通信，执行应用软件发送的指令。

3）对读写器和电子标签之间的通信过程进行控制。

4）对读写器和电子标签进行身份验证。

（3）天线。读写器发送的射频信号和能量都是通过天线进行传递的，天线也可以接收来自电子标签的信息。读写器天线形成的电磁场范围就是整个 RFID 系统的数据覆盖区域。

在电感式耦合射频识别系统中，对于天线的选择，应该满足以下几个条件：

1）天线线圈的电流最大，可以产生最大的磁通量。

2）具有保证传输载波信号的足够带宽。

3）为了最大程度地利用磁通量，天线的功率应与读写器匹配。

4）由于读写器正朝着小型便携的方向发展，所以天线也应该尽量做到小型化。

一个读写器可以连接一个天线，也可以连接多个天线，但每次工作只能激活一个天线。根据系统不同的工作频率和功能特性，天线的大小和形状也会有所区别。天线主要有偶极子型、线圈型和微带贴片型三种形式。近距离的 RFID 系统一般采用线圈型天线，远距离的 RFID 系统一般采用微带贴片型和偶极子型天线。根据天线在读写器中的位置可以分为内置天线和外置天线。内置天线集成在读写器的内部，一般适用于近距离的 RFID 系统；外置天线与读写器采取分离结构，一般适用于远距离 RFID 系统。

2. 软件组成

读写器的软件在厂家生产产品的时候已经被写入到模块中了，软件模块可以对电子标签发出动作指示以及响应读写器接收到的指令。读写器的软件主要有三类：

（1）控制软件：负责系统的控制与通信功能；对天线的发射进行控制；控制软件可以改变读写器的工作模式；完成与后台系统软件之间的数据传输和命令交换等功能。

（2）导入程序：在系统启动时导入相应程序到指定的存储空间，然后执行导入的程序。

（3）解码软件：负责将指令翻译成读写器可以识别的命令格式，控制读写器的操作；进行解码操作，将接收到的电磁波模拟信号解码成数字信号。

2.2.4 读写器的种类

随着工业技术的不断发展，根据不同的使用用途和功能特点，读写器的结构和外观形式有着千差万别的特点。不同结构的读写器工作模式也不尽相同。根据不同的划分标准，可以将读写器分成多个种类，例如根据读写器与天线是否分离可以将读写器分为分离式读写器和集成式读写器，分别如图 2.6 和图 2.7 所示。

图 2.6　分离式读写器

图 2.7　集成式读写器

目前最常见的分类方式是将读写器分为固定式读写器、便携式读写器和 OEM 读写器。下面将重点介绍前两种。

1. 固定式读写器

固定式读写器是目前最常见的一种读写器，固定式读写器的射频控制器和高频接口都被封装在一个固定的外壳中。有时为了节约成本，方便运输，也将天线和射频模块封装在一起。固定式读写器如图 2.8 所示。

图 2.8　固定式读写器

发卡器和工业读写器是典型的固定式读写器的两种类型。发卡器主要对电子标签进行操作，可以进行读卡、写卡、补卡以及信息纠正等操作。因此，从本质上说，发卡器就是一个小型的射频读写器。发卡器现如今被广泛应用于智能停车场管理、生产线产品管理、产品防伪检测以及考勤管理等领域。大部分的工业读写器都具备标准的现场总线接口，以便快捷地集成到现有设备中。工业读写器主要应用在畜牧、矿井和自动化等生产领域。

2. 便携式读写器

便携式读写器也叫手持式读写器，是用户可以手持使用的一种射频读写设备。便携式读写器主要由 LCD 显示屏和键盘面板组成，一般使用可充电的大容量电池。内部集成 Linux 或其他嵌入式操作系统，方便进行读写操作，可以对 RFID 系统的数据进行采集和存储。便携式读写器要有其自身的一些特点，例如一体化装置和省电设计。如图 2.9 所示。

图 2.9　便携式读写器

一体化设置：由于便携式读写器要方便用户手持使用，这就决定了它必须要采用一体化设计。在特殊情况下，也采用可替换的天线以满足便携式读写器的大范围读取要求。

省电设计：便携式读写器是自带电源工作的，所有用电都由自身内部电池提供，因此要满足电源转换的效率和设备长时间工作的需求，省电设计是便携式读写器要考虑的首要问题。

2.2.5　读写器的发展前景

随着 RFID 技术发展，读写器将具备多功能、智能多天线端口、多制式和多频段兼容等特点。另外，在实现低成本和小型化的同时，向嵌入式、便携式和模块化的方向发展。

（1）多功能。随着市场对射频识别系统多功能和多样性的要求越来越高，读写器也将向着智能化方向发展，具备更多更实用的功能。读写器可通过集成多天线智能端口，实现对不同工作频段的兼容切换和信息的自动处理；通过多种数据接口的集成，实现信息数据的多通道传输；通过电子标签的多制式兼容，实现对多种类型标签的读、写操作兼容；结合条码技术，实现多种工作模式的自动切换。

（2）多频段兼容。目前不同国家和地区的射频识别产品的使用频率各不相同，为了满足不同的需要，读写器将朝着兼容多个频段的方向发展。

（3）多种通信数据接口。由于射频识别系统的应用领域不断扩展，要求系统能够提供多种接口以满足不同用户需求，接口类型有 USB、以太网接口、RS-232、无线网络接口和其他各种自定义接口等。

（4）低成本。目前大规模的射频识别系统的应用成本还是比较高的，随着技术的不断发展，读写器以及射频识别系统的应用成本会越来越低。

（5）多制式兼容。目前全球使用多种射频识别技术标准，各厂家系统也互不兼容，随着射频识别技术的逐步统一，读写器将兼容多种不同制式的电子标签，以提高产品的应用范围和市场竞争力。

（6）智能多天线接口。如果读写器具备智能多天线接口，就可以根据不同的需求，对天线进行智能化操作，从而使系统感知不同天线覆盖区域内的电子标签，扩大系统的工作范围。未来也有可能采用智能天线相位控制技术，使射频识别系统具有空间感知能力。

2.3　电子标签

电子标签（Tag 或 Transponder）也称射频卡、射频卷标、应答器、智能标签或感应标签，它的主要功用在于接收到读写器（Reader）的命令后，将本身所存储的编码（Code）回传给读写器。在 RFID 应用系统中，电子标签作为特定的标识附着在被识别物体上，是一种损耗件。电子标签由 IC 芯片和无线通信天线组成，一般保存有约定格式的电子数据。数据可以由读写器以无线电波的形式非接触地读取，并通过读写器的处理器进行信息解读并进行相关管理。

电子标签的电路成本低，性能可靠，十分方便于大规模生产。电子标签的收发天线采用微带平板天线，环境适应性强，机械、电气特性好，便于各种应用场合安装。系统工作时，读写器发出微波查询（能量）信号，电子标签（无源）收到信号后，将其中一部分整流为直流电源，供电子标签内的电路工作；另一部分用于电子标签内保存数据的调制（ASK）。

2.3.1 电子标签的组成结构

1. 基本组成

从总体上看，电子标签主要由天线、芯片和射频接口三部分组成，如图 2.10 所示。

（1）时钟：负责发送时序，使得数据可以在规定的时间内被送到读写器。

（2）编码发生器：负责将存储器中的数据进行编码。

（3）调制器：接收经由编码发生器编码的数据，通过天线发送给读写器。

（4）CPU：负责将读写器传输的数据进行译码，并按照读写器的要求回送数据。

（5）存储器：存储系统运行时产生的各类数据。

（6）天线：负责接收读写器发送的电磁信号以及将读写器需要的信息回送给读写器。主要功能是发送和接收数据。

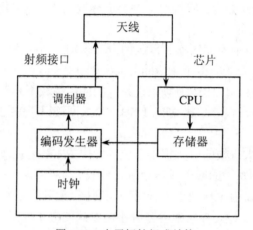

图 2.10　电子标签组成结构

2. 电子标签芯片

作为电子标签的重要组成部件，芯片主要负责存储标签信息，另外还要对标签接收到的数据以及发送的数据做一些必要的处理。芯片的结构组成如图 2.11 所示。

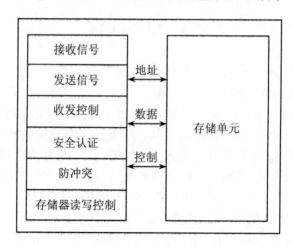

图 2.11　电子标签芯片的结构组成

3. 天线

由于电子标签需要同读写器进行数据传输，因此天线是必不可少的组件，电子标签的通信能力在很大程度上取决于天线的设计。设计天线时必须要满足以下性能要求：

（1）要具备全向性。

（2）天线要集成在电子标签内部，因此体积要足够小。

（3）在读写器的覆盖范围内，天线都能够与读写器进行正常通信。

（4）价格适中。

在选择天线的时候，要考虑以下因素：

（1）天线的阻抗和类型。

（2）天线被应用到电子标签上时的射频性能。

（3）当有其他电子对象围绕标签时，天线的射频性能。

常用的电子标签天线有线圈型、微带贴片型和偶极子天线三类。

（1）线圈型：线圈型天线横截面小，为了加大电子标签与读写器之间的天线线圈互感量，通常在天线内部嵌入铁氧体材料来弥补横截面小的缺陷。线圈型天线如图 2.12 所示。

（2）微带贴片型：此类天线体积小，质量轻，剖面薄，适用于通信方向变化不大并且工作距离在 1m 以上的应用系统中。微带贴片型天线如图 2.13 所示。

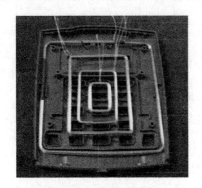

图 2.12　线圈型天线

图 2.13　微带贴片型天线

（3）偶极子天线：在远距离及高频或微波频段，常用偶极子天线。通信信号从天线中间进入，在两端产生一定的电流分布，从而在天线周围空间产生电磁场。偶极子天线分成半波偶极子天线、双线折叠偶极子天线、双偶极子天线和三线折叠偶极子天线，如图 2.14 所示。

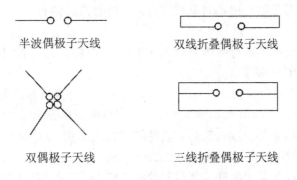

半波偶极子天线　　　　双线折叠偶极子天线

双偶极子天线　　　　三线折叠偶极子天线

图 2.14　偶极子天线

2.3.2　电子标签的分类

不同的电子标签适用于不同的场合，为了满足需求多样性，电子标签的种类多种多样。

（1）根据标签工作频段进行分类，可以将其分为低频、高频、超高频和微波标签。

低频标签：工作频段低，频率范围为 30kHz～300kHz。工作方式是电感式耦合。进行数据传输时，需位于读写器天线的近场区内。主要应用于畜牧业管理、防盗和动物识别等领域。

高频标签：工作频率为 3MHz～30MHz，典型工作频率为 13.56MHz。工作方式采用电感式耦合。数据传输时，需位于读写器天线的近场区内。主要应用于图书馆、电子车票等领域。

超高频和微波标签：这两种标签简称为微波射频标签，典型的工作频率为 433.92MHz、2.45GHz 和 5.8GHz。微波射频标签的工作方式是电磁反向散射，因此，与读写器进行数据传输时，需位于读写器天线的远场区内。主要应用于道路自动收费等领域。

（2）根据标签获取能量的方式进行分类，分为有源标签、半有源标签和无源标签。

有源标签：内部有电池提供电源，标签工作所需的能量全部来自自带电源。有源标签不需要读写器为其提供电源，因此可以与读写器有较远的工作距离，应用也比较灵活。同时，由于有源标签需要定期更换电池，寿命有限，工作成本也较高。

半有源标签：内部也有电池提供电源，但是标签工作所需的能量不是全部来自自带电源，自带电源仅仅能维持标签内部的电路工作。

无源标签：内部没有电池提供电源，标签工作所需的全部能量来自读写器发送的信号，因此，无源标签工作时不能距离读写器太远。同时，无源标签的体积较小，工作寿命较长，是现在应用比较广泛的一种电子标签。

（3）按照标签的数据调制方式可以将其分为主动式、半主动式和被动式标签。

主动式标签：主动式标签内部一般带有电源，利用自身能量主动与读写器进行信息交换，一般适用于工作距离较远的系统中。

半主动式标签：半主动式标签内部一般也带有电源，但是要先经过读写器的激活才能主动与其进行信息交换。

被动式标签：被动式标签是指接收到读写器的查询信号后才进入到通信状态的标签，信号必须经过读写器调制以后才能进行传输，常用于传输距离不太高的场合，如门禁系统。

（4）按照标签的读写方式进行分类，可以将其分为只读型标签、一次写入多次读取标签和读写标签。

只读型标签：内部数据在出厂时就被写入，不能修改。这种标签具有结构简单、价格便宜等特点。

一次写入多次读取标签：标签内容可在应用前一次性写入，写入后内容不能进行修改。内部存储器一般为 PROM 或 PAL。

读写标签：内容既可以读出，又可以被多次修改。具有存储容量大、成本较高等特点。

（5）按照封装材质分类可将其分为纸标签、塑料标签和玻璃标签。

纸标签：可以将标签制作成自带粘贴功能的纸标签形式，此类标签价格较便宜，一般由面层、芯片线路层、胶层和底层组成，如图 2.15 所示。

塑料标签：此类标签采用特殊工艺将芯片和天线用特定的塑料材质封装成不同的标签形式，具有较长的线圈，因此工作范围较广。材质一般采用 PVC 和 PSP，包括面层、芯片层和底层，常应用在狗牌、信用卡等领域，如图 2.16 所示。

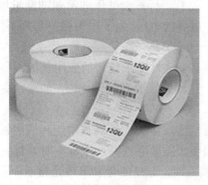

图 2.15　纸标签

图 2.16　塑料标签

玻璃标签：将芯片和天线用一种特殊的固定物质植入到玻璃容器中，封装成玻璃标签。一般用于动物跟踪与识别，如图 2.17 所示。

图 2.17　玻璃标签

2.3.3　电子标签的发展趋势

作用距离更远，无线读写性能更完善，高速移动识别，快速多标签读写，一致性更好，环境适应性更好，体积更小的无源标签是未来发展的主流趋势。此外，将开发多元化功能标签，例如带有蜂鸣器的标签等。

（1）作用距离更远。由于无源射频识别系统的距离限制主要是在电磁波束给标签能量供电上，随着低功耗 IC 设计技术的发展，电子标签的工作电压进一步降低，所需功耗可以降到小于 $5\mu W$ 甚至更低的程度。这就使得无源系统的作用距离进一步加大，在某些应用环境下可以达到几十米以上的作用距离。

（2）无线可读写性能更加完善。不同的应用系统对电子标签的读写性能和作用距离有着不同的要求，为了适应需要多次改写标签数据的场合，需要更加完善电子标签的读写性能，使误码率和抗干扰性能达到可以接受的程度。

（3）适合高速移动物品识别。针对高速移动的物体（如火车、地铁、高速公路上行驶的汽车）的准确快速识别需要，电子标签与读写器之间的通信速率会提高。

（4）快速多标签读写功能。在物流领域，由于会涉及大量物品需要同时识别，必须采用适合这种应用的系统通信协议，实现快速的多标签读写功能。

（5）一致性更好。由于目前电子标签加工工艺的限制，电子标签制造的成品率和一致性并不令人满意，随着加工工艺的提高，电子标签的一致性将得到提高。

（6）强场强下的自保护功能更完善。标签处于读写器发射的电磁辐射场中，有可能距离读写器很远，也有可能距离读写器的发射天线很近，这样，标签会处于非常强的能量场中，电子标签接收到的电磁能量很强，会在电子标签上产生很高的电压。为了保护标签芯片不受损害，必须加强标签在强场强下的自保护功能。

（7）智能性更强，更完善的加密特性。在某些对安全性要求较高的应用领域，需要对标签中的数据进行严格加密，并对通信过程进行加密。这样就需要智能性更强、加密性更为完善的标签。

（8）带有传感器功能的标签。将标签和传感器相连，将大大扩展其功能和应用领域。

（9）带有其他附属功能的标签。在某些应用领域，需要寻找某一个标签时，标签上具有附属功能如蜂鸣器或指示灯，当给特定的标签发送指令时，标签便会发出声光指示，这样就可以在大量的目标中寻找特定的标签了。

（10）体积更小。由于实际应用限制，一般要求标签的体积比标记的商品小。对于体积非常小的商品以及其他一些特殊的应用场合，对标签体积就提出了更小更易于使用的要求，如有些内置了天线的芯片，其厚度只有 0.1mm，可以嵌入到纸币中。

（11）成本更低。从长远来看，标签市场将逐渐成熟，成为 IC 卡领域继公交、手机、身份证之后又一个具有广阔市场前景和巨大容量的市场。未来标签的成本将更低。

2.4　中间件

为解决分布异构问题，人们提出了中间件（Middleware）的概念。中间件是位于平台（硬件和操作系统）和应用之间的通用服务，这些服务具有标准的程序接口和协议。针对不同的操作系统和硬件平台，它们可以有符合接口和协议规范的多种实现。中间件应具有如下的一些特点：满足大量应用的需要；运行于多种硬件和 OS 平台；支持分布计算，提供跨网络、硬件和 OS 平台的透明性的应用或服务的交互；支持标准的协议；支持标准的接口。

2.4.1　中间件的功能及实现原理

RFID 中间件扮演 RFID 标签和应用程序之间的中介角色，从应用程序端使用中间件所提供一组通用的应用程序接口（API），即能连到 RFID 读写器，读取 RFID 标签数据。

中间件的功能就是接受应用系统的请求，对指定的一个或者多个读写器发起操作命令如标签清点、标签数据写入、标签用户数据区读写、标签数据加锁、标签杀死等，并接收、处理、向后台应用系统上报结果数据。其中，标签清点是最为基本、最为广泛的功能。

2.4.2　中间件的系统架构

RFID 中间件系统作为一个软件系统（或称组件），在实现一定功能、性能要求之外，可理解性、可扩展性、可修改性（或称可重构性）、可插入性、可重用性等指标都将作为软件设计的要求被提出来。将中间件的业务流程中的各个节点分作不同模块处理，可以获得封装、高内聚、低耦合等优势。

RFID 中间件是一种面向消息的中间件（Message-Oriented Middleware，MOM），信息（Information）是以消息（Message）的形式，从一个程序传送到另一个或多个程序。信息可以以异步的方式传送，所以传送者不必等待回应。面向消息的中间件包含的功能不仅是传递信息，还必须包括解译数据、安全性、数据广播、错误恢复、定位网络资源、找出符合成本的路径、消息与要求的优先次序以及延伸的除错工具等服务。

RFID 中间件可以从架构上分为两种：

（1）以应用程序为中心（Application Centric）。此设计概念是通过读写器厂商提供的 API，以 Hot Code 方式直接编写特定读写器读取数据的适配器，并传送至后端系统的应用程序或数据库，从而达成与后端系统或服务串接的目的。

（2）以架构为中心（Infrastructure Centric）。随着企业应用系统的复杂度增高，企业无法负荷以 Hot Code 方式为每个应用程式编写适配器，同时面对对象标准化等问题，企业可以考虑采用厂商所提供的标准规格 RFID 中间件。这样，即使存储标签情报的数据库软件改由其他软件代替，或读写标签的读写器种类增加等情况发生时，应用端不做修改也能应付。

一般来说，RFID 中间件具有下列特征：

（1）独立于架构（Insulation Infrastructure）。RFID 中间件独立并介于读写器与后端应用程序之间，并且能够与多个读写器以及多个后端应用程序连接，以减轻架构与维护的复杂性。

（2）数据流（Data Flow）。RFID 的主要目的在于将实体对象转换为信息环境下的虚拟对象，因此数据处理是 RFID 最重要的功能。RFID 中间件具有数据的搜集、过滤、整合与传递等特性，以便将正确的对象信息传到企业后端的应用系统。

（3）处理流（Process Flow）。RFID 中间件采用程序逻辑及存储再转送（store-and-forward）的功能来提供顺序的消息流，具有数据流设计与管理的能力。

（4）标准（Standard）。RFID 为自动数据采样技术与辨识实体对象的应用。EPC Global 目前正在研究为各种产品的全球唯一识别号码提出通用标准，即 EPC（产品电子编码）。EPC 是在供应链系统中，以一串数字来识别一项特定的商品，通过无线射频辨识标签由 RFID 读写器读入后，传送到计算机或是应用系统中的过程称为对象命名服务（Object Name Service，ONS）。对象命名服务系统会锁定计算机网络中的固定点抓取有关商品的消息。EPC 存放在 RFID 标签中，被 RFID 读写器读出后，即可提供追踪 EPC 所代表的物品名称及相关信息，并立即识别及分享供应链中的物品数据，有效地提供信息透明度。

2.5　RFID 技术的标准

2.5.1　RFID 系统技术标准概述

目前，RFID 还未实现统一的全球标准化，现有局面为多标准并存，为了解决编码、通信和空中接口等问题的标准化，统一 RFID 标准势在必行。RFID 技术标准多元化的原因：

1. 技术原因

（1）RFID 系统工作方式的差异是导致标准不同的主要因素。RFID 系统的应用范围广泛。不同的 RFID 系统，其应用目标，数据的编码形式、频率选择、外形设计和工作原理都有很大差别。因此，采用统一的技术标准也较为困难。

（2）RFID 系统的工作频率分布在低频至微波多个频段中，工作频率不同，技术差异很大。

2. 利益原因

尽管标准是开放使用的，但是标准中的专利技术有着巨大的市场和经济效应。虽然标准的多元化没有阻碍 RFID 技术的发展，但是技术标准的进一步完善必然会对 RFID 技术的使用和推广起到更大的推动作用。

目前，RFID 主要有五大标准组织。其中，EPC Global 由美国统一代码委员会（UCC）和国际物品编码协会（EAN）两大组织联合成立，在全球拥有上百家成员，得到了零售巨头沃尔玛、制造业巨头强生、宝洁等跨国公司的支持。而 AIM、ISO、UID 则代表了欧美国家和日本；IP-X 的成员则以非洲、大洋洲、亚洲等国家为主。比较而言，EPC Global 由于综合了美国和欧洲厂商，实力相对占上风。

2.5.2 ISO 标准体系

国际标准化组织（ISO）以及其他国际标准化机构如国际电工委员会（IEC）、国际电信联盟（ITU）等是 RFID 国际标准的主要制定机构。大部分 RFID 标准都是 ISO（或与 IEC 联合组成）的技术委员会（TC）或分技术委员会（SC）制定的。主要针对 RFID 所有领域的共同属性进行规范化，保证 RFID 不同应用领域的互通性。RFID 基础技术标准体系根据数据流（标签－读写器－中间件－上层应用程序）的顺序，由上而下分为四部分，分别为唯一性标识标准、空中接口协议、数据协议、软件体系架构标准。

1. 空中接口通信协议标准

在 ISO 的标准体系中，ISO/IEC 18000 系列标准起到最为核心的作用。ISO/IEC 18000 系列标准定义了 RFID 标签和读写器之间的信号形式、编解码规范、多标签碰撞协议，以及命令格式等内容，为所有 RFID 设备的空中接口通信提供了全面的指导。该标准具有广泛的通用性，覆盖了 RFID 应用的常用频段，如 125kHz～134.2kHz、13.56MHz、433MHz、860MHz～960MHz、2.45GHz、5.8GHz 等，主要组成部分见表 2.2。

表 2.2 ISO/IEC 18000 系列标准

名称	领域
ISO/IEC 18000-1	基本的信息定义和系统描述
ISO/IEC 18000-2	125kHz～134.2kHz 的空中接口通信协议参数，规定了时序参数、信号特性、标签与读写器之间通信的物理层架构、协议和指令，以及多标签读取时的防碰撞方法，这些协议保证读写器能与 Type-A（FDX）和 Type-B（HDX）电子标签通信的能力，并使兼容的读写器和标签之间能够实现通信
ISO/IEC 18000-3	13.56 MHz 的空中接口通信协议参数，规定了时序参数、信号特性、标签与读写器之间通信的物理层架构、协议和指令，以及多标签读取时的防碰撞方法，这些协议保证兼容的读写器和标签之间能够实现通信
ISO/IEC 18000-4	2.45 GHz 的空中接口通信协议参数，规定了时序参数、信号特性、标签与读写器之间通信的物理层架构、协议和指令，以及多标签读取时的防碰撞方法，这些协议保证兼容的读写器和标签之间能够实现通信
ISO/IEC 18000-5	5.8 GHz 的空中接口通信协议参数，规定了时序参数、信号特性、标签与读写器之间通信的物理层架构、协议和指令，以及多标签读取时的防碰撞方法，这些协议保证兼容的读写器和标签之间能够实现通信，该标准的制定工作目前已经停止

名称	领域
ISO/IEC 18000-6	860MHz～960MHz 的空中接口通信协议参数，规定了时序参数、信号特性、标签与读写器之间通信的物理层架构、协议和指令，以及多标签读取时的防碰撞方法，这些协议保证兼容的读写器和标签之间能够实现通信
ISO/IEC 18000-7	有源 433 MHz 的空中接口通信协议参数，规定了时序参数、信号特性、标签与读写器之间通信的物理层架构、协议和指令，以及多标签读取时的防碰撞方法，这些协议保证兼容的读写器和标签之间能够实现通信

2. 数据内容标准

ISO/IEC 15961、ISO/IEC 15962 与 ISO/IEC 15963 标准规定了信息交换过程中的数据协议，它们独立于 ISO 18000 系列空中接口通信协议。

其中，ISO/IEC 15961 标准描述了应用层中的数据协议，侧重于应用命令与数据协议处理器交换数据的标准方式，可以完成对电子标签数据的添加、修改、删除等操作功能，以及错误响应消息等。RFID 数据协议的应用接口基于 ASN.1 库，它提供了一套独立于主应用程序、操作系统和编程语言，也独立于读写器与标签驱动之上的命令结构。

ISO/IEC 15962 标准定义了数据的编码、压缩、存储格式，以及将电子标签中的数据转化为可利用的应用程序的方法。该协议提供了一套数据压缩的机制，能够充分利用电子标签中数据存储空间，支持各种存储格式，有效利用电子标签以及数据访问过程。

ISO/IEC 15963 标准规定了 RFID 唯一标识的编码体系，该体系兼容 ISO/IEC 7816-6、ISO/TS 14816、EAN/UCC 编码、INCITS 256 等，并保留了一定的扩展性。

3. 性能测试和一致性测试标准

狭义的 RFID 系统由承载了唯一编码的 RFID 标签通过天线与读写器实现通信，因此 RFID 标签、读写器和天线就构成了完成自动识别与数据采集的有机整体。要实现系统的目标功能，系统各部分之间必须满足一致性要求，从而实现不同厂家生产的设备的互通性和互操作性。因此 SC31 WG3 制定了性能测试和一致性测试方法标准，作为 RFID 测试工作的基础。

ISO/IEC 18046 定义了 RFID 设备的性能检测方法，包括对标签性能参数、速度、标签阵列、方向、单标签检测及多标签检测等标签性能检测方法，以及对读取距离、读取率、单标签和多标签读取等读写器性能检测方法。ISO/IEC 18047 定义了 RFID 设备的一致性测试方法，也称空中接口通信协议测试方法。与 ISO 18000 系列标准相对应，ISO/IEC 18047 组成部分见表 2.3。

表 2.3 ISO/IEC 18047 组成

名称	频率	对应协议
ISO/IEC 18047-2	125kHz～134kHz	ISO 18000-2
ISO/IEC 18047-3	13.56MHz	ISO 18000-3
ISO/IEC 18047-4	2.45GHz	ISO 18000-4
ISO/IEC 18047-6	860MHz～960MHz	ISO 18000-6
ISO/IEC 18047-7	433MHz	ISO 18000-7

2.5.3 EPC Global 标准体系

EPC Global 是由美国统一代码委员会（UCC）和国际物品编码协会（EAN）于 2003 年 9 月共同成立的非营利性组织，其主要职责是在全球范围内对各个行业建立和维护 EPC Global 网络，保证供应链各环节信息的自动、实时识别，采用全球统一标准。通过整合现有信息系统和技术，EPC Global 网络将提供对全球供应链上贸易单元即时、准确、自动的识别和跟踪。

EPC Global 的系统成员分为两类：终端成员和系统服务商。终端成员包括制造商、零售商、批发商、运输企业和政府组织。一般来说，终端成员就是在供应链中有物流活动的组织，而系统服务商是指那些给终端用户提供供应链物流服务的组织机构，包括软件和硬件厂商、系统集成商和培训机构等。目前全世界已有 100 多个国家和地区的超过 100 万家企业，使用该系统对物品进行标识和供应链管理。

EPC Global 的 RFID 标准体系框架包含硬件、软件、数据标准，以及由 EPC Global 运营的网络共享服务标准等多个方面的内容。其目的是从宏观层面列举 EPC Global 硬件、软件、数据标准，以及它们之间的联系，定义网络共享服务的顶层架构，并指导最终用户和设备生产商实施 EPC 网络服务。EPC Global 标准框架包括数据识别、数据获取和数据交换三个层次，其中数据识别层的标准包括 RFID 标签数据标准和协议标准，目的是确保供应链上的不同企业间数据格式和说明的统一性；数据获取层的标准包括读写器协议标准、读写器管理标准、读写器组网和初始化标准，以及中间件标准等，定义了收集和记录 EPC 数据的主要基础设施组件，并允许最终用户使用具有互操作性的设备建立 RFID 应用；数据交换层的标准包括 EPC 信息服务标准（EPC Information Services，EPCIS）、核心业务词汇标准（Core Business Vocabulary，CBV）、对象名解析服务标准（Object Name Service，ONS）、发现服务标准（Discovery Services）、安全认证标准（Certificate Profile），以及谱系标准（Pedigree）等，提高广域环境下物流信息的可视性，目的是为最终用户提供可以共享的 EPC 数据，并实现 EPC 网络服务的接入。

2.5.4 我国的标准体系

我国的 RFID 标准研究工作相对起步较晚。2005 年 11 月，中国标准化协会完成了我国"RFID 标准体系框架报告"和"RFID 标准体系表"两份报告，提出制定我国 RFID 标准体系的基本原则。我国在 RFID 标准制定方面包括：低频 125kHz 颁布为标准 GB18937－2003，TB/T3070－2002 应用于动物识别和人员出入管理。高频 13.56MHz 将颁布 15693-1、15693-2、15693-3。UHF 标准未定，正在 917MHz～922MHz 之间测试频率，一般采用 ISO 18000-6 标准。2.45GHz 超高频标准未定。

我国 RFID 标准体系包括基础技术类标准和应用技术类标准两大类。基础技术标准体系包括基础类、管理类、技术类和信息安全类的标准，涉及 RFID 技术术语、编码、频率、空中接口协议、中间件标准、测试标准等多个方面；应用技术标准体系涵盖公共安全、生产管理与控制、物流供应链管理、交通管理方面的应用领域，是在关于 RFID 标签编码、空中接口协议、读写器协议等基础技术标准之上，针对不同应用对象和应用场合，适合使用条件、标签尺寸、标签位置、标签编码、数据内容和格式、使用频段等特定应用要求的具体规范。我国 RFID 标准工作组目前有 89 个正式成员和 7 个观察成员，下设 7 个专题组，分别为总体组、标签与读写器组、频率与通信组、数据格式组、信息安全组、应用组和知识产权组，各专题组的业务领域见表 2.4。

表 2.4　我国 RFID 标准工作组业务领域

专题组	业务领域
总体组	规划总体目标和工作计划；统筹负责 RFID 标准的制定工作；协调推进各专题组的各项工作
标签与读写器组	负责制定标签与读写器物理特性、电特性及实验方法等标准
频率与通信组	负责提出我国 RFID 频率需求、制定 RFID 通信协议标准及相应的检测方法
数据格式组	负责制定基础标准、术语、产品编码、网络架构等标准
信息安全组	负责制定 RFID 相关的信息安全标准
应用组	负责制定 RFID 相关应用标准
知识产权组	制定 RFID 标准知识产权政策、起草知识产权法律文件，提供知识产权咨询服务

2.6　RFID 系统的安全隐私

2.6.1　RFID 系统的安全问题及策略

RFID 系统的安全隐患主要来自于系统是无线开放，读写器与标签之间主要采用无线射频通信技术进行通信，因此，标识对象的数据和隐私存在着被泄露的风险。RFID 系统的安全与隐私问题已成为制约其发展的主要因素之一。

1. RFID 系统的安全隐患

RFID 系统的安全隐患主要体现在以下几个方面：

（1）易受到外部攻击。RFID 系统分为前端系统和后端系统，如图 2.18 所示。

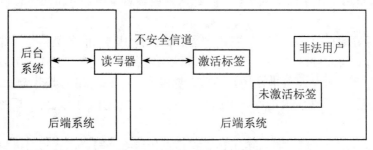

图 2.18　RFID 系统安全组成

前端系统包括读写器、电子标签等。电子标签与读写器之间支持远程无线接入访问，传输的数据容易被"窃听"或"篡改"，这种无线通信模式就造成系统很容易受到外界的非法入侵，也是各类攻击者对系统进行攻击的主要途径。后端系统包括读写器和后台数据库系统，通常采用有线连接方式，面临的威胁攻击主要来自互联网，因此，可以采用目前传统互联网使用的信息安全认证技术来保证后端系统的数据安全。

（2）系统自身的安全隐患。RFID 系统的内部组成部件较多，任何组件或者子系统出现故障都会导致系统失效。比如，系统应用受到病毒侵袭，网络连线或者系统工作器件出现故障等。另外，可能会有部分系统部件在户外工作，因此极易受到天灾人祸的影响。

（3）系统成本的约束。RFID 系统中的电子标签，其计算能力和安全性能也会受到自身成本的约束。成本越低，计算能力和安全性能相对越弱，被入侵的可能性也就越大。

2. 常见的攻击 RFID 系统的方式

无论是读写器向电子标签发送消息，还是电子标签对读写器进行回复通信，所有的数据都是通过无线信号在空中传输的。因此，在这个过程中，数据极易被窃取或者被篡改。这类侵入攻击主要有以下几种形式。

（1）假冒攻击：假冒攻击包括假冒读写器和假冒电子标签。在假冒读写器攻击中，攻击者会制造一个非法的读写器，截获标签传送的数据，导致真正的读写器无法接收信息；同时，以假冒身份侵入后台数据库，获得标签日志信息和业务信息；在假冒标签攻击中，攻击者伪造一个标签，向读写器发送虚假信息，读写器会将接收到的伪造信息当做真正的数据进行处理，从而达到欺骗系统处理虚假消息的目的。

（2）拒绝服务攻击：这类攻击类似于传统互联网中的 DOS 攻击，攻击者制造大量的干扰消息，导致读写器接收过多的虚假消息而无法处理正常的标签数据；还可以采用信号淹没方式，即正常的信号被攻击者发出的噪声信号淹没后就会发生射频阻塞，从而导致读写器与标签之间不能进行正常的通信。

（3）窃听攻击：非法用户通过窃听读写器与电子标签之间的电磁场信号，获得读写器与电子标签之间传输的全部信号，所以如果传输的信号没有加密或者密码容易被破解，非法用户就会获得全部数据信息。

（4）中继攻击：非法用户通过窃听获取标签回应读写器的信息，并把这些信息回传给读写器，从而获得读写器的合法认证。

3. 隐私泄露威胁

（1）读写器内部数据泄露。读写器在处理信息之前都会将数据存储在内存中，因此，读写器与计算机系统一样存在安全隐患，一旦内存被恶意攻击，里面的信息将会面临被泄露的危险。

（2）电子标签数据泄露。电子标签内部会存储被标识物品的各类信息，非法用户可以伪造一个读写器与电子标签进行通信，或者采用非法手段利用读写器，这样就可以很容易地获取标签上的数据，如果这些信息被非法用户获取，便会造成隐私信息的泄漏。例如，在基于 RFID 技术的医疗系统中，如果恶意攻击者获得患者每次购买的药物信息，就可以据此推断出这个人的健康情况。

（3）入侵后台系统应用软件。电子标签将信息传送给读写器，读写器再将数据传送给后台系统应用软件。因此，如果后台系统被攻击，数据同样有被泄露的危险。

2.6.2 RFID 电子标签的安全问题和解决方案

RFID 系统的安全问题可以归纳为两个方面，即隐私和认证。隐私是如何防止非法用户对电子标签进行任何形式的跟踪；认证是如何保证只有合法的读写器才能与标签进行通信。

1. RFID 电子标签安全问题

RFID 电子标签安全问题主要体现在以下几方面：

（1）要保证数据的安全可靠。非法用户可以窃听或者监视电子标签与读写器之间传送的数据，通过窃取到的信息伪造标签并替代原有标签，或者重写标签内容，用低价标签替换高价标签从而非法获取利益。此外，非法用户还可以将标签隐藏起来，使得读写器无法识别该标签。为了避免以上情况发生，电子标签要具有身份识别功能，读写器可以通过身份验证的方式来确认消息的合法性。

（2）避免泄露用户信息和隐私。射频识别技术在物品或动物身份识别领域应用最为广泛，例如商品销售管理、物流运输管理、文件跟踪等。这些应用环境不希望因为采用安全性能较高的标签而增加额外的成本，因此，这些领域对标签的安全性要求不高，这也就造成了存在另一种风险，即用户的信息隐私安全。标签发送的信息中会包含一些用户的隐私或者其他敏感数据，如在医药领域，如果电子标签的信息被暴露，那么患者的身体健康情况等隐私也会泄露；如果用户穿戴的衣物或者携带的物品中有内嵌的 RFID 标签，那么无论到哪里，用户都有被追踪的危险。

（3）保证传输数据的完整性。在信息传输过程中，保持数据的完整性就能保证传输的信息在中途没有被篡改或者被替换。在 RFID 系统中，可以采用一种带有共享密钥的散列算法，即消息认证码对数据的完整性进行校验。

2. RFID 系统安全问题的解决方案

现有 RFID 系统的安全解决方案可以分为三大类：通过物理方法阻止读写器与标签之间的通信；通过逻辑方法增强标签的安全性；密钥管理技术。

（1）物理方法。保障 RFID 系统安全的物理方法有 Kill 命令机制、静电屏蔽机制、主动干扰和阻止标签等。

1）Kill 命令机制。Kill 命令机制的工作原理是使标签丧失功效，无法发送和接收数据，从而有效阻止对标签及其所在物品的跟踪。这种命令机制采用以物理的方式销毁 RFID 标签，一旦对标签实施了 Kill 命令，标签将会永久作废。标签失效后，读写器也无法查询标签内的数据，从而可以有效保护用户的个人隐私。目前，大部分 RFID 系统都具有 Kill 命令机制，主要应用在商场或者药店等场合，当消费者购买商品后，由读写器对商品上的标签执行 Kill 命令，从而可以防止个人隐私信息的泄露。但是 Kill 命令只有 8 位，很容易被非法入侵者破解。因此，Kill 标签不是一个监测和阻止标签被跟踪的最有效方法。

2）静电屏蔽机制。也叫"法拉第网罩"。静电屏蔽机制是根据电磁场理论，采用由金属传导材料制成的可以阻隔无线电信号的容器，如法拉第网罩，使得外部的信号不能进入到法拉第网罩。起到屏蔽标签的目的，使得标签既接收不到信号也发射不出信号。利用法拉第网罩可以阻止非法用户扫描到标签的信息，但同时也增加了系统的额外开销。

3）主动干扰。主动干扰无线电信号是另外一种屏蔽标签的方法。用户可以使用一个设备主动广播无线电信号用于破坏或者阻止附近的读写器工作。这种方法的缺点是可能会使得附近其他的物联网设备受到非法干扰，严重时可以阻断附近其他系统的无线电信号。

4）阻止标签。阻止标签法的主要做法是通过阻止读写器读取标签从而有效保护用户的隐私，是通过采用一种特殊的阻止标签干扰的防碰撞算法来实现的。当读写器搜索到阻止标签工作的范围时，阻止标签就会发出干扰信号，使得读写器无法确定电子标签是否存在，从而也就无法与标签进行通信，通过这种方法可以保护标签的信息。

（2）逻辑方法。常见的逻辑方法有 Hash 锁、Hash 链、匿名 ID 方案以及重加密方案等。

1）Hash 锁。Hash 锁是一种用来抵制标签未授权访问的安全技术，为了避免信息泄露，使用 metalID 来代替真实的标签 ID，只需要采用 Hash 散列函数给 RFID 标签加锁即可，具有成本低的优点。具体的工作流程如图 2.19 所示。

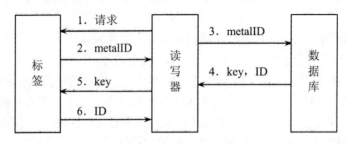

图 2.19　Hash 锁的工作流程

2）Hash 链。Hash 链的工作原理是先随机设置一个标签的初始化标识符并存储到后台数据库中。标签包含两个 Hash 函数，当读写器要求访问使用两个不同 Hash 函数的标签时，标签会发送不同的应答。Hash 链的优点是标签可以进行自主更新，从而有效避免标签被跟踪定位；缺点是为了控制标签成本，需要减少标签的存储空间以及降低标签的计算能力。

3）匿名 ID 方案。在消息传输的过程中，采用匿名 ID 的方式将标签的真实 ID 隐藏起来，即便消息被非法用户截获，标签的信息也不会泄露。该方案采用公钥加密、私钥加密或者通过添加随机数方法来生成匿名标签 ID。使用匿名 ID 方案就需要配置数据加密装置，这就会增加系统的成本。

4）重加密方案。重加密方案采用公钥加密，标签可以通过第三方数据加密装置定期对标签数据进行更新。采用公钥加密需要大量的计算，往往会超出标签的负荷能力，因此这个过程一般会交由读写器进行处理。该方案的缺点是必须要定期重写标签数据，否则就会增加标签隐私泄露的风险。

（3）密钥管理技术。目前，RFID 系统的密钥管理主要有两种方式：集中式管理和分布式管理。集中式管理是由指定的组织生成密钥，并且对密钥进行分发、更新和吊销等管理操作。这种管理模式实现起来较为容易，但是对管理中心的安全性要求较高。分布式管理比较适用于设备分布广，具有区域聚集特点的 RFID 系统，同时分布式管理还存在成本和开销较大的问题。

RFID 密钥管理主要有对称密钥和非对称密钥两种方式。基于对称密钥的管理方式又分为基于密钥分配中心方式、基于分层方式和预分配方式。较典型的解决方式有单密钥和多密钥随机密钥分配方法、SPINS 协议、基于地理位置信息的随机密钥分配方法等。对称密钥计算方式比非对称密钥较简单，相应地在安全性方面则不如非对称密钥。基于非对称密钥方式主要有 TinySec 密钥分发和基于 RSA 算法的 MICA2 协议。

2.6.3　RFID 系统的隐私数据保护

隐私权是个人信息的自我决定权，在日常生活中，我们每个人的信息都在不经意中被泄露出去。比如，在商场或超市里购买的商品上都有标签，上面记载着商品种类、品牌、购买日期和金额等相关信息，零售商可以通过分析这些信息，推测出消费者的购物偏好和购买习惯，再根据此来制定针对性较强的营销策略，这样做其实就是侵犯了消费者的隐私权。如果这些信息被不法分子利用，还有可能引发不良甚至危险的后果。另外，RFID 标签可以多次重复利用，这也增加了用户信息被窃取的风险。

RFID 技术具有低成本高效获取数据的能力，未来大规模应用已是大势所趋，但是越来越多的用户和商家担心 RFID 系统的安全隐私问题，在使用 RFID 系统时如何保证其隐私性和安全性，不会导致个人信息、财产信息等丢失或者被他人盗用是 RFID 面临的重大挑战。

RFID 系统在保护隐私方面存在以下局限性：

（1）对密钥的管理方法研究不足。为数据加密是保护数据的关键技术，加密就要涉及到使用密钥，因此管理密钥是加密过程中较为关键的工作。目前对密钥管理的研究还不够系统和全面，比如对 RFID 系统的特点考虑不足，在安全性、高效性和容错性等方面都有需要改进的空间；尚未针对 RFID 系统大规模异构的特性提出合理的密钥管理模式等。

（2）对防止隐私数据泄露技术研究不足。隐私数据是比较敏感的一个领域，缺乏对隐私数据的定义，即要确定哪些是隐私数据，还是存在一定的争议，这也涉及到用户的隐私权。目前，还有很多隐私问题没有得到很好的解决，如缺乏适用于 RFID 间的数据加密解密以及针对具体应用的细粒度加密方法等。

（3）缺乏对隐私数据的系统性研究。近年来虽然对隐私数据的保护方法也有一些研究成果，但还是缺乏对 RFID 系统中隐私问题的系统性解决方案，缺乏对隐私保护的完整性分析。

2.7　RFID 与 IPv6

以 IPv6 为技术基础的互联网不但可以支持现有 IPv4 网络提供的所有服务，还能提供各种个性化、丰富多样的创新业务。随着网络技术的不断发展，IPv6 技术将会全面应用到各类智能终端设备。RFID 标签可以与现实中的任何物体捆绑起来，通过"地址号码"和"传感功能"实现物品的自动识别。因此，将 IPv6 与 RFID 技术融合起来的意义有：

（1）可以有效解决物联网设备的地址分配问题。在 RFID 系统中，需要大量的节点进行网络连接，要实现全网络通信，就必须给系统中的每个节点分配 IP 地址，这对地址资源相对有限的 IPv4 技术来说，是无法实现的。但是 IPv6 地址有 128 位，地址空间充裕，可以有效解决 IP 地址的匮乏问题。

（2）能提高物联网节点的路由效率。IPv6 使用简化的定长报头结构和更加合理的分段方法，可与硬件实现快速数据转发，加快路由器处理数据的速度，降低网络地址规划难度，使路由快速聚合，提高路径选择效率，进而提高网络的整体性能。

（3）提升网络安全服务。IPSec 可以为 IPv6 协议提供安全策略。IPv6 内置的安全扩展报头简化了通信加密和验证实施的过程。它包含一整套安全体系结构，可提供数据认证、加密性和数据完整性三种保护形式，减少对网络性能的影响。同时，可以对网络进行实时监控，确保系统正常运行。

（4）提高物联网的服务质量。通过路由器的配置，可以实现对 IP 报头中的业务级别和数据流标记的优先级控制和 QoS 保障。增强的 QoS 服务不仅可以满足 RFID 与 IPv6 融合的物联网中响应及时以及优先级控制等服务需求，还可以根据传感器传输数据的需求进行网络带宽的合理分配。

（5）促进技术创新，增强设备兼容性。RFID 与 IPv6 融合后，需要构建全新的电子标识体系，从而促进物联网智能终端进行技术创新。与此同时，人们可以通过衍生出的应用进行实时的数据传送。

第 3 章　物联网传感技术

物联网传感技术用于感知目标信息并转化为有效数据，主要由功能各异的传感器和传感网组成，处于物联网的感知层，是物联网感知现实世界的重要环节。随着无线传感技术的不断完善和进步，传感网从最初的点覆盖、线覆盖、面覆盖，发展为区域覆盖，应用范围得到极大扩展。传感器和传感网是物联网"金字塔"的最底层和最基础环节，已广泛应用在现实生活的各个领域和系统中。

本章我们将学习以下内容：
- 传感器的基础知识
- 传感网的基础知识
- 物联网传感的关键技术
- 无线传感网

物联网具有"信息感知、网络互联、智慧服务"的特征，物联网传感技术利用传感器和传感网对现实世界进行感知识别，将现实事物或现象转换成虚拟信号信息，通过现有的虚拟网络传输信息，实现人与物之间、物与物之间信息交互和链接的新传播形式逐渐进入日常生活，进而改变着无数人的生活方式。

3.1　传感器概述

传感器作为物联网的基础环节，对精确地感知客观世界有着举足轻重的作用。各种类型的传感器是探测和获取外界信息的重要手段，是物联网发展的基础。传感器采集信息的准确、可靠、实时将直接影响到控制节点对信息的处理与传输；具体来讲，传感器的特性、可靠性、实时性、抗干扰性等性能，对物联网应用系统的性能起着重要作用。

3.1.1　传感器的概念

人一般是通过自身的感知器官（眼、耳、鼻、舌、皮肤）来接收和感受包括视觉、听觉、嗅觉、味觉、触觉等外界信息，并将所得到的信息传送到大脑进行判断和处理，然后大脑又把执行指令发送给肌肉以指挥人的行为。

人的五官对能感知的外界信息无法给与精确的评判，没有一个评定的标准，比如对温度的评判无法得知准确的温度值。同时五官可以感知的范围比较窄，比如对光线只能感知可见光的范围，难以感知红外线、紫外线等光源，并且不能感知高温、无色无味气体、剧毒物以及各种微弱信号等。对各种事物信息感知以及精确测量的需求促进了新的感知技术和仪器的出现。

电信号具有高精度、高灵敏度、可测量的参数范围宽，以及便于传递、放大、记录和存储等优点，被广泛地应用于感知现实信息的传感器设备中。广义上讲，传感器是一种能将物理或者化学形式的能量转换为另外一种形式的能量的转换器。国家标准中，对传感器的定义是："能感受规定的被测量并按照一定的规律转换成可用信号的器件或装置，通常由敏感元件和转换元件组成。"

日常所说的传感器是指一种能感受到待测物理或化学信息（位移、压力、速度、温度、湿度、热、光、声音等）的检测装置，将待测信息按一定规律变换成为电信号或其他所需形式的信息输出，以满足信息的传输、处理、存储、显示、记录和控制等要求，如图 3.1 所示。传感器的开发是实现现实世界中各种信息数字化的基本依据和保证，也是实现自动检测和自动控制的首要环节。

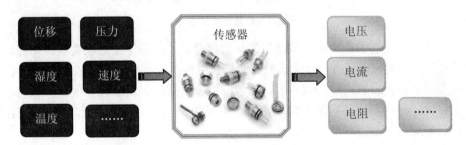

图 3.1　传感器原理示意图

如图 3.2 所示，人是通过自身的感官系统（视、听、嗅、味、触）来接受外界的信息；相对应的，机器感知外界信息的方式是通过传感器。人通过大脑把感官系统发送来的信息进行处理，并将处理结果发送给肌肉，从而使肌肉做出相应的动作。而机器是通过电子计算机（处理器）来处理传感器发送来的信息，并将计算的结果发送给机械装置，从而使机械装置做出相应的动作。大多数机器还配有显示装置，用来显示采集到的信息，也可以显示最终经过计算机处理过的信息。如果把电子计算机比喻成大脑的话，那传感器则相当于人的视、听、嗅、味、触的感知器官。

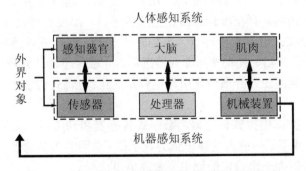

图 3.2　人体感知系统与机器感知系统的对应关系

传感器技术是构成现代信息技术的重要内容之一，所涉及的领域包括现代工业生产、军事国防、航天航空、基础学科研究、海洋探测、环境保护、生物医学、医疗器械、建筑、汽车、家用电器等。随着传感器技术的不断进步，其应用领域也将不断扩大。与此同时，自动检测和自动控制系统成为今后发展的重要方向。传感器作为机械感知外界信息不可或缺的部分，是实现机械自动控制和自动检测的基础和关键。

3.1.2 传感器的组成

传感器一般由敏感元件、转换元件和其他辅助元件组成。有时也将辅助电路以及辅助电源作为传感器的组成部分，如图3.3所示。

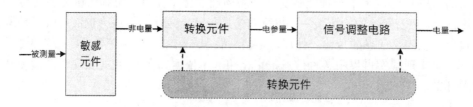

图3.3 传感器组成示意图

敏感元件：传感器中直接感受被测量信息的部分，是能够感受被测变量，如物理、化学、生物等信息并作出响应的元件。通常该类元件是利用材料的某种敏感效应制成的。可以按输入的物理量来命名各类敏感元件，如热敏、光敏、力敏、磁敏、湿敏元件等。

转换元件：传感器中将敏感元件输出的信号转换为电信号的元件。部分传感器的转换元件需要辅助电源。

敏感元件与转换元件并无严格的界限，大多数传感器将两部分合为一体，比如光电传感器、湿度传感器等。

辅助电路：经过敏感元件和转换元件输出的电信号一般幅度比较小，且混杂有干扰信号和噪声，所以在许多元器件中包括辅助电路，用来对信号进行放大、滤波及其他预处理。

3.1.3 传感器的分类

由于被测量信号的种类繁多，针对同一种信号，亦可选用不同工作原理的传感器来测量。同时，一种传感器也可用于测量多种信号。所以目前对传感器的分类方法种类很多。

根据被测量物理量分类：位移传感器、压力传感器、速度传感器、加速度传感器、角位移传感器、角速度传感器、真空度传感器、电流传感器、温度传感器和气敏传感器等。

根据工作原理分类：电容式传感器、电势式传感器、电阻式传感器、电感式传感器、应变式传感器、压电式传感器、差动变压器式传感器、光敏传感器和光电式传感器等。例如，电容式传感器是依靠极板间距或介质变化引起电容量变化；电感式传感器依靠铁芯位移引起电感的变化等。

根据输出信号分类：模拟式传感器、数字式传感器和开关传感器等。即模拟式传感器的输出量为模拟信号；数字式传感器的输出量为数字信号；而开关传感器在检测到某一特定阈值时，传感器相应输出值为一个设定的低电平或高电平信号。

根据能量的传递方式分类：有源传感器和无源传感器。

根据传感器的制造工艺分类：集成传感器、薄膜传感器和陶瓷传感器等。

随着新兴传感技术的不断发展，传感器正朝着高精度、数字化、智能化、集成式微型化的方向不断前进。在精确度、灵敏度等技术性能上有了更大提高的同时，在使用便利性和灵活性上也提出了更多要求。

3.1.4　传感器的特性

传感器的特性是指传感器的输入量和输出量对应关系特性。传感器的各种性能指标都是依据传感器输入和输出信号的对应关系进行描述的。

理想状态下，传感器的输入与输出呈一一对应关系，而且多为线性关系。但在实际情况下，由于物理条件的限定（测量误差的现实存在）、受到外界条件的各种影响以及传感器本身存在的迟滞、蠕变、摩擦等各方面因素，输入输出并不会完全符合对应的线性关系。

通常输入量分为两种形式：一种是静态形式，即待测量为不随时间变化或者变化缓慢的准静态信号；另外一种是动态形式，即待测量为随时间变化的信号。因此，对传感器的特性评价也采用静态和动态两个方面进行评价。

（1）传感器的静态特性。传感器的静态特性描述的是传感器在被测量各种参数处于稳定状态下的输入－输出的关系。评价传感器的静态特性的重要指标是：测量范围、线性度、灵敏度、迟滞性和重复性等，如图 3.4 所示。

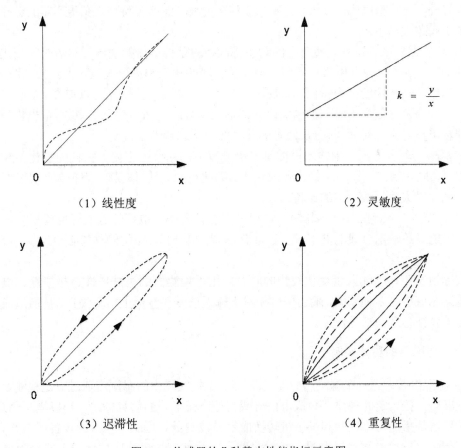

图 3.4　传感器的几种静态性能指标示意图

测量范围：指的是每一个传感器都有一定的测量范围，如果超出此范围进行测量，会有很大的测量误差。在实际应用中，超出传感器规定的测量范围除了造成测量的准确性下降的问题以外，还会造成传感器的损坏。

线性度：由于测量误差的客观存在（线性误差或非线性误差），实际测量到的线性度通常为曲线。通常为了标定和数据处理的方便性方面考虑，用一条拟合直线近似地代表实际的特性曲线。

灵敏度：指电压信号输出 u 的值，可以通过 x 单位的振动沿传感器测量轴方向（s=Δu/Δx）来获得。为了测量振动的微小变化，传感器应具有较高的灵敏度。

迟滞性：在相同的工作条件下，传感器在正行程（输入量增大）和反行程（输入量减小）期间，其输出－输入特性曲线不重合的程度称为迟滞。产生该现象主要是传感器的物理性质或机械零部件的物理缺陷，如弹性滞后、摩擦、机构间隙、紧固件松动等。

重复性：指的是在相同的工作条件下，输入按同一方向连续多次变动时传感器所得特性曲线不一致的程度。

使用频率范围：频率的灵敏度变化幅度不超过给定误差的频率范围。两端都是较低的频率上限。为了测量静态力学量，传感器应具有零频率响应特性。传感器的频率范围，除了传感器本身的频率响应特性之外，也与传感器的安装条件有关（主要影响上频限）。

除此以外，还有精确度、分辨率、零点漂移、灵敏度漂移等特性，在传感器的选择和应用时也需要引起关注和重视。

（2）传感器的动态特性。传感器的动态特性指的是传感器的输出量与随时间变化的被测量之间的动态关系。一般利用微分方程来描述传感器的输入和输出关系。理论上，将传感器的静态特性当作其动态性的一个特例。将微分方程中的一阶及以上的微分项取 0 时，即可得到静态特性。在被检测量信号为时间的函数时（即输入信号随时间变化），其输出量也将是时间的函数（即输出信号也随时间变化），两者的关系要用动态特性来说明。

动态范围：动态范围是指输入机械量的幅度范围，在此范围内，振幅的变化不超过给定的误差限制，同时输出电压与机械输入成正比，因此也称为线性范围，表征为可变化信号（例如声音或光）最大值和最小值的比值。

相移：当输入简谐振动时，与输入量相对应的相同频率电压信号的相位延迟为输出。相移的存在可能导致输出合成的波形畸变。为了避免输出失真，相位偏移值必须为零，或与频率成比例。

在实际情况下，当输入量变化较快的时候，由于传感器的机械惯性、热惯性、电磁储能元件及电路充放电等多种原因，输出信号相对于输入信号在波形上出现失真，从而造成两者的差异，该差异被称之为动态误差。

3.1.5 传感器的具体实例

（1）温湿度传感器。温湿度传感器（图3.5）是把空气中的温湿度通过一定检测装置，测量到温湿度后，按一定的规律变换成电信号或其他所需形式的信息输出，用以满足用户需求。温湿度传感器是指能将温度量和湿度量转换成容易被测量处理的电信号的设备或装置。市场上的温湿度传感器一般是测量温度量和相对湿度量。数字信号温湿度传感器主要分为单总线和 IIC 两种程序。

温度：度量物体冷热的物理量，是国际单位制中 7 个基本物理量之一。在生产和科学研究中，许多物理现象和化学过程都是在一定的温度下进行的，人们的生活也和温度密切相关。

湿度：湿度用数量来进行表示较为困难，日常生活中表示湿度物理量最常用的是空气的相对湿度，用%RH 表示。在物理量的导出中相对湿度与温度有着密切的关系。一定体积的密闭气体，其温度越高相对湿度越低，温度越低，其相对湿度越高，其中涉及复杂的热力工程学知识。

（2）陀螺仪传感器。陀螺仪传感器（图3.6）是一个简单易用的基于自由空间移动和手势定位及控制的系统，它原本是运用到直升机模型上，现已被广泛运用于手机等移动便携设备。

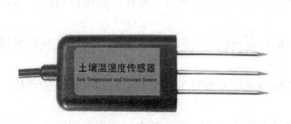

陀螺仪框架　自旋轴

云台　陀螺

图 3.5　温湿度传感器　　　　　　　　图 3.6　陀螺仪传感器内部原理图

陀螺仪的原理是，一个旋转物体的旋转轴所指的方向在不受外力影响时不会改变，由此，人们可用多种方法读取轴所指示的方向，并自动将数据信号传给控制系统。我们骑自行车其实也是利用了这个原理，轮子转得越快越不容易倒，因为车轴有一股保持水平的力量。现代陀螺仪可以精确地确定运动物体的方位，在现代航空、航海、航天和国防工业中广泛使用的陀螺仪被称为惯性导航仪。传统的惯性导航仪是机械式的陀螺仪，机械式的陀螺仪对工艺结构的要求很高。20 世纪 70 年代发展出了光纤陀螺仪，到 20 世纪 80 年代以后，光纤陀螺仪得到进一步发展，延伸出激光谐振陀螺仪。光纤陀螺仪具有结构紧凑、灵敏度高、工作可靠等优点。光纤陀螺仪在很多的领域已经完全取代了传统的机械式陀螺仪，成为现代导航仪器中的关键部件。

（3）加速度传感器。加速度传感器（图3.7）是一种能够测量加速度的传感器。通常由质量块、阻尼器、弹性元件、敏感元件和适调电路等部分组成。传感器在加速过程中，通过对质量块所受惯性力的测量，利用牛顿第二定律获得加速度值。根据传感器敏感元件的不同，常见的加速度传感器包括电容式、电感式、应变式、压阻式、压电式等。

（4）压力传感器。压力传感器（图3.8）是能感受压力信号，并能按照一定的规律将压力信号转换成可用的输出电信号的器件或装置。

图 3.7　加速度传感器　　　　　　　　图 3.8　压力传感器

压力传感器通常由压力敏感元件和信号处理单元组成。按不同的测试压力类型，压力传感器可分为表压传感器、差压传感器和绝压传感器。

压力传感器是工业实践中最为常用的一种传感器，其广泛应用于各种工业自控环境，涉及水利水电、铁路交通、智能建筑、生产自控、航空航天、军工、石化、油井、电力、船舶、机床、管道等众多行业。

3.1.6 传感器技术的发展趋势

传感器技术随着电子、通信和计算机技术的发展而变化，正从模拟式向数字式、从集成化向智能化、从局域网向云处理方向发展。

智能传感器内部包含有传感元件、模数转换器、信号处理器、寄存器和接口电路。与传统传感器相比，智能传感器具有以下特点：

（1）智能传感器通过采用自动校正、自动标定及统计处理等方法消除系统误差及偶然误差，以确保传感器具有较高的精度。

（2）智能传感器通过自动补偿因工作条件与环境参数发生变化后引起系统特性的漂移，保证传感器的高可靠性与高稳定性。

（3）智能传感器通过信号处理技术，可以去除输入数据中的噪声；利用数据融合、神经网络等技术手段，保证在多参数状态下对特定参数测量的分辨能力。从而，智能传感器具有较高的信噪比与分辨率。

（4）智能传感器具有判断、分析和处理功能，它能根据系统工作情况决策各部分的供电情况以及与上位计算机之间的数据传输速率，使系统工作在低功耗状态并具备优化的传输速率，因此，智能传感器具有较强的自适应能力。

（5）智能传感器通过与微控制单元（Microcontroller Unit，MCU）相结合，采用廉价的集成电路工艺和芯片以及强大的软件来实现上述高性能，具有很高的性价比。

随着传感技术的不断进步，传感器不断朝着小型化方向发展。利用 MEMS（Micro-Electro-Mechanical Systems）技术，可将微传感器、微执行器、信号处理/控制电路、通信接口和电源等部件组成一体化的微型器件系统，大幅度地提高系统的自动化、智能化和可靠性水平。在未来物联网发展中，通过更加智能和先进的传感器设备，可实现所有物体接入互联网，并达到对其进行智能化控制与管理的目的。

3.2 传感网概述

传感器是物联网中获得环境动态变化信息的手段和途径。通过对部署在检测区域内大量传感器节点的信息采集，传感器通过自组织的方式构成网络进行信息处理和数据传输，为物联网应用系统提供可供分析处理和应用的实时数据。要构建物联网，就应当首先构建传感网络，特别是需要构建由部署在监测区域内大量的微型传感器节点组成的无线传感网络。

3.2.1 传感网概念

传感网是在一定范围内，许多集成有传感器、数据处理单元和通信单元的微小节点通过一定的组织方式构成的网络。传感网通过大量的多种类别的传感器不断测量周围环境的信息，如光、热、位置等，并将信息发送至互联网、移动通信网等网络中，让事物与网络连接在一起，实现了物与人、物与物之间的信息交换。

现有的传统网络是以传输数据为目的，而传感网的设计有所不同，它需要将数据采集、数据处理、数据管理、网络传输等多种技术紧密结合起来，实现一个以数据为中心的高性能的网络体系。

传感网的发展经历了四个过程：

（1）20 世纪 70 年代，出现了利用点对点传输技术以及专门的连接控制器将传统的传感器连接起来。该类简单传感网具有一定的信息获取能力。

（2）20 世纪 80 年代，随着科学技术和传感器技术的不断发展和进步，串行、并行接口被应用在传感网中，使得传感网具有获取多种信息信号的能力，并且信息综合处理能力得到提高。

（3）20 世纪 90 年代后期至 21 世纪初期，现场总线得以发展，即连接智能现场设备和自动化系统的数字式、双向传输、多分支的通信网络，以及多功能传感器的应用，使得传感网逐渐实现智能化。

（4）当前，无线传感通信技术应用于连接大量具有多功能、多信号采集能力的传感器，使传感网从最初的点覆盖、线覆盖、面覆盖，发展为区域覆盖，应用范围得到极大扩展。

传感网以采集和处理现实世界信息为目的，集中了传感器、通信等多方面技术，对各种环境下的感知对象进行检测。如图 3.9 所示，传感网包含有在感知区域内的传感器节点、通信网络以及远程管理（用户）等部分。

图 3.9　传感网络结构图

传感网所感知的信息既包括采用自动生成方式的射频识别、传感器、定位系统（GPS）等，也包括采用人工生成方式的各种智能设备，例如智能手机、个人数字助理、多媒体播放器、笔记本电脑等。由传感网采集到的信息成为了物联网信息的主要来源之一，也是把物理世界和虚拟网络世界相融合的关键环节。

传感网借助于大量的传感器节点检测周边环境中的各种信息，从而得到现实世界的各种参数，比如：温度、湿度、声音、光强度、压力、振动、风向等信息。大量传感器节点监测到的信息通过各种现有的网络（通信网络、互联网络、电视网络等）连接起来，再由处理器进行分析和处理，最终传送给应用域的用户，实现对被监测量和现实世界的感知。同时，应用域的用户也可以通过网络对传感器节点进行远程控制和管理。

3.2.2 传感网协议体系结构

网络协议为不同的工作站、服务器和系统之间提供了共同的用于通信的环节，是为网络数据交换而制定的规则和标准。其中语法、语义与时序为网络协议的三大要素：

语法：用于规定数据与控制信息的结构和格式，以及数据出现的顺序。

语义：用于解释数据信息中每一部分的意义。

时序：用于说明事件的先后顺序。

网络协议体系结构是网络的协议分层以及网络协议的集合，是对网络及其组成部分的功能的描述。传统通信网络和互联网络技术中已成熟的协议可以借鉴到传感网技术中来，但是由于传感网是能量受限制的自组织网络，此外其工作环境、工作条件和设计目的与传统的互联网和通信网等网络存在差异，其体系结构也不同于传统的网络。

图 3.10 所示为传感网体系结构框架图，该网络体系结构包括分层的网络通信协议模块、传感网管理模块和应用支持服务模块。

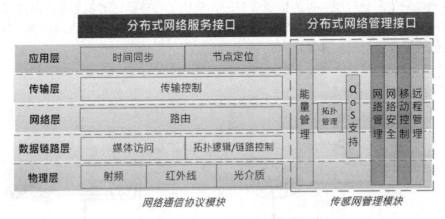

图 3.10　无线传感网系统结构

1. 分层的网络通信协议模块（Layered Network Protocols）

一种类似于互联网的 TCP/IP 协议体系结构。传感器协议体系将数据与网络协议综合在一起，支持各传感器节点相互协作。传感器的协议由物理层、数据链路层、网络层、传输层和应用层组成。

物理层：物理层是计算机网络 OSI 模型的最低层。物理层提供了数据传输所需的物理链接的创建、维护和删除，并提供了机械、电子和管理功能。简单地说，物理层确保原始数据可以在各种物理介质上传输。虽然在底部，但它是整个开放系统的基础。物理层为设备之间的数据通信提供传输介质和互连设备，为数据传输提供了可靠的环境。简单来说，那就是"信号和媒体"。物理层的主要功能：提供数据路径设备来传输数据路径和传输数据。

数据链路层：OSI 参考模型中的第二层，位于物理层和网络层之间。数据链路层基于物理层提供的服务，向网络层提供服务，其最基本的服务是可靠地将来自网络层的数据传输到邻近节点的目标网络层。为了实现这一目标，数据链必须具有一系列相应的功能，主要功能是如何将数据组合到数据块中。在数据链路层中，该数据块被称为框架，框架是一个数据链接。

网络层：由多个网络节点根据拓扑结构相互连接形成的。网络层与通信子网的运行控制有关，它反映了资源子网络在网络应用环境中访问通信子网络的方式。网络层的物理层通常具有广泛的地理分布。它在逻辑上是复杂的，因此是 OSI 模型下三层数据通信（即通信子网）中最复杂和最关键的层。

传输层：多路复用（即在一个网络连接上创建多个逻辑连接）。传输层在终端用户之间提供透明的数据传输，并为上层提供可靠的数据传输服务。传输层在给定的链路上进行流量控制、分段/重组和差错控制，这意味着传输层可以跟踪片段并重新传输那些失败的片段。传输层是 OSI 中最重要和最关键的层，是唯一负责整体数据传输和数据控制的层。传输层提供了交换数据的端到端机制。传输层等于会话层。该层提供可靠的传输服务，并为网络层提供可靠的目标站点信息。传输层仅存在于开放端系统中，是低 3 层通信子网络系统和高 3 层之间的一层。

应用层：获取数据并进行处理，主要任务有节点部署、动态管理、信息处理等。是物联网和用户（包括个人、组织或者其他系统）的接口，它与行业发展应用需求相结合，实现物联网的智能化服务应用。应用层的含义为：①交换的报文类型，如请求报文和响应报文；②各种报文类型的语法，如报文中的各个字段公共详细描述；③字段的语义，即包含在字段中信息的含义；④进程何时、如何发送报文及对报文进行响应。

2. 传感网管理模块

能量管理（Energy Management）：主要任务是控制节点对能量的使用。传感网中电源能量是最宝贵的资源，为了使传感网的使用时间尽可能长，必须合理有效地利用能量。目前考虑的功耗因素主要有：节点工作模式、操作模式转换时间及功耗、无线调制解调器的接收灵敏度和最大输出功率等。

拓扑管理（Topology Management）：为了节约能量，在传感网中某些节点在某些时刻会进入休眠状态，从而导致网络的拓扑结构处于不断变化中。为了使网络能够正常运行，必须进行拓扑管理。主要是在节约能量的基础上，控制各节点状态的转换，使网络保持畅通，保证数据能够有效传输。

QoS 支持（Quality of Service）：是网络与用户之间以及网络上互相通信的用户之间关于信息传输与共享质量的约定。在解决网络延迟和阻塞等问题的基础上，传感网必须以用户可以接收的性能指标工作。

网络管理（Network Management）：是对网络上的设备及传输系统进行有效的监视、控制、诊断和测试所采用的技术和方法。主要功能包括故障管理、计费管理、配置管理、性能管理和安全管理。

网络安全（Security）：安全性是传感网重要的研究内容。由于其网络中存在着传感器节点随机部署以及网络拓扑动态性和信道不稳定性等多种因素的制约，传统的安全机制无法应用于传感网中。需要新型的网络安全机制。可借鉴数据水印、数据加密等技术。

移动控制（Mobility Control）：负责检测和控制节点的移动，维护到汇聚点的路由等任务。

远程管理（Remote Management）：对于某些应用环境，由于传感器节点处于人不易访问的位置，采用远程管理对传感网进行控制是十分必要的。

3. 应用支持服务模块（Application Support Technology）

时间同步（Time Synchronization）：传感网的通信协议和应用要求各传感器节点的时钟必须保持同步。但由于传感网中的每个节点都有各自的时钟，由于误差的存在和环境的干扰，各个传感器节点的时钟存在偏差。所以时间同步机制是传感网的关键机制。

节点定位（Location Finding）：指的是确定传感网中每个节点的相对位置和绝对位置。分为集中定位方式和分布定位方式。

分布式协同应用服务接口（Distributed Collaborative Application Service Interface）：传感网的应用领域广泛，为了适用不同的应用环境而提出的各种应用层的协议，如：任务安排和数据分发协议（Task Assignment and Data Advertisement Protocol，TADAP）、传感器查询和数据分发协议（Sensor Query and Data Dissemination Protocol，SQDDP）等。

分布式网络管理接口（Distributed Network Management Interface）：主要指传感器管理协议（Sensor Management Protocol，SMP），由 SMP 把数据传输到应用层。

3.2.3　传感网拓扑结构

在传感网中，大量传感器节点随机部署在检测区域内。传感器节点以自组织形式构成网络，其组网技术即是传感网的网络拓扑结构。传感器节点将信息多跳转发，通过各种方式（基站或汇聚节点或网关）接入网络，在网络的任务管理节点再对感应的信息进行分类和处理，最后把感应信息送给用户。

按照传感网的组网形态和方式来分类，有集中式、分布式和混合式。

传感网的集中式结构：类似移动通信的蜂窝结构，将节点进行集中管理。

传感网的分布式结构：类似 Ad Hoc（多跳的、无中心的、自组织的点对点网络）网络结构，可自组织网络，分布管理。

传感网的混合式结构：是集中式和分布式结构的组合。类似 Mesh（无线多跳网络）网络结构，网状分布连接和管理。

按照节点功能及结构层次来分，无线传感网通常可分为平面网络结构、分级网络结构、混合网络结构，以及 Mesh 网络结构。在传感网实际应用中，通常根据应用需求来灵活地选择合适的网络拓扑结构。

（1）平面网络结构。如图 3.11 所示，所有节点为对等结构，具有完全一致的功能特性（相同的 MAC、路由、管理和安全等协议）。平面网络拓扑类似 Ad Hoc 网络结构形式，结构简单，易维护，具有较好的健壮性。但由于没有中心管理节点，而采用的是自组织协同算法形成网络，其组网算法比较复杂。

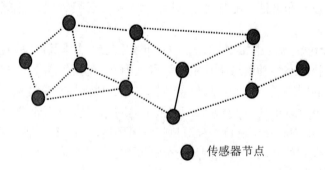

● 传感器节点

图 3.11　传感网平面网络结构

（2）分级网络结构。分级网络结构是传感网平面网络结构的一种扩展拓扑结构。网络分上下两层：网络上层为骨干节点，网络下层为一般传感器节点。在网络中可以存在一个或者多个骨干节点，骨干节点之间以及一般传感器节点之间采用的依然是平面网络结构。而具有汇聚功能的骨干节点和一般传感器节点之间采用的是分级网络结构。所有骨干节点是对等结构，具有完全一致的功能特性（相同的 MAC、路由、管理和安全等协议）。但一般传感器节点可能没有完全一致的功能特性，如没有路由、管理及汇聚处理等功能。具有聚会功能的骨干节点被称之为簇首（Cluster Head），一般传感器节点被称之为成员节点。如图 3.12 所示。

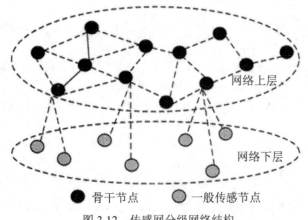

骨干节点   一般传感节点

图 3.12   传感网分级网络结构

该网络拓扑结构扩展性好，便于集中管理，降低系统建设成本，提高网络覆盖率和可靠性，但集中管理开销大，硬件投入成本高，并且一般传感器节点之间存在可能无法直接通信的问题。

（3）混合网络结构。如图 3.13 所示，混合网络结构是一种由传感网平面网络结构和分级网络结构混合的拓扑结构。混合网络结构中骨干节点之间以及一般传感器节点之间都采用平面网络结构，而网络骨干节点和一般传感器节点之间采用分级网络结构。该类网络拓扑结构的一般传感器节点之间可以直接通信。此类结构同分级网络结构相比较，支持的功能更加强大，但所需硬件投入成本更高。

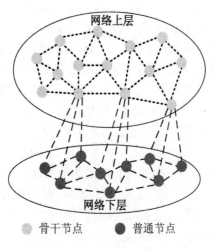

网络上层

网络下层

骨干节点   普通节点

图 3.13   传感网混合拓扑结构

（4）Mesh 网络结构。Mesh 网络结构也被称之为对等网，网络内部的节点一般是相同的，而且是规则分布的网络，通常只允许和节点最近的邻居通信，如图 3.14 和图 3.15 所示。由于通常 Mesh 网络结构节点之间存在多条路由路径，传感网络对于单个节点或单个链路故障具有较强的容错能力。其网络结构最大优点就是尽管所有节点都是对等的地位，且具有相同的功能，但某个节点可被指定为簇首节点，而且可执行额外的功能。一旦簇首节点失效，另外一个节点可以立刻补充并继续实行原簇首节点额外执行的功能。

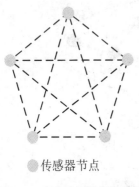

●传感器节点

图 3.14　完全连通的网络结构

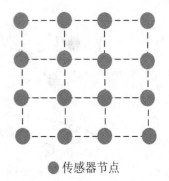

●传感器节点

图 3.15　传感网 Mesh 网络结构

3.3　传感网的关键技术与节点部署

3.3.1　传感网的关键技术

无线传感网由大量廉价的微传感器节点组成，部署在监控区域。通过无线通信形成的多跳自组织网络系统，用于协同感知、收集和处理网络覆盖区域，感知对象信息并发送给观察者。无线传感网具有成本低、容错性好、部署快速、不需要固定网络支持、长期执行监测任务等优点，在环境监测、医疗、军事、救灾、商业等方面具有广阔的应用前景。

1. 网络拓扑控制技术

对于无线传感网，良好的拓扑结构有利于节省节点的能量，延长网络寿命，提高路由协议和 MAC 协议的效率。因此，拓扑控制也是无线传感网的核心技术之一。

通过拓扑控制技术，可以使得传感网在满足网络覆盖度和连通度前提下，通过功率控制和骨干网节点的选择，剔除节点之间不必要的无线通信链路，生成一个高效的拓扑结构。在节能技术、保证覆盖质量和连通质量、降低通信干扰、提高 MAC 协议和路由协议的效率以及提高网络可靠性、可扩展性等方面起到十分重要的作用，也可以为数据融合、时间同步和节点定位等奠定基础。

拓扑控制可以分为功率控制和层次性拓扑控制两个方面。

功率控制机制调节网络中每一个节点的发射功率，尽可能在满足网络连通度的条件下减少节点的发射功率，均衡节点单挑可达的邻居数目。

层次性拓扑控制利用分簇节点，由簇头节点形成一个处理并转发数据的骨干网，其他非骨干网节点暂时关闭通信功能并可以进入休眠状态，以节省能量。

2．网络协议

传感器节点的计算能力、存储能力、通信能力以及携带的能量均十分有限，每个节点只能获取局部网络的拓扑信息，所以其运行的网络协议不能过于复杂。同时，由于网络资源在不断变化以及传感器拓扑结构的动态变化，对网络协议提出了更高的要求。

网络协议重点研究路由协议和 MAC 协议。路由传感器设计的主要目标是降低能量消耗，提高网络的生命周期。同时，传感网的 MAC 协议首先考虑的是节能和可扩展性，其次是公平性、利用率和实时性等。

由于传感网针对不同的应用领域，其网络协议往往需要根据实际应用类型或者应用目标环境特征制定不同的网络协议，所以没有任何一个协议能够高效适应所有不同的应用。

3．网络安全技术

由于无线传感网受到能耗、数据处理和通信能力限制，使得无线传感网容易受到安全威胁，现有网络安全机制不适合无线传感网，需要开发专用协议。利用防止攻击的安全协议，使节点能够更安全地收集数据和存储节点，将数据发送到汇聚节点。

传感网在数据采集、数据传输、任务协同控制等任务的执行中，为了保证其网络的机密性、数据产生的可靠性、数据融合的高效性以及数据传输的安全性，传感网需要实现一些基本的安全机制：机密性，点到点消息认证，安全性鉴别，认证广播和安全管理等。除此之外，由于传感网的信息来自各传感器节点的融合，为了确保数据源信息的保留，水印技术也成为传感网的研究内容。

4．数据融合技术

相邻节点所报告的信息具有极大的相似性和冗余性。每个节点分别传输数据会浪费通信带宽，缩短网络生命周期，加速节点能耗。数据融合技术有助于提高数据的准确性和数据采集效率。

数据融合技术在目标跟踪、目标识别等领域得到广泛应用。在应用层，可以利用分布式数据管理技术对采集到的数据进行逐步筛选，从而达到融合的效果。在网络层，在路由协议中结合数据融合技术以减少数据传输量。但也在一定程度上增加了网络的平均延时，降低了网络的鲁棒性。所以在传感网的设计中需要结合具体的实际需要，设计有针对性的数据融合算法。

5．数据管理技术

传感网数据管理包括对感知数据的获取、存储、查询等任务。由于传感器节点收到能量制约并且容易失效，所以数据管理系统一般尽可能地在传感网内部进行数据的分析和处理，以减少能量消耗，延长传感网的生命周期。

对于用户来说，所关心的是传感器产生的数据，而并非传感器和传感网络硬件。所以传感网数据管理的目的是把传感网络上数据的逻辑视图和网络的物理实现分离开，使得传感网的应用层（用户和应用程序）只需要关心所提出的查询的逻辑结构，而不需要关心传感网的细节。数据管理研究内容主要包括数据获取技术、存储技术、查询处理技术、分析挖掘技术以及数据管理系统的研究。

6．定位技术

传感器节点的精确定位是传感网的基本功能之一，其网络中的传感器节点通常随机部署在区域中，要详细说明在事件发生的位置以及数据采集节点的位置，各个节点必须首先明确自身位置才能实现对外部目标的定位和跟踪。传感网由于其节点存在资源有限、可靠性差、随机部署、通信易受干扰等特性，定位机制必须满足自组织性、能量高效、分布式计算等要求。在传感网定位过程中，通常会使用三边测量法、三角测量法或极大似然估计法等技术确定节点位置。

7. 时间同步

在无线传感网应用中，传感器节点通常需要协调操作来完成感知任务。传感网内单个节点的能力有限，而传感器节点之间的协同信号处理、节点间通信等方面都对传感网系统提出了物理时间同步要求。在互联网中广泛使用的 NTP 协议只适用于结构相对稳定、链路较少失败的有限网络系统，而 GPS 系统需要配置固定的高成本接收机，并无法设置在室内、水下、森林等有掩体的环境中，所以它们都不适用于传感网。目前的时间同步机制主要从单广播域内时间同步和多跳范围内的时间同步两个方面进行研究。时间同步算法主要有 RBS 算法和 TPSN 算法。RBS 算法（Reference Broadcast Synchronization，RBS）利用信道广播特性来同步接受节点时间。TPSN 算法（Timing-sync Protocol for Sensor Network，TPSN）采用层次结构，所有节点按照层次结构进行逻辑分级，通过基于发送者—接收者的节点对方式，每个节点能够跟上一级的某个节点进行同步，从而实现全网范围内节点间的时间同步。

除了 RBS 和 TPSN 算法以外，还有延时测量时间同步（Delay Measurement Time Synchronization，DMTS）以及泛洪时间同步协议（Flooding Time Synchronization Protocol，FTSP）等技术都是在 RBS 的演进，从而应用在不同的环境中。

3.3.2 传感网的节点技术

传感器节点是一个微型化的嵌入型系统，它构成了传感网的基础层支持平台，其基本组成包括如下 4 个基本单元：

传感单元（Sensing Unit）：由传感器（Sensor）和模数转换功能模块（ADC）组成。负责采集监控对象的信息。

处理单元（Processing Unit）：包括处理器（CPU）、存储器（Storage）、嵌入式操作系统等。负责控制整个传感节点的操作，存储和处理自身采集的数据以及其他节点发送的数据。

通信单元（Communication Unit）：由无线通信模块（Transceiver）组成。负责节点间的交互通信任务。

电源部分（Power Unit）：负责供给传感器节点工作所消耗的能量，一般为小体积的电池。此外，可以选择的其他功能单元包括：定位系统（Location Finding System）、移动系统（Mobilizer）以及电源自供电系统（Power Generator）等。图 3.16 是传感器节点基本组成示意图。

在传感网中，节点可以通过飞机布撒、火箭弹发射或人工布置等方式，大量部署在被感知对象内部或者附近。这些节点通过自组织的方式构成网络，每一个节点都可以发送和接收其他节点的信息，并可以将整个区域内的信息经过信息整合和处理后发送给远程控制管理中心。同时，远程控制管理中心也可以对传感器节点进行实时控制和管理。

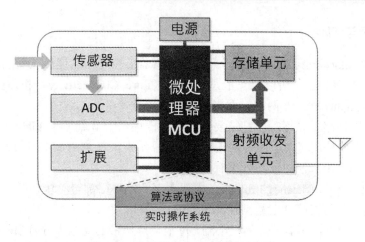

图 3.16   传感器节点基本组成示意图

3.3.3   传感网的节点部署

传感网节点部署是传感网工作的基础,其直接关系到传感网检测的准确性、完整性和实效性。传感网的节点部署主要涉及覆盖、连接和节能等方面的技术。其网络感知的覆盖率主要依赖于传感器节点的部署。

节点部署就是在指定的检测区域内,通过适当的方式布置传感网节点以满足设计要求。目前,节点部署方式主要有确定性布设和随机性布设两种方式。在一般情况下,不可能人为地在目标区域精心部署节点,同时传感器节点只能随机分布在所期望的区域。通常采用空中抛洒等随机部署方式,部署区域广泛,但节点较分散。在设计传感网的节点部署方案时一般需要考虑:网络的连通性;如何尽可能减少系统能量消耗以便最大化延长网络寿命;如何在网络中部分节点失效时对网络重新部署等方面的问题。根据传感器节点是否可以移动可以把节点部署分为移动节点部署算法、静态节点部署算法和异构/混合节点算法三大类。

3.3.4   传感网覆盖

近年来,无线传感网引起了业界极大关注,其应用环境通常是由价格便宜的传感器节点组成的,每个节点都能够采集、存储和处理环境信息,并且能和邻居节点通过无线链路保持通信。覆盖问题是无线传感网配置首先面临的基本问题,因为传感器节点可能任意分布在配置区域,它反映了一个无线传感网某区域被监测和跟踪的状况。随着无线传感网应用的普及,更多的研究工作深入到其网络配置的基本理论方面,其中覆盖问题就是无线传感网设计和规划需要面临的一个基本问题之一。

传感器节点如何分布决定了传感网覆盖区域的覆盖程度。覆盖问题不仅反映网络所能提供的感知信息量的大小,而且通过合理的覆盖控制还可以降低网络的成本和功耗,延长网络寿命。由于传感网针对不同的应用环境,其网络结构与特性都不尽相同。因此,传感网的覆盖也有多种方式。按照传感器节点不同配置方式,可以将传感网的覆盖分为确定性覆盖、随机性覆盖两大类。按照传感网对覆盖区域的不同要求和不同应用,分为区域覆盖(Average Coverage)、点覆盖(Point Coverage)、栅栏覆盖(Barrier Coverage)三种形式。

3.3.5　连接与节能

连接问题（Connectivity Problem）考虑的是传感器节点之间的连接状况能否保证采集到的信息准确传递给汇聚节点。所以，一般从纯连接（Pure Connectivity）和路由连接（Routing Algorithm based Connectivity）两个方面来考虑。

纯连接：无论网络是否运行，都需要保证网络任意两个节点是连通的。

路由连接：指的是在网络运行时，按照设计的算法实现任意两节点间的连接，是对纯连接的优化。但不同的路由算法对连接效果有很大的影响。

节能问题（Energy Efficiency Problem）主要考虑的是网络部署时传感器节点的耗能以及传感网在使用过程中尽可能降低能量消耗等方面的问题。

在传感网中，由于传感器节点体积限制，每个节点携带的能量十分有限。在许多工作环境中，更换电源并不现实，传感器节点能量消耗殆尽也就意味着该节点失效。所以要求传感网尽可能地节省能耗。主要的节能策略有休眠机制、数据融合、冲突避免与纠错以及多跳短距离通信等。

如图 3.17 所示，传感网网络中事件具有偶发性，节点上所有的工作单元没有必要时刻保持在正常的工作状态。休眠机制使得传感器节点处于沉寂状态，甚至完全关闭，必要时加以唤醒，以达到降低能耗的目的。

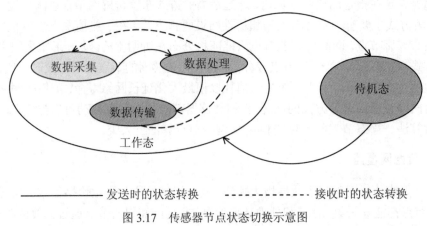

图 3.17　传感器节点状态切换示意图

3.4　无线传感网

3.4.1　无线传感网概述

无线传感网（Wireless Sensor Network，WSN）是一种随机分布的集成有传感器、数据处理单元和通信模块的微小节点通过自组织的方式构成网络，借助于节点内置的形式多样的传感器测量所在位置周围环境的热、红外、声呐等信号，其目的是协作地感知、采集和处理网络覆盖区域内对象的信息，并发送给观察者，主要侧重于对目标、环境和物体状态的监测与控制。

1．无线传感网的节点组成

在不同的应用环境中，传感网节点的组成不尽相同，但一般都是由数据采集单元 （Data Acquisition Unit）、处理单元（Process Unit）、数据传输单元（Data Transfer Unit）和电源单元（Power Unit）四个部分组成，如图 3.18 所示。传感器（Sensor）的类型由被检测物理信号决定。传感器检测的模拟信号经过模拟/数字转换器（Analog-to-Digital Converter，ADC）后进入处理器（CPU）处理。处理单元通常选用包含有存储器（Memory）嵌入式系统。数据传输单元（Data Transfer Unit）主要由低功耗、短距离的无线通信模块（Transceiver）组成。

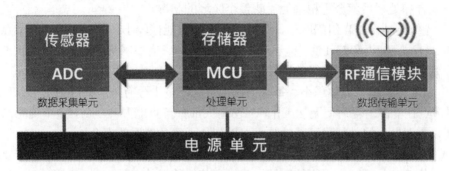

图 3.18　无线传感网节点示意图

2．无线传感网的网络体系结构

无线传感网的节点通过飞机撒播、人工填埋或火箭弹发射等方式投放在被监测区域内。如图 3.19 所示，节点以自组织形式构成网络，通过多跳中继方式将监测数据传到 sink 节点，最终借助长距离或临时建立的 sink 链路将整个区域内的数据传送到远程中心进行集中处理。

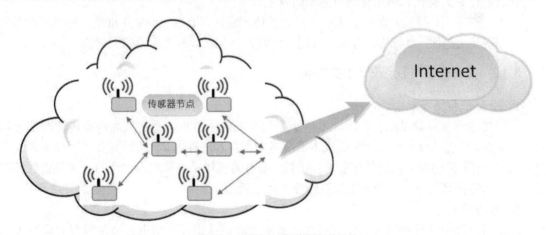

图 3.19　无线传感网的体系结构

3．无线传感网的网络通信协议设计

面向不同的应用，网络内部可能由数百甚至上千的节点组成。每个传感器节点通过协议栈以多跳的形式将信息传递给 sink 节点。就通信而言，协议栈必须能量有效。目前，WSNs 通信协议栈研究的重点集中在数据链路层、网络层和传输层，以及它们之间的跨层交互。数据链路层通过介质访问控制来构建底层基础结构，控制节点的工作模式。网络层的路由协议决定感知信息的传输路径。传输层确保了源节点和目的节点处数据的可靠性和高效性。

4. 无线传感网的特性

无线传感网有别于传统的网络，其主要特性包括以下几点：

（1）通过无线方式连通，具有很强的灵活性。在网络某一个或几个节点的位置发生变化时，也不会对网络连通带来太大影响。并且在很多人无法到达的环境，可以通过飞机投放等方式将传感器节点投放到监控区域。

（2）由于无线传感网通过分布式的传感系统，对整个感知区域进行监控。单个节点之间的信息无法代表整个区域的情况，并且相互之间的差异性也较明显。但以该方式获取的信息在经过信息融合和处理后就会更精确地反映整个区域的状况。

（3）无线传感网是自组织网络，对其人工干预可能性较小。所以需要网络节点具有自我调节能力、自适应能力和健壮性，能够通过相互协作完成诸如网络初始化、节点状态转换以及故障自我修复等工作，维护网络的正常运行。

（4）由于传感器节点体积小，每个器件携带的能量十分有限，并且由于工作环境条件制约，使得节点在能源消耗后便无法工作，当网络大部分节点能源耗尽后，整个传感网也将失去功能。所以需要其网络功耗尽可能的减少，以延长无线传感网的寿命。

（5）传感网网络中每个节点都具有一定的数据处理、存储能力，可以根据需要对数据进行处理后再传输，从而减少网络的流量，并达到节能的目的。

3.4.2　无线传感网的应用领域

随着微机电系统（Micro-Electro-Mechanism System，MEMS）、传感器技术、嵌入式系统的发展以及无线通信能力的不断提高为无线传感网赋予了广阔的应用前景，使得其网络向着微型化、智能化、信息化、网络化的方向不断发展。

它不仅在军事、环境、医疗、工业、农业等传统领域有着巨大的运用价值，还将在许多新兴领域体现其优越性，如家居、保健、交通等涉及人类生活和社会生活的所有领域。

3.4.3　无线传感网节点设计主要原则

1. 小型化和低成本

无线传感网节点数量众多，因此实现小型化和低成本节点，是实现大规模传感网部署和应用的前提。实现节点的小型化和低成本需要考虑硬件和软件因素，关键是要在芯片上开发专用的系统。由于传感器节点硬件配置的局限性，节点的操作系统和应用软件的设计及软件编程必须注意节约计算资源，不能超出节点硬件支持的范围。

2. 低功耗

在使用过程中，传感器节点受到电池能量的限制。在实际应用中，通常需要大量的传感器节点，但每个节点的大小都很小，所携带的电池能量非常有限。同时，由于无线传感网中节点数量多、成本低、部署环境复杂，一些领域甚至可能无法通过人员实现。因此，传感器节点通过更换电池来补充能量是不现实的。如何有效地利用有限的电池能量来实现网络生命周期的最大化是无线传感网面临的最大挑战。

3. 灵活性和可伸缩性

无线传感网节点的灵活性和可扩展性表现为适应不同的应用系统或部署在不同的应用场景中。例如，传感器节点可用于森林防火的无线传感网，也可用于天然气管道安全监测的无线传感网；它们可以用来监测沙漠干旱环境中的天然气管道，以及湿地的潮湿环境；可应用于单个声音传感器的精确位置测量，也可应用于温度、湿度、声音等多种传感器；节点可以根据不同的应用需求，自由地配置不同的功能模块到系统中。新的传感器节点需要重新设计，节点的硬件设计必须考虑到所提供的外部接口，并且新的传感器可以很容易地直接连接到现有的节点。软件设计必须考虑到它可以被裁剪，它可以很容易地扩展，并且应用程序可以通过网络自动更新。

4. 鲁棒性

普通计算机和智能手机可以通过普通的人机交互来保证系统的正常运行。无线传感器节点和传统信息设备之间最大的区别在于无人值守。一旦大量的无线传感器节点被抛出或手动安装，它们就需要独立操作。即使是医疗保健的可穿戴节点也需要独立工作，用户无法与之交互。对于普通计算机来说，如果出现问题，人们可以重新启动系统以恢复系统的工作状态。在无线传感网的设计中，如果一个节点崩溃，剩余的节点将根据一个临时网络的想法重新配置具有新的拓扑的 Ad-hoc 网络。当剩余的节点不能形成新的网络时，无线传感网就会失效。因此，传感器节点的鲁棒性是无线传感网长期运行的重要保证。

第4章 物联网智能视觉技术

智能视觉技术是通过自动获取监控视频的有用信息，增加系统的可控性和可操作性。经常与智能楼宇、智能家居、智能医院等应用紧密结合，实现"智慧城市""智能安防"等智能应用。智能视觉技术可以划分为智能视频监控、智能视频检索、智能视频分析以及智能识别技术等多个应用方向。

本章我们将学习以下内容：
- 智能视觉技术的定义
- 智能视觉的核心技术：分析、识别
- 智能视觉技术的典型应用

4.1 智能视觉技术综述

计算机智能视觉的研究目的是通过计算机自动对采集的视频进行分析处理，捕捉其中存在的感兴趣目标，并进一步获取目标的出现时间、运动轨迹、颜色等诸多信息，并通过对各个目标的上述信息进行进一步的分析，找出视频中存在的危险、违规行为或者可疑目标，并对这些行为和目标进行实时报警、提前预警、存储以及事后检索。计算机视觉是当前计算机科学研究的一个非常活跃的领域，该学科旨在为计算机和机器人开发具有与人类水平相当的视觉能力。各国学者对于计算机视觉的研究始于20世纪60年代初，但相关基础研究的大部分重要进展则是在80年代以后取得的。

计算机视觉是一门综合性的学科，其主要涉及数学、物理学、摄影学、神经生物学、信号处理、图像处理、人工智能、自动控制机器人、机器视觉、机器学习等多学科的相关知识，如图4.1所示。

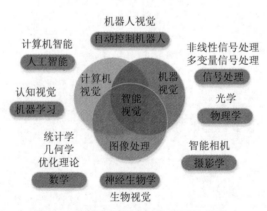

图4.1 计算机视觉与其他领域的关系

4.1.1　智能视觉技术研究内容

智能视觉技术主要包括物体识别、物体定位、物体三维形状恢复和运动分析。

1. 物体识别技术

物体识别包含两种主要形式，一种叫作类型识别。如"椅子"可以有多种多样的形状，座椅、背椅、靠椅等，但人们可以很容易地把它们归到"椅子"类。这种识别用的是物体的通用属性。另一种识别是同类物体的鉴别。如从人脸中识别出某个人，此时用的是类内的特定信息。物体识别要求既要能抽象出物体的共同属性，又要能分辨出相似物体间的细微区别，所以物体识别很复杂。物体识别的主要应用方向包括：

（1）基于内容的图像提取。在巨大的图像集合中寻找包含指定内容的所有图片。被指定的内容可以是多种形式，比如一个红色的大致是圆形的图案，或者一辆自行车；后一种内容的寻找显然要比前一种更复杂，因为前一种描述的是一个低级直观的视觉特征，而后者则涉及一个抽象概念（也可以说是高级的视觉特征），即"自行车"，显然自行车的外观并不是固定的。

（2）姿态评估。对某一物体相对于摄像机的位置或者方向的评估。例如，对机器臂姿态和位置的评估。

（3）光学字符识别。对图像中的印刷或手写文字进行识别鉴别，通常的输出是将之转化成易于编辑的文档形式。

2. 物体定位技术

物体定位是指对物体进行检测并确定其位置，然后报告物体是否存在或者物体的坐标。

3. 物体三维形状恢复

物体三维形状恢复是指基于给定的一个场景的二或多幅图像或者一段录像，寻求为该场景建立一个计算机模型或三维模型。最简单的情况便是生成一组三维空间中的点；更复杂的情况下会建立起完整的三维表面模型。

4. 图像恢复

图像恢复是通过计算机处理，对质量下降的图像加以重建或恢复的处理过程。因摄像机与物体相对运动、系统误差、畸变、噪声等因素的影响，使图像往往不是真实景物的完整映像。在图像恢复中，需建立造成图像质量下降的退化模型，然后运用相反过程来恢复原来图像，并运用一定准则来判定是否得到图像的最佳恢复。

5. 运动分析

基于视觉的运动目标分析是指对视频中的运动目标进行检测、识别和跟踪，并理解与分析目标行为，它在视频监控、机器人技术、图像检索、图像压缩等研究领域有着重要应用。其中，运动目标检测与跟踪是目标行为理解与分析的基础。

4.1.2　物联网与智能视觉技术

智能视觉物联网，简称"视联网"，是国家重点扶持的新一代信息技术的重要组成部分，是物联网的升级版本，是通过视觉传感标签、射频识别（RFID）、红外感应器、全球定位系统、激光扫描器等信息传感设备，按约定的协议，把任何物体与互联网相连接，进行信息交换和通信，以实现对物体的智能化识别、定位、跟踪、监控和管理的一种网络。

1. 智能视频技术是物联网感知层的重要技术之一

智能视觉物联网是物联网的视觉感知部分，由智能视觉传感器、智能视觉信息传输、智能视觉信息处理及物联网应用等四部分构成。它利用各类图像传感器，包括监控摄像机、手机、数码相机，获取人、车、物图像或视频，采用图像视频模式识别技术对视觉信息进行处理，提取视觉环境中人、车、物视觉标签，并通过网络传输与视觉标签应用系统连接，提供便捷的监控、检索、管理与控制。智能视觉物联网通过与非视觉物联网的融合与协作应用，实现物联网对经济社会发展的影响和促进。

2. 智能视觉技术是物联网应用层的重要技术之一

如果将智能视觉技术融入到物联网技术，可以形成智能视觉物联网解决方案。同时，物联网让视觉智能与安防完美结合，并与智能楼宇、智能家居、智能医院等应用紧密结合构建"智慧城市"。智能视觉技术能够在视觉图像及图像描述之间建立映射关系，从而使计算机能够理解视觉画面中的内容。智能视觉物联网与基于 RFID 等其他传感器的物联网的主要区别，在于前者对视觉标签的支撑，它包含视觉传感器、传输、智能分析三个部分，其主要特点是：

（1）多种视觉信息获取设备。智能视觉物联网必须支持多种视觉传感和图像设备。这些包括图像、视频文件；移动设备，如手机、数码相机；固定设备，如网络摄像头、监控摄像机。智能视觉物联网以这些图像视频终端设备作为节点，采集环境中物体、目标信息。

（2）视觉信息获取与传输。智能视觉物联网的数据传输必须兼容各种主流网络介质，以"多网合一"、有线和无线的方式进行视觉信息传输。

（3）智能视觉标签系统。作为智能视觉物联网信息处理的核心部分，对视觉感知范围的人、车或其他物件，对目标标签物体的身份及其实时状态进行智能分析，对其进行"贴标签"处理，并辅以标签属性（包括名称、ID、属性、地点、运动状态、行为等）。与 RFID 物理标签相比，智能视觉标签系统的特点是：①通过无源方式提供标签信息；②属于虚拟表现性质；③打破距离限制，可以远距离获取。

（4）智能视觉信息挖掘。作为智能视觉物联网的更高级部分，对所覆盖大范围中的目标视觉标签进行关联，识别挖掘各目标的运动轨迹，并分析其行为。智能视觉标签系统与智能视觉信息挖掘，作为视觉信息处理的两个重要构件，是智能视觉物联网最核心的部分，也是其未来的发展重点。

4.1.3 智能视觉技术硬件架构

目前智能视觉技术主要有两种架构方式：一种是基于后端服务器方式，如图 4.2 所示；另一种是前端嵌入式方式，即 DSP（Digital Signal Processor）或 DVS（Digital Video Server）方式，如图 4.3 所示。

基于后端服务器方式，是将视觉传送至后端的 PC/服务器或者工控机上进行算法实现。它的优点是功能定义灵活，可实现复杂的分析算法；缺点是需保障视觉的传输，对网络要求高，后端的硬件投资巨大。

前端嵌入式方式的实现是采用 DSP 或类似嵌入式系统，在监控前端对视觉数据进行分析，并进行相应的处理和联动。它的优点是视觉数据无需远程传输、兼容性好、系统工作稳定等；缺点是系统处理资源有限，无法完成复杂的视觉分析工作，而且功能升级潜力有限，适用于一些相对简单的视觉分析功能。

图 4.2　基于后端服务器方式

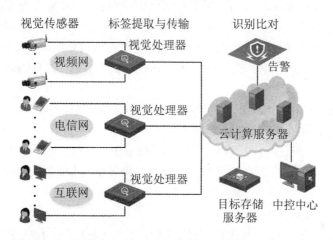

图 4.3　基于智能相机的 DSP 方式和基于数字存储的 DSP 方式

DSP 方式下，视觉分析单元一般位于视觉采集设备附近（摄像机或编码器），此方式可以使得视觉分析单元直接对原始或最接近原始的视觉图像进行分析；而后端服务器方式，服务器得到的视觉图像经过网络编码传输后已经丢失了部分信息，因此精确度难免下降。

DSP 方式明显优于后端服务器方式，主要表现在：DSP 方式可以使得视觉分析技术采用分布式的架构方式，在此方式下，视觉分析单元一般位于视觉采集设备附近（摄像机或编码器），这样，可以有选择地设置系统，让系统只有当需要的时候才传输视觉到控制中心或存储中心，相对于服务器方式，大大节省了网络负担及存储空间。

基于以上原因，目前市场上主流视觉分析技术均采用 DSP 方式，基于摄像机或编码器。需要注意的是，基于前端 DSP 方式的视觉分析设备，一旦需要调整视觉分析点位，则通常需要更换 DVS 或 IPC，而基于后端分析的模式则可以直接在机房或控制中心调整完成，无需更换前端硬件。

4.1.4　智能视觉技术的应用前景

智能视觉物联网技术将城市监控区域中无处不在的摄像头纳入到智能视觉物联网中，对视觉感知范围内的人、车或其他物件等目标赋以"身份"标签并识别目标的实际"身份"，利用网络化特点对大范围中的目标标签进行关联，有效地分析目标标签物体的实时状态，挖掘目标运动轨迹和环境变化信息，分析其行为，并感知各类异常事件，就异常事件为应急指挥系统提供预警信息。从安全角度看，智能视觉物联网应用可分为安全相关类应用与非安相关全类应用。

1. 安全相关类应用

高级视频移动侦测（Advanced Video Motion Detection）：在复杂的天气环境中（如雨雪、大雾、大风等）精确地侦测和识别单个物体或多个物体的运动情况，包括运动方向、运动特征等。

物体追踪（Motion Tracking）：侦测到移动物体之后，根据物体的运动情况，自动发送 PTZ（Pan/Tilt/Zoom）等控制指令，使摄像机能够自动跟踪物体，在物体超出该摄像机监控范围之后，自动通知物体所在区域的摄像机继续进行追踪。

人脸识别（Face Recognition）：自动识别人物的脸部特征，并通过与数据库档案进行比较来识别或验证人物的身份。此类应用又可以细分为"合作型"和"非合作型"两大类。"合作型"应用需要被监控者在摄像机前停留一段时间，通常与门禁系统配合使用。"非合作型"则可以在人群中识别出特定的个体，此类应用可以在机场、火车站、体育场馆等应用场景中发挥很大的作用。

车辆识别（Vehicle Identification）：识别车辆的形状、颜色、车牌号码等特征，并反馈给监控者。此类应用可以用在被盗车辆追踪等场景中。

非法滞留（Object Persistence）：当一个物体（如箱子、包裹、车辆、人物等）在敏感区域停留的时间过长，或超过了预定义的时间长度就产生报警。典型应用场景包括机场、火车站、地铁站等。

2. 非安全相关类应用

除了安全相关类应用之外，智能视觉还可以应用到一些非安全相关类的应用当中。这些应用主要面向零售、服务等行业，可以被看作管理和服务的辅助工具，用以提高服务水平和营业额。此类应用主要包括：

人数统计（People Counting）：统计穿越入口或指定区域的人或物体的数量。例如，为业主计算某天光顾其店铺的顾客数量。

人群控制（Flow Control）：识别人群的整体运动特征，包括速度、方向等等，用以避免形成拥塞，或者及时发现异常情况。典型的应用场景包括超级市场、火车站等人员聚集的地方。

注意力控制（Attention Control）：统计人们在某物体前面停留的时间。可以用来评估新产品或新促销策略的吸引力，也可以用来计算为顾客提供服务所用的时间。

交通流量控制（Traffic Flow Control）：用于在高速公路或城市环路，根据车流量的变化自适应调整交通信号的闪亮时间，达到智能控制交通的目的。该应用需要提高视觉分析功能模块的适应性，使之适应更为复杂和多变的现场环境。

4.2 智能视觉核心技术

4.2.1 智能视觉分析技术

智能视觉分析技术是指计算机图像视觉分析技术，是人工智能研究的分支之一，它能够在图像及图像描述之间建立映射关系，从而使计算机能够通过数字图像处理和分析来理解视频画面中的内容。而视频监控中所提到的智能视觉技术主要指的是"自动分析和抽取视频源中的关键信息"。

如果把摄像机看作人的眼睛，智能视觉系统或设备则可以看作人的大脑。智能视觉技术借助计算机强大的数据处理功能，通过将场景中风、雨、雪、落叶、飞鸟、飘动的旗帜等多种背景和目标分离，进而分析并追踪在摄像机场景内出现的目标，对视频画面中的海量数据进行高速分析，并建立起运动目标的活动模型，排除监视场景中非人为的干扰因素，准确判断目标在视频监视图像中的各种活动，为监控者提供有用的关键信息。智能视觉解决方案以数字化、网络化视频监控为基础，用户可以根据视频内容分析功能，通过在不同摄像机的场景中预设不同的报警规则，系统识别不同的物体，同时识别目标行为是否符合这些规则，一旦目标在场景中出现了违反预定义规则的行为，系统能够以最快和最佳的方式发出警报并提供有用信息，从而能够更加有效地协助安全人员处理危机，最大限度地降低误报和漏报现象，切实提高监控区域的安全防范能力。

1. 智能视觉分析技术的原理

如图4.4所示，智能视觉分析的一般思想是根据预先定义的数学模型，使用实时的视频序列持续对数学模型的参数进行学习和更新，从而在任意时刻对视频环境进行建模。当在系统运行一段时间后，系统就可以获取一个相对稳定的环境模型，进而使用这个模型进行运动物体的检测。在检测到实际的运动目标后，接着对运动目标进行跟踪定位，从而获取每个运动目标每时每刻的状态。与此同时，系统还对检测到的运动目标进行分类，如果运动目标是人，则一般系统还会对运动目标的姿态进行检测。最终系统会对运动目标的运动状态、运动轨迹、当前姿态进行综合分析，从而判断出目前监控环境中正在发生的事情，并进行相应的记录。

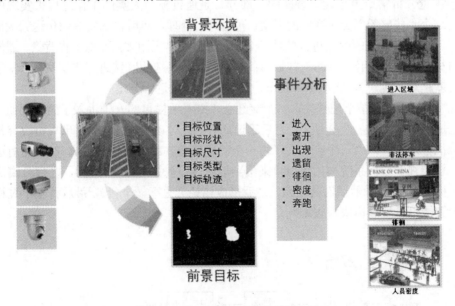

图4.4　基于背景减除法的视觉分析

2. 智能视觉分析的主要方法

智能视觉分析方法主要有两类，一类是背景分离（背景减除）法，就是利用当前图像和背景图像的差分（SAD）来检测出运动区域的一种方法。可以提供比较完整的运动目标特征数据，其精确度和灵敏度比较高，具有良好的性能表现。背景的建模是背景减除法的技术关键，一般采用在系统设置时间段内通过系统自适应学习来建模，根据背景实际"热闹程度"选取3～5分钟的学习时间。一般系统建模完成后，随着时间的变化，背景会有一些改变，系统具有"背景维护"的能力，即可以将一些后来融入背景的图像（如云等）自动加为背景；另一类是时间差分方法，又称相邻帧差法，就是利用视频图像特征，从连续得到的视频流中提取所需要的动态目标信息。时间差分法实质就是利用相邻帧图像相减来提取前景目标移动的信息。此方法不能完全提取所有相关特征像素点，在运动实体内部可能产生空洞，智能检测出目标的边缘。两种方法实现对比见表 4.1。

表 4.1　背景减除法与时间差分法对比

方法	优点	缺点
背景减除法	精确度高，灵敏，性能表现好	芯片资源占用多，对光线等变化敏感
时间差分法	环境适应性强，芯片资源占用少，对光线等变化不敏感	不是太精确，应用条件有限，当运动目标停止时会失效

　　背景减除法是目前普遍使用的运动目标检测方法，其算法本身需要大量的运算处理资源，并且仍然会受到光线、天气等自然条件及背景自身变化（海浪、云影、树叶摇动等情况）的影响。但是，针对不同的天气以及自然干扰，已经有多种附加算法（过滤器）应用来弥补这些缺陷，随着芯片能力的提升及算法改进，视频分析技术必将会进一步成熟。

　　3. 智能视觉分析流程

　　智能视觉分析实质上是人工智能的一部分，是通过模仿人类的工作过程来实现的。人类通过眼睛这个"传感器"实现视频的采集、预处理、处理，然后将真实图像传送给大脑，大脑并不是对所有传送过来的图像进行整体的分析处理，而是采用多层分级，将背景、缓慢移动及远处的目标分辨率最低化，忽略一些细节；并对前景感兴趣的区域进行二次聚焦（我们常说的眼前一亮就是这个意思），获得更多细节，然后对该区域进行判定。

　　如图 4.5 所示，在某个地铁站，一个穿红衣、拎着手提包的女子进入了监控画面，该女子将手提包放到站台中的一个空地上，之后迅速离开。针对该视频场景，值班人员很容易迅速地提取出特征描述来，即"一个红衣女子将一个黑色包放在站台上后迅速离开"，而对这个简单的信息，智能视觉分析系统利用摄像机采集到信息，首先是场景（站台），之后分离出感兴趣的前景目标（红衣女），然后对其跟踪，之后形成结论（丢下一个包），最后将整个过程的完整信息传给智能信息处理模块按规则判定，形成告警。

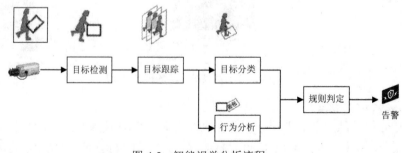

图 4.5　智能视觉分析流程

（1）目标检测。将输入视频图像中变化剧烈的图像区域从图像背景中分离出来是智能视觉行为分析的基础，其检测效果直接决定整个智能视频监控系统的性能。目标检测的算法主要包括光流法、相邻帧差法和背景差等诸多方法。

（2）目标跟踪。依据目标及其所在的环境，选择能唯一表述目标的特征，并在后续帧中搜索与该特征最匹配的目标位置。常用的跟踪算法包括基于特征的跟踪算法、基于 3D 模型的跟踪、基于主动轮廓模型的跟踪以及基于运动估计的跟踪等。

（3）目标分类。利用图像特征值实现目标类型（一般是人和车）的甄别。用于目标分类的特征有空间特征（包括目标轮廓、目标尺寸、目标纹理等）和时间特征（比如目标大小的变化、运动的速度等）。

（4）行为分析。位于智能视频监控的高级阶段，是实现视频监控智能化的关键，内容涉及视频监控对象的多种不同行为，如目标检测和分类、目标动态跟踪、目标识别和理解、统计计数，另外还包括非法入侵、人物分离、逗留游荡、群体定向移动等异常行为。

4. 智能视觉分析的主要功能

智能视觉分析的主要应用涉及监控对象的多种不同行为，主要包含越线检测、周界入侵、物品移走、物品遗留、方向检测、徘徊检测、人员聚集检测、人车流量检测、速度检测、轨迹跟踪、烟火检测、云台跟踪等，其场景模型模拟了实际应用中的多种情况。

（1）越线检测。可对指定的场景设置一条虚拟警戒线，报警规则可设置为单线检测或双线检测，可任意设置警戒线的位置、长度和禁止穿越方向。当出现目标按预设方向穿越警戒线时，即自动产生报警信息，并能预测入侵者运动方向，提醒工作人员注意。应用场景：危险的树林、湖泊、海滩的场地，交通道路的双黄线、翻越墙报警、倒车检测及其他交通违规检测等领域，如图 4.6 所示。

图 4.6 越线检测

（2）周界入侵。周界入侵是指在视频监控视场中设定周界，检测视频监控中的周界入侵，并对符合入侵的行为产生告警，避免造成损失，如图 4.7 所示。可在视场内设置各种形状、大小的警戒区域，充分满足在不同场景下对侵入禁区检测的需求。系统还能实现在同一视场内设置多个警戒区，实现多区域同时监测，适用于设置违禁区域以增加人们的安全度。应用场景：军事、银行、监狱等安全重地，车站、码头，公园的植物、水体、山石等重点保护区域。

图 4.7　周界入侵

（3）物品移走。物品移走是指在摄像机监视的场景范围内，可根据监控需要对指定区域内检测物品是否被移走，避免贵重物品失窃，如图 4.8 所示。检测可以设定为两种模式：当物品被搬移时立即报警；当物品被拿走超过一定时间，且没有放回原处的时候发出报警。应用场景：博物馆、展览馆及企业保密场所。

图 4.8　物品移走

（4）物品遗留。物品遗留是指检测视频监控中的遗留行为，并对符合遗留的行为产生告警，以防不法分子放置爆炸物品，违章停车或遗失行李，维护公众利益和生命安全，如图 4.9 所示。应用场景：公共场所，公共出行的交通要道，车站、码头。

图 4.9　物品遗留

（5）方向检测。方向检测是指在指定区域内检测是否有目标按照指定方向运动，并提供报警，阻止危害事件发生，如图 4.10 所示。应用场景：道路交通。

图 4.10　方向（逆行）检测

（6）徘徊检测。徘徊检测是指检测视频监控中的徘徊行为，并对符合徘徊的行为产生告警，有效预防危害行为发生，如图 4.11 所示。能够判断人员在特定区域内徘徊逗留，确认为可疑徘徊后，发出异常报警。用户能通过设置目标停留时间来判定目标是否滞留或徘徊。应用场景：金融网点。

图 4.11　徘徊检测

（7）人员聚集检测。人员聚集检测是指对指定区域内出现的人员非法集中、群体性事件进行报警，可以广泛用于广场、政府机关等场所，避免非法游行集会等恶性事件发生，如图 4.12 所示。应用场景：银行、超市、商场等场所，广场、景区等公共场所。

图 4.12　人员聚集检测

（8）人车流量检测。人车流量检测是指对过往行人和车辆进行智能识别、分析、统计的一种功能，当人或车通过或进入指定的界线和区域时，触发自动识别、自动记录和自动统计；或当人数和车辆数量达到设定的数值时，还会触发报警，并根据统计数据进行规律、趋势的分析，有助于针对性疏导，如图 4.13 所示。应用场景：超市、市场、商场等购物场所，道路。

图 4.13　人车流量检测

（9）速度检测。速度检测可以检测到视频画面中超速或者低于指定速度通过的目标，适用于道路秩序维护。应用场景：高速公路、城市道路。

（10）轨迹跟踪。轨迹跟踪用于自动发现并跟踪出现在屏幕中的运动目标，精确地对运动目标进行分析，能够连续快速地调整云台方向及摄像机变倍，使目标始终处于屏幕中心，并保持所占屏幕中的比例，使监控人员能够看清细节。此外，也可以由监控人员指定跟踪目标后，进行连续跟踪，使监控人员从连续的云台控制中解放出来，如图 4.14、图 4.15 所示。应用场景：城市道路。

图 4.14　轨迹跟踪示意图

图 4.15　云台跟踪示意图

（11）烟雾、火焰检测。通过对视野范围内的烟雾和火焰进行检查，及时发现烟火事故并报警，降低危害，如图 4.16 所示。应用场景：公共场所，森林。

图 4.16 烟雾、火焰检测

（12）其他人体行为检测。为了满足安防监控需求，智能视觉分析技术目前能够在警戒区域内，根据人体行为进行设置，实现对于人体特殊行为进行预警和分析，主要包括人体倒地行为（图 4.17）、人员非正常加速行为（图 4.18）、人员遇袭检测（图 4.19）等。

图 4.17 人体倒地行为　　　　　图 4.18 人员非正常加速行为

图 4.19 人员遇袭检测

4.2.2 智能视觉识别技术

智能视觉识别技术的涵义很广，主要指通过计算机，采用数学技术方法，对一个系统前端获取的图像按照特定目的进行相应的处理。可以说，智能视觉识别技术就是人类视觉认知的延伸，是人工智能的一个重要领域，随着计算机技术及人工智能技术的发展，智能视觉识别技术已成为人工智能的基础技术。目前智能视觉识别技术在实现上一般采用两种方式：基于静态图像的智能识别技术和基于视频的智能识别技术。

基于静态图像的智能识别技术一般是利用物联网技术如红外、激光、压力等传感器触发识别系统，通过提取视频序列中的单幅图像进行视频识别或者智能视频在智能分析中识别出相应目标后对单幅图像进行识别，这种方式处理速度和效果都较好，目前视频识别也多采用此种方式。

基于视频的智能识别技术是直接利用视频进行人脸或者车辆等动态建模，对动态模型进行识别，此种技术比单纯的图像识别能够将更多目标的三维特征进行多次匹配，从而提高识别的准确度和精度，现阶段基于视频的识别算法主要是基于室内的环境条件，室外复杂环境下还不是很成熟。例如，室外条件下的人脸图像光照、姿态等的剧烈变化使人脸识别仍然面临着许多困难。

智能视频识别指系统从视频画面中找出局部中一些画面的共性，包括目标识别和目标跟踪，如文字识别、生物特征识别（人脸、指纹、虹膜等多种识别）技术、智能交通中的动态对象识别等。

1. 文字识别

文字识别是指利用计算机自动识别各种字符，如字母、数字、汉字或其他语言中的字符的技术。根据识别对象的不同，文字识别可分为西文识别、数字识别和汉字识别等；这些字符可以是手写体和印刷体，因此文字识别又可分为手写体文字识别和印刷体文字识别；根据采用的输入设备不同，文字识别可分为联机识别和脱机识别。

其中，联机识别是指将字符书写在与计算机相连的书写板上，由计算机根据字符的书写轨迹进行实时识别，因此联机识别主要是针对手写体而言的。脱机识别是指将字符书写或打印在纸张上，用扫描仪或其他光电转换装置将其转换成电信号输入到计算机中，再由机器进行识别。因此，脱机识别又称为光学文字识别，即通常所说的 OCR（Optical Character Recognition）。

（1）文字识别系统。文字识别一般包括文字信息的采集、信息的分析与处理、信息的分类判别等几个部分。

信息的采集：将纸面上的文字灰度变换成电信号，输入到计算机中去。信息采集由文字识别机中的送纸机构和光电变换装置来实现，有飞点扫描、摄像机、光敏元件和激光扫描等光电变换装置。

信息的分析和处理：对变换后的电信号消除各种由于印刷质量、纸质（均匀性、污点等）或书写工具等因素所造成的噪声和干扰，进行大小、偏转、浓淡、粗细等各种正规化处理。

信息的分类判别：对去掉噪声并正规化后的文字信息进行分类判别，以输出识别结果。

（2）文字识别方法。文字识别方法基本上分为统计、逻辑判断和句法三大类。常用的方法有模板匹配法和几何特征抽取法。

1）模板匹配法：将输入的文字与给定的各类别标准文字（模板）进行相关匹配，计算输入文字与各模板之间的相似性程度，取相似度最大的类别作为识别结果。这种方法的缺点是当被识别类别数增加时，标准文字模板的数量也随之增加。这一方面会增加机器的存储容量，另一方面也会降低识别的正确率，所以这种方式适用于识别固定字型的印刷体文字。这种方法的优点是用整个文字进行相似度计算，所以对文字的缺损、边缘噪声等具有较强的适应能力。

2）几何特征抽取法：抽取文字的一些几何特征，如文字的端点、分叉点、凹凸部分以及水平、垂直、倾斜等各方向的线段、闭合环路等，根据这些特征的位置和相互关系进行逻辑组合判断，获得识别结果。由于利用结构信息判断，这种识别方式也适用于手写体文字。

（3）文字识别应用领域。文字识别可应用于许多领域，如阅读、翻译、文献资料的检索、信件和包裹的分拣、稿件的编辑和校对、大量统计报表和卡片的汇总与分析、银行支票的处理、商品发票的统计汇总、商品编码的识别、商品仓库的管理，以及水、电、煤气、房租、人身保险等费用的征收业务中的大量信用卡片的自动处理和办公室打字员工作的局部自动化等，还用于文档检索，各类证件识别，方便用户快速录入信息，提高各行各业的工作效率。

2．生物特征识别

传统的身份鉴定方法包括身份标识物品（如钥匙、证件、ATM 卡等）和身份标识知识（如用户名和密码），但由于主要借助体外物，一旦证明身份的标识物品和标识知识被盗或遗忘，其身份就容易被他人冒充或取代。生物识别技术比传统的身份鉴定方法更具安全、保密和方便性。生物识别技术具有不易遗忘、防伪性能好、不易伪造或被盗、随身"携带"和随时随地可用等优点。

生物识别技术主要是指通过人类生物特征进行身份认证的一种技术，人类的生物特征通常具有唯一性、可以测量或可自动识别和验证、遗传性或终身不变等特点，因此生物识别认证技术较传统认证技术存在较大的优势。生物识别系统对生物特征进行取样，提取其唯一的特征并且转化成数字代码，并进一步将这些代码组成特征模板。现今已经出现了许多生物识别技术，如指纹识别、手掌几何学识别、虹膜识别、视网膜识别、面部识别、签名识别、声音识别及指静脉识别等，但其中一部分技术含量高的生物识别手段还处于实验阶段，随着科学技术的飞速进步，将有越来越多的生物识别技术应用到实际生活中。

（1）指纹识别。指纹是灵长类手指末端指腹上由凹凸的皮肤所形成的纹路，也可指这些纹路在物体上印下的印痕。纹路的细节特征点有起点、终点、结合点和分叉点。由于每个人的指纹并不相同，同一人的不同手指的指纹也不一样，指纹识别就是通过比较这些细节特征的区别来进行鉴别。

不同指纹经常会具有相同的总体特征，但它们的细节特征却不可能完全相同。指纹纹路并不是连续的、平滑笔直的，而是经常出现中断、分叉或转折。这些断点、分叉点和转折点就称为"特征点"。特征点提供了指纹唯一性的确认信息，其中最典型的是终节点和分叉点，其他还包括分歧点、孤立点、环点、短纹等。特征点的参数包括方向（节点可以朝着一定的方向）、曲率（描述纹路方向改变的速度）、位置（节点的位置通过 x、y 坐标来描述，可以是绝对的，也可以是相对于三角点或特征点的）。

指纹识别系统通常包括以下几部分：

图像获取：通过专门的指纹采集或扫描仪、数字相机、智能手机等获取指纹图像。根据采集指纹面积大体可以分为滚动捺印指纹和平面捺印指纹，公安行业普遍采用滚动捺印指纹。

图像压缩：将指纹数据库的图像经过压缩后存储，主要方法为转换为 JPEG、WSQ、EZW 等文件。目的是减少存储空间。其中，EZW 被列入我国公安部刑侦领域指纹图像压缩的国家标准。

图像处理：指纹区域检测、图像质量判断、方向图和频率估计、图像增强、指纹图像二值化和细化等。

指纹形态和细节特征提取：获取指纹特征并提取交下一步分析。指纹形态特征包括中心（上、下）和三角点（左、右）等，细节特征点主要包括纹线的起点、终点、结合点和分叉点。

指纹比对：对比两个以上指纹以分析是否为同一指纹来源。

指纹识别的过程，如图 4.20 所示，包括两个子过程各 4 个阶段点。两个子过程是指纹注册过程和指纹识别过程。指纹注册过程包括四个阶段，分别是指纹采集、指纹图像增强、指纹特征提取及指纹特征保存。指纹识别的过程也经过四个阶段，分别是指纹采集、指纹图像增强、指纹特征提取和指纹特征比对匹配。指纹图像处理在两个子过程中是相同的。但指纹采集和指纹特征值提取，虽然名称相同，但内部算法流程是有区分的。在指纹注册过程中的指纹采集，其采集次数要多，并且其特征值提取环节的算法也多一些对特征点的归纳处理步骤。

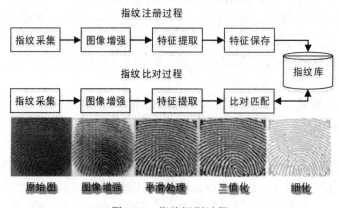

图 4.20　指纹识别过程

（2）手掌几何学识别。手掌几何学识别就是通过测量使用者的手掌和手指的物理特征来进行识别。作为一种已经确立的方法，手掌几何学识别不仅性能好，而且使用比较方便。它适用的场合是用户人数比较多，或者用户虽然不经常使用，但使用时很容易接受。如果需要，这种技术的准确性可以非常高，同时可以灵活地调整生物识别技术性能以适应相当广泛的使用要求。手形读取器使用的范围很广，且很容易集成到其他系统中，因此成为许多生物识别项目中的首选技术。

（3）声音识别。声音识别就是通过分析使用者的声音的物理特性来进行识别的技术。虽然已经有一些声音识别产品进入市场，但使用起来还不太方便，这主要是因为传感器和人的声音可变性都很大。另外，比起其他的生物识别技术，它使用的步骤也比较复杂，在某些场合显得不方便。

（4）视网膜识别。视网膜也是一种用于生物识别的特征，有人甚至认为视网膜是比虹膜更唯一的生物特征，视网膜识别技术要求激光照射眼球的背面以获得视网膜特征的唯一性。

虽然视网膜扫描的技术含量较高，但视网膜扫描技术可能是最古老的生物识别技术，在20 世纪 30 年代，通过研究就得出了人类眼球后部血管分布唯一性的理论，进一步的研究表明，即使是孪生子，这种血管分布也是具有唯一性的，除了患有眼疾或者严重的脑外伤外，视网膜的结构形式在人的一生当中都相当稳定。

视网膜识别使用光学设备发出的低强度光源扫描视网膜上独特的图案。有证据显示，视网膜扫描是十分精确的，但它要求使用者注视接收器并盯着一点。这对于戴眼镜的人来说很不方便，而且与接受器的距离很近，也让人不太舒服。所以尽管视网膜识别技术本身很好，但用户的接受程度很低。因此，该类产品虽在 20 世纪 90 年代经过重新设计，加强了连通性，改进了用户界面，但仍然是一种非主流的生物识别产品。

（5）虹膜识别。虹膜是人眼瞳孔和眼白之间的环状组织，是人眼的可视部分。眼睛的外观图由巩膜、虹膜、瞳孔三部分构成。巩膜即眼球外围的白色部分，约占总面积的 30%；眼睛中心为瞳孔部分，约占 5%；虹膜位于巩膜和瞳孔之间，包含了最丰富的纹理信息，占据 65%。外观上看，由许多腺窝、皱褶、色素斑等构成，是人体中最独特的结构之一。

虹膜的形成由遗传基因决定，人体基因表达决定了虹膜的形态、生理、颜色和总的外观。到两岁左右，虹膜就基本上发育到了足够尺寸，进入了相对稳定的时期。除非极少见的反常状况、身体或精神上大的创伤造成虹膜外观上的改变外，虹膜形貌可以保持数十年没有多少变化。另一方面，虹膜是外部可见的，但同时又属于内部组织，位于角膜后面。要改变虹膜外观，需要非常精细的外科手术，而且要冒着视力损伤的危险。虹膜的高度独特性、稳定性及不可更改的特点，是虹膜可用作身份鉴别的物质基础。人体虹膜组织的唯一性和稳定性最高、不可改变性和抗欺骗性最强，是最为理想的身份识别依据。

（6）签名识别。签名识别在应用中具有其他生物识别所没有的优势，人们已经习惯将签名作为一种在交易中确认身份的方法，它进一步的发展也不会让人们觉得有太大不同。实践证明，签名识别是相当准确的，因此签名很容易成为一种可以被接受的识别符。但与其他生物识别产品相比，这类产品现今数量很少。

（7）指静脉识别。指静脉识别，如图 4.21 所示，是通过指静脉识别仪取得个人手指静脉分布图，将特征值存储，然后进行匹配，进行个人身份鉴定的技术。其基本原理是利用静脉中红血球吸收特定近红外线的这一特性，将近红外线照射手指，并由图像传感器感应手指透射过来的光来获取手指内部的静脉图像，进而进行生物特征识别。其中的关键在于流经静脉的红血球中的血红蛋白对波长在 700～1000 纳米附近的近红外线会有吸收作用，导致近红外线在静脉部分的透射较少，当近红外线透射以后，静脉在图像传感器感应的影像上就会突出显示，而手指肌肉、骨骼和其他部分都被弱化，从而得到清晰的静脉血管图像。指静脉识别技术利用手指静脉血管的纹理进行身份验证，对人体无害，具有不易被盗取、伪造等特点。该识别技术可广泛应用于银行金融、政府国安、教育社保等领域的门禁系统，是比指纹识别、虹膜识别等体表特征识别技术更安全、高效的技术。

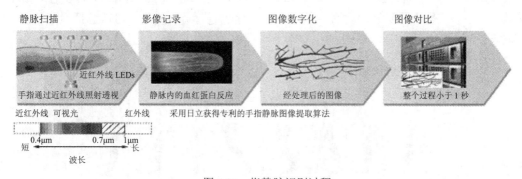

图 4.21　指静脉识别过程

（8）人脸识别。人脸识别技术，如图 4.22 所示，是采用人脸的一些独特生物特征对人身份进行自动识别的生物特征技术。它具有人脸获取直接隐蔽、人脸特征信息编码数据量小、识别速度快、识别准确率高、拒识率低、甄别简便、安全性高、使用条件简单等特点，是一种直接、方便、容易被人们接受的非侵犯性识别方法，应用于公安、安防、金融、ATM、计算机网络信息安全等诸多领域。智能视频识别系统的摄像机 24 小时都可以工作，将人脸识别技术应用于该系统，既不侵犯人权，同时也很安全，无论室内还是户外均可使用。人脸识别系统意味着每个人的脸上都贴着特殊的标签，一旦经过监控系统就能识别出来。

图 4.22　人脸识别

基于视频的人脸识别技术通常包括三个模块：人脸检测模块、人脸跟踪模块和人脸识别模块。其中人脸检测和跟踪是指在输入图像中确定是否有人脸存在，如果有人脸存在，则确定其数目和每个人脸的位置和大小。人脸检测作为人脸信息处理中的一项关键技术，是人脸识别系统中的第一个环节，能否正确地从一幅图像或视频流中检测出人脸的位置，对系统后续的特征提取和识别有着重大的影响。人脸图像的检测和视频序列的人脸跟踪是一个极有意义又很困难的问题，在信息安全、智能监控、虚拟现实等领域都有着广泛的应用前景。

（9）步态识别。步态识别是一个相当新的发展方向，它旨在从相同的行走行为中寻找和提取个体之间的变化特征，以实现自动的身份识别。它是融合计算机视觉、模式识别、视频、图像序列处理的一门技术。

步态识别，如图 4.23 所示，使用摄像头采集人体行走过程的图像序列，进行处理后同存储的数据进行比较，来达到身份识别的目的。步态识别作为一种生物识别技术，具有其他生物识别技术所不具有的独特优势，即在远距离或低视频质量情况下的识别潜力，且步态难以隐藏或伪装等。步态识别主要是针对含有人的运动图像序列进行分析处理，通常包括运动检测、特征提取与处理、识别分类三个阶段。

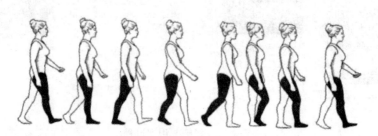

图 4.23　步态识别

步态识别与人脸识别的相同点表现在，检测方法、人的行为配合、软件难易程度、联网、复制可能性以及在智能化视频监控系统中的应用方面都是相同的；其不同点在采集装置成本、采集速度、采集距离、伪装、可靠性、使用等方面。

3. 车牌识别

车牌识别技术是智能交通系统的重要组成部分。首先通过车辆检测获得车辆的位置信息，然后通过摄像头抓拍图片，对图片进行车牌识别。

目前常用的车辆检测方法有地感线圈检测、超声波检测、微波检测和视频检测等。随着视频技术的发展，运用视频技术进行车辆检测是智能交通系统中备受关注的前沿方向，它从视频序列中检测、识别车辆，获取所需交通参数，然后通过对交通参数的智能分析来解决交通问题。基于视频的车辆检测是未来智能交通的研究重点与热点，对缓解交通拥堵、提高运输效率、减少环境污染都具有非常重要的意义。

车牌识别是智能交通系统的重要组成部分，在高速公路管理、城市道路管理和停车场管理等应用中有着无可替代的作用。车牌识别技术主要分为图像采集、图像预处理、车牌定位、字符切分、字符识别几个部分，车牌识别流程如图4.24所示。

图像采集　　　图像预处理　　　车牌定位　　　字符切分　　　字符识别

图 4.24　车牌识别流程

车辆牌照自动识别系统的基本工作原理是：当车辆通过监测区域时，传感器发送一个信号给图像采集的控制部分，然后控制摄像机采集该汽车的图像并发送至图像预处理模块，再由预处理模块对输入的图像进行简单的预处理，最后计算机通过图像的预处理、车牌提取、车牌图像二值化、字符切分、字符识别等步骤后将最终的车牌字符提取出来，并且把识别的结果和图像存入到计算机数据库中以备后用，如查询和管理等。车牌识别系统对车辆车牌直接识别而不需要人工的参与，使交通管理的智能化程度上升到了一个新的台阶，在提高交通管理效率、增加管理的客观性方面起到了巨大的推进作用。

4.3　智能视觉的典型应用

4.3.1　公交车载视频监控系统

传统公交行业没有采用视频监控系统，不能有效解决公交车内治安监控、监视乘客逃票和司乘人员窃取票款行为，车辆在运营过程中发生车辆刮擦或者碰撞等交通事故，事后无法辨别事故责任，且中心监管人员不能实时掌握车载终端子系统运行情况，公交车辆运营中处于"看不见、听不着"的落后现状。

图 4.25 为海康威视的公交车载视频监控系统构架图，该系统针对公交车运营监控、调度和治安反恐的需求，提供公交车内、车外视频监控及车辆定位功能，实现对公交车内乘客和司乘人员活动监控、车外行驶过程记录，可对乘客逃票、司乘人员窃取票款、司乘/乘客纠纷、

盗窃行为、恐怖事件、车辆刮擦碰撞等交通事故进行监控和取证，方便事后定责。通过公交车载视频监控系统，调度人员能实时掌握公交车运营情况和车辆所在位置，从而合理调度与排布运行计划，监管人员能监控司机驾驶行为，从而规范驾驶员按规章操作和文明驾驶的行为。

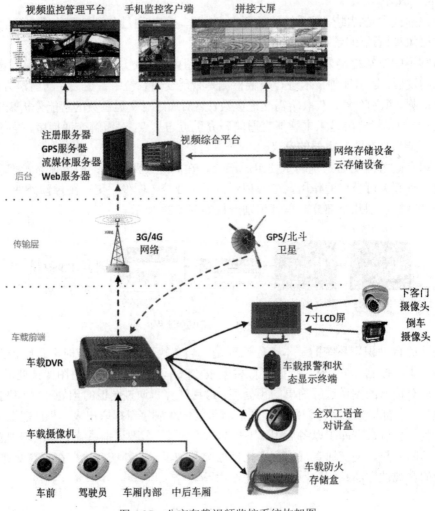

图 4.25　公交车载视频监控系统构架图

4.3.2　智能机场安防监控系统

民航业是重要的战略产业，有助于我国经济结构转型升级和对"一带一路"、自贸区等的支撑。根据民航"十三五"规划，到 2020 年底，中国新建民用机场 50 个，全国民用机场总数达到 260 个以上。

机场作为民用航空地面保障的主要场所，其区域范围内的安全和管理，直接关系到空防的安全和地面保障的正常运行。安全是民用航空业永恒的最重要的主题之一，这不仅是指飞行安全，对于地面保障的主要场所——机场来说，其区域范围内的安全和管理，尤其是飞行区、候机大楼等的安全控制和管理，直接关系到空防的安全和地面保障的正常运行。在这样大的区域内，如果仅仅只靠人来管理、控制，势必要派出大量的工作人员去值班、站岗、巡逻、检查，还要注意克服许多人为因素、气候因素、环境因素（许多角角落落和人不便触及或不能触及的地方）带来的问题，可以说肯定会出现许多防不胜防的现象。

一个完善的安全防范系统应该综合考虑机场的特点、需防范的区域和需防范建筑物具体的结构、布局和功能，巧妙灵活地设置不同的防范系统，并合理、有机地把它们组合在一起，使这些技术系统在机场的安全防范和管理中最大限度地发挥作用。如图 4.26 为海康威视的智能机场安防监控系统构架图。

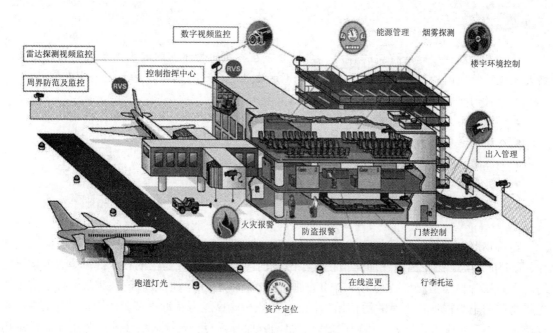

图 4.26　智能机场安防监控系统构架图

本方案包括视频监控系统、紧急报警系统、出入口控制系统、周界防范系统、智能视频分析系统、机场安防集成联动管理平台。

第 5 章　物联网通信技术

通信在物联网中起着桥梁的作用，它将分布在各处的物体互联起来。无线通信的发展，极大促进了物联网的可用性，而反过来物联网的发展也促进了通信技术的进一步发展。

本章我们将学习以下内容：
- 短距离无线通信技术
- 移动通信技术
- 低功耗广域网通信技术
- 卫星通信技术
- 光纤通信技术

随着物联网的快速发展，无线通信将实现万物互联。因此通信将会面临各种通信技术并存、互补的趋势。短距离无线通信指在较小范围的区域提供无线通信的技术。移动通信指移动用户之间或者移动用户与固定用户之间的通信方式。低功耗广域网通信技术非常适合于物物相连所需要的小数据量长距离的通信场景，但对功耗和计算能力有近乎苛刻的限制。卫星通信具有覆盖范围广、通信容量大、传输质量好、组网方便等优点。光纤通信技术是利用光导纤维传输信号以实现信息传递的一种通信方式。

5.1　短距离无线通信技术

5.1.1　蓝牙技术

1. 蓝牙技术概述

蓝牙技术是低成本的短距离无线传输技术，它能为固定设备或移动设备通信环境建立一个特别的连接，是无线数据通信和语音通信开放性的全球规范。蓝牙的主要目标是提供一个全世界通行的无线传输环境，通过无线电波来实现所有移动设备之间的信息传输服务。其实际应用还可以拓展到各种家电产品、电子产品和汽车等。蓝牙图标如图 5.1 所示。

图 5.1　蓝牙图标

2. 蓝牙技术特点

蓝牙是取代数据电缆的短距离无线通信技术，是小范围、低功耗、毫无约束的无线连通应用方案。它工作在全球统一开放的 2.4GHz ISM（I——工业；S——科学；M——医学）频段。

　　蓝牙工作原理图如图 5.2 所示。首先，由蓝牙主设备利用其专门的发射结构，使用短程射频链接，在业务发现协议（发现链接的设备或主机功能的应用规范）的规范下，通过召唤体系结构（一种业务发现标准），查询到需链接的设备信息和服务类型。之后，蓝牙设备间的链接才能建立，形成蓝牙微网。其次，蓝牙设备间可进行语言及数据的传输。如果传输语言信息，则采用电路交换形式，进行同步时分双工（TDD）的全双工传输。

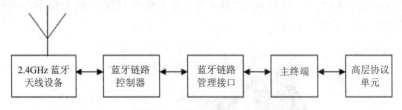

图 5.2　蓝牙工作原理图

　　传统蓝牙根据网络的概念提供点对点和点对多点的无线连接，在任意一个有效通信范围内，所有设备的地位都是平等的。首先提出通信要求的设备称为主设备；被动进行通信的设备称为从设备。利用时分多址（TDMA）的原理，一个主设备最多可以同时与 7 个从设备进行通信并和多个从设备（最多可以超过 200 个）保持同步但不通信。蓝牙网络结构如图 5.3 所示。

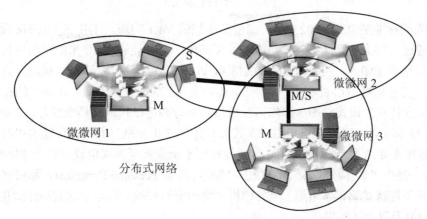

图 5.3　蓝牙网络结构

　　蓝牙技术具有以下特点：

　　（1）蓝牙技术是无线连接，功耗小。它采用低待机消耗、快速建立连接及数据包低开销等手段达到降低功耗的目的。

　　（2）蓝牙技术可以支持多设备的连接数据传输。使用的是以每秒 1M 个码元的字符速率进行传输，这充分地利用了信道最大有效带宽，也提高了传输速率。

　　（3）蓝牙技术传送数据抗干扰能力强。由于使用的是短数据包进行传送的，数据短，则误码率也就越小。另外，由于蓝牙技术具有调频功能，有效避免了工业科学医疗（ISM）频段遇到干扰源。因此，在传输的过程中，受到过程中的介质和外界的干扰就越小。

　　（4）蓝牙具有全球通用的规格，安全性高。蓝牙无线技术是目前市场上支持范围最广泛，功能最丰富，而且是安全的无线标准。采用 128bit AES 加密算法，保密性强。

（5）蓝牙技术使用简单，操作简便。使用蓝牙，需要先由蓝牙设备进行搜索，可以搜索出距设备 10 米左右（个人蓝牙，工业蓝牙可达到 100 米）的全部设备，然后通过双方进行认证，建立连接，进行通信。增加芯片的成本和尺寸最小。

3. 蓝牙技术的规范和发展

1998 年 5 月，在联合开展短程无线通信技术的标准化活动时，爱立信、诺基亚、东芝、IBM 和英特尔五家著名厂商，提出提供一种短距离、低成本的无线传输应用技术，即蓝牙技术。蓝牙的信息交流如图 5.4 所示。全球大约 80%以上的手机都使用了蓝牙技术，其中将近 100%的智能手机都已经使用了蓝牙技术。

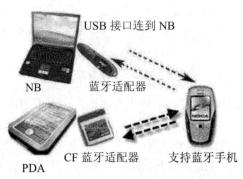

图 5.4　蓝牙的信息交流

蓝牙技术的标准是 IEEE 802.15.1，基于蓝牙规范 V1.1 实现，工作在 2.4GHz 频带，带宽为 1Mb/s。通过芯片上的无线接收器，配有蓝牙的电子产品能够在 10 米的距离内彼此连接，传输速率可以达到 1Mb/s。新版 IEEE 802.15.1a 基本等同于蓝牙规范 V1.2 标准，具备一定的 QoS 特性，并完整保持向后兼容性。蓝牙 2.0 标准是 1.2 的改良提升版，传输率约在 1.8M/s～2.1M/s，开始支持双工模式，即一面作语音通信，同时亦可以传输文档或图片。2009 年 4 月 21 日，蓝牙技术联盟（Bluetooth SIG）正式颁布蓝牙 3.0 标准，其数据传输率提高到了大约 24Mb/s。传输速率提高了，使得蓝牙 3.0 可以轻松用于录像机至高清电视、PC 至 PMP（Protable Media Player，便携式媒体播放器）、UMPC（Ultra-mobile Personal Computer，超级移动个人计算机，一种新型便携式笔记本电脑）至打印机之间的资料传输。但是要达到最佳效果，连接双方必须都是 3.0 及以上才可以。

2010 年 7 月，蓝牙技术联盟发布蓝牙 4.0 标准，低功耗，同时加强不同 OEM 厂商之间的设备兼容性，并且降低延迟，理论最高传输速度依然为 24Mb/s（即 3MB/s），有效覆盖范围扩大到 100 米（之前的版本为 10 米）。2013 年 12 月，蓝牙技术联盟发布了蓝牙 4.1 标准，主要是为了实现物联网，迎合可穿戴连接，是对通信功能的改进。在传输速率方面，蓝牙 4.1 在 4.0 的基础上进行升级，使得批量数据可以更高速传输；在网络连接方面，蓝牙 4.1 支持 IPv6，使得蓝牙的设备能通过蓝牙连接到可以上网的设备上，实现与 WiFi 相同的功能。蓝牙 4.2 标准于 2014 年 12 月 2 日发布，它为 IoT 推出了一些关键性能，是一次硬件的更新。

2016 年 6 月，蓝牙技术联盟发布了蓝牙 5.0 标准，蓝牙 5.0 具有更高的传输速度和更低的功耗，它的有效距离是上一版本的 4 倍，理论上，蓝牙发射和接收设备之间的有效工作距离可达 300 米。蓝牙 5.0 将添加更多的导航功能，因此该技术可以作为室内导航信标或类似定位设备使用，结合 WiFi 可以实现精度小于 1 米的室内定位。蓝牙 5.0 针对物联网进行了很多底层优化，力求以更低的功耗和更高的性能为智能家居服务。蓝牙 5.0 还能够增加更多的数据传输功能，硬件厂商可以通过蓝牙 5.0 创建更复杂的连接系统。蓝牙技术的各个版本比较见表 5.1。

表 5.1　蓝牙技术不同版本的列表

版本	公布时间	传输速率	特点	缺点
Bluetooth V4.0	2010 年 7 月	最高 24Mb/s	将传统蓝牙、低功耗蓝牙和高速蓝牙技术三种规格合而为一，所能支持的距离是 100 米，低成本，可以跨厂商互操作，3 毫秒低延迟	长距离或连续数据通信的能耗还是比较大，比较适合短距离通信
Bluetooth V4.1	2013 年 12 月	大约 40Mb/s	低占空比定向广播，基于信用实现流控的 L2CAP 面向连接的专用通道，双模和拓扑，宽带语音的音频架构更新，更快的数据广告时间间隔。提升了连接速度和传输效率，并且更加智能化	长距离功耗较大
Bluetooth V4.2	2014 年 12 月	65Mb/s	是一次硬件更新。实现物联网：支持灵活的互联网连接。更智能：业界领先的隐私权限、节能效益和堪称业界标准的安全性能。更快速：吞吐量速度和封包容量提升	
Bluetooth V5.0	2016 年 6 月	大约 40Mb/s	更快的传输速度，更远的有效距离，更多的导航功能和物联网功能，升级硬件，更多的传输功能，更低的功耗	

4. 蓝牙技术的应用

近年来，越来越多的蓝牙产品出现在人们的生活中，比如蓝牙耳机、蓝牙音箱等等。这些产品具有优异的使用性能，还能满足人们对新技术的需求。

（1）在数据传输上的应用。计算机、手机、掌上电脑以及数字相机等数字设备上只要装有蓝牙芯片，就可以实现数据的传输。蓝牙通过无线传输，可以解决线缆烦琐的麻烦，并且数据传输速度可以满足大多数计算机的外设需求。常见数据传输应用如图 5.5 所示。

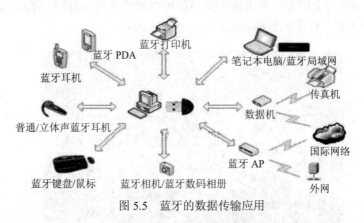

图 5.5　蓝牙的数据传输应用

（2）在语音传输上的应用。蓝牙 4.0 以上的芯片体积小，可以放置在多种音频设备中，通信更加稳定，音质得到优化。常见蓝牙语音传输应用如图 5.6 所示。

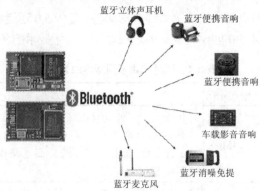

图 5.6　蓝牙的语音传输应用

（3）在医疗保健领域的应用。蓝牙芯片可以安装在绝大多数医疗检测设备当中，如检测血糖、血氧、心跳等。检测数据通过蓝牙实时传输，快捷安全，并且通过蓝牙收集患者的信息，不会束缚患者的日常行动，所监测的数据更为自然，更加准确，如智能手环、智能体重称等。常见蓝牙医疗保健领域应用如图 5.7 所示。

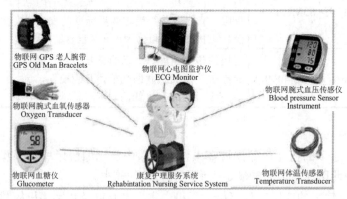

图 5.7　蓝牙的医疗保健应用

（4）在智能家居中的应用。使用蓝牙技术可以控制传统的家电，比如空调、电视、灯光、窗帘等。使用蓝牙 4.0 以上版本，无论体积多小都可以轻松接入互联网，实现远程控制，比如智能插座、智能开关等。蓝牙的智能家居应用如图 5.8 所示。

图 5.8　蓝牙的智能家居应用

5.1.2　ZigBee 技术

1．ZigBee 技术概述

ZigBee 技术是一组基于 IEEE 802.15.4 无线标准研制开发的短距离无线通信技术。ZigBee 技术主要适用于距离短、功耗低且传输速率不高的各种电子设备之间进行数据传输以及典型的有周期性数据、间歇性数据和低反应时间数据传输的一些应用中。ZigBee 网络体系结构如图 5.9 所示。

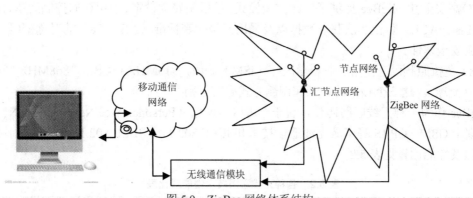

图 5.9　ZigBee 网络体系结构

ZigBee 技术依据 IEEE 802.15.4 标准，在数千个微小的传感器之间相互协调实现通信。这些传感器只需要很少的能量，就能以接力的方式通过无线电波将数据从一个节点传到另一个节点，从而实现在全球 2.4GHz 免费频带范围内的高效、低速率的通信功能。ZigBee 设备具有能量检测和链路质量指示的功能，并采用了碰撞避免机制，以避免发送数据时产生数据冲突。在网络安全方面，ZigBee 设备采用了密钥长度为 128 位的加密算法，对所传输的数据信息进行加密处理，从而保证数据传输时的高可靠性和安全性。ZigBee 的命名据说源于蜜蜂传递信息的肢体语言 ZigZag 舞蹈，蜜蜂在发现花丛后会通过这种肢体语言来告知同伴新发现的食物源位置等信息。在此之前，ZigBee 也被称为"HomeRF Lite""RF- EasyLink"或"FireFly"无线电技术，目前统称为 ZigBee。

2．ZigBee 技术特点

ZigBee 技术是一种近距离、低复杂度、低功耗、低速率、低成本的双向无线通信技术。ZigBee 的目标是建立一个无所不在的传感网（Ubiquitous Sensor Network），主要适用于自动控制和远程控制领域，可以嵌入到各种设备中，同时支持地理定位等功能。其主要特点如下：

（1）低功耗。在低耗电待机模式下，2 节 5 号干电池可支持 1 个节点工作 6～24 个月，甚至更长，从而免去了充电或者频繁更换电池的麻烦。这是 ZigBee 的突出优势，特别适用于无线传感网。相比较而言，蓝牙能工作数周，WiFi 可工作数小时。

（2）低成本。通过大幅简化协议（不到蓝牙的 1/10），降低了对通信控制器的要求，以 8051 的 8 位微控制器测算，全功能的主节点需要 32KB 代码，子功能节点少至 4KB 代码，而且 ZigBee 免协议专利费。每块芯片的价格大约为 2 美元。

（3）低速率。ZigBee 工作在 20kb/s～250kb/s 的速率，分别提供 250kb/s（2.4GHz）、40kb/s（915 MHz）和 20kb/s（868MHz）的原始数据吞吐率，满足低速率传输数据的应用需求。

（4）近距离。传输范围一般介于 10m～100m 之间，在增加发射功率后，亦可增加到 1km～3km。这指的是相邻节点间的距离。如果通过路由和节点间通信的接力，传输距离将可以更远。

（5）短时延。ZigBee 的响应速度较快，一般从睡眠转入工作状态只需 15ms，节点连接进入网络只需 30ms，进一步节省了电能。相比较，蓝牙需要 3s～10s，WiFi 需要 3s。

（6）高容量。ZigBee 可采用星状、片状和网状网络结构（无线传感网），由一个主节点管理若干子节点，最多一个主节点可管理 254 个子节点；同时主节点还可由上一层网络节点管理，最多可组成 65000 个节点的大网。

（7）高安全性。ZigBee 提供了三级安全模式，包括无安全设定、使用访问控制清单（Access Control List，ACL）防止非法获取数据以及采用高级加密标准（AES 128）的对称密码，以灵活确定其安全属性。

（8）免执照频段。使用工业科学医疗（ISM）频段，915MHz（美国），868MHz（欧洲），2.4GHz（全球）。这三个频带的扩频和调制方式亦有区别。

ZigBee 作为一种无线联网协议，属于个人区域网络（Personal Area Network，PAN）的范畴，有别于 GSM、GPRS 等广域无线通信技术和 IEEE 802.11a、IEEE 802.11b 等无线局域网技术，参数及性能比较见表 5.2。

表 5.2 各种无线联网技术性能对比表

市场名	GPRS/GSM	WiFi	Bluetooth	ZigBee
系统资源	16MB+	1MB+	250KB+	4KB～32KB
网络大小	1	32	7	225/65000
带宽（Kb/s）	64～128+	11000+	720	20～250
传输距离（米）	1000+	1～100	1～10+	1～100+
电池寿命（天）	1～7	0.5～5	1～7	100～1000+
特点	覆盖面大，质量高	速度快，灵活性强	价格便宜，方便	可靠，低功耗，价格便宜
应用重点	广阔范围声音和数据	Web，E-mail，图像	电缆替代品	监测和控制

3. ZigBee 网络的拓扑结构

ZigBee 网络的拓扑结构如下：ZigBee 网络根据应用的需要可以组成星型网络、树型网络和网状网络三种拓扑结构，如图 5.10 所示。

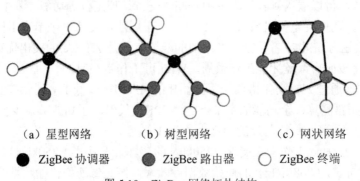

（a）星型网络　　　　　（b）树型网络　　　　　（c）网状网络

● ZigBee 协调器　　● ZigBee 路由器　　○ ZigBee 终端

图 5.10 ZigBee 网络拓扑结构

在 ZigBee 网络中，星型网络是三种拓扑结构中最简单的结构。网络节点之间的数据路由只有唯一的一个路径，假如发生链路中断，那么数据通信也将中断，此外协调器将成为整个网络的瓶颈。

在 ZigBee 网络的树型网络中，每一个节点都只能和它的父节点和子节点之间通信，缺点就是信息只有唯一的路由通道，信息的路由过程完成是由网络层处理，对于应用层是完全透明的。与之对应，网状网络在 ZigBee 网络中是最为复杂的一种结构，它是一种特殊的点到点的网络结构，其路由可自动建立和维护。网状网络的优点是如果网络中有节点失效，与其相关联的节点会自动找寻其他路由节点加入网络，实现路由修复和更新网络拓扑，不会引起网络分离。

4. ZigBee 的应用

ZigBee 技术主要应用在数据传输速率不高的短距离设备之间，因此非常适用于家电和小型电子设备的无线数据传输。其典型的传输数据类型有周期性数据（如传感器）、间歇性数据和反复低响应时间数据。

（1）智能家庭和楼宇自动化。通过 ZigBee 网络，可以远程控制家里的电器、门窗等；可以实现水、电、气三表的远程自动抄表；通过一个 ZigBee 遥控器，可以控制所有的家电节点。可以利用支持 ZigBee 的芯片安装在家庭里面的电灯开关、烟火检测器、抄表系统、无线报警、安保系统、HVAC、厨房机械中，实现远程控制服务。

（2）消费和家用自动化市场。在未来的消费和家用自动化市场，可以利用 ZigBee 网络来连接电视、录像机、PC 外设、运动与休闲器械、儿童玩具、游戏机、窗户和窗帘及其他家用电器等，实现远程控制服务。

（3）工业自动化领域。在工业自动化领域，利用传感器和 ZigBee 网络，自动采集、分析和处理数据。ZigBee 可以作为决策辅助系统，例如危险化学成分的检测、火警的早期检测和预报等。

（4）医疗监控。在医疗监控等领域，借助于各种传感器和 ZigBee 网络，可以准确实时地监测病人的血压、体温和心跳速度等信息，从而减少其工作负担，特别是对重病和病危患者的监护治疗。

（5）农业领域。在农业领域，由于传统农业主要使用孤立的、没有通信能力的机械设备，主要依靠人力监测作物的生长状况。采用了传感器和 ZigBee 网络后，可以逐渐地向以信息和软件为中心的生产模式，使用更多的自动化、网络化、智能化和远程控制的设备实施管理的方式过渡。

5.1.3　WiFi 技术

1. WiFi 技术概述

WiFi 的英文全称为 Wireless Fidelity（无线保真），在无线局域网（Wireless Local Area Networks，WLAN）里又指"无线相容性认证"，实质上是一种商业认证，同时也是一种无线连网技术。它是一种可以将个人电脑、手持设备等终端设备以无线方式互相连接的短距离无线技术。其目的是改善基于 IEEE 802.11 标准的无线网络产品之间的互通性。现在一般人会把WiFi 及 IEEE 802.11 混为一谈，甚至把 WiFi 等同于无线网际网络，故使用 IEEE 802.11 系列协议的局域网就称为 WiFi 网络。WiFi 图标如图 5.11 所示。

图 5.11　WiFi 图标

WiFi 信号的载波频率有 2.4GHz 和 5GHz 两种。

2．WiFi 技术特点

自 1997 年 IEEE 发布了 IEEE 802.11（第一个无线网络规范）开始，无线网络因其独特的优势迅猛发展起来。WiFi 技术的特性进一步提高了无线网络的发展速度。主要优点如下：

（1）无线电波的覆盖范围广。基于蓝牙技术的颠簸覆盖半径大约有 15 米左右，而 WiFi 的半径则可达 100 米左右，可以实现整栋大楼的无线通信。

（2）传输速度高。虽然 WiFi 技术的传播无线通信质量和数据安全性能比蓝牙差一些，但其传输速度非常快，IEEE 802.11b 就可以达到 11Mb/s，而现今通过的 IEEE 802.11n 的数据速率最高可达 600Mb/s。

（3）无需布线，节省了布线的成本。

（4）发射功率低，对人体的辐射影响小。IEEE 802.11 规定的发射功率不可超过 100mW，实际发射功率约 60mW～70mW，对人们的辐射影响小。

（5）组网方法简单，容易实现。一般只需一个无线网卡及一台无线访问节点（Access Point，AP）就可组成一个 WiFi 无线网络。

（6）健康安全。IEEE 802.11 规定的发射功率不超过 100mW，实际发射功率约为 60mW～70 mW，手机的发射功率是 200 mW～1W，而且无线网络使用方式并非像手机直接接触人体，因此是 WiFi 是非常安全的。

但是，WiFi 技术在应用中也存在一定的问题，WiFi 的无线通信质量不是很好，数据安全性能比蓝牙差一些，传输质量有待改善。由于 WiFi 的工作频段为 2.4GHz 的开放频段，使其也容易受到其他设备的干扰。

3．WiFi 网络拓扑结构

WiFi 无线网络的体系结构主要有两种，即无中心网络和有中心网络。

（1）无中心网络。无中心网络又称为无 AP 网络、对等网络、AD-Hoc 网络。它由一组有无线接口的计算机（无线客户端）以自组织的形式组成一个独立基本服务集（Independent Basic Service Set，IBSS），这些无线客户端有相同的工作组名、服务区别号（Service Set Identifier，SSID）和密码，网络中任意两个站点之间均可对等地直接通信。结构如图 5.12 所示。

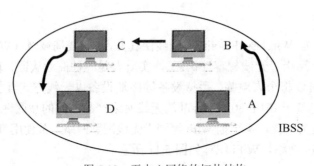

图 5.12　无中心网络的拓扑结构

无中心网络一般只有一个公用广播信道，每个站点都可竞争公用信道，而信道接入控制协议大多采用 CSMA/CA 多址接入协议。这种结构具有强抗毁性、易建网、低成本等优点。当网络中站点数量过多时，激烈的信道竞争将直接降低网络性能。无中心网络没有固定的基础设施，为了满足任意两个站点的通信，所有的站点必须直接与其他站点互连，站点间的网络布局复杂。此外，网络中的站点布局受环境限制较大。因此，这种网络结构仅适应于工作站数量相对较少的工作群，且工作站应离得足够近的工作群。

（2）有中心网络。有中心网络即结构化网络，又称为基础设施结构化网络，它由一个或多个无线 AP 及一系列无线客户端构成，其网络体系结构如图 5.13 所示。在有中心网络中，只有一个无线 AP 和多个与其关联的无线客户端的情形被称为一个基本服务集（Basic Service Set，BSS），它是有中心网络的最小构件。两个或多个 BSS 可构成一个扩展服务集（Extended Service Set，ESS）。

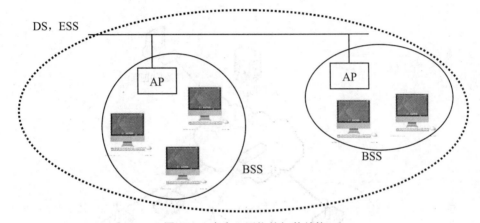

图 5.13　有中心网络的拓扑结构

一个 BSS 网络使用一个无线 AP 作为中心站，又称为基站（Base Station，BS），所有无线客户端对网络的访问均由 AP 控制。这样，随着网络业务量的增大，网络吞入量性能及网络时延性能的恶化并不强烈。由于每个站点只要在中心站覆盖范围内就可与其他站点通信，故网络布局受环境限制比较小。此外，中心站为接入有线主干网提供了一个逻辑访问点，从而可以实现将移动节点与现有的有线网络连接起来。

4. WiFi 技术的应用

WiFi 的频段在世界范围内是无需任何电信运营执照的免费频段。因此，WLAN 无线设备提供了一个世界范围内可以使用的、费用极低且带宽极高的无线空中接口。如今，支持 WiFi 的电子产品越来越多，像手机、计算机等，基本上已经成为主流标准配置。目前，WiFi 在公共场合的应用随着 AP 热点的增加而更加方便快捷，商务人员可以随时在全球机场、酒店、咖啡馆等公共场所利用 WiFi 的 AP 热点接入因特网，从而实时地与公司进行网络联系。在家庭网络中，WiFi 主要应用在各个信息家电和家庭网关上。酒店 WiFi 覆盖案例如图 5.14 所示。某大型智慧社区 WiFi 定位系统如图 5.15 所示。

总之，随着 Internet 网络的发展，移动 3G、4G 的普及，WiFi 作为一种无线接入技术，因其接入速度快，覆盖范围高，低成本等优势，必将与其他技术结合，更好地推动物联网通信的发展。

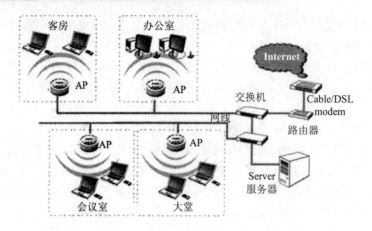

图 5.14 酒店 WiFi 覆盖案例

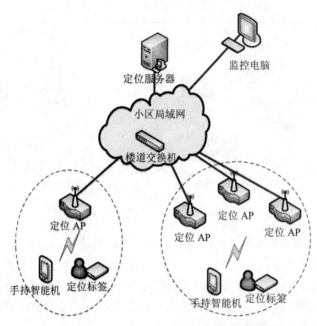

图 5.15 某大型智慧社区 WiFi 定位系统

5.1.4 LiFi 技术

1. LiFi 技术概述

LiFi 是指利用可见光通信技术（VLC）来实现信息传输。简单来说，LiFi 可见光通信就是以各种可见光源作为信号发射源，不使用光纤等传统波导，直接在空气中传输信号的一种通信。早在 2011 年的 TED（全球科技娱乐设计）大会上，英国爱丁堡大学 Harald Haas（哈拉尔德·哈斯）教授就利用 400THz～800THz 的可见光以及带有信号处理技术的 LED 灯泡，实现了高清视频的数据传输。并且，Harald Haas 教授在大会上首次将 VLC 称为 LiFi。研究称 LiFi 的速度将比 WiFi 快 100 倍。换言之，用户下载一部高清电影只需几秒钟，或比在线观看视频网站的速度更快。LiFi 技术标志如图 5.16 所示。

图 5.16　LiFi 技术标志

不过，在进行大规模应用前，LiFi 技术还需做进一步的完善，使其能够兼容更多的设备。Harald Haas 教授则表示未来每一盏 LED 灯都可充当 WiFi 的替代品。对目前现有的基础设施进行 LiFi 整合，在每一个照明设备中加入一个微型芯片，使它具备照明与无线数据传输这两个基本功能。未来，我们将以一种更环保方式搭建 LiFi 网络。

2. LiFi 技术原理

现在的无线设备都是工作在 2.5GHz 的频率下，5GHz 的频率也正开始大面积推广，然而有人想象用可见光也能传输网络信息，实现打开电灯就有 10M 无线宽带的效果。Harald Haas 教授称之为 D-light 技术，业界也称之为 LiFi（Light Fidelity）或是 VLC（Visible Light Communication），只需将全球 400 亿只电灯泡都换成 LED 灯，便可以实现开灯就打开无线网络开关，利用可见光传输信息，带宽能达到 10Mb/s。经过信号处理过的数据流被混入 LED 灯的光线中，适配器会将光波振幅中的微小变化转换并放大为电信号，并将之重新转换为计算机和移动设备可以接收的数据流。LiFi 工作原理如图 5.17 所示。

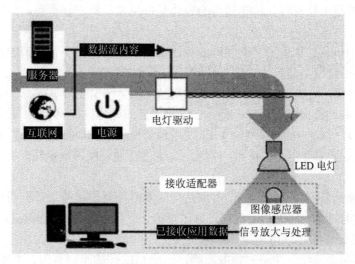

图 5.17　LiFi 工作原理

其实用无线光线传输早已经进入实用阶段，华为等通信厂商推出的 FSO 自由空间光通信系统，简称"无线光通信"（又称无线光纤或者是虚拟光纤）系统，就是这方面的典型应用。FSO 是一种基于光传输方式，采用红外激光承载高速信号的无线传输技术，以激光为载体，以空气为介质，用点对点或点对多点的方式实现连接，由于其设备也以发光二极管或激光二极管为光源，因此又有"虚拟光纤"之称。FSO 技术利用小功率的红外激光束为载体在位于楼顶或窗外的收发器间传输数据，红外波段比微波波段更小，更加灵活和方便。FSO 系统的工作频段在 300GHz 以上，该频段的应用在全球不受管制，而且可以免费使用。FSO 产品目前最高速率可达 2.5Gb/s，最远可传送 4km。图 5.18 展示了 LiFi 光通信的场景。

图 5.18　LiFi 光通信场景

3. LiFi 技术的特点

LiFi 技术具有以下特点：

（1）更多的电磁频谱资源。LiFi 使用可见光为传输载体，虽然可见光同样属电磁波，但是其带宽是 WiFi 带宽的数万倍，能够有效避免数据传输拥塞问题。

（2）更快的传输速度。目前实验室测试 LiFi 的速率可达到 50Gb/s，是 WiFi 最快标准（802.11ac，可达到 1Gb/s）的 5 倍。

（3）更强的抗干扰特性。LiFi 使用的载体是可见光，频率非常高，一般不存在电磁干扰的问题。

（4）更好的信息保护能力。无线电波相比光波频率要低很多，波长较长，绕射（衍射）能力强，能够绕过墙壁等建筑物，信号传输范围不容易受限。

（5）绿色健康，低能耗 LiFi 不依靠无线电波，不会产生电磁干扰。通过 LiFi 在飞机上连接互联网，可不必屏蔽电子设备。此外，LiFi 技术在偏远地区能比 WiFi 更方便地连接到互联网，譬如在煤矿，煤矿工人可以利用 LiFi 使用地理定位系统、打电话或者上网。可见光对人类来说具有绿色、无辐射伤害的特点。同时用光来进行通信能降低能耗，不需要像基站那样提供额外的能耗。

（6）建设便利，光源易得。传统射频信号的发射需要使用能量密集的设备。LiFi 技术则不需要类似的发射设备，只需利用已铺设好的灯泡，在灯泡上植入微小的芯片，就可变成类似 WiFi 热点的设备，使终端获得无线互联网连接。

但是由于可见光不能穿透障碍物的阻挡，因此 LiFi 传输距离有限。另外，从 LED 灯泡发射信号到手机上的光电二极管只解决了一半的问题，要保证通信链路畅通还需要能从手机发信号回去，反向通信链路设计困难。

4. LiFi 技术的应用

（1）可见光室内定位。可见光通信技术定位精度可达 1m，这意味着其室内定位非常精确，可以满足地图、导购等许多功能。

（2）信息下载。大屏幕或者 LED 交通信号灯等可以成为实时信息下载平台，人们可以将手机对准即可下载信息。

（3）井下人员定位系统。使用井下照明灯发出的光作为载体，通过对矿井下固定的巷道灯与矿工佩戴的头灯之间的光信号交互，可实现高精度人员定位。

（4）智能交通与车联网。白光 LED 照明未来最大的市场是车内照明领域，构成汽车大功率 LED 前照灯信息传输系统。将车牌号、车速等信息瞬时传输到各种交通检测设备，实现自动缴费、车辆登记、测速等功能。此外，也可应用于自动车库门、私家停车场等，实现无人化管理。

（5）医疗环境。可见光无电磁污染，可以用于医院等对电磁干扰比较敏感的区域。

当然，任何其他对电磁干扰敏感的地方也可以使用 LiFi，并且随着 LiFi 技术的不断成熟和发展，其应用范围会更加广泛。

5.2　低功耗广域网技术

随着智慧城市、大数据、物联网时代的到来，无线通信将实现万物连接。目前已经存在的大量物与物的连接大多通过蓝牙、WiFi 等短距离技术，或者移动蜂窝网络，为满足越来越多远距离物联网设备的需求，低功耗广域网（Low-Power Wide-Area Network，LPWAN）应运而生。LPWAN 也称 LPWA（Low-Power Wide-Area）具有低带宽、低功耗、远距离、大容量等优点。当前，LPWA 技术主要分为两类：基于非授权频谱的专利技术，如 LoRa、Siafox、RPMA；基于授权频谱的蜂窝技术，如 NB-IoT、EC-GSM、eMTC 等。

5.2.1　LoRa 技术

1. LoRa 技术概述

LoRa 技术是美国 Semtech 公司采用和推广的一种基于扩频技术的超远距离无线传输方案。这一方案改变了以往关于传输距离与功耗的折衷考虑方式，为用户提供一种简单的能实现远距离传输、长电池寿命、大容量的系统，进而扩展传感网络，主要面向物联网（IoT）或 M2M 等应用。目前，LoRa 主要在全球免费频段运行，包括 433MHz、868MHz、915MHz 等。

LoRa 技术相对于其他无线技术而言，在远距离传输、百万级的节点数以及 0.3kb/s～50kb/s 的数据传输速率等方面都具有无可比拟的优势，并且 LoRa 信号对于建筑物的穿透能力也很强，这使得其非常适用于例如智能农业、智能交通等大规模、远距离应用场景的物联网部署。特殊的扩频技术使 LoRa 通信链路预算可达 15km 左右，接收电流仅 10mA，大大提高了电池使用寿命。LoRa 的关键特征和优势见表 5.3。

表 5.3　LoRa 关键特征和优势

关键特征	优势
157dB 链路预算	远距离
距离>15km	
最小的基础设施成本	易于建设和部署
使用网关/集中器扩展系统容量	
电池寿命>10 年	延长电池寿命
接收电流 10mA，休眠电流<200nA	
免牌照的频段	低成本
基础设施成本低	
节点/终端成本低	

2. LoRa 组成及无线通信原理

（1）LoRa 的组成。GPS 由三个独立的部分组成：空间部分、地面监控部分、用户设备部分。其中，空间部分有 21 颗工作卫星、3 颗备用卫星。地面支撑系统有 1 个主控站、3 个注入站、5 个监测站。用户设备部分接收 GPS 卫星发射信号，以获得必要的导航和定位信息，经数据处理，完成导航和定位工作。GPS 接收机硬件一般由主机、天线和电源组成。LoRa 网络主要由终端（内置 LoRa 模块）、网关（或称基站）、服务器和云四部分组成，应用数据可双向传输。其组成如图 5.19 所示。

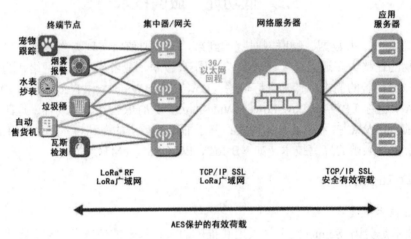

图 5.19　LoRa 组成

（2）LoRa 无线通信设计原理。LoRa 融合了数字扩频、数字信号处理和前向纠错编码技术，拥有前所未有的性能。使用 LoRa 技术可以由数万个无线传输模块组成一个无线数字传输系统。LoRa 采用星型网络结构，使用免授权 ISM 频段。LoRa WAN 协议定义了一系列的数据传输速率，不同的芯片可供选择的速率范围不同。LoRa 终端有三种工作模式：Class A（双向终端设备）、Class B（支持下行时隙调度的双向终端）和 Class C（最大接收时隙的双向终端）。这三种工作模式介绍见表 5.4。

表 5.4　LoRa 终端三种工作模式对比表

Class	介绍	下行时机	应用场景
A（"all"）	Class A 的终端采用 ALOHA 协议按需上报数据。在每次上行后都会紧跟两个短暂的下行接收窗口，以此实现双向传输。这种操作是最省电的	必须等待终端上报数据后才能对其下发数据	垃圾桶监测、烟雾报警器、气体监测等
B（"beacon"）	Class B 的终端，除了 Class A 的随机接收窗口，还会在指定时间打开接收窗口。为了让终端可以在指定时间打开接收窗口，终端需要从网关接收时间同步的信标	在终端固定接收窗口即可对其下发数据，下发的时延有所提高	阀控水气电表等
C（"continuous"）	Class C 的终端基本是一直打开着接收窗口，只在发送时短暂关闭。Class C 的终端会比 Class A 和 Class B 更加耗电	由于终端处于持续接收状态，可在任意时间对终端下发数据	路灯控制等

3. LoRa 技术的主要用途

LoRa 的主要优势在于以下两点：

（1）远距离、低功耗、高性能大规模组网。

（2）独一无二的原生地理位置技术允许用户定位资产、跟踪路径和管理设备。其地理位置用途主要包括定位、导航、管理和跟踪。LoRa 技术由于其自身的特点和优点，得到了广泛的应用。主要包括以下几个方面：

1）智慧农业。物联网在农业应用需要部署大量传感器，比如温度传感器、湿度传感器、风速传感器等。对传感器测出的数据进行传输，实时性要求不高的 LoRa 技术非常适合。

2）智能建筑。对传统建筑进行干燥，添加烟雾报警器、温湿度传感器等，定时上传监测的信息，使得用户生活更加便捷和安全，有助于提升生活质量。

3）智慧养殖。对养殖的家畜可以进行跟踪并监测它们的健康。例如，可以更快更容易地照料生病的牛。在一个大牧场上，了解病畜的具体位置可以明显地提高反应时间。

4）智慧交通。此技术应用在交通管理中，可完成事故跟踪和通知，以及预测性维护需求。具体位置的数据有助于算法做出更好的预测。

5）智能计量和物流。定位功能在物流中有各种应用，包括垃圾桶、回收库、气罐或其他任何容器的填充率监测，并根据监测数据跟踪资产、自动优化收集线路，在节省运营成本的同时实现有效的资产库存管理。

6）智能电网。智能电表通过使用 LoRa 技术可以提供长距离、小数据传输，有效降低人员抄表产生的成本，也可避免人工抄表的错误率。更重要的是可以确保实时性的用电数据收集，掌握城市各区用电状况进行用电调度，并提供阶段式计费。另外，还可以对设备进行远程监控，及时进行故障排除。

5.2.2 SigFox 技术

1. SigFox 技术概述

SigFox 是由法国 SIGFOX 公司提出的一种超窄带（Ultra-Narrow Band，UNB）LPWA 技术。它工作于 1GHz 以下 ISM 频段，频率根据国家法规有所不同，在欧洲广泛使用 868MHz，在美国则使用 915MHz，每个载波占用 100Hz 极窄频带，通过 BPSK 调制，以 100b/s 的超低速率进行数据发送。通过低速率抗干扰的调制方式，SigFox 可以换取极强的覆盖能力，最大允许路径损耗可达 160dB，远超传统 2G/3G/4G 蜂窝移动通信技术，适用于深入地底下或被掩埋的传感器节点数据传输。对于运行在小型电池上的 M2M 应用程序，SigFox 只需要低级别的数据传输。SigFox 有双向通信功能，通信往往是从终端到基站向上传送比较容易，但从基站回到终端其性能是受限制的，这是因为终端上的接收灵敏度不如基站。然而，SigFox 的数据发送能力较弱，每条信息最多为 12Byte（字节），且每天的数据发送量不超过 140 条信息。因此，需要传输大量数据或保持长时间在线连接的物联网设备并不适用于 SigFox 技术。SigFox 主要技术特点见表 5.5。

2. SigFox 关键技术及架构

SigFox 只面向物联网中的短信息类业务，其数据包的大小被限定在 12 个字节，这样可以满足类似温度、湿度、位置等简单信息的传输需求，也限定了单个节点对信道资源的占用时间，使网络可以服务更多的节点。在物理层，采用超窄带调制方式，频谱效率高，占用信道资源非常少，网络部署的灵活性也比较高；在网络架构方面，SigFox 采用了与 LoRaWAN 类似的简单的星型拓扑结构，终端节点直接与基站进行交互，并且只有在有消息推送时才会唤醒，传送完毕就会进入休眠状态。整个 SigFox 网络拓扑是一个可扩展的、高容量的网络，具有非常低的能源消耗，同时保持简单和易于部署的基于星型单元的基础设施。SigFox 网络架构如图 5.20 所示。

表 5.5　SigFox 技术特点

特点	描述
远距离	20km～50km（农村环境），3km～10km（城市环境）
低传输率	10b/s～1000b/s
低功耗	50 微瓦或 100 微瓦
低成本	<1 美元
工作频率	900MHz

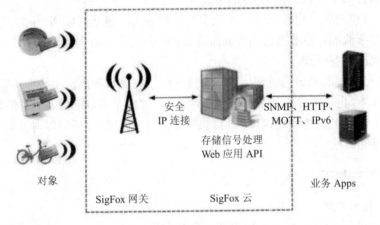

图 5.20　SigFox 网络架构

使用 SigFox 并不需要为每一个应用部署特定的网络基础设施，任何装备了通过认证的解决方案的物体都可以使用 SigFox 网络。比如在火灾探测器应用中，烟雾报警器装备有 SigFox 兼容的调制解调器。第三方应用通过简单标准的 API 连接到管理服务。火灾监测具体结构如图 5.21 所示。

图 5.21　火灾监测解决方案

3．SigFox 技术的主要应用

SigFox 网络和技术主要应用于低成本的 M2M/IoT 领域，需要广域网络的覆盖，有大量的应用需要这种低成本的无线通信技术，SigFox 网络可应用的领域包括：

（1）家庭和消费品，比如家庭照明。

（2）能源相关的通信，尤其智能电表方面。

（3）健康，尤其是正在发展中的移动医疗应用，比如可用于病人监视器。

（4）交通，包括汽车管理。

（5）远程监控和控制，比如利用环境传感器进行监测。

（6）零售，包括销售点、货价更新等。

（7）安全，比如在智能安防方面，SIGFOX 也与法国安保公司（主要做家用防火、防盗系统应用）securities direct 合作。securities direct 通过 3G 信号将家庭中布置的传感器连接到控制台，一旦传感器探测到家中有异常情况（例如发生火灾，进入窃贼等），就会启动报警系统。

不论是传统应用，还是新兴应用领域，SigFox 都有诸多应用机会，而只要是对成本要求较高的低数据量应用，SigFox 都可作为很好的备选方案。虽然有若干技术上的区别，但是实际上 SigFox 的应用场景大体上与 LoRa 和 NB-IoT 相似。

5.2.3　RPMA 技术

1．RPMA 技术概述

RPMA（Random Phase Multiple Access，随机相位多址接入）是由 Ingenu 公司开发的工作于 2.4GHz ISM 非授权频段上的 LPWA（Low Power Wide Area，低功耗广域网络）技术。RPMA 采用 DSSS（Direct Sequence Spread Spectrum，直接序列扩频）技术，使用 1MHz 信道带宽，相邻信道间隔 2MHz，在 2.4GHz～2.4835GHz 的 ISM 频带上共有 40 个信道。根据 Ingenu 公司发布的 RPMA 技术白皮书，它的最大允许路径损耗可达 177dB，远超 LoRa、SigFox 等同类技术。和市场同类产品相比，RPMA 技术竞争力明显，通过与竞争对手相似的 LPWA 技术的对比，RPMA 技术具有以下特点：

（1）网络覆盖能力强。RPMA 基站的网络覆盖范围极广，覆盖整个美国和欧洲大陆分别只需要 619 个基站和 1866 个基站，而对应采用 LoRa 技术则分别需要 10830 个基站和 43319 个基站；采用 SigFox 技术则分别需要 6840 个基站和 24837 个基站。基站数目的减少大大降低了物联网的建设及运营成本，因而从长期来看其经济效益更高。

（2）系统容量大。以美国大陆为例，如果物联网中的设备每小时传输一百个字节的信息，那么采用 RPMA 技术可以接入 249232 个设备，而采用 LoRa 技术和 SigFox 技术则分别只能接入 2673 个设备和 9706 个设备。

（3）充分降低设备能耗，尽可能地延长电池的使用寿命，因此具有超长的电池寿命。RPMA 采用功率控制和信息传输确认的办法来减少重新传输的次数，终端在数据传输的间隔进入深度睡眠状态来减少功耗，延长电池寿命。

（4）采用统一频率，方便漫游。RPMA 技术采用的是 2.4G 频段，该频段在全球都属于免费频段，这样 RPMA 的设备可以在全球实现漫游。SigFox 在欧洲使用的是 868MHz 的频率，在美国使用的是 915MHz 的频率，而 868 和 915 这两个频率在中国已被占用，实现漫游比较困难。

（5）双向通信，可以广播。RPMA 采用的是双向通信的方式，可以通过广播的方式对终端设备进行控制或升级。SigFox 采用的是单向传输，LoRa 采用的是半双工的通信方式。

（6）安全可靠的加密性。RPMA 技术提供六大安全保障：①相互认证：确保只有正确的节点能连接到正确的网络；②信息认证：确保信息来源可靠；③信息机密性：通过加密确保信息不可读；④匿名装置：确保终端账号永远不会被泄漏；⑤认证的固件升级：确保只安装经过认证的固件；⑥安全组播：同时确保多个设备之间的安全通信。

RPMA 技术在物联网应用方面处于遥遥领先的水平，对推进我国物联网建设及应用必将产生积极的作用。

2. RPMA 网络架构

RPMA 的网络架构如图 5.22 所示。RPMA 网络由终端设备、数据和连接、无线访问点（AP）、云、应用接口等组成。

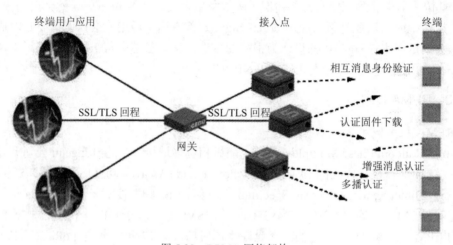

图 5.22　RPMA 网络架构

3. RPMA 技术的主要用途

RPMA 技术主要用在资产跟踪、农业灌溉、网联汽车、数字油田、环境监测、智慧城市、智能电网、保险、车队管理等。

5.2.4　NB-IoT 技术

1. NB-IoT 技术概述

NB-IoT（Narrow Band Internet of Things，窄带物联网）是 IoT 领域基于蜂窝的窄带物联网的一种新兴技术，支持低功耗设备在广域网的蜂窝数据连接。

NB-IoT 的物理层射频带宽为 200kHz，下行采用正交相移键控（QPSK）调制解调器，且采用正交频分多址（OFDMA）技术，子载波间隔 15kHz；上行采用二进制相移键控（BPSK）或 QPSK 调制解调器，且采用单载波频分多址（SC-FDMA）技术，包含 single-tone 和 multi-tone 两种。single-tone 技术的子载波间隔为 3.75kHz 和 15kHz 两种，可以适应超低速率和超低功耗的 IoT 终端。multi-tone 技术的子载波间隔为 15kHz，可以提供更高的速率需求。NB-IoT 的高层协议（物理层以上）是基于 LTE 标准制定的，对多连接、低功耗和少数据的特性进行了部分修改。NB-IoT 的核心网基于 S1 接口进行连接。

NB-IoT 技术具有以下优势：

（1）强连接：穿墙能力上比 Cat.4 LTE 提升 20dB 增益，在同一基站的情况下，NB-IoT 可以比现有无线技术提供 50～100 倍的接入数。一个扇区能够支持 10 万个连接，支持低延时敏感度、超低的设备成本、低设备功耗和优化的网络架构。

（2）超低功耗：由于 NB-IoT 聚焦小数据量、低速率应用，因此 NB-IoT 设备功耗可以做到非常小，设备续航时间可以从过去的几个月大幅提升到几年甚至十年以上。

（3）深度覆盖：能实现比 GSM 高 20dB 的覆盖增益，相当于提升了 100 倍覆盖区域能力。

（4）低成本：NB-IoT 构建于蜂窝网络，可直接部署于 GSM 网络、UMTS 网络或 LTE 网络，以降低部署成本，实现平滑升级；同时低速率、低功耗、低带宽同样给 NB-IoT 芯片以及模块带来低成本优势。

（5）安全性：继承 4G 网络安全能力，支持双向鉴权以及空口严格加密，确保用户数据的安全性。

（6）稳定可靠：能提供电信级的可靠性接入，有效支撑 IoT 应用和智慧城市解决方案。

但是 NB-IoT 技术在发展中面临两个主要问题，一个是数据安全，另一个是传输可靠性。

2. NB-IoT 网络架构

NB-IoT 组网框图如图 5.23 所示，主要分成如下所述的 5 个部分。

（1）NB-IoT 终端：支持各行业的 IoT 设备接入，只需要安装相应的 SIM 卡就可以接入到 NB-IoT 的网络中。

（2）NB-IoT 基站：主要是指运营商已架设的 LTE 基站，从部署方式来讲，主要有 3 种方式：①独立部署，即 Stand-alone 模式，利用独立的频带部署，与 LTE 频带不重叠；②保护带部署，即 Guard-band 模式，利用 LTE 频带中边缘频带部署；③带内部署，即 In-band 模式，利用 LTE 频带进行部署。

（3）NB-IoT 核心网：通过 NB-IoT 核心网就可以将 NB-IoT 基站和 NB-IoT 云进行连接。

（4）NB-IoT 云平台：在 NB-IoT 云平台可以完成各类业务的处理，并将处理后的结果转发到垂直行业中心或 NB-IoT 终端。

（5）垂直行业中心：垂直行业中心既可以获取到本中心 NB-IoT 业务数据，也可以完成对 NB-IoT 终端的控制。

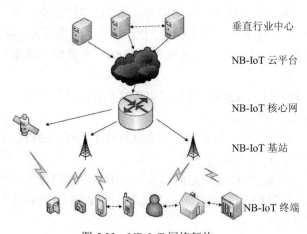

图 5.23 NB-IoT 网络架构

3．NB-IoT 技术的主要用途

随着 IoT 通信技术的快速发展，尤其是 NB-IoT 技术日趋成熟，IoT 技术将不断渗透到各行各业。NB-IoT 技术正飞速走进人们的生活，其支持的应用场景包括：

（1）智慧市政，水、电、气、热等基础设施的智能管理。

（2）智慧交通，交通信息、应急调度、智能停车等。

（3）智慧环境，水、空气、土壤等实时监测控制。

（4）智慧物流，集装箱等物流资源的跟踪与监测控制。

（5）智慧家居，家居安防等设备的智能化管理与控制。

5.2.5　eMTC 技术

1．eMTC 概述

eMTC 是物联网技术的一个重要分支，基于 LTE 协议演变而来，而且更加适合物与物之间的通信。为了拥有更低的成本，LTE 协议在原有的基础上进行了裁剪和优化。2016 年 3 月，3GPP 正式宣布 eMTC 相关内容已经被 R13 接纳。

为了适应物联网应用场景，3GPP 在 2008 年 R8 版本中定义了 Cat.1 类别终端，上行最高速率为 5Mb/s，下行最高速率为 10Mb/s。它虽装有两根天线，但为了降低成本，不支持 MIMO（Multiple Input Multiple Output，多输入多输出）空分复用。随后，为了进一步适应于物联网的低功耗、低速率和低成本要求，在 R12 阶段，3GPP 又定义了 Cat.0 类别终端。它的上下行最高速率均为 1Mb/s，以半双工方式工作，且只安装单根天线，以进一步降低成本。而在 R13 版本阶段，3GPP 定义了 Cat.m1 类别终端，工作带宽被缩减为 1.4MHz，上下行最高速率仍为 1Mb/s，以半双工模式工作，称为 eMTC。

eMTC 作为窄带蜂窝物联网主流网络制式标准之一，相比非蜂窝物联网具备了 LPWA 基本的四大能力：广覆盖、大连接、低功耗、低成本。

2．eMTC 作为窄带物联网的优势

（1）功耗低、终端续航时间长。目前 2G 终端待机时长仅 20 天左右，在一些 LPWA 典型应用如抄表类业务中，2G 模块显然无法符合特殊地点如深井、烟囱等更换电池的应用要求。而 eMTC 的耗电仅为 2G Modem 的 1%，终端待机可达 10 年。

（2）海量连接，满足"大连接"应用需求。eMTC 支持每小区接入超过 1 万个终端。

（3）典型场景网络覆盖不足。例如深井、地下车库等覆盖盲点，4G 室外基站无法实现全覆盖。而在广覆盖方面，eMTC 比现有网络增益 15dB（可多穿一堵墙）～20dB，信号可覆盖至地下 2～3 层。

（4）成本有望不断降低。eMTC 终端有望通过产业链交叉补贴，不断降低成本。在市场初期，其模组成本可低于 10 美元。

（5）专用频段传输干扰小。相对非蜂窝物联网技术来说，eMTC 基于授权频谱传输，传输干扰小，安全性较好，可靠性高。

（6）可移动性。eMTC 支持连接态的移动性，用户可以实现无缝连接。

（7）可定位。基于 TDD 的 eMTC 可以利用基站的 PRS 测量信息，在无需新增 GPS 芯片的情况下就可进行位置定位。

（8）支持语音。eMTC 从 LTE 协议演进而来，可以支持 VoLTE，也可应用到智能手表等可穿戴设备中。但 NB-IoT 不支持 VoLTE。

3．eMTC 的应用

（1）应用在智能物流中，具有防盗、防调换、实时温度传感和可定位优势，能够实时监控及定位，将信息记录及上传，可以对行驶轨迹进行查询。

（2）在智能可穿戴设备中，可支持健康监测、视频业务、数据回传和定位。

（3）依靠目前的蜂窝网交互屏幕，提供包括智能充电桩、候机宝、电梯卫士、智能公交站牌、公共自行车管理等方面的应用场景。

5.3　卫星通信技术

20 世纪 90 年代以来，卫星移动通信的迅猛发展推动了天线技术的进步。卫星通信具有覆盖范围广、通信容量大、传输质量好、组网方便迅速、便于实现全球无缝连接等优点。但是卫星通信传输时延大，存在通信盲区，并且通信质量受天气的影响。

5.3.1　卫星通信系统

卫星通信系统实际上也是一种微波通信，它以卫星作为中继站转发微波信号，在多个地面站之间通信，卫星通信的主要目的是实现对地面的"无缝隙"覆盖，由于卫星工作于几百、几千，甚至上万千米的轨道上，因此覆盖范围远大于一般的移动通信系统。但卫星通信要求地面设备具有较大的发射功率，因此不易普及使用。卫星通信系统的组成是由空间分系统、通信地球站、跟踪遥测及指令分系统和监控管理分系统等四部分组成，如图 5.24 所示。①跟踪遥测及指令分系统：它的任务是对卫星进行跟踪测量，控制其准确进入静止轨道的指定位置，待卫星正常运行后，要定期对卫星进行轨道修正和位置保持。②监控管理分系统：它的任务是对定点的卫星在业务开通前后进行通信性能的监测和控制，例如对卫星转发器功率、卫星天线增益以及地球站发射的功率、射频频率和带宽等基本通信参数进行监控，以保证正常通信。③空间分系统：通信卫星内的主体是通信装置，它的任务是保障部分星体上的遥测指令、控制系统和能源装置等。④通信地球站：它们是微波无线电收、发信台，用户通过它们接入卫星线路，进行通信。卫星通信系统组成中的通信地球站，在恶劣的情况下依然可以实现通信，传输现场实况。

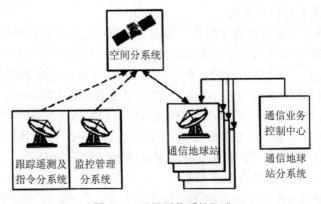

图 5.24　卫星通信系统组成

5.3.2 卫星移动通信技术

卫星移动通信是指利用人造地球卫星作为中继站，转发移动用户间或移动用户与固定用户间用于进行通信的无线电波，实现两点或多点之间的移动通信。典型的卫星移动通信系统包括空间段、地面段和用户段。

空间段由一个或多个卫星星座构成，作为通信中继站，提供网络用户与信关站之间的连接；地面段通常包括信关站、网络控制中心和卫星控制中心，用于控制整个通信网络的正常运营；用户段由各种用户终端组成，主要有两类终端——移动终端和手持终端。卫星移动通信系统基本组成如图 5.25 所示。

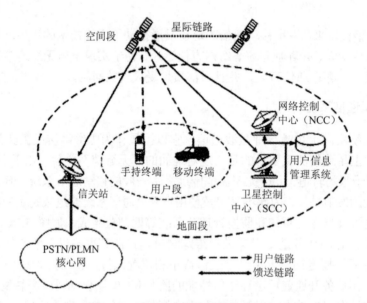

图 5.25　卫星移动通信系统基本组成

卫星移动通信系统的主要特点包括：可实现移动平台的"动中通"；可提供多种业务，如语音、数据、定位和寻呼等，而且通信传输时延短，无需回音抵消器；可与地面蜂窝状移动通信系统及其他通信系统相结合，组成全球覆盖无缝通信网；对用户的要求反应速度快，适用于应急通信和军事通信等领域。

1. 静止轨道卫星移动通信系统

地球静止轨道通信卫星的优点是只需三颗卫星就可覆盖除两极以外的全球区域，现已成为全球洲际及远程通信的重要工具。对于区域移动卫星通信系统，采用静止轨道一般只需要一颗卫星，建设成本较低，因此应用广泛。典型的代表是国际移动卫星系统（Inmarsat）、亚洲蜂窝卫星系统（Asian Cellular Satellite，ACeS）、舒拉亚卫星系统（Thuraya）和天通一号卫星移动通信系统。其中天通一号卫星移动通信系统是我国卫星移动通信系统的首发星。

但是，同步卫星有一个不可克服的障碍，就是较长的传播时延和较大的链路损耗，严重影响到它在某些通信领域的应用，特别是在卫星移动通信方面的应用。

2. 中轨道（MEO）卫星移动通信系统

中轨道卫星（MEO）离地球高度约 10000 千米左右。轨道高度的降低可减弱高轨道卫星通信的缺点，并能够为用户提供体积、重量、功率较小的移动终端设备。用较少数目的中轨道卫星即可构成全球覆盖的移动通信系统。中轨道卫星系统为非同步卫星系统，由于卫星相对地面的运动，用户与一颗卫星能够保持通信的时间约为 100 分钟。中轨道移动通信卫星一般采用网状星座，卫星运行轨道为倾斜轨道，典型的有奥德赛（Odyssey）系统、MAGSS-14 以及 ICO（Inmarsat P）系统。

3. 低轨道（LEO）卫星移动通信系统

低轨道卫星移动通信系统于 20 世纪 90 年代初开始发展，也曾是卫星移动通信发展的一大热点，竞争十分激烈。由于低轨道系统的轨道很低，一般为 500～2000 千米，因而信号的路径衰耗极小，信号时延极短。卫星可以置于倾斜轨道或极地轨道或两者并用，一般为圆轨道。其卫星研制周期短，费用低，能以"一箭多星"的方式发射，可做到真正的全球覆盖。因此，低轨道系统一经提出，就得到了热烈响应，主要有全球星和铱星系统等。

4. 卫星移动通信系统的应用

卫星移动通信系统的应用范围相当广泛，既可提供语音、短消息服务，也可提供电报、数据等服务；既适用于民用通信，也适用于军事通信；既适用于国内通信，也可用于国际通信。卫星应用的三大领域，即卫星通信、卫星导航、卫星遥感，在物联网的三层体系中均起到了重要支撑作用。

（1）卫星通信具有覆盖面积大，对地形和距离不敏感，不受地理环境、气候条件和时间限制等特点，可为物联网提供广域甚至全球信息采集和传输。

卫星通信在物联网系统用途十分广泛，包括交通、环境、家居、政务、城市安全、消防、监测、市政照明、物业管理、健康监测、食品溯源、情报收集与物流追踪等领域。比如在物联网系统中，通过卫星定位系统能够实时掌控商品物流信息与交通信息。利用卫星定位系统，可以随时掌握物流信息与车辆运行信息。以物流行业为例，通过建立物联网来实时掌握物流的位置信息，这个过程中，卫星定位系统起到了非常重要的作用，如网购之后的物流查询、网上订餐送餐信息查询等，都具备实时跟踪商品或食品信息的功能。并且随着信息通信技术应用水平的进一步提升，卫星定位系统在物联网系统中的应用效果进一步体现，时效性与实时性水平不断提升。同时通过卫星定位系统与信息通信技术，还能够实现对物流商品或食品状态的变更、更改接收地点、接收方式或接收时间等，基于卫星定位系统的物联网系统人性化与智能化水平进一步提升。

（2）卫星导航具有全天时、全天候、全球覆盖、高精度特点，可为物联网提供精确的位置、速度和时间基本信息。

北斗导航系统由我国自主研发，独立运行，是继美国 GPS、俄罗斯格洛纳斯之后的第三个成熟的全球导航系统，与欧盟伽利略系统被联合国卫星导航委员会认定为全球四大导航系统。我国积极培育北斗卫星导航系统的应用开发。目前北斗导航系统主要应用在智能交通、监测道路安全、保障电力畅通、监测农田保墒、海洋渔业安全、自动测报气象、监测煤矿安全生产、灾害监测与救援等方面。上海世博会期间，北斗也发挥了强大的作用。装有"北斗"卫星接收模块的远程监控车载系统安装在 300 多辆新能源汽车上，服务世博会。并且世博会的安防也用到了"北斗"。

（3）卫星遥感是利用星载的信息感知设备对观测目标和环境成像，是大范围、高分辨率地对物理世界进行感知的主要手段，可为物联网提供广域甚至全球地理和空间环境信息。

5.4　光纤通信技术

光纤通信技术就是运用光导纤维作为传输信号，实现信息传递的一种通信方式。与传统的电信号通信技术相比，光纤通信在信息容量、抗干扰能力、安全性能以及传输距离方面都具有较大的优势，而且伴随着相关技术的不断完善，光纤通信已经发展成为了现代通信领域的重要组成部分。

光纤通信系统由发送端、接收端和信道组成，如图 5.26 所示。

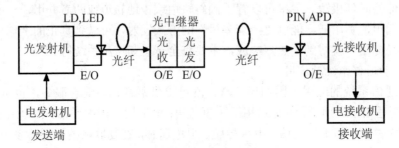

图 5.26　光纤通信系统组成

在数字通信系统中，传送的信号都是数字化的脉冲序列。这些数字信号流在数字交换设备之间传输时，其速率必须完全保持一致，才能保证信息传送的准确无误，这就叫作"同步"。在数字传输系统中，有两种数字传输系列，一种叫"准同步数字系列（Plesiochronous Digital Hierarchy，PDH）"；另一种叫"同步数字体系（Synchronous Digital Hierarchy，SDH）"。

5.4.1　PDH 技术

采用准同步数字系列（PDH）的系统，是在数字通信网的每个节点上都分别设置高精度的时钟，这些时钟的信号都具有统一的标准速率。尽管每个时钟的精度都很高，但总还是有一些微小的差别。为了保证通信的质量，要求这些时钟的差别不能超过规定的范围。因此，这种同步方式严格来说不是真正的同步，所以叫作"准同步"。

5.4.2　SDH 技术

由于传统的 PDH 技术接口存在缺乏统一规范、运营维护的成本较高以及复用方式效率低等缺陷，已经越来越影响通信网的发展。而新型数字同步传输体制 SDH 技术则实现了信息传输体制的根本变革。SDH 技术为了保证不同厂家生产的设备能够互相兼容，采用了全球统一的接口，组建了一个高度统一的、智能化的、标准的网络，在全网范围内都可以进行一致的操作，提高了网络的灵活度。另一方面，SDH 技术可实现网络自愈功能，且后期维护工作量较小，大大降低了工程上的维护成本。

1. SDH 技术工作方式

SDH 采用的信息结构等级称为同步传送模块 STM-N（Synchronous Transport，N=1，4，16，64），最基本的模块为 STM-1，四个 STM-1 同步复用构成 STM-4，16 个 STM-1 或四个 STM-4 同步复用构成 STM-16；SDH 采用块状的帧结构来承载信息，每帧由纵向 9 行和横向

270×N 列字节组成,每个字节含 8bit。

SDH 传输业务信号时,各种业务信号要进入 SDH 的帧都要经过映射、定位和复用三个步骤:映射是将各种速率的信号先经过码速调整装入相应的标准容器(C),再加入通道开销(POH)形成虚容器(VC)的过程,帧相位发生偏差称为帧偏移;定位即是将帧偏移信息收进支路单元(TU)或管理单元(AU)的过程,它通过支路单元指针(TU PTR)或管理单元指针(AU PTR)的功能来实现;复用则是将多个低价通道层信号通过码速调整使之进入高价通道或将多个高价通道层信号通过码速调整使之进入复用层的过程。SDH 工作方式如图 5.27 所示。

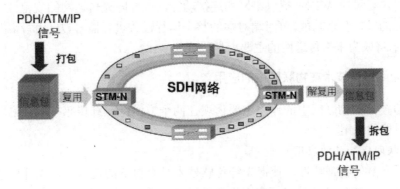

图 5.27　SDH 工作方式

2. SDH 技术特点

(1)接口方面。STM-1 是 SDH 最基本的同步传送模块,速率为 155.52Mb/s。STM-N 是 SDH 更高等级的同步传送模块,速率是 STM-1 的 N 倍。另外,扰码仅对电信号进行,光口信号码型是加扰的 NRZ 码,采用世界统一的标准扰码。

(2)复用方式方面。采用同步复用和灵活的映射结构,由低阶 SDH 构成高阶 SDH。例如 STM-1→STM-4,采用字节间插复用同步方式,如图 5.28 所示。

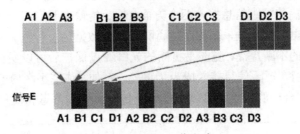

图 5.28　SDH 工作方式

(3)运行维护方面。SDH 信号的帧结构中安排了丰富的用于运行维护(OAM)功能的开销字节,使网络的监控功能大大加强,也就是说维护的自动化程度大大加强。SDH 信号丰富的开销占用整个帧所有比特的 1/20,大大加强了 OAM 功能。这样就使系统的维护费用大大降低。

(4)兼容性方面。SDH 有很强的兼容性,这也就意味着当组建 SDH 传输网时,原有的 PDH 传输网不会作废,两种传输网可以共同存在。

5.4.3 OTN 技术

OTN 传输技术主要的技术是波分复用技术，在光层组织网络上进行传输的传送网。它主要通过 G.709、G.798 和 G.872 等一系列规范的光传送体系来解决传统网络所具备的保护能力弱等一些问题，OTN 传输技术处理的基本对象是波长级业务。OTN 传输技术不仅跨越了电域，而且还跨越了光域，并成为了管理电光两域的统一标准。利用 OTN 技术能满足多种业务的发展需求，以保障网络传输质量和效率，不断提高服务效果。相比于传统的传输模式来说，OTN 技术有很多的优势，其具备向后兼容的特点，在现有的网络功能管理上，可提供相对透明的通信协议。同时，还可为 WDM 提供组网和连接功能，以保障光传送网的规范性。另外，OTN 技术具有较强的维护管理功能，可对端对端的整个运行过程进行监管，从而提高组网保护效果。OTN 传输技术将成为未来传送网的主要力量。

5.4.4 光纤通信技术在物联网中的应用

光纤通信技术在物联网中的作用主要体现在两个方面：光纤传感技术在物联网感知层的应用和在网络层的应用。

1. 在物联网感知层的应用

由于光纤自身的物理特性，使得光纤传感技术具有自身的优越性，光纤传感器可以做到"传""感"合一。光纤传感技术可应用于惯性导航、警戒告警、智能材料结构、测试与控制、机器人与信息处理等诸多重要领域。

物联网感知层要求感知传感器具有承载信息容量大、响应速度快、多种感知参数融合、能适应复杂恶劣环境等特点，光纤传感技术在很大程度上与此要求相吻合。

2. 在物联网网络层的应用

物联网本身的特殊性决定了其对海量数据传输与处理，以及长距离传输的需求特性（即庞大的应用承载和远程传输需求），而这些需求是无线和有线传输网络所无法满足的。因此，光纤通信技术在物联网网络层中的作用是非常重要的。光纤通信技术在物联网网络层的应用主要体现在长距信息传输和短距信息接入两个方面。长距传输主要应用于远距离、大容量或复杂环境下的点对点的数据信息传输，以及远距离网对网的数据信息传输。另一方面，随着光纤制造技术和光电子技术的不断提高，脆弱易折断的光纤经过保护后可以变得易于弯曲盘绕，光纤与光纤的连接简便易行，短距信息接入成为了可能，例如，住宅小区内的光纤到户等。利用光纤传感器"感""传"合一的特点，可以实现光纤传感器感知信息和信息接入合一的功能，即在物联网中可灵活地将感知层和网络层合一。

第 6 章　物联网应用技术

本章导读

物联网应用技术涉及当今最热门的大数据、云计算、定位技术、时间同步技术等，本章详细介绍大数据、云计算等技术的相关理论及其在物联网中的应用，着重从数据挖掘、数据可视化、数据隐私等几个方面对大数据及其相关技术进行阐述。此外，定位技术与时间同步技术是传感网领域中的两项关键技术，针对位置服务、无线定位系统、蜂窝定位系统、无线局域网定位技术等几个方面进行详细介绍。

本章我们将学习以下内容：

● 　大数据及其相关技术

● 　云计算及其相关技术

● 　物联网定位技术

● 　时间同步技术

物联网应用和服务连接着真实与虚拟两个世界的物、系统和人，实现了万物之间连接的数据搜集和关联。国家发展战略为物联网的发展提供了强大的契机和推动力。我国物联网产业重点领域包括智能交通、智能物流、智能电网、智能医疗、智能工业、智能农业、环境监控与灾害预警、智能家居、公共安全、社会公共事业、金融与服务业、智慧城市、国防与军事等。各种物联网应用技术，如感知技术、云计算、大数据、定位等物联网技术与移动互联网等逐步深度融合发展，物联网应用已进入实质推进阶段。

6.1　大数据及其相关技术

随着社交网络、物联网、云计算的飞速发展，大量非结构化数据呈指数级快速增长，数据样式高度复杂，为人类认识世界、改造世界提供了重要的资源，企业和个人通过网络可以大规模地收集和分析数据，也可以产生、发布数据，个体在互联的网络中既是数据的消费者又是数据的生产者，大规模生产、分享、应用数据的大数据时代已经来临。与此同时，数量巨大、种类繁多的数据给传统的数据获取、分析、处理、存储、检索技术带来了挑战，大数据成为广泛关注且亟待解决的热点问题。

6.1.1　大数据概述

大数据这个术语最早应用于 apache org 的开源项目 Nutch，用来表达批量处理或分析网络搜索索引产生的大量数据集。谷歌公开发布 MapReduce 和 Google File System（GFS）之后，大数据不仅包含数据的体量，而且强调数据的处理速度。其实大数据就是互联网发展到现今阶段的一种表象或特征而已，在以云计算为代表的技术创新大幕的衬托下，这些原本很难收集和使用的数据开始被利用起来了，通过各行各业的不断创新，大数据会逐步为人类创造更多的价值。想要更系统地认知大数据，必须要全面而细致地分解它，从以下三个层面来展开，如图6.1 所示。

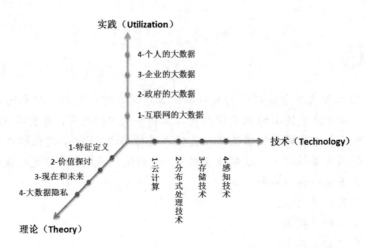

图 6.1　大数据的三个层面

第一层面是理论，理论是认知的必经途径，也是被广泛认同和传播的基线。其中，①特征定义，用于理解行业对大数据的整体描绘和定性；②价值探讨，从对大数据价值的探讨来深入解析大数据的珍贵所在；③现在和未来，可洞悉大数据的发展趋势；④大数据隐私，从特别而重要的视角审视人和数据之间的长久博弈。

第二层面是技术，技术是大数据价值体现手段和前进基石。从云计算、分布式处理技术、存储技术和感知技术的发展体现大数据从采集、处理、存储到形成结果的整个过程。

第三层面是实践，实践是大数据的最终价值体现。包括互联网的大数据、政府的大数据、企业的大数据和个人的大数据等四个方面，描绘了大数据已经展现的美好景象及即将实现的蓝图。

1. 大数据概述

（1）大数据的定义。大数据由于其成因复杂，至今尚无确切、统一的定义，不同的研究人员从不同领域对大数据进行了定义，下面列出四种使用较多的定义。

1）在维基百科中关于大数据的定义为：大数据是指无法在容许的时间内用常规软件工具对其内容进行抓取、管理和处理的数据集合，大数据规模的标准是持续变化的，当前泛指单一数据集的大小在几十 TB 和数 PB 之间。

2）在维克托·迈尔·舍恩伯格、肯尼斯·库克耶编写的《大数据时代》一书中把大数据看成一种方法，即不用随机分析法（抽样调查）这样的捷径，而采用所有数据的方法。

3）大数据研究机构 Gartner 给出了这样的定义：大数据是需要新处理模式才能具有更强的决策力、洞察发现力和流程优化能力的海量、高增长率和多样化的信息资产。

4）大数据科学家 John Rauser 提到一个简单的定义：大数据就是任何超过了一台计算机处理能力的庞大数据量。

因此，大数据可以指所涉及的数据资料量的规模巨大到无法通过目前主流软件工具，而需要新处理模式在合理时间内完成撷取、管理、处理、整理等。

（2）大数据的类型。广义上讲，大数据可分成大数据技术、大数据工程、大数据科学和大数据应用等领域，即除了大数据技术及其应用之外，还包括大数据工程和大数据科学。大数据工程，是指大数据的规划建设运营管理的系统工程；大数据科学，主要关注大数据网络发展和运营过程中发现和验证大数据的规律及其与自然和社会活动之间的关系。大数据广义分类是适应信息经济时代发展需要而产生的科学技术发展趋势。

狭义的大数据，主要是指大数据技术及其应用，是指从各种各样类型的数据中，快速获得有价值信息的能力。一方面，反映的是规模大到无法在一定时间内用常规软件工具对其内容进行抓取、管理和处理的数据集合；另一方面，主要是指海量数据的获取、存储、管理、分析、挖掘与运用的全新技术体系。

（3）大数据的特征。虽然对大数据有不同的定义，但目前较为统一的认识是大数据有四个基本特征：数据规模大（Volume），数据种类多（Variety），数据处理速度快（Velocity），数据价值量大（Value），即所谓的 4V 特性。

1）数据规模大（Volume）。"大数据"是一个体量特别大的数据集，体现在数据的存储和计算均需耗费海量规模的资源上，一般在 10TB 规模左右。在实际应用中，很多企业用户把多个数据集放在一起，已经形成了 PB 级的数据量。如美国宇航局收集和处理的气候观察、模拟数据达到 32PB；谷歌公司索引的网页总数超过 1 万亿。

2）数据种类多（Variety）。"大数据"是一个数据类别特别多的数据集。一方面体现在多种数据源，如从网络日志、物联网、移动设备、传感器到基因图谱、医疗影像、天体运行轨迹、交通物流数据等；另一方面体面在数据种类和格式日渐丰富，如数据库、文本、位置、图片、音频、视频、网页等半结构化和非结构化数据。正是由于这些数据有各种各样的存在形式，导致了处理技术的差异，因此需要新的处理技术来处理数据。

3）数据处理速度快（Velocity）。大数据要求即使在数据量非常庞大的情况下，也能够做到数据的实时处理。如大型强子对撞机实验设备中包含了 15 亿个传感器，平均每秒收集超过 4 亿条实验数据；每秒超过 3 万次用户查询提交到谷歌，3 万条微博被新浪用户撰写。然而，在感知、传输、决策、控制这一闭环控制过程中的计算，对数据实时处理有着极高的要求，通过传统数据库查询方式得到的"当前结果"是远远滞后的，很可能已经没有价值，只有最新的数据才有价值。

4）数据价值量大（Value）。运用大数据的意义在于具有极高的价值，其价值具有稀缺性、不确定性和多样性。只有经过高度分析的大数据才可以产生新的价值。在 2016 年中国大数据交易白皮书中，一幅图生动地体现了大数据的价值量，如图 6.2 所示。

大数据的重点在于数据量之"大"，但是究竟有多大？以硬盘的存储容量为例，从最初的 KB 发展到 MB、GB，到现如今 TB，使计算机的发展史一直和"大"的定义紧密相连。计算机中对"字节"的计数法如下：

1Byte=8bit

1KB=1024Byte=2^{10} Byte

1MB=1024KB=1048576Byte=2^{20} Byte

1GB=1024MB=1048576KB=2^{30} Byte

1TB=1024GB=1048576MB=2^{40} Byte

1PB=1024TB=1048576GB=2^{50} Byte

1EB=1024PB=1048576TB=2^{60} Byte

1ZB=1024EB=1048576PB=2^{70} Byte

1YB=1024ZB=1048576EB=2^{80} Byte

1BB=1024YB=1048576ZB=2^{90} Byte

1NB=1024BB=1048576YB=2^{100} Byte

1DB=1024NB=1048576BB=2^{110} Byte

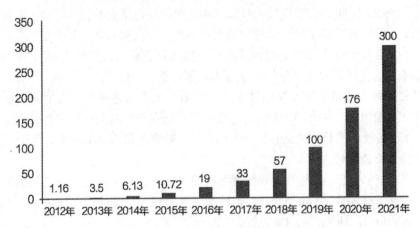

图 6.2　大数据价值量（摘自 2016 年中国大数据交易白皮书）

据统计，在 2006 年，个人用户刚刚迈进 TB 时代，这一年全球共产生了约 180EB=180×10^{18} 字节的数据；在 2011 年，达到了 1.8ZB=1.80×10^{21} 字节的数据。有市场研究机构预测，到 2020 年，整个世界的数据总量将会增长到 44 倍。

在社交网络中，由于数据来自所有用户的参与，社交网络中的数据量非常大。如果把 Facebook（脸书）中的社交网络看成图，在 2012 年这个图已经达到了 8 亿个顶点，平均每个点的度超过 130，每天增加的数据量达到 500TB。

在传感数据方面，传感器持续检测环境信息并不断返回结果，产生了巨大的数据。以波音 747 为例，其每一个飞行来回可产生 TB 级的数据，美国每个月收集 360 万次飞行记录；监视所有飞机中的 2.5 万个引擎，每个引擎一天产生 588GB 的数据。风力发电机装有测量风速、螺距、油温等多种传感器，每隔几毫秒测一次，用于检测叶片、变速箱、变频器等的磨损程度，一个具有 500 个风机的风场一年会产生 2PB 的数据。

此外，在科学仪器、移动通信、医疗数据、商务数据等各个方面，均会产生大量的数据，将这些大数据采集出来，经过合理的算法进行高效处理，可获得巨大的商业价值。

（4）大数据的价值。随着大数据市场受关注度的提升和数据处理技术的进步，市场规模逐步扩大，市场营销活动中利用大数据分析实现商务智能的方式日渐受到重视。上到国家战略层面，下到企业的发展层面，都紧盯着这个大数据市场。IBM、EMC、Oracle、HP 等公司在大数据领域都相继推出了相关产品甚至整体的解决方案。

大数据作为一种重要的战略资产，已经不同程度地渗透到每个行业领域和部门，其深度应用不仅有助于企业经营活动，还有利于推动国民经济发展。它对于推动信息产业创新，大数据存储管理挑战，改变经济社会管理面貌等方面也有重大意义。未来的大数据将逐渐成为很多行业企业实现其价值的最佳途径，它能够支撑智慧城市、智慧交通、智慧能源、智慧医疗、智慧环保的理念需要，大数据应用将会全面展开。从总体上看，将从以下四个方向实现突破。

一是数据的资源化，是指大数据成为企业和社会关注的重要战略资源，并已成为大家争相抢夺的新焦点。因而，企业必须要提前制定大数据营销战略计划，抢占市场先机。

二是与云计算的深度结合。云处理为大数据提供了弹性可拓展的基础设备，是产生大数据的平台之一。自 2013 年开始，大数据技术已开始和云计算技术紧密结合，预计未来两者关系将更为密切。除此之外，物联网、移动互联网等新兴计算形态，也将共同助力大数据革命，让大数据营销发挥出更大的影响力。

三是科学理论的突破。随着大数据的快速发展，就像计算机和互联网一样，大数据很有可能是新一轮的技术革命。随之兴起的数据挖掘、机器学习和人工智能等相关技术，可能会改变数据世界里的很多算法和基础理论，实现科学技术上的突破。

四是数据科学和数据联盟的成立。未来，数据科学将成为一门专门的学科，被越来越多的人所认知。各大高校将设立专门的数据科学类专业，也会催生一批与之相关的新的就业岗位。与此同时，基于数据这个基础平台，也将建立起跨领域的数据共享平台，之后，数据共享将扩展到企业层面，并且成为未来产业的核心一环。

显而易见，大数据正以无处不在的发展趋势深入我们的生活，改变我们的生活。未来对数据的占有和控制甚至将成为陆权、海权、空权之外的另一种国家资产，大数据将成为国家战略的重要部分。

（5）大数据隐私。大数据技术发展无法避开的事实是隐私问题。人们在互联网上的一言一行都掌握在互联网商家手中，例如淘宝知道我们的购物习惯，腾讯知道我们的好友联络情况，亚马逊、当当网知道我们的阅读习惯，谷歌、百度知道我们的检索习惯等等。大量案例说明，即使无害的数据被大量收集后，也会暴露个人隐私。大数据隐私面临的威胁并不仅限于个人隐私泄漏。保护对象不仅包括大数据自身，也包含通过大数据分析得到的知识。

普遍的观点认为，隐私具有三种特征：隐私的主体是人，隐私的客体是个人事务与个人信息，隐私的内容是主体不愿意泄露的事实或者行为。由于大数据具有大规模性、多样性与高速性的独有特征，大数据隐私主体可能是人或者组织团体，客体可能是人或者团体的信息。此外，大数据隐私还具有边界难以鉴定的特征。

与当前的其他信息一样，大数据在存储、处理、传输等过程中面临安全风险，具有数据安全与隐私保护需求。而实现大数据安全与隐私保护，较以往其他安全问题（如云计算中的数据安全等）更为棘手。这是因为在云计算中，虽然服务提供商控制了数据的存储与运行环境，但是用户仍然有些办法保护自己的数据，例如通过密码学的技术手段实现数据安全存储与安全计算，或者通过可信计算方式实现运行环境安全等。而在大数据的背景下，Facebook 等商家既是数据的生产者，又是数据的存储、管理和使用者，因此，单纯通过技术手段限制商家对用户信息的使用，实现用户隐私保护是极其困难的事。

2．大数据的实践

（1）互联网的大数据。互联网时代最大的意义在于可以做全流量的监测。随着各类社会行为迅速向互联网迁移，物联网、云计算、移动互联网、车联网、手机、平板电脑以及遍布各个角落的各种各样的传感器，使互联网承载远超以往的数据量。数据驱动的精准营销引擎，将颠覆传统的营销决策模式及营销执行过程，给网络营销行业乃至互联网及传统行业带来革命性的冲击。其实，我们已看到，网络营销的大数据应用正在加速前进。

其中大数据的典型案例就是阿里巴巴。2008 年，一个庞大的"大淘宝战略"伴随着阿里巴巴并入淘宝网而正式启动。在这个强调平台化、开放式的"大淘宝"战略中，淘宝所要打造的是一个容纳更多行业在内，层次更为丰富而全面的生态系统。这其中，既包括了被喻为电子商务"水、电、媒"的支付、信用和物流环节，也将线上线下、纸媒电视等多种与消费者接触的渠道囊括在内。而作为平台将它们串联在一起的淘宝，不仅将以这种方式为越来越多不同规模层次的淘宝卖家提供从营销推广到销售配送的多种选择和整体方案，也将打通这些传统行业中固有的价值传递链条，实现参与各方价值的最大化。

（2）政府的大数据。大数据不仅是一种海量的数据状态及其相应的数据处理技术，更是一种思维方式、一项重要的基础设施、一个影响整个国家和社会运行的基础性社会制度。政府作为最大的数据占有者，掌握着社会方方面面的数据，它是治理交通拥堵、雾霾，解决看病难、食品安全等"城市病"的利器，更将为政府打开了解社情民意的政策窗口，打造平台的政府、服务导向的政府、开放的政府，即智慧政府。

政府在应用大数据时，不仅要处理多个来源、不同格式数据集成等一般问题，而且还面临一些特殊挑战，最大的挑战就是数据搜集。因为政府搜集的数据不仅来源于多种渠道（如社交网络、互联网、众包），也来自于不同的来源（如国家、机构和部门），搜集难度可想而知。其次，在国家之间分享数据和信息是一个特殊的挑战。跨国分享信息，由于涉及语言转换和不同的文化背景（内容的表现形式），分享和传递的信息有可能失真。第三个挑战是在一个国家不同的政府部门和机构之间分享数据。政府数据与商业数据最重要的不同就在范围和区域，其差异近几年都在平稳增长。政府（包括地方政府和中央政府）在实施法律和规章、提供公共服务和监管金融交易的过程中积累了大量数据。这些数据的属性、价值和带来的挑战，都不同于公司运营中产生的数据。政府的大数据特征属性可以表述为存储、安全和多样性。通常，每个政府机构或部门都有自己的存储机构，用于存储公共或机密信息，而且并不愿意分享各自的专有信息。

（3）企业的大数据。企业的大数据，从来源讲可分为内部（自身业务生产经营环节产生的所有数据）和外部（来自外部，如第三方/互联网）两种。当前企业热衷于引入来自外部的大数据（如互联网/电商/移动互联网）和相关服务应用，而忽视了一个事实：现有的内部业务大数据才是最大的价值挖掘目标。大中型企业在信息化与数据应用过程中，大都已经完成信息化系统建设与业务数据采集的自动化/常态化工作。多年来建立的各种业务信息系统已积累了大量业务数据。而进入挖掘数据提升企业业务经营管理后，却进度缓慢。相比外部数据，内部业务数据体量大，内容多样，时间跨度长，是企业大数据的主体。因其与企业特性直接相关，深入覆盖经营的各个环节，其对企业产生的价值远大于各种外部数据。然而，这些数据很少发挥出应有的价值，大都沉睡在那里，甚至成为负担。

（4）个人的大数据。个人大数据涉及多个维度，个人能够产生怎样的数据？可以用在哪些方面？能够有什么效果？个人大数据可以从以下几个方面入手。

1）时间数据：对个人平常时间安排进行客观的记录，然后回顾，分析出个人所认为正确的时间安排，从而指导行为，促进个人成长。

2）计算机使用数据：每天对着计算机的时间长了的，如果不进行记录，基本上很难想起在计算机上的行为。再加上，当我们在使用计算机的时候，不能从整体上判定是如何使用计算机的。本来计划做一件事情，而在几个点击之后，你的行为可能已经与最初那个想法相差很远，而个人计算机大数据的收集，可以分析我们的计算机行为。

3）手机数据：在生活中发现，每个人使用手机的差别是很大的。就算是同一个人，也有可能在一段时间使用一个 APP，比如在某段时间非常流行的游戏，而在另外的时间可能中意于另外的 APP。随着移动互联网的到来，手机也能带来更大的价值，通过收集手机的数据，我们能够分析出是如何使用手机的，以及正确规划使用手机的行为。

4）健康数据：目前已经有很多 APP 可以记录我们的步行、跑步等数据，于是从这两个方面入手建立个人的运动数据库，归属于健康数据类别。关于健康类的数据，还需要探索更多维度，比如从正确的饮食到合适的锻炼，应该都需要注意。

5）键盘鼠标数据：键盘和鼠标也是可以数据化的，而且可以分析。通过分析，发现使用退格键（Backspace）的次数最多，其次是空格键。通过大数据反映出，使用键盘方面，Backspace 键的使用占到了每天的十分之一，这比较耽误时间，正确的行动应该是，尽量保证一开始就输入正确，减少退格键的使用。"空格键"排名第二，空格的目的是为了确定"字词"，而本身并不产生字词，所以空格键的使用也要尽量减少。

6）网页浏览数据：个人大数据需要统计我们的信息渠道和信息源，而网页浏览记录就是最好的数据。

6.1.2　数据仓库

数据仓库作为一种新的数据处理体系结构，它的提出是以关系数据库、并行处理和分布式等技术的飞速发展为基础，用于解决数据丰富但有用信息贫乏的一种综合方案。它在存放大量数据的同时又能像仓库一样将大量数据有效地管理起来，主要侧重于对海量数据的组织和管理。

1. 数据仓库的定义与特征

1993 年 W.H.Inmon 在 *Building the Data Warehouse* 一书中将数据仓库定义为：面向主题的、集成的、稳定性的（不可更新）随时间不断变化（不同时间）的数据集合，用以支持经营管理中的决策制定过程。与普遍的事务处理数据库不同，数据仓库中的数据面向主题，即在一个较高层次上将数据归类的标准，每一个主题对应一个宏观的分析领域；数据仓库的集成特性是指在数据进入数据仓库之前，必须经过数据加工和集成。数据仓库是不同时间的数据集合，它要求数据仓库中的数据保存时限能满足进行决策分析的需要，而且数据仓库中的数据都要标明该数据的历史时期。

数据仓库不能简单地理解为仅仅是一个大型的数据存储机制。因为只有把信息及时交给需要这些信息的使用者，使他们做出改善其业务经营的决策，信息才能发挥作用，信息才有意义。而把信息加以整理归纳，结合一些分析工具，如 OLAP 和数据挖掘工具，面向中、高层管理人员，在数据仓库中进行统计、分析和挖掘，以获得用于决策的信息或相关规律并及时提供给相应的管理决策人员，是数据仓库的根本任务。因此，数据仓库是一个工程的概念，是一个动态的概念。

2. 数据仓库的作用

（1）数据仓库提供了标准的报表和图表功能，其中的数据来源于不同的多个事务处理系统，因此，数据仓库的报表和图表是关于整个企业集成信息的报表和图表。这些功能是对传统的联机事务处理（OTLP）的扩充，但在数据仓库中，数据是经过汇总归纳的，保证了报表和图表反映的是整个企业的一致信息。

（2）数据仓库支持多维分析（Multi-Dimensional Analysis）。多维分析是通过把一个实体的多项重要的属性定义为多个维度，使得用户能方便地汇总数据集，简化了数据的分析处理逻辑，并能对不同维度值的数据进行比较，而维度则表示了对信息的不同理解角度，例如，时间和地区是经常采用的维度。应用多维分析可以在一个查询中对不同的数据进行纵向或横向的比较，这在决策工程中非常有用。

（3）数据仓库是数据挖掘（Data Mining）技术的关键基础。数据挖掘技术要在已有数据中识别数据的模式，以帮助用户理解现有的信息，并在已有信息基础上，对未来的状况做出预测。由于数据仓库提供了关于整个企业全局的、一致的信息，因此，在数据仓库的基础上进行数据挖掘，可以对整个企业的状况和未来发展做出比较完整、合理、准确的分析和预测。

简言之，数据仓库的主要作用是通过多维模式结构、快速分析计算能力和强大的信息输出能力为决策分析提供支持。

6.1.3 数据挖掘

目前的数据库系统可以高效地实现数据的录入、查询、统计等功能，随着数据库技术的迅猛发展和数据库管理系统的广泛应用，人们积累的数据越来越多，激增的数据背后隐藏着许多重要的信息，但缺乏发现大量数据中存在关系和规则的科学方法和工具，不能根据已有的数据预测未来的发展趋势，即所谓的"数据爆炸但知识贫乏"现象，使得决策不够科学合理。面对这一挑战，数据挖掘技术便应运而生并逐渐从发现方法转向系统应用，并且与特定的领域相结合，同时更注重多种发现策略和技术的集成以及多种学科之间的相互渗透。

1. 数据挖掘的定义与内涵

数据挖掘就是从大量的、不完全的、有噪声的、模糊的、随机的实际应用数据中，提取隐含在其中的、人们事先不知道的，但又是潜在有用的信息和知识的过程。数据挖掘是面向应用的多学科交叉领域，是从大量数据中发现隐含规律的技术，与数据挖掘相近的同义词有数据库中知识发现、数据融合、数据分析和决策支持等。

从广义上理解，数据、信息也是知识的表现形式，但是人们更把概念、规则、模式、规律和约束等看作知识。人们把数据看作是形成知识的源泉，好像从矿石中采矿或淘金一样。原始数据可以是结构化的，如关系数据库中的数据；也可以是半结构化的，如文本、图形和图像数据；甚至是分布在网络上的异构型数据。发现知识的方法可以是数学的，也可以是非数学的；可以是演绎的，也可以是归纳的。发现的知识可以被用于信息管理、查询优化、决策支持和过程控制等，还可以用于数据自身的维护。因此，数据挖掘是一门交叉学科，它把人们对数据的应用从低层次的简单查询，提升到从数据中挖掘知识，提供决策支持。在这种需求牵引下，汇聚了不同领域的研究者，尤其是数据库技术、人工智能技术、数理统计、可视化技术、并行计算等方面的学者和工程技术人员，投身到数据挖掘这一新兴的研究领域，形成新的技术热点。

2. 数据挖掘的功能

数据挖掘通过预测未来趋势及行为，做出前瞻的、基于知识的决策。数据挖掘的目标是从数据库中发现隐含的、有意义的知识，主要有以下五类功能。

（1）自动预测趋势和行为。数据挖掘自动在大型数据库中寻找预测性信息，以往需要进行大量手工分析的问题如今可以迅速直接由数据本身得出结论。一个典型的例子是市场预测问题，数据挖掘使用过去有关促销的数据来寻找未来投资中回报最大的用户，其他可预测的问题包括预报破产以及认定对指定事件最可能做出反应的群体。

（2）关联分析。数据关联是数据库中存在的一类重要的可被发现的知识。若两个或多个变量的取值之间存在某种规律性，就称为关联。关联可分为简单关联、时序关联、因果关联。关联分析的目的是找出数据库中隐藏的关联网。有时并不知道数据库中数据的关联函数，即使知道也是不确定的，因此关联分析生成的规则带有可信度。

（3）聚类。数据库中的记录可被划分为一系列有意义的子集，即聚类。聚类增强了人们对客观现实的认识，是概念描述和偏差分析的先决条件。聚类技术主要包括传统的模式识别方法和数学分类学。20 世纪 80 年代初，Mchalski 提出了概念聚类技术及其要点，在划分对象时不仅考虑对象之间的距离，还要求划分出的类具有某种内涵描述，从而避免了传统技术的某些片面性。

（4）概念描述。概念描述就是对某类对象的内涵进行描述，并概括这类对象的有关特征。概念描述分为特征性描述和区别性描述，前者描述某类对象的共同特征，后者描述不同类对象之间的区别。生成一个类的特征性描述，只涉及该类对象中所有对象的共性。生成区别性描述的方法很多，如决策树方法、遗传算法等。

（5）偏差检测。数据库中的数据常有一些异常记录，从数据库中检测这些偏差很有意义。偏差包括很多潜在的知识，如分类中的反常实例、不满足规则的特例、观测结果与模型预测值的偏差、量值随时间的变化等。偏差检测的基本方法是，寻找观测结果与参照值之间有意义的差别。

总之，数据挖掘目前已成为一个热点研究课题。研究数据挖掘具有重要的现实意义。需要注意的是，数据挖掘技术仅仅是一个数据分析工具和方法，得到的结果不是完全正确的，需要结合具体的专业知识和社会大环境等因素分析，才能正确地利用数据挖掘技术来辅助制定决策。

6.1.4 数据可视化

人类从外界获得的信息约有 80%以上来自于视觉系统，当大数据以直观的可视化的图形形式展示在分析者面前时，分析者往往能够一眼洞悉数据背后隐藏的信息并转化知识以及智慧。如图 6.3 所示是互联网星际图，将 196 个国家的 35 万个网站数据整合起来，并根据 200 多万个网站链接将这些星球通过关系链联系起来，每一个星球的大小根据其网站流量来决定，而星球之间的距离远近则根据链接出现的频率、强度和用户跳转时创建的链接来决定。我们可以立即看出，Facebook 以及 Google 是流量最大的网站。这些"一眼"识别出的图形特征（例如异常点、相似的图形标记）在视觉上容易察觉，而通过机器计算却很难理解其涵义。因此，大数据可视分析是大数据分析不可或缺的重要手段和工具。事实上，在科学计算可视化领域以及传统的商业智能（Business Intelligence，BI）领域，可视化一直是重要的方法和手段。

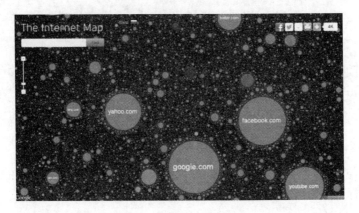

图 6.3　互联网星际图

随着大数据可视化技术的兴起与发展，互联网、社交网络、地理信息系统、企业商业智能、社会公共服务等主流应用领域逐渐催生了几类特征鲜明的信息类型，主要包括文本、网络或图、时空及多维数据等。

1. 文本可视化

文本信息是大数据时代非结构化数据类型的典型代表，是互联网中最主要的信息类型，也是物联网各种传感器采集后生成的主要信息类型，人们日常工作和生活中接触最多的电子文档也是以文本形式存在。文本可视化的意义在于，能够将文本中蕴含的语义特征（例如词频与重要度、逻辑结构、主题聚类、动态演化规律等）直观地展示出来。

如图 6.4 所示，典型的文本可视化技术是标签云（Word Clouds 或 Tag Clouds），将关键词根据词频或其他规则进行排序，按照一定规律进行布局排列，用大小、颜色、字体等图形属性对关键词进行可视化。目前，大多用字体大小代表该关键词的重要性，在互联网应用中，多用于快速识别网络媒体的主题热度。当关键词数量规模不断增大时，若不设置阈值，将出现布局密集和重叠覆盖问题，此时需提供交互接口，允许用户对关键词进行操作。

图 6.4　标签云举例

文本中通常蕴含着逻辑层次结构和一定的叙述模式，为了对结构语义进行可视化，研究者提出了文本的语义结构可视化技术。如图 6.5 所示是两种可视化方法：一种是将文本的叙述结构语义以树的形式进行可视化，同时展现了相似度统计、修辞结构，以及相应的文本内容；另一种是以放射状层次圆环的形式展示文本结构。基于主题的文本聚类是文本数据挖掘的重要研究内容，为了可视化展示文本聚类效果，通常将一维的文本信息投射到二维空间中，以便于对聚类中的关系予以展示。

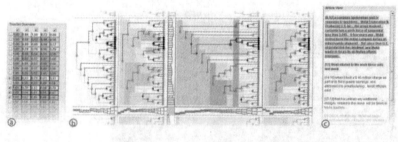

图 6.5　文本语义结构树

文本的形成与变化过程与时间属性密切相关，因此，如何将动态变化的文本中时间相关的模式与规律进行可视化展示，是文本可视化的重要内容。

2. 网络（图）可视化

网络关联关系是大数据中最常见的关系，例如互联网与社交网络。层次结构数据也属于网络信息的一种特殊情况。基于网络节点和连接的拓扑关系，直观地展示网络中潜在的模式关系，例如节点或边聚集性，是网络可视化的主要内容之一。对于具有海量节点和边的大规模网络，如何在有限的屏幕空间中进行可视化，将是大数据时代面临的难点和重点。除了对静态的网络拓扑关系进行可视化，大数据相关的网络往往具有动态演化性，因此，如何对动态网络的特征进行可视化，也是不可或缺的研究内容。

研究者们提出了大量网络可视化或图可视化技术。经典的基于节点和边的可视化，是图可视化的主要形式，如图 6.6 所示。图中主要展示了具有层次特征的图可视化的典型技术，例如 H 状树（H-Tree）、圆锥树（Cone Tree）、气球图（Balloon View）、放射图（Radial Graph）、三维放射图（3D Radial）、双曲树（Hyperbolic Tree）等。

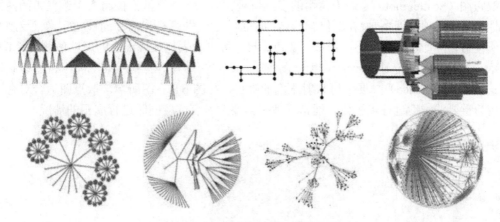

图 6.6　基于节点连接的图和树可视化方法

3. 时空数据可视化

时空数据是指带有地理位置与时间标签的数据。传感器与移动终端的迅速普及，使得时空数据成为大数据时代典型数据类型。时空数据可视化与地理制图学相结合，重点对时间与空间维度以及与之相关的信息对象属性建立可视化表征，对与时间和空间密切相关的模式及规律进行展示。大数据环境下时空数据的高维性、实时性等特点，也是时空数据可视化重点。

为了反映信息对象随时间与空间的变化而发生的行为变化，通常通过信息对象的属性可视化来展现。流式地图（Flow map）是一种典型的方法，将时间事件流与地图进行融合。

为了突破二维平面的局限性，另一类主要方法称为时空立方体（Space-time cube），以三维方式对时间、空间及事件直观展现出来。图 6.7 是采用时空立方体对拿破仑进攻俄罗斯情况进行可视化的例子，能够直观地对该过程中地理位置变化、时间变化、部队人员变化以及特殊事件进行立体展现。各类时空立方体适合对城市交通 GPS 数据、飓风数据等大规模时空数据进行展现。

4. 多维数据可视化

多维数据指的是具有多个维度属性的数据变量，广泛存在于基于传统关系数据库以及数据仓库的应用中，例如企业信息系统以及商业智能系统。多维数据分析的目标是探索多维数据项的分布规律和模式，并揭示不同维度属性之间的隐含关系。

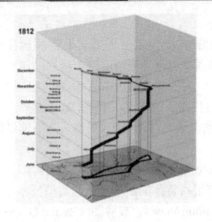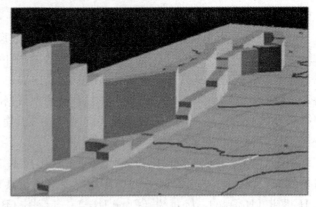

图 6.7　时空立方体

散点图（Scatter plot）是最为常用的多维可视化方法。二维散点图将多个维度中的两个维度属性值集合映射至两条轴,在二维轴确定的平面内通过图形标记的不同视觉元素来反映其他维度属性值,例如,可通过不同形状、颜色、尺寸等来代表连续或离散的属性值,如图 6.9 左图所示。二维散点图能够展示的维度十分有限,研究者将其扩展到三维空间,通过可旋转的 Scatter plot 方块（dice）扩展了可映射维度的数目,如图 6.8 右图所示。散点图适合对有限数目的较为重要的维度进行可视化,通常不适于需要对所有维度同时进行展示的情况。

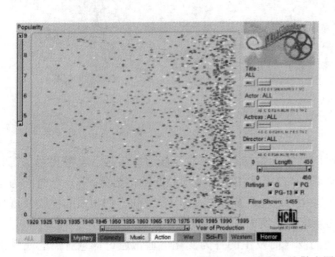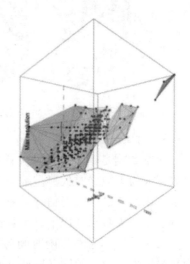

图 6.8　二维和三维散点图

可视化分析是大数据分析的重要方法,能够有效地弥补计算机自动化分析方法的劣势与不足。大数据可视分析将人面对可视化信息时强大的感知认知能力与计算机的分析计算能力优势进行有机融合,综合利用认知理论、科学/信息可视化以及人机交互技术,辅助人们更为直观和高效地洞悉大数据背后的信息、知识与智慧。

6.2　云计算及其相关技术

云计算作为下一代计算模式,在科学计算和商业计算领域均发挥着重要作用。云计算环境下的分布存储主要研究数据在数据中心上的组织和管理,由于云计算技术具有分布式、可扩展性、高可靠性、高性价比和高度灵活性等优点，相对于传统数据库中心的计算模式，具有巨大的应用潜力和优越性。

6.2.1　云计算概述

1. 云计算的概念及分类

2009 年 2 月 10 日，加州大学伯克利分校电子工程和计算机科学系的 Michael Armbmst 等在"伯克利云计算白皮书"中给出云的定义：云计算包含两部分，一是互联网上的各种应用服务，这些应用服务一直被称作软件即服务（Software as a Service，SaaS），二是在数据中心提供这些应用服务的软硬件设施，即所谓的云（Cloud）。公共云是指以即用即付的方式提供给公众的云，当前典型的有 Amazon Web Services、Google App Engine 和微软的 Azure 等。私有云指那些不对公众开放的企业或组织内部数据中心的资源。公共云出售的是效用计算，所以云计算就是 SaaS 和效用计算，但一般不包括私有云。

维基百科给云计算下的最新定义可以理解为：云计算采用的是按需即取的新计算方式，用户通过互联网按需索取云计算的资源以获取需要的服务，这些资源是动态的、易扩展的、虚拟化的，集中在"云端"，这里的云端一般指一些大型的服务器集群。

美国国家标准与技术研究所（NIST）对云计算的定义是"云计算是一种按使用量付费模式，它提供了便捷地、按需分配地从可配置计算资源共享池中获取所需资源的能力（这些资源包括网络、服务器、存储、应用及服务），这些资源能够快速部署，并只需要很少的管理工作或很少的与服务供应商的交互。云计算提高了可用性，它由五个主要特点、三个交付模式和四个部署模式组成。"行业基本认可 NIST 的定义。

归纳来说，云计算把公开的标准和服务作为基础，以互联网为中心和传输途径，提供安全的、便捷的和快速的数据存储和网络计算服务，让互联网这片"云"成为每一个网络用户的数据中心和计算中心。云计算是一种商业模型，它将计算任务分布在大量计算机构成的资源池上，使用户能够按需获取计算能力、存储空间和信息服务。云计算是在分布式系统、网格计算、并行计算、虚拟化等发展的基础上提出的一种新型计算模型，是一种新兴的共享基础架构等的方法，核心是提供数据存储和网络服务。

在云计算中，用户所处理的数据和所需的应用程序都存储在互联网上的数据中心（即大规模的服务器集群）中，这些数据中心的正常运作由提供云服务的机构负责管理和维护，云计算平台为用户提供足够强大的存储空间和计算能力。用户只需接入互联网，就可以通过计算机、手机等终端设备，无论何时何地都可以方便快捷地使用数据和服务。

通俗地讲，云计算将一切隐藏在云端，普通用户不用关心数据的存储位置，不用关心数据的安全，不用关心所需的应用程序是否需要升级，甚至于不用关心计算机病毒。这一切的工作都是由云计算中心负责解决的，普通用户只需选择自己喜欢的云计算服务商购买自己所需的服务，并为之付费。云计算中心可以提供无限制的计算机能力，计算机的弹性化和存储的弹性化是其重要特征，这使得普通用户有了享受高性能计算的机会。

2. 云计算的特征

（1）按需扩展。云就像一个庞大的资源池，规模可以动态伸缩。它可以根据业务需求，随时扩展自己存储和计算容量，满足消费者（Consumer）对云中资源或服务的膨胀式需求。

（2）无限易扩展。云把一切隐藏在云端，也就是说从消费者的角度去看，云就像陌生的黑箱，只需知道自己需要使用的服务。容易扩展并且可以无限制扩展是云的架构所必须具有的特征，无论它是基于云构建者的不同架构方案还是同一架构方案。

（3）低成本扩展。与传统分布式架构相比，这是云架构的一个很重要的特点。云架构必须能够利用其他能力来整合各种软件资源和硬件资源，包括整合现有的资源以及那些本身不具备高级功能的廉价资源，达到进行低成本扩展的效果。但是，低成本扩展和低成本架构是不同的，扩展的低成本性是云架构主要强调的特性，也就是说云中的构件不都是廉价设备，扩展与成本是成反比的，单位成本将随着云的不断扩大而逐渐降低，这是云理念得以发展和存在的基石。

3. 云计算的关键技术

从云计算按需服务的特征来剖析，云计算涉及的关键技术主要有虚拟化技术、海量数据处理技术以及分布式存储技术。其中，虚拟化技术的核心是以透明的方式提供抽象的底层资源，使得底层资源不再受地域、物理配置等方面的限制，是现代云计算技术研究的重点。虚拟化技术实现了数据中心所有硬件资源、虚拟服务器以及其他基础设施的整合、优化，它通过有效的管理和调配为上层应用提供了灵活、动态的可伸缩性设施平台，满足了云计算按需服务的需求；海量数据处理技术是指对 TB 乃至 PB 层级数据的分析、计算技术。人们在体验信息化生活的过程中常常会产生大量的数据信息。单凭一台计算机很难高效地完成这些信息数据的处理工作，而海量数据处理技术的应用有效地解决了这一难题，大大提升了计算机的数据处理和挖掘效率；分布式存储技术通过在多台服务器上存储资源，能够对抽象表示的资源进行统一管理，保证了数据资源提取和储存的安全性、可靠性。

4. 云计算技术应用

（1）个人应用云计算。个人对云计算的应用主要表现为两个方面：一方面，在线进行存储。云计算具有强大的资源整合功能，它可以将分属不同区域的物理服务器虚拟成单个的逻辑服务器，进而构建一个资源池供用户使用。用户则可以通过访问 Web 进行文件上传和下载，将自己的数据信息保存在云端，当有需求时就可以选择性地调用资源池内的资源；另一方面，在线进行文档编辑。在线文档编辑是指通过云端提供的内存和 CPU 资源，将应用程序进行云端化，让用户随时随地都可以在云存储系统中打开自己保存的文档。用户在完成文档编辑并在云存储系统保存之后，无需在个人的 PC 上安装办公软件，只需要在网页上打开自己的文档就可进行编辑和修改操作。这无疑放宽了用户对文档的操作条件，是现代生活中人们常用的存储方式之一。

（2）企业应用云计算。随着现代企业信息化程度的提高，企业的信息数据量不断增长，且面临着一定的安全问题。云计算技术在企业内的使用，不但降低了企业的硬件设备、机房环境以及维护保养成本，还为企业应用创造了安全的运行环境，是现代企业信息化建设的必然趋势。呈几何增长的数据信息量使得企业面临着重大的数据处理难题，但是部分企业出于成本的考虑又不能单独购买大容量的存储设备，很多企业因此陷入了两难的境地。而云计算则可以为企业提供便捷的数据备份服务，使得企业的数据信息处理问题迎刃而解。

总之，计算机技术独有的优势特点使其被广泛应用于个人和企业活动当中。通过分析云计算的概念、技术及其实际应用，能够进一步了解云计算技术的所呈现出来的技术优势与实践效能。在当前信息化社会环境中，云计算技术的融合为实体项目建设注入了新的活力。事实上，随着电子计算机技术以及网络信息技术的快速发展，诸多科技项目的涌现为人们的生活和工作带来极大的便利，同样，云计算技术的实际应用也为我国实体产业项目管理带来了实效。从目前的实际应用状况来看，云计算技术的未来发展空间巨大。

6.2.2　云计算平台

1．Google 文件系统 GFS

Google 公司有一套专属的云计算平台，这个平台起初是为 Google 最重要的搜索应用提供服务，现在已经扩展到为其他应用程序提供服务。Google 的云计算基础架构模式包括四个：Google File System（分布式文件系统），针对 Google 应用程序的特点提出的 MapReduce 编程模式，分布式的锁机制 Chubby 以及 Google 开发的模型简化的大规模分布式数据库 BigTable，这四个系统既相互独立又紧密结合在一起。

Google File System（GFS）是一个分布式文件系统，它由 Google 设计并实现，其体系结构如图 6.9 所示，整个系统的节点分 client（客户端）、master（主服务器）和 chunksever（数据库服务器）三类角色。GFS 中文件备份成大小固定的 Chunk，每个 Chunk 有多份副本，Chunk 及其多份副本都分别存储在不同的 chunkserver 上。master 负责维护 GFS 中的 Metadata，即文件名及其 Chunk 信息。客户端先从 master 上得到文件的 Metadata，根据要读取的数据在文件中的位置与相应的 chunkserver 通信，获取文件数据。GFS 按照 64MB 大小把文件划分为多个 Chunk（Block），每个 Chunk 至少存在于三台机器上。高可靠性对 GFS 而言是非常重要的，因为 GFS 使用的是普通 PC，可靠性较差，节点失效属于正常现象，因此解决单节点甚至双节点同时失效成为一个重要的问题。

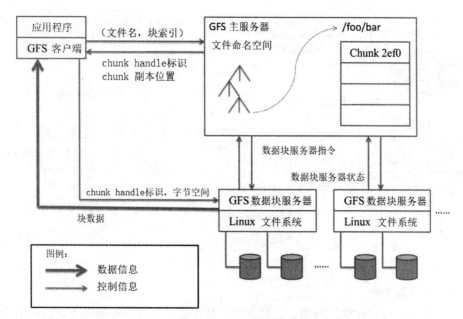

图 6.9　GFS 的体系结构

Google 应用环境特殊，有海量的数据需要处理，为了满足后面的流程使用需求，经常有大文件（几十 GB）的操作，而且常是多台机器同时输出数据到一个大文件中。GFS 对这种特殊的应用需求做了很多优化，保证往大文件并发追写数据时的可靠和高效。Google 拥有超过 200 个的 GFS 集群，其中有些集群的计算机数量超过 5000 台。Google 现在拥有数以万计的连接池从 GFS 集群中获取数据，集群的数据存储规模可以达到 5 个 PB，并且集群中的数据读写吞吐量可达到每秒 40GB。

2. Hadoop 文件系统 HDFS

Hadoop 是一个开源的分布式软件平台。基于 Hadoop 平台，用户能够方便地开发和运行能够处理海量数据的应用程序。Hadoop 实现了 MapReduce，能够把任务分配成多个部分，分配给集群中的节点进行处理。Hadoop 构建了分布式文件系统 HDFS，系统中的数据被存储在不同运算节点中。

Hadoop 用于存储的 Hadoop Distributed File System（Hadoop 分布式文件系统）借鉴了 GFS 的设计理念。Hadoop 同样认为硬件错误是正常的，而不是异常。因此，检测错误并快速自动恢复就成了 HDFS 的核心设计目标。HDFS 是为了那些批量处理而设计的，而不是为普通用户的交互使用，强调的是数据访问的高吞吐量而不是数据访问的低反应时间。HDFS 的应用程序需要对文件实行一次性写、多次读的访问模式。文件一旦建立后写入，文件就不需要再更改了。运行在 HDFS 上的应用程序使用大数据集。HDFS 一个典型的文件可能是几 GB 的或者几 TB 的。Hadoop 可以把大文件切割成多个大小为 64MB 的 Block。这些 Block 是以普通文件的形式存储在各个节点上的。默认情况下，每个 Block 都会有 3 个副本。HDFS 支持传统的层次文件组织结构。Namenode 管理着整个分布式文件系统，控制着对文件系统的操作（如建立、删除文件和文件夹）。HDFS 的体系结构如图 6.10 所示。

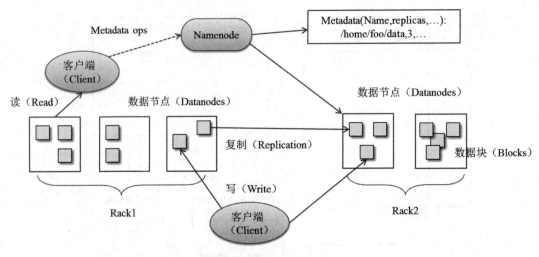

图 6.10　HDFS 的体系结构

3. 阿里云计算平台

（1）阿里巴巴与云计算。所谓云计算，指的是在基于互联网的前提下，根据用户的需求定义各种软硬件资源，为客户提供安全快捷的网络服务，提供的服务包含了网络、服务器、存储与软件应用等各方面的内容，其收费标准参照使用量大小收取。

2009 年 4 月，阿里巴巴集团在江苏南京建立"电子商务云计算中心"，这是阿里巴巴云计算的开端。到 2013 年 1 月，阿里云与浙江华通合作，为社会提供云计算服务，内容包括"企业云""专有云"和"桌面云"三方面，这被看作是阿里云云计算首次大规模成功的应用，作为国内云计算领域的先驱，阿里云近年来不断开拓创新，强化技术研发，不断拓展业务范围，已经成为国内云计算领域的领军者。

（2）阿里巴巴云计算应用现状。

1）阿里巴巴云计算的特点。云计算作为计算机领域最具前瞻性的技术，一直以来都得不到准确的定位，阿里云不死搬书本知识，在研究中做到了大胆创新，经过历年来的技术研发和实践应用，按照自己对云计算的理解和认识，为用户提供了优质的产品和服务。

① 独特的服务理念。阿里云的服务理念是独树一帜的，阿里云把云计算的最根本的目的定位为计算服务，而不是提供软件和服务器。阿里云计算同其他云计算研发企业不同，阿里云不做传统的销售工作，它的运作模式是通过互联网为客户提供计算机服务。

② 独有的运行平台。阿里云与计算服务以飞天开放平台为基础，运行方式是程序分布式，整合上千台服务器，把它们融合一体成为一台超级计算机，并通过这台超级计算机实现资源共享，并通过网络以公共服务的方式提供给用户。

③ 开放的云生态系统。阿里云计算是典型的开放的云生态系统。在飞天平台上，阿里云联合所有的合作伙伴，把自己的服务不断承载到自己的云平台上，阿里云的服务对象主要针对中小企业创业者，提供的服务无所不包，既包括了账号、天气、支付、翻译等相对简单的云服务，也包括地图、邮件、搜索和云空间这些复杂的云服务。

2）阿里巴巴云计算的商务应用模式。

① 弹性计算。负载均衡（SLB）和云服务器是弹性计算的主要内容。弹性计算的服务对象主要是互联网基础设施，阿里云云服务器是阿里云团队自主研发的，是分布式大规模计算系统，运行过程中使用虚拟技术，能够达到 IT 资源的最优化整合。

② 云引擎 ACE。在云计算基础框架内，云引擎 ACE 提供了优良的 Web 应用托管运行平台，其存储方式是开放的，而且采用分布式设计，可以提供计划任务和消息列队服务，ACE 系统的模板是自带的，开发者可以利用模板承载自己的应用，从而实现自己应用的共享，ACE 系统的模板库还可以帮助开发者在线创建自己的应用。

③ 数据存储计算。阿里云提供的存储服务（OSS）是开放式的，具有使用安全、容量大、可靠性高和成本低的特点。只要有一个简单的 REST 接口，就可以随时随地下载和上传数据，同时可以实现对 Web 页面的数据管理。

6.2.3 云服务

1. 基础设施即服务（Infrastructure as a Service，IaaS）

消费者通过 Internet 可以从完善的计算机基础设施获得服务。IaaS 将硬件设备等基础资源封装成服务供用户使用，如亚马逊网络服务（Amazon Web Services，AWS）的弹性计算云和简单存储服务（Simple Storage Service，S3）。在 IaaS 环境中，与使用裸机和磁盘相比较，用户必须考虑多台机器协同工作的问题。亚马逊云计算提供了在节点之间互通消息的接口——简单队列服务（Simple Queue Service，SQS）。IaaS 的最大优势在用户能够申请的资源似乎是无限的而且允许用户动态申请或释放节点，按使用量计费，资源使用率较高。

2. 平台即服务（Platform as a Serviee，PaaS）

将软件研发的平台作为一种服务，以 SaaS 的模式提交给用户。因此，PaaS 也是 SaaS 模式的一种应用。但是，PaaS 的出现可以加快 SaaS 的发展，尤其是加快 SaaS 应用的开发速度。PaaS 对资源的抽象层次更进了一步，它提供用户应用程序的运行环境，典型的如谷歌应用引擎（Google APP Engine）。微软的云计算操作系统 Microsoft Windows Azure，也可大致归入这一类。PaaS 自身负责资源的动态扩展和容错管理，用户应用程序不必过多考虑节点间的配合问题。但同时，用户的自主权降低，必须使用特定的编程环境和遵照特定的编程模型。这有点像在高性能集群计算机里进行消息传递接口（Message Passing Interface，MPI）编程一样，只适用于解决某些特定的计算问题。例如，"Google App Engine"只允许使用 Python 和 Java语言，基于称作 Django 的 Web 应用框架，以及调用 Google App Engine SDK 来开发在线应用服务。

3. 软件即服务（Software as a Service，SaaS）

SaaS 是一种通过 Internet 提供软件的模式，用户无需购买软件，而是向提供商租用基于Web 的软件来管理企业经营活动。按需计算 SaaS 的针对性更强，它将某些特定应用软件功能封装成服务，如 Salesforce 公司提供的在线客户关系管理（ClientRelation-ship Management，CRM）服务。SaaS 既不像 PaaS 一样提供计算或存储资源类型的服务，也不像 IaaS 一样提供运行用户自定义应用程序的环境，而是只提供某些专门用途的服务。

6.2.4　云计算的安全

云计算作为一种信息服务的新概念或新的运行模式，其带来的安全问题，已经超过了传统网络应用所具有的安全问题。

1. 云计算技术上的风险

（1）资源耗尽：由于云提供商本身没有提供充足的资源，缺乏有效资源预测机制，或资源使用率模型的不精确，使得公共资源不能进行合理分配和使用，将影响服务的可用性以及带来经济和声誉的损失等。同样，如果拥有过多的资源，不能进行有效的管理和利用将带来经济损失。

（2）隔离故障：由于云计算的计算能力、存储能力和网络被多用户共享，隔离故障将导致云环境中的存储、内存、路由隔离机制失效；最终使得用户和提供商丢失宝贵或敏感的数据，服务中断和名誉受损等。

（3）云内部的恶意人员：内部人员对高级特权的滥用，将对云中所有数据的机密性、完整性和可用性，所有云服务及公司声誉和客户信任度产生严重影响。随着云服务使用量的增加，云提供商内部的雇员出现团体犯罪的几率也将增加，且该现象已经在金融服务行业中得到证实。

（4）管理接口漏洞：对于云提供商提供的服务和资源，用户只能通过因特网或者其他间接方式进行访问，因而远程访问和浏览器的缺陷都将带来安全风险。

（5）传输中的数据截获：云计算环境是一种分布式架构，因而与传统架构相比具有更多的数据传输路径，必须保证传输过程的安全性，以避免嗅探和回放攻击等威胁。

（6）数据泄露：由于通信加密存在缺陷或应用程序漏洞等因素，使得数据从本地上传至云中或从云中下载至本地的过程中出现泄露问题。

（7）不安全或无效的数据删除：云环境中经常进行资源的重新分配，缺乏有效的数据删除机制，将导致用户数据丢失，严重时可能泄露个人隐私或商业机密。

（8）DDoS 分布式拒绝服务攻击：由于云计算资源被恶意人员的使用，应用系统或操作系统的漏洞，缺乏足够的安全过滤规则将可能导致分布式拒绝服务攻击。

（9）EDoS 经济拒绝服务攻击：由于云用户的资源被其他人恶意使用而带来的服务和经济影响。如攻击者通过身份盗用恶意使用和耗尽其他用户的资源，破坏他人的经济利益。

（10）密钥丢失：由于缺乏可靠的密钥管理机制以及密钥生成算法，使得安全密钥（如文件加密密钥、客户私钥等）被恶意的第三方获取。

（11）恶意探测或扫描：恶意的探测或扫描将影响云中的数据和服务，如黑客可以收集其所需的信息。

（12）危害服务引擎：通过找到和攻击服务引擎不同层次架构中的缺陷，如 IaaS 中的虚拟机、PaaS 中的运行环境和 API、SaaS 中的应用程序缺陷等，可能造成用户间隔离机制失效，用户计算资源被恶意缩减等影响。

（13）客户强化程序和云环境之间的冲突：云提供商和用户之间必须进行清晰明确的责任划分，同时提供商需要向用户提供最佳的安全实践指导。避免在云提供商没有采取进一步安全措施的情况下，由于用户安全措施的不完善而给整个云平台引入安全风险。同时云提供商必须通过技术、策略等一系列措施解决多租户的不同安全需求。

2. 云计算的安全体系结构

云计算作为一种信息服务的新概念或新的运行模式，其带来的安全问题，已经超过了传统网络应用所具有的安全问题，即正如有些云安全专家所提出的"云的共性安全问题"，也有云计算自身特有的安全问题，即"云的个性安全问题"。要保障云计算应用的安全，不仅要解决"共性的安全问题"，还要解决"个性的安全问题"，不但要从技术层面上来解决安全问题，还要从管理制度、法律法规方面来保障。图 6.11 为云计算安全体系结构参考模型。

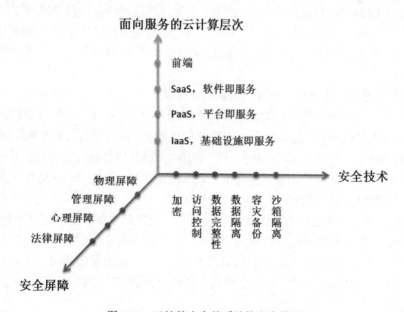

图 6.11 云计算安全体系结构参考模型

影响云计算平台安全架构的因素较多，包含一般意义的一些因素，如法律的需求、标准的遵从、安全的管理、信息的分类以及对安全的认知等；同时也包含很多特定结构相关的领域，如可信硬件与软件、安全的执行环境、安全通道以及一些计算机系统结构的因素。

6.3 物联网定位技术

随着数据业务和多媒体业务的快速增加，在短距离高速率无线通信的基础上，人们对位置信息感知的需求也日益增多。定位的目的是为了发现网络中节点的物理位置坐标信息。现如今，定位技术已经被广泛应用在目标跟踪、导航、移动通信以及智能电网、智能交通等相关领域。时间同步技术与定位技术作为物联网应用领域的两个技术支撑，其研究和应用已经得到了快速的发展，取得丰硕的研究成果和普遍的推广应用。

6.3.1 定位与位置服务

1. 定位的发展历史

无线定位是指利用无线电波信号的特征参数估计特定物体在某种参考系中的坐标位置。其最初是为了满足远程航海导航和军事领域精确制导等要求而产生的，20世纪70年代全球定位系统（GPS）的出现使得定位技术产生了质的飞跃，定位精度可达到数十米范围。

定位技术可以分为有源定位和无源定位。有源定位系统是通过主动发射电磁波来探测目标，定位精度高，但极易受到敌方的干扰和攻击，特别是反辐射导弹的出现和使用雷达等有源探测设备的战场生存状况提出了严峻的挑战。为了弥补有源定位方法的缺陷，人们在积极改进有源定位性能的同时也开始了无源定位问题的探索和研究。因此，对辐射源的无源定位具有重要的军事意义，引起世界各国的重视。

2. 位置服务

位置服务（Location Based Service，LBS）是通过通信网络获取移动终端用户的位置信息（经纬度坐标），在电子地图平台的支持下，为用户提供相应位置服务的一种新型业务。随着移动电话成为我们的生活中不可或缺的一部分，移动服务市场对利用移动电话实现位置信息的需求越来越迫切。

（1）位置服务的产生背景。位置信息服务首先从美国发展起来。1996年，美国联邦通信委员会（FCC）下达指示，要求移动运营商为手机用户提供 E911（紧急求助）服务，即提供呼叫者的位置以便及时救援，这实际上就是位置服务的开始。目前，世界许多国家都以法律的形式颁布了对移动位置服务的要求。我们日常使用的大部分信息都与位置存在某种关系。特定的位置信息服务类型包括娱乐消息、交通报告、地图和向导、目标广告、交互式游戏、车辆跟踪、远程信息和网络管理系统等。

位置服务是指用户通过移动通信网络获取其基础位置信息如经纬度，利用地理信息系统计算终端的位置，并提供位置相关信息的新型业务。其服务特点包括两方面：其一，能智能地提供与信息需求者及其周围有关事物的信息与服务；其二，无论是普通用户还是专业人员，无论是在移动终端、穿戴式计算机，还是在台式计算机上都能在任何时刻、任何地点获得有关的空间信息和服务。

（2）位置服务的应用。位置服务系统的价值在于通过移动和固定网络发送基于位置的信息与服务，使这种服务应用到任何人、任何位置、任何时间和任何设备。位置服务系统得到广泛应用的原因在于：

1）定位手段的多样性。除广泛使用的 GPS 系统，基于手机或基于网络的无线定位技术也得到广泛应用。

2）通信手段的广泛性。基于 GSM、GPRS、CDMA 等网络的 SMS、MMS、HTTP 都可以作为 LBS 服务器数据交换的方法。此外，国内已建成的众多无线通信专网，以及有线电话、寻呼网、卫星通信等均可成为 LBS 的通信手段。

3）用户终端的多样性。与通信手段相对应，GPS 车载硬件、手机、PDA、寻呼机等均可成为 LBS 的用户终端。

由于手机终端的灵活性、方便性以及普及性，使用手机作为 LBS 系统的终端具有很高的实用价值。

（3）位置服务的发展前景。目前，无论是公众还是行业用户对于获得位置及其相关服务都有着广泛的需求。对于公众来说，主要是要求系统提供位置服务网关，发布与位置相关的信息，如最近的商店、车站等。对于行业应用，在交通运输方面，可以开发物流配送管理调度系统（包括运输车队和船队）、公交车辆指挥调度系统、车辆跟踪防盗系统、车辆智能导航系统（包括车辆定位系统、最佳路径规划系统和行车引导系统）、铁路列车指挥调度系统；在农业、环保、医疗、消防、警务、国防等方面分别可以开发智能农业生产系统、环境监测管理系统、紧急救援指挥调度系统、智能接警处警系统、支持作战单元的移动式空间信息交换系统等；面向政府的空间信息移动技术主要有移动办公系统，与位置相关的网络会议，水灾、地震、林火等自然灾害的防灾、抗灾和灾后重建管理系统。

6.3.2　无线定位系统

不管是 GPS 定位技术还是利用无线传感网或其他定位手段进行定位都有其局限性。未来定位技术的趋势是卫星导航技术与无线定位技术相结合，将 GPS 定位技术与无线定位技术有机结合，发挥各自的优长，则既可以提供较好的精度和响应速度，又可以覆盖较广的范围，实现无缝的、精确的定位。

随着数据业务和多媒体业务的快速增加，人们对定位与导航的需求日益增大，尤其在复杂的室内环境，如机场大厅、展厅、仓库、超市、图书馆、地下停车场、矿井等，常常需要确定移动终端或其持有者、设施与物品在室内的位置信息。但是受定位时间、定位精度以及室内环境复杂等条件的限制，比较完善的定位技术目前还无法很好地利用。随着无线通信技术的发展，新兴的无线网络技术，例如 WiFi、ZigBee、蓝牙和超宽带等，在办公室、家庭、工厂等得到了广泛应用。

（1）红外线室内定位技术。红外线室内定位技术定位的原理是，红外线 IR 标识发射调制的红外射线，通过安装在室内的光学传感器接收进行定位。虽然红外线具有相对较高的室内定位精度，但是由于光线不能穿过障碍物，使得红外射线仅能视距传播。直线视距和传输距离较短这两大主要缺点使其室内定位的效果很差。当标识放在口袋里或者有墙壁及其他遮挡时就不能正常工作，需要在每个房间、走廊安装接收天线，造价较高。因此，红外线只适合短距离传播，而且容易被荧光灯或者房间内的灯光干扰，在精确定位上有局限性。

（2）超声波定位技术。超声波测距主要采用反射式测距法，通过三角定位等算法确定物体的位置，即发射超声波并接收由被测物产生的回波，根据回波与发射波的时间差计算出待测距离，有的则采用单向测距法。超声波定位系统可由若干个应答器和一个主测距器组成，主测距器放置在被测物体上，在微机指令信号的作用下向位置固定的应答器发射同频率的无线电信号，应答器在收到无线电信号后同时向主测距器发射超声波信号，得到主测距器与各个应答器之间的距离。当同时有 3 个或 3 个以上不在同一直线上的应答器作出回应时，可以根据相关计算确定出被测物体所在的二维坐标系下的位置。

使用超声波定位技术，整体定位精度较高，结构简单，但超声波受多径效应和非视距传播影响很大，同时需要大量的底层硬件设施支持，成本太高。

（3）蓝牙技术。蓝牙技术通过测量信号强度进行定位。这是一种短距离低功耗的无线传输技术，在室内安装适当的蓝牙局域网接入点，把网络配置成基于多用户的基础网络连接模式，并保证蓝牙局域网接入点始终是这个微微网（piconet）的主设备，就可以获得用户的位置信息。蓝牙技术主要应用于小范围定位，例如单层大厅或仓库。

蓝牙室内定位技术最大的优点是设备体积小，易于集成在 PDA、PC 以及手机中，因此很容易推广普及。理论上，对于持有集成了蓝牙功能移动终端设备的用户，只要设备的蓝牙功能开启，蓝牙室内定位系统就能够对其进行位置判断。采用该技术作室内短距离定位时容易发现设备且信号传输不受视距的影响。其不足在于蓝牙器件和设备的价格比较昂贵，而且对于复杂的空间环境，蓝牙系统的稳定性稍差，受噪声信号干扰大。

（4）射频识别技术。射频识别技术是利用射频方式进行非接触式双向通信交换数据以达到识别和定位的目的。这种技术作用距离短，一般最长为几十米。但它可以在几毫秒内得到厘米级定位精度的信息，且传输范围很大，成本较低。同时由于其非接触和非视距等优点，可望成为优选的室内定位技术。目前，射频识别研究的热点和难点在于理论传播模型的建立、用户的安全隐私和国际标准化等问题。优点是标识的体积比较小，造价比较低，但是作用距离近，不具有通信能力，而且不便于整合到其他系统之中。

（5）超宽带技术。超宽带技术是一种全新的，与传统通信技术有极大差异的通信新技术。它不需要使用传统通信体制中的载波，而是通过发送和接收具有纳秒或纳秒级以下的极窄脉冲来传输数据，从而具有 GHz 量级的带宽。超宽带可用于室内精确定位，例如战场士兵的位置发现、机器人运动跟踪等。

超宽带系统与传统的窄带系统相比，具有穿透力强、功耗低、抗多径效果好、安全性高、系统复杂度低、能提供精确定位精度等优点。因此，超宽带技术可以应用于室内静止或者移动物体以及人的定位跟踪与导航，且能提供十分精确的定位精度。

（6）WiFi 技术。无线局域网络（WLAN）是一种全新的信息获取平台，可以在广泛的应用领域内实现复杂的大范围定位、监测和追踪任务，而网络节点自身定位是大多数应用的基础和前提。当前比较流行的 WiFi 定位是无线局域网络系列标准之 IEEE 802.11 的一种定位解决方案。该系统采用经验测试和信号传播模型相结合的方式，易于安装，需要很少基站，能采用相同的底层无线网络结构，系统总精度高。

（7）ZigBee 技术。ZigBee 是一种新兴的短距离、低速率无线网络技术，它介于射频识别和蓝牙之间，也可以用于室内定位。它有自己的无线电标准，在数千个微小的传感器之间相互协调通信以实现定位。这些传感器只需要很少的能量，以接力的方式通过无线电波将数据从一个传感器传到另一个传感器，所以它们的通信效率非常高。ZigBee 最显著的技术特点是它的低功耗和低成本。

除了以上提及的定位技术，还有基于计算机视觉、光跟踪定位、基于图像分析、磁场以及信标定位等。此外，还有基于图像分析的定位技术、信标定位、三角定位等。目前很多技术还处于研究试验阶段，如基于磁场压力感应进行定位的技术。

不管是 GPS 定位技术还是利用无线传感网或其他定位手段进行定位都有其局限性。未来室内定位技术的趋势是卫星导航技术与无线定位技术相结合，将 GPS 定位技术与无线定位技术有机结合，发挥各自的优长，则既可以提供较好的精度和响应速度，又可以覆盖较广的范围，实现无缝的、精确的定位。

6.3.3 卫星定位系统

目前比较成熟的卫星定位系统分别是：美国全球定位系统（GPS）、欧洲伽利略定位系统（Galileo Positioning System）、俄罗斯格洛纳斯卫星导航系统（GLONASS）和中国北斗卫星导航系统（BeiDou Navigation Satellite System，BDS）。

1. 全球定位系统

全球定位系统（GPS）即卫星定位系统，20 世纪 70 年代由美国陆海空三军联合研制的新一代空间卫星导航定位系统，主要目的是为陆、海、空三大领域提供实时、全天候和全球性的导航服务，并用于情报收集、核爆监测和应急通信等军事目的，是美国独霸全球战略的重要组成部分。经过 20 余年的研究实验，耗资 300 亿美元，到 1994 年 3 月，全球覆盖率高达 98% 的 24 颗 GPS 卫星星座已布设完成。简单地说，这是一个由覆盖全球的 24 颗卫星组成的卫星系统，可以保证在任意时刻地球上任意一点都可以同时观测到 4 颗卫星，保证卫星可以采集到该观测点的经纬度和高度，以便实现导航、定位、授时等功能。

（1）卫星定位系统组成。GPS 由三部分组成：空间部分——GPS 星座；地面控制部分——地面监控系统；用户设备部分——GPS 信号接收机。

1）GPS 系统的空间部分是指 GPS 工作卫星星座。GPS 工作卫星由 24 颗卫星组成，其中 21 颗工作卫星，3 颗备用卫星，均匀分布在 6 个轨道上。卫星轨道平面相对地球赤道面的倾角为 55 度。

2）GPS 系统的地面监控部分由 5 个地面站组成，包括主控站、信息注入站和监测站。

3）GPS 系统的用户设备部分由 GPS 接收机硬件、相应的数据处理软件、微处理机以及终端设备组成。GPS 接收机硬件包括接收机主机、天线和电源。它的主要功能是接收 GPS 卫星发射的信号，以获得必要的导航和定位信息及观测量，并经简单数据处理而实现实时导航和定位。GPS 软件是指各种后处理软件包，它通常由厂家提供，其主要作用是对观测数据进行精加工，以便获得精密定位结果。

（2）卫星定位系统应用。目前主要的卫星定位导航系统如 GPS 和 GLONASS 都是军方的产物。民用航空是卫星定位导航系统重要的民用用户，在民航各方面的应用研究和试验几乎与卫星导航系统本身的发展在同步进行着。卫星定位导航系统是航天飞机等航空领域中最理想的定位导航系统。海洋也是卫星定位导航系统的重要应用领域之一。

利用卫星定位系统，在一个点上采用长时间观测、多点联测或者事后处理的方法，可以达到厘米级的观测精度，这便为研究地球动力学、地壳运动、地球自转和极移、大地测量和地震监测等提供了新的观测手段。

陆地定位导航对卫星系统的要求最低，低动态、单或双通道接收机时序处理即可，因而对卫星系统的完善性要求比较低，并可利用地标、地形随时修正，还可以利用航位推算、速度计等提供辅助服务，完成定位导航。

2. 伽利略定位系统

伽利略定位系统（Galileo Positioning System），是欧盟一个正在建造中的卫星定位系统，有"欧洲版 GPS"之称，也是继美国现有的"全球定位系统"（GPS）及俄罗斯的 GLONASS 系统外，第三个可供民用的定位系统。伽利略系统的基本服务有导航、定位、授时；特殊服务有搜索与救援；扩展应用服务系统有在飞机导航和着陆系统中的应用、铁路安全运行调度、海上运输系统、陆地车队运输调度、精准农业。2010 年 1 月 7 日，欧盟委员会称，欧盟的伽利略定位系统从 2014 年起投入运营。

（1）伽利略定位系统组成。该系统由 30 颗中高度圆轨道卫星和 2 个地面控制中心组成，其中 27 颗卫星为工作卫星，3 颗为候补。卫星高度为 24126km，位于 3 个倾角为 56 度的轨道平面内，该系统除了 30 颗中高度圆轨道卫星外，还有 2 个地面控制中心。当时预计系统于 2008 年建成，总投资 36 亿欧元，以商业运营的模式全部民用。

伽利略系统由空间段、地面段、用户三部分组成。空间段由分布在 3 个轨道上的 30 颗中等高度轨道卫星（MEO）构成，每个轨道面上有 10 颗卫星，9 颗正常工作，1 颗运行备用；轨道面倾角 56 度。地面段包括全球地面控制段、全球地面任务段、全球域网、导航管理中心、地面支持设施、地面管理机构。用户端主要就是用户接收机及其等同产品，伽利略系统考虑将与 GPS、GLONASS 的导航信号一起组成复合型卫星导航系统，因此用户接收机将是多用途、兼容性接收机。

（2）伽利略定位系统优势。伽利略系统是世界上第一个基于民用的全球卫星导航定位系统，在 2008 年投入运行后，全球的用户将使用多制式的接收机，获得更多的导航定位卫星的信号，将无形中极大地提高导航定位的精度，这是"伽利略"计划给用户带来的直接好处。另外，由于全球将出现多套全球导航定位系统，从市场的发展来看，将会出现 GPS 系统与伽利略系统竞争的局面，竞争会使用户得到更稳定的信号、更优质的服务。世界上多套全球导航定位系统并存，相互之间的制约和互补将是各国大力发展全球导航定位产业的根本保证。

"伽利略"计划是欧洲自主、独立的全球多模式卫星定位导航系统，提供高精度、高可靠性的定位服务，实现完全非军方控制、管理，可以进行覆盖全球的导航和定位功能。"伽利略"系统还能够和美国的 GPS、俄罗斯的 GLONASS 系统实现多系统内的相互合作，任何用户将来都可以用一个多系统接收机采集各个系统的数据或者各系统数据的组合来实现定位导航的要求。

3. 格洛纳斯卫星导航系统

格洛纳斯（GLONASS），是俄语"全球卫星导航系统"的缩写。格洛纳斯卫星导航系统作用类似于美国的 GPS、欧洲的伽利略卫星定位系统和中国的北斗卫星导航系统。

该系统最早开发于苏联时期，后由俄罗斯继续该计划。俄罗斯 1993 年开始独自建立本国的全球卫星导航系统。该系统于 2007 年开始运营，当时只开放俄罗斯境内卫星定位及导航服务。到 2009 年，其服务范围已经拓展到全球。该系统主要服务内容包括确定陆地、海上及空中目标的坐标及运动速度信息等。

（1）GLONASS 导航系统组成。GLONASS 星座由 27 颗工作星和 3 颗备份星共 30 颗卫星组成。27 颗卫星均匀地分布在 3 个近圆形的轨道平面上，这三个轨道平面两两相隔 120 度，每个轨道面有 8 颗卫星，同平面内的卫星之间相隔 45 度，轨道高度 2.36 万千米，运行周期 11 小时 15 分，轨道倾角 64.8 度。

地面支持系统由系统控制中心、中央同步器、遥测遥控站（含激光跟踪站）和外场导航控制设备组成。地面支持系统的功能由前苏联境内的许多场地来完成。随着苏联的解体，GLONASS 系统由俄罗斯航天局管理，地面支持段已经减少到只有俄罗斯境内的场地了，系统控制中心和中央同步处理器位于莫斯科，遥测遥控站位于圣彼得堡、捷尔诺波尔、埃尼谢斯克和共青城。

GLONASS 用户设备（即接收机）能接收卫星发射的导航信号，并测量其伪距和伪距变化率，同时从卫星信号中提取并处理导航电文。接收机处理器对上述数据进行处理并计算出用户所在的位置、速度和时间信息。GLONASS 系统提供军用和民用两种服务。GLONASS 系统绝对定位精度水平方向为 16 米，垂直方向为 25 米。目前，GLONASS 系统的主要用途是导航定位，与 GPS 系统一样，也可以应用于各种等级和种类的定位、导航和时频领域等。

（2）GLONASS 导航系统应用范围。卫星导航首先是在军事需求的推动下发展起来的，GLONASS 与 GPS 一样可为全球海陆空以及近地空间的各种用户提供全天候、连续的、高精度的各种三维位置、三维速度和时间信息（PVT 信息），这样不仅为海军舰船、空军飞机、陆军坦克/装甲车/炮车等提供精确导航，也在精密导弹制导、C3I 精密敌我态势产生、部队准确的机动和配合、武器系统的精确瞄准等方面有着广泛应用。另外，卫星导航在大地和海洋测绘、邮电通信、地质勘探、石油开发、地震预报、地面交通管理等各种国民经济领域有越来越多的应用。

4．北斗卫星导航系统

卫星导航系统是重要的空间信息基础设施。我国高度重视卫星导航系统的建设，一直在努力探索和发展拥有自主知识产权的卫星导航系统。2000 年，首先建成北斗导航试验系统，使我国成为继美、俄之后的世界上第三个拥有自主卫星导航系统的国家。该系统已成功应用于测绘、电信、水利、渔业、交通运输、森林防火、减灾救灾和公共安全等诸多领域，产生显著的经济效益和社会效益。特别是在 2008 年北京奥运会、汶川抗震救灾中发挥了重要作用。

（1）北斗卫星导航系统组成。北斗卫星导航系统空间段由 35 颗卫星组成，包括 5 颗静止轨道卫星、27 颗中地球轨道卫星、3 颗倾斜同步轨道卫星。5 颗静止轨道卫星定点位置为东经 58.75°、80°、110.5°、140°、160°，中地球轨道卫星运行在 3 个轨道面上，轨道面之间为相隔 120°均匀分布。至 2012 年底北斗亚太区域导航正式开通时，已在西昌卫星发射中心发射了 16 颗卫星，其中 14 颗组网并提供服务，分别为 5 颗静止轨道卫星、5 颗倾斜地球同步轨道卫星（均在倾角 55°的轨道面上），4 颗中地球轨道卫星（均在倾角 55°的轨道面上）。

北斗导航系统是覆盖中国本土的区域导航系统，覆盖范围东经约 70°～140°，北纬 5°～55°。北斗卫星系统已经对东南亚实现全覆盖。

（2）北斗卫星导航系统定位原理。35 颗卫星在离地面 2 万多千米的高空上，以固定的周期环绕地球运行，使得在任意时刻，在地面上的任意一点都可以同时观测到 4 颗以上的卫星。

由卫星的位置精确可知，在接收机对卫星观测中，我们可得到卫星到接收机的距离，利用三维坐标中的距离公式，利用 3 颗卫星，就可以组成 3 个方程式，解出观测点的位置（X，Y，Z）。考虑到卫星的时钟与接收机时钟之间的误差，实际上有 4 个未知数，X、Y、Z 和钟差，需要引入第 4 颗卫星，形成 4 个方程式进行求解，从而得到观测点的经纬度和高程。

卫星在空中连续发送带有时间和位置信息的无线电信号，供接收机接收。由于传输的距离因素，接收机接收到信号的时刻要比卫星发送信号的时刻延迟，通常称之为时延，因此，也可以通过时延来确定距离。卫星和接收机同时产生同样的伪随机码，一旦两个码实现时间同步，接收机便能测定时延；将时延乘上光速，便能得到距离。

每颗卫星上的计算机和导航信息发生器非常精确地了解其轨道位置和系统时间，而全球监测站网保持连续跟踪。

（3）北斗卫星导航系统定位精度。中国北斗卫星导航系统是继美国 GPS、俄罗斯格洛纳斯、欧洲伽利略之后的全球第四大卫星导航系统。定位效果分析是导航系统性能评估的重要内容。此前，由于受地域限制，对北斗全球大范围的定位效果分析只能通过仿真手段。

在 2011 至 2012 年我国第 28 次南极科学考察期间，沿途大范围采集了北斗和 GPS 连续实测数据，跨度北至我国天津，南至南极内陆昆仑站。同时还采集了我国南极中山站的静态观测数据。为对比分析不同区域静态定位效果，在武汉也进行了静态观测。

科研人员利用严谨的分析研究方法，从信噪比、多路径、可见卫星数、精度因子、定位精度等多个方面，对比分析了北斗和 GPS 在航线上不同区域，尤其是在远洋及南极地区不同运动状态下的定位效果。结果表明，北斗系统信号质量总体上与 GPS 相当。在 45 度以内的中低纬地区，北斗动态定位精度与 GPS 相当，水平和高程方向分别可达 10 米和 20 米左右；北斗静态定位水平方向精度为米级，也与 GPS 相当，高程方向 10 米左右，较 GPS 略差；在中高纬度地区，由于北斗可见卫星数较少，卫星分布较差，定位精度较差或无法定位。

6.3.4　蜂窝定位系统

要在蜂窝网建立能提供位置服务的全套定位系统，主要功能模块包括：

（1）位置获取和确定单元：GSM 规范中称为移动定位中心（SMLC），CDMA 规范中称为定位实体（PDE），SMLC/PDE 与多个定位单元（LMU）连接，获得定位参数并计算定位结果。

（2）位置信息传输和接口单元：GSM 规范中称为移动定位中心网关（GMLC），通过标准的软/硬件接口，将 SMLC/PDE 收到定位数据传送到提供定位服务或有定位需求实体处理。

（3）基于位置信息的应用服务：即定位服务客户机（LCS Client），主要与 GMLC 或 MPC 连接，提供基于位置信息的各种服务。

（4）业务承载平台：如地理信息系统集成，定位结果通常以图形化方式显示，由本地电子地图、相关地理信息及相应软件完成。

不同定位解决方案需要不同的系统软/硬件提供支持，通常采用以下指标衡量定位方案：

① 提供完整的端到端位置服务能力；

② 对未来移动通信系统的升级能力，包括核心网的接口升级能力及空中接口标准的兼容能力；

③ 对定位技术的支持能力、定位精度及定位响应时间；

④ 与现有业务平台的集成能力；

⑤ 系统对未来业务的适应能力；

⑥ 系统软/硬件实现的复杂度；

⑦ 系统成本；

⑧ 对网络负载的影响。

目前，市场上主要的定位系统提供商（包括诺基亚、爱立信、西门子等国际通信巨头）

都分别推出了各具特色的移动定位解决方案。

蜂窝网络基础设施的完善、移动终端功能的增强、互联网内容的丰富及无线应用的推广正在丰富人们的日常生活，也逐渐改变着人们的生活方式和消费习惯。

作为未来移动数据的主要应用之一，基于位置信息的移动数据应用因能提供个性化服务，在世界范围内迅速发展，各种定位技术和定位解决方案不断涌现，但移动通信系统网络结构的复杂性、多种空中接口标准并存的现状及无线电波传播环境的复杂性都增加了实现高精度定位的难度。

6.4　人工智能技术

人工智能技术本身是建立在通信技术的研发基础上实现的重要新兴技术类型，其在物联网工作中的应用能极大程度上实现内在驱动力的优化，切实改进了当前物联网运用在网络应用、计算以及信息存储方面存在的缺陷，保证物联网运行的灵活性与运维性。人工智能相关软件的开发和应用为物联网提供了极大的网络能力、计算能力和存储能力，使网络具有独特的灵活性和运维性。

人工智能（Artificial Intelligence，AI），作为计算机学科的一个重要分支，是由 McCarthy 于 1956 年在 Dartmouth 学会上正式提出，在当前被人们称为世界三大尖端技术之一。著名的美国斯坦福大学人工智能研究中心尼尔逊（Nilson）教授这样定义人工智"人工智能是关于知识的学科，怎样表示知识以及怎样获得知识并使用知识的学科"，另一名著名的美国大学 MIT 的 Winston 教授认为"人工智能就是研究如何使计算机去做过去只有人才能做的智能的工作"。除此之外，还有很多关于人工智能的定义，至今尚未统一，但这些说法均反映了人工智能学科的基本思想和基本内容，由此可以将人工智能概括为研究人类智能活动的规律，构造具有一定智能行为的人工系统。

6.4.1　人工智能的发展

人工智能的发展历程大致可分为孕育时期、形成时期、发展时期和繁荣时期四个时期。

（1）人工智能的孕育时期。随着人类社会不断的发展，人类智能也在不断的提高。在人类社会的逐渐发展中出现了想利用机器来代替人类的社会活动,把人类的智慧成果投入到机器上来的思维过程。在我国的历史上曾有许多关于人工智能的发明创造，如能自动检测地震方位和有微震敏感报警器的候风地动仪等，这些早期模拟人类智慧的机器，都被认为是人工智能在我国历史上最初的起源。在国外，人类也很早就幻想用机器去模仿或代替人类从事服务或劳动。

（2）人工智能的形成时期。1956 年的夏天，由美国达特茅斯大学的图灵奖获得者麦卡锡和明斯基共同发起的会议上，多位来自信息论、神经学、心理学、信息学和计算机科学等不同学科的年轻学者参加了此次会议，并探讨和研究了如何用机器来模拟人类智能。这次会议的成功召开，确立了人工智能的研究目标，出现了研究人工智能的新热潮，同时指引了人工智能科学的研究方向。

（3）人工智能的发展时期。20 世纪 70 年代后期到 80 年代末期，科学家们对人工智能的研究出现了新的高潮。这一时期的科学家不断加强人工智能理论学习，全方面地掌握各个领域间的知识，扎扎实实地进行研究工作，不断地推动人工智能的发展。

（4）人工智能的繁荣时期。20 世纪 80 年代至今，人工智能的发展达到了阶段性的顶峰，尤其在人工神经网络的研究上取得突破性的进展。人工智能开始向多学科、多领域的方向发展，在学术交流和创立期刊上面，人工智能也得到了不断的发展。人工智能会议的成功召开也对人工智能研究学者之间的探讨和交流起到一个领头的作用。如今已经有很多学者将人工智能的研究成果带入了人们的日常生活，人工智能技术将会在更大的范围内影响着人们的生活和工作。

6.4.2　人工智能的研究与应用

（1）问题求解。问题求解，即解决管理活动中由于意外引起的非预期效应或与预期效应之间的偏差。能够求解难题的程序出现，是人工智能发展的一大成就。在程序中应用的推理，如向前看几步，把困难的问题分成一些较容易的子问题等技术，逐渐发展成为搜索和问题归约这类人工智能的基本技术。搜索策略可分为无信息导引的盲目搜索和利用经验知识导引的启发式搜索，它决定着问题求解的推理步骤中，使用知识的优先关系。另一种问题的求解程序，是把各种数学公式符号汇编在一起，其性能已达到非常高的水平，并正在被许多科学家和工程师所应用，甚至有些程序还能够用经验来改善其性能。

（2）专家系统。专家系统（Expert System，ES）是人工智能研究领域中另一个重要分支，它将探讨一般的思维方法转入到运用专门知识求解专门问题，实现了人工智能从理论研究向实际应用的重大突破。专家系统可看作一类具有专门知识的计算机智能程序系统，它能运用特定领域中专家提供的专业知识和经验，并采用人工智能中的推理技术来求解和模拟通常由专家才能解决的各种复杂问题。

发展专家系统的关键在于表达和运用专家知识，即来自人类专家的且已被证明能够解决某领域内的典型问题的有用的事实和过程。不同领域与不同类型的专家系统，它们的体系结构和功能是有一定的差异的，但它们的组成基本一致。

（3）机器学习。机器学习（Machine Learning）是研究如何使用计算机模拟或实现人类的学习活动。学习是人类智能的重要特征，是获得知识的基本手段，而机器学习也是使计算机具有智能的根本途径，学习是一个有特定目的的知识获取过程，它的内部主要表现为新知识结构的不断建立和修改，外部表现为性能的改善。一个学习过程本质上讲，就是学习系统把导师（或专家）提供的信息转换成能被系统理解并应用的形式的过程。按照系统对导师的依赖程度可将学习方法分类为机械式学习（Rote learning）、讲授式学习（Learning from instruction）、类比学习（Learning by analogy）、归纳学习（Learning from induction）、观察发现式学习（Learning by observation and discovery）等。

（4）神经网络。人工神经网络（Aficial Neural Network），是由大量处理单元即神经元互连而成的网络，也常简称为神经网络或类神经网络。神经网络是一种由大量的节点（或称神经元）和之间相互连接构成的运算模型，是对人脑或自然神经网络一些基本特性的抽象和模拟，其目的在于模拟大脑的某些机理与机制，从而实现某些方面的功能。

神经网络的信息处理是由神经元之间的相互作用实现的：知识与信息的存储主要表现为网络元件互连间分布式的物理联系。人工神经网络具有很强的自学习能力，它可以不依赖于"专家"的头脑，而自动从已有的实验数据中总结规律。由此，人工神经网络擅长处理复杂多维的非线性问题，不但可以解决定性问题，也可解决定量的问题，同时还具有大规模并行处理和分布的信息存储能力，具有良好的自适应、自组织性以及很强的学习、联想、容错和较好的可靠性。

（5）模式识别。计算机人工智能所研究的模式识别是指用计算机代替人类或帮助人类感知模式。其主要的研究对象是计算机模式识别系统，也就是让计算机系统能够模拟人类通过感觉器官对外界产生的各种感知能力。

作为一门新兴学科，模式识别在不断发展，其理论基础和研究范围也在不断发展。当前模式识别正处于大发展的阶段，随着其应用范围的逐渐扩大及计算机科学的发展，模式识别技术将在今后有更大的发展，并且量子计算技术也将用于模式识别的研究。

（6）人工生命。人工生命（Artificial Life，AL）主要是通过人工模拟生命系统来研究生命领域。AL 的概念主要包括两方面内容：计算机科学领域的虚拟生命系统，主要涉及计算机软件工程和人工智能技术；基因工程技术，人工改造生物的工程生物系统，主要涉及合成生物学技术。

第7章 物联网安全技术

 本章导读

　　由于物联网与云计算、大数据、移动互联网等新技术的融合应用，使物联网面临的安全问题较传统网络更加多元、复杂，不仅会导致隐私泄露、经济损失等问题，甚至会威胁到人身安全，物联网应用系统的安全保证是物联网健康发展的重要保障。本章深入分析物联网安全的主要特征，对物联网在感知层、网络层和应用层的安全威胁以及安全防护技术进行论述，并介绍当前比较典型的安全攻击案例。

　　本章我们将学习以下内容：
- 物联网安全基础知识
- 物联网感知层安全技术
- 物联网网络层安全技术
- 物联网应用层安全技术
- 物联网安全攻击案例

　　物联网系统所引入的设备种类繁多，并且各种设备的性能和功能也千差万别。这些智能设备的引入，特别是大量具有移动性的智能设备的引入将带来许多新的安全和隐私问题，给移动网络的安全和用户的隐私保护都提出了更高的要求。同时，由于目前物联网的体系框架还处于不断的演进过程中，所以目前对于物联网安全和隐私保护的研究也还是不成熟的。作为一个新生的事物，解决好隐私和安全问题将是物联网技术能否被社会所接受的关键。

7.1 物联网安全基础

　　物联网是新一代信息技术的高度集成和综合应用，将进入万物互联发展的新阶段。万物互联的泛在接入、高效传输、海量异构信息处理和智能设备控制，对物联网安全提出更高的要求。面对物联网各种安全威胁，物联网安全保障能力亟待提升，需加快建立健全物联网安全保障体系，推进物联网架构安全、异构网络安全、数据安全、个人信息安全等关键技术研发及产业化，构筑物联网智能生态安全，建立健全物联网安全防护制度，建立"早发现、能防御、快恢复"的安全保障机制，确保物联网重要系统安全可控，重要信息安全可控，个人信息保护得到加强。

7.1.1 物联网安全概述

　　从技术的角度来看，物联网是以互联网为基础建立起来的，所以互联网所遇到的信息安全问题，在物联网中都会存在，只是在危害程度和表现形式上有些不同。从信息与网络安全的

角度来看，物联网作为一个多网的异构融合网络，不仅存在与传感网络、移动通信网络和因特网同样的安全问题，同时还有其特殊性，如隐私保护问题、异构网络的认证与访问控制问题、信息的存储与管理等。物联网面临的安全威胁见表 7.1。

表 7.1　物联网面临的安全威胁

面临的威胁	影响
物理攻击	信息泄露、标签失效、恶意追踪
僵尸网络	感染和控制被感染的终端，扩散僵尸网络
虫洞攻击	与陷洞攻击和女巫攻击结合使用，选择性转发或形成陷洞
女巫攻击	降低分布式存储、多路径路由和拓扑维护等容错方案的有效性
假冒攻击	截获合法 ID 假冒合法身份入网导致信息泄露或遭到篡改
洪泛攻击	广播 hello 包，使消息由于距离太远传送不到而丢失
陷洞攻击	吸引通信数据，形成路由黑洞或选择性转发
重放攻击	重放所接到的消息，骗取系统信任，提升攻击者权限
DOS 攻击	阻塞信道，耗尽组件能源
欺骗攻击	伪装成为合法组件获取数据信息或进行标签信息篡改
恶意软件	移动终端的数据丢失，瘫痪，隐私泄露
节电捕获	节点遭到物理破坏或密钥丢失
垃圾信息	影响手机使用，骚扰使用者

7.1.2　物联网安全特征

随着物联网技术的飞速发展，物联网部署涉及的安全和隐私保护也成了阻碍其规模化应用的重要因素，物联网应当从国家战略高度上重视安全问题，保证网络信息的可控可管，确保信息安全和隐私权不被侵犯的前提下建设物联网。

就物联网体系而言，物联网将各类感知设备通过传感网络与现有互联网相互连接，除了面对传统的 TCP/IP 网络、无线网络和移动通信网络等网络安全之外，根据物联网自身具有的由数量巨大、种类多样、分布广泛的终端设备构成，缺少人员对设备的优先监控，大量采用无线网络技术等特点，还存在着大量自身的特殊性安全问题。

要想解决物联网的安全问题，必须要认识到物联网安全的特征，从而找到更好的解决方案。下面从几个方面来分析物联网安全的新特征。

1. 从物联网应用的角度来看，物联网安全具有"大众化"的特征

所谓大众化，是指物联网安全与普通大众的生活密切程度很高。但是，在物联网时代，凡是和"物"相关的，都将被通过物联网联系在一起。大到航天飞机、汽车、家电、货物，小到银行卡、身份证、手机卡、病人身上的智能芯片等，都是和人们的生活紧密联系在一起的。物联网中处理的数据内容涉及国际经济、社会安全，以及人们生活的方方面面，无论是智能交通、智能城市、智能医疗、智能电网还是灾难检测、质量跟踪等，一旦出现问题，很可能会出现工厂停产，电网断电，社会秩序混乱，甚至于直接威胁人类的生命安全。因此，物联网安全无论是对普通人还是相关行业，都至关重要，具有大众化的特性。

2. 从物联网实施的角度来看，物联网安全必须是轻量级、低成本的

物联网安全与需求的矛盾十分突出，如果只考虑物联网的安全而忽视其实现成本，那么物联网将面临十分巨大的成本压力。一个小小的 RFID 标签，为了确保其安全性，需要在标签上附加复杂的逻辑电路甚至是微处理器，这使得 RFID 标签的成本大大增加，从而影响其大规模应用。因此，物联网安全必须是轻量级的、低成本的安全解决方案。轻量级解决方案正是物联网安全的一大难点，安全措施的效果必须好，同时要低成本，这样的需求可能会催生出一系列的安全新技术。

3. 从物联网所采用的设备角度来看，物联网安全具有非对称的特征

物联网中位于感知层的物联网终端设备，由于体积和功耗等物理原因，各个网络边缘的感知节点的能力较弱，其计算能力、存储能力以及能量都比较低，但是其数量庞大，导致一些对计算、存储、功耗要求比较高的安全措施无法加载。而网络中心的信息处理系统的计算处理能力非常强，整个网络呈现出非对称的特征。物联网安全在面向这种非对称的网络时，需要将能力弱的感知节点安全处理能力与网络中心强的处理能力结合起来，采用高效的安全管理措施，使其形成综合能力，从而能够整体上发挥出安全设备的效能。

4. 从物联网组成及处理数据的角度来看，物联网安全具有复杂性的特征

物联网将组网的概念延伸到了现实生活的物品当中，安全威胁也就延伸和扩展到物质世界。物联网中广泛存在的智能传感器节点可以为外来入侵提供场所和机会。物联网云服务，可以为各种不同的物联网提供统一的公共服务平台，为物联网应用提供海量的计算和存储资源，为多用户、集群或者更庞大的物联网应用项目提供快速支持。用户在享受云服务便利的同时，也不得不承担着泄露信息、中断服务故障、恶意拦截等风险。

7.1.3 物联网安全技术

物联网的安全问题按照危害类型的不同可以分为信息的泄露、服务破坏和隐私泄露三种类型。这三种类型的安全隐患并不是互相独立的，在物联网遭受假冒攻击、恶意攻击、传输链路窃取等多种攻击时可能造成多种安全问题的出现。为了实现数据的安全传输和读写，可能的策略主要有认证机制、加密机制和访问控制的机制。

物联网特有的安全问题有如下几种：

（1）未被授权用户擅自读取终端设备相关信息。

（2）非法用户窃取网络中的信息。

（3）伪造设备信息或克隆终端设备，冒名顶替接入网络。

（4）破坏或盗取终端设备。

（5）屏蔽终端设备信号，使其无法工作。

（6）伪造网络拥塞数据，导致终端设备无法正常工作。

物联网安全关键技术包括以下几个方面。

（1）密钥管理机制：密钥管理是信息安全的基础，也是实现个人隐私信息保护的手段之一。物联网终端设备由于计算资源的限制，对密钥管理提出了更多更复杂的要求。如何构建统一的密钥管理系统，以及如何解决传感网络的密钥管理问题（如密钥的分配、更新、组播等问题），将是物联网密钥管理系统面临的主要问题。

（2）数据处理与隐私性：物联网安全不仅需要考虑信息采集的安全性，也要考虑到信息

传送的私密性（信息不能被篡改或被非授权用户使用），同时，还要考虑到网络中数据处理的安全性。

（3）安全路由协议：物联网的路由需要跨越多种类型的网络，有些网络是基于 IP 地址的互联网路，有些网络是基于标识的移动通信网和传感网，因此，物联网安全路由协议至少需要解决多网融合的路由问题，以及传感网的路由问题。

（4）认证与访问控制：物联网认证与访问控制是物联网重要研究和解决的内容，目前物联网认证与访问控制一类主要是基于密钥策略，另一类主要是基于密文策略。

（5）入侵检测与容侵容错技术：无线传感网络的容侵性是指在恶意入侵的情况下，网络仍能够正常工作和运行；无线传感网的容错性指的是尽可能减小节点或链路失效对无线传感网功能的影响。

（6）决策与控制安全：传统的无线传感网侧重对感知端的信息获取，对决策控制的安全考虑不多，而决策控制将涉安全可靠性等。

物联网安全技术的研究主要包括以下四个方面，如图 7.1 所示。

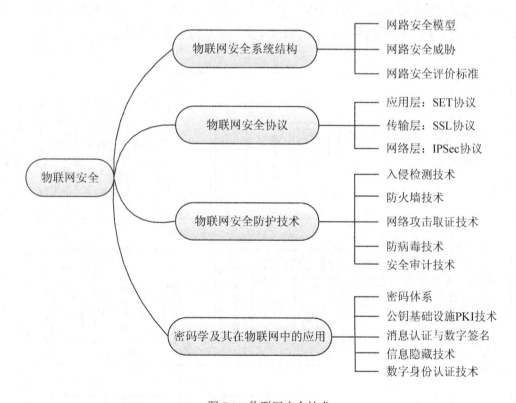

图 7.1　物联网安全技术

（1）物联网安全体系结构。物联网安全体系结构的主要研究内容包含网络安全模型、网络安全威胁和评价标准。通过对潜在攻击者、攻击目的和手段、造成的后果的分析与估计，提出层次型的网络安全模型以及不同层次网络安全问题的解决方案；根据对物联网安全构成威胁的因素分析，确定需要保护的网络信息资源；而网络安全标准用于评价一个物联网络的实际安全状况，也是不断提出完善物联网安全措施的依据。

（2）物联网安全协议。物联网的网络安全协议研究主要有应用层的安全电子交易（Secure Electronic Transaction，SET）协议、传输层的安全套接层（Secure Socket Layer，SSL）协议、网络层的 IP 安全协议（IP Security Protocol，IPSec），以及它们在物联网环境中应用的技术。

（3）网络安全防护技术。主要研究内容包括入侵检测与防护技术、防火墙技术、网络攻击取证技术、防病毒技术以及安全审计技术。

（4）密码学及其在物联网中的应用。主要研究内容包含公钥密码体制和对称密码体制的密码体系，以及在此基础上研究的公钥基础设施 PKI 技术、消息认证与数字签名技术、信息隐藏技术、数字身份认证技术。

7.1.4　物联网安全体系结构

一般来说，一个物联网体系的结构包括三个部分信息：感知部分、网络传输部分、应用部分。物联网安全需要对物联网的各个层次进行有效的安全保障，并且还要能够对各个层次的安全防护手段进行统一的管理和控制。物联网安全体系结构如图 7.2 所示。

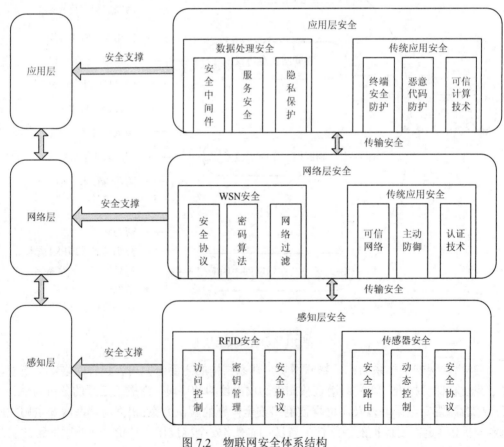

图 7.2　物联网安全体系结构

7.2　物联网感知层安全

物联网感知层安全是新事物，是物联网安全与互联网安全主要的差别所在，是物联网安全的重点。感知层的典型设备有 RFID 装置、各类传感器、图像捕捉设备、激光扫描仪等。这些设备收集的数据就是感知信息，通常具有明确的应用目的。感知信息经过采集、汇聚、融合、传输、决策与控制等过程，整个信息处理的过程体现了物联网安全的特征与要求，也揭示了所面临的安全问题。

7.2.1　物联网感知层的安全威胁

感知层的任务是全面感知外界信息，或者说是原始信息收集器。该层的典型设备包括 RFID 装置、各类传感器（如红外线、超声、温度、湿度、速度等）、图像捕捉装置（摄像头）、全球定位系统（GPS）、激光扫描仪等。可能遇到的安全问题包括：

（1）感知节点通过监测网络的不同内容，提供各种不同格式的事件数据来表征网络系统当前的状态。然而，这些传感智能节点又容易受侵。

（2）标签信息的截获和破解。标签信息可以通过无线网络平台传输，这种开放信道传输给信息的安全带来影响。

（3）传感网的节点容易受到 DoS 攻击。因为传感网通常要接入其他外在网络（包括互联网），所以就难免受到来自外部网络的攻击。主要攻击中除了非法访问外，拒绝服务（DoS）攻击也最为常见。传感网节点的资源有限，对抗 DoS 攻击的能力比较脆弱，在互联网环境里并不严重的 DoS 攻击行为，在物联网中就可能造成传感网瘫痪。

物联网感知层面临的安全威胁见表 7-2。

表 7-2　物联网感知层面临的安全威胁

名称	说明
通信信道攻击	消息的截取、篡改、重放及注入，攻击者通过长时间占据信道导致合法通信无法传输
拒绝服务攻击	污水池（Sinkhole）攻击、虫洞（Wormhole）攻击、洪泛攻击等，DoS 攻击会耗尽节点资源，使节点丧失运行能力
节点捕获	网关等关键节点被攻击者控制，可能导致通信密钥、广播密钥、配对密钥等被泄露，进而威胁网络的通信安全
假冒攻击	恶意节点假冒合法节点发起女巫（Sybil）攻击，利用多身份与其他节点通信，并配合其他攻击手段达到攻击目的
路由协议攻击	通过欺骗、篡改或重发路由信息，攻击者可创建路由循环，形成虚假错误消息，增加端到端时延，耗尽关键节点能源等

7.2.2　物联网感知层安全技术

目前，物联网感知层主要由 RFID 系统和传感网组成，感知层安全的分析也将围绕 RFID 安全威胁和安全关键技术、传感网安全威胁和典型防护技术展开。

1. RFID 安全威胁以及 RFID 安全技术

（1）RFID 安全威胁。根据 RFID 的工作原理，RFID 系统的安全隐患如图 7.3 所示。这里主要讨论射频部分的安全隐患以及标签、读写器等设备的安全问题，常见的安全隐患主要有以下几种。

1）物理破坏。物理破坏主要是指针对 RFID 设备的破坏和攻击。攻击者一般会毁坏附在物品上的标签，或使用一些屏蔽措施如"法拉第笼"使 RFID 的标签失效。对于这些破坏性的攻击，主要考虑使用监控设备进行监视，将标签隐藏在产品中等传统方法。另外，Kill 命令和 RFID Zapper 的恶意使用或者误用也会使 RFID 的标签永久失效。攻击者还可以对 RFID 系统进行信号干扰，妨碍读写器对合法标签的正常读写来达到攻击的目的。

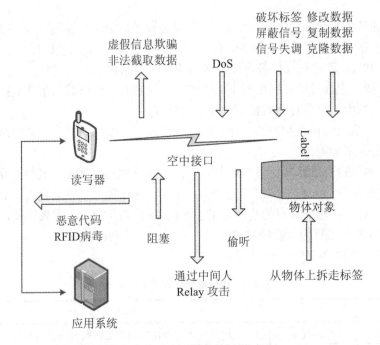

图 7.3　RFID 系统面临安全隐患

2）中间人攻击。中间人攻击主要是指对通信数据的收集、复制和修改，主要包括欺骗伪造、重放、窃听、干扰等。对 RFID 的攻击主要有两种：主动攻击和被动攻击。截获信息的攻击称为被动攻击，如试图非法获取读写器中重要数据信息等。更改、伪造信息和拒绝用户使用资源的攻击称为主动攻击。攻击者将一个设备秘密地放置在合法的 RFID 标签和读写器之间。该设备可以拦截甚至修改合法标签与读写器之间发射的无线电信号。目前在技术上一般利用往返时延以及信号强度等指标来检测标签和读写器之间的距离，以此来检测是否存在中间人攻击。

3）隐私保护相关问题。隐私问题主要是指跟踪（Tracking）定位问题，即攻击者通过标签的响应信息来追踪定位标签。要想达到反追踪的目的，首先应该做到 ID 匿名。其次，还应考虑前向安全性。前向安全性是指如果一个攻击者获取了该标签当前发出的信息，那么攻击者用该信息仍然不能够确定该标签以前的历史信息。这样，就能有效地防止攻击者对标签进行追踪定位。

4）数据通信中的安全问题。主要有假冒攻击、重传攻击等。通常解决假冒攻击问题的主要途径是执行认证协议和数据加密，而通过不断更新数据的方法可以解决重传攻击。

5）对中间件的攻击。缓冲器溢出和恶意代码植入是常见的对中间件的攻击。缓冲器溢出使程序随意执行代码，从而危及中间件后台系统安全。恶意代码植入是入侵者先制作恶意URLs，欺骗用户点击，激活时这些脚本将执行攻击。

（2）RFID 安全技术。目前的 RFID 系统安全机制可以分为三类：基于物理方法的安全机制、基于密码技术的软件安全机制以及两者相结合的方法。

1）基于物理方法的安全机制。基于物理方法的安全机制主要是针对标签本身采取相应的措施来保护用户的隐私，主要用于一些低成本的电子标签，这种方法比较容易实施，但是普适性较差。常见的基于物理方法的安全机制有以下几种：①Kill 命令机制：Kill 命令机制是一种从物理上毁坏标签的方法。执行 Kill 命令后，标签的所有功能被关闭并无法再次激活。②Sleep 机制：Sleep 机制让标签处于休眠状态，而不是禁用，以后可以用唤醒口令将其唤醒。可以有效防止用户隐私的泄露。③可分离标签：利用 RFID 标签物理结构上的特点，IBM 推出了可分离的 RFID 标签，这种标签的天线和芯片可以拆分，拆除了天线的标签需要读写器紧贴标签才能读取到信息，从而可以避免非法读写器远距离读取标签，达到保护用户隐私的目的。但是这种标签的成本目前还是比较高的。④有源屏蔽：如果将射频标签置于由金属网或金属薄片制成的容器中屏蔽起来，就可以防止无线电信号穿透，使非法读写器无法探测射频标签。⑤主动干扰：主动干扰是指使用电子设备主动发射干扰信号来阻止或者破坏附近的读写器操作，避免 RFID 标签被识别，从而达到保护隐私的目的。但这种方法会对其他通信系统造成干扰。⑥阻塞机制：阻塞标签在收到读写器的查询命令时，将违背防冲突协议回应读写器，这样就可以干扰在同一个读写器范围内的其他合法标签的回应。

2）基于密码技术的软件安全机制。①基于公钥密码机制的方案：RFID 标签的计算资源和存储资源都十分有限，因此极少有人设计使用公钥密码体制的 RFID 安全机制。②分布式环境下的安全方案：目前，分布式环境下的安全方案主要有 David 等提出的数字图书馆 RFID 协议和 Rhee 等人提出了一种适用于分布式数据库环境的 RFID 认证协议。前者使用基于预共享秘密的伪随机函数来实现认证，而后者则是典型的"询问—应答"型双向认证协议。这两种方案都能满足系统的安全性需求。

2. 传感网安全威胁以及传感网安全技术

（1）传感网安全威胁。无线传感网应用的实际环境十分复杂，一般配置在恶劣环境、无人区域或敌方阵地中，加之无线网络本身固有的脆弱性，传感器节点在计算能力、通信能力和存储能力等方面的限制，使得无线传感网容易遭受侦听、入侵等多方面的安全威胁。

从传感网的系统结构来看，传感网所受的安全威胁如图 7.4 所示。

如果将无线传感网视为一个孤立的环境，其受到的攻击可以分为内部攻击和外部攻击两种。内部攻击者可以俘获网络中的节点，进而参与到网络的通信会话中，甚至可以访问密钥资料。相反，外部攻击者通常通过侦听网络的无线信道以获取数据。因此，外部攻击者一般不会获取到网络的密钥，相比内部攻击者更容易防治。表 7.3 总结了常见的无线传感网攻击及其危害。

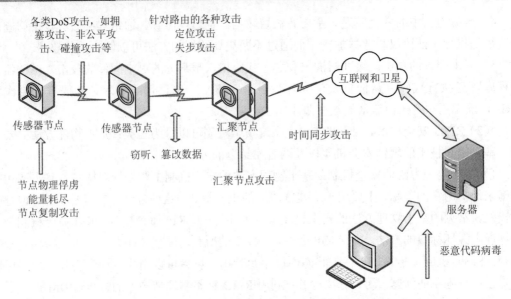

图 7.4　传感网的安全威胁

表 7.3　无线传感网常见攻击类型

攻击类型	攻击方式	攻击效果	严重性
监听攻击	监听通信信道以收集数据	数据的保密性降低 获取 WSN 的重要信息 WSN 的隐私保护机制受到威胁	低
流量分析	监听网络流量和计算影响网络的参数	降低网络性能 增大了数据包冲突 增加了网络竞争 网络流量失真	低
伪装攻击	恶意节点通过伪装成正常节点来吸引数据包	增加数据包的丢失和损坏 向网络引入虚假的数据	低
Sybil 攻击	恶意节点通过模拟出多个虚假的身份以吸引其他节点发来的数据包	数据包损坏或丢包 伪造传感器读数 篡改路由信息	高
黑洞攻击	将所有可能的流量引导到一个妥协节点，可能触发其他攻击	触发其他攻击（如虫洞、窃听攻击等） 耗尽网络资源 数据包损坏或丢包 篡改路由信息	高
拒绝服务攻击（DoS）	阻止用户使用网络服务，可延伸至协议栈的所有层	降低 WSN 的可用性，影响物理层、链路层、传输层和应用层 阻止用户的网络服务访问	高
虫洞攻击	两个攻击节点建立低延迟的隧道，不断重放消息	改变正常信息流 误导或生成虚假路由，伪造路由 改变网络拓扑结构	高

攻击类型	攻击方式	攻击效果	严重性
Hello 泛洪	恶意节点用异常高的发射功率传输消息使其他节点相信其是它们的邻居	误导或生成虚假路由 破坏路由 丢包 导致网络混乱	高
灰洞攻击	将包吸引到妥协节点并选择性丢弃	抑制某区域的消息 丢失数据包以及对数据进行加工 启动其他主动攻击	高

如何在节点计算速度、电源能量、通信能力和存储空间非常有限的情况下，通过设计安全机制，提供机密性保护和身份认证功能，防止各种恶意攻击，为传感网创造一个相对安全的工作环境，是一个关系到传感网能否真正走向实用的关键。

（2）传感网典型的安全技术。传感网由多个传感器节点、节点网关及可以充当通信基站的设备（如 PC）和后台系统组成。通信链路存在于传感器与传感器之间，传感器与网关节点之间和网关节点与后台系统（或通信基站）之间。为实现传感网的安全，针对传感网存在的攻击手段，应该采取以下的安全技术进行防护。

1）密码算法。在许多应用场合，敏感数据在传输之前需要先进行加密处理。但由于传感器节点受到计算、存储、能量和带宽等限制，无法采用一些典型的、计算过于复杂或由于加密导致密文长度过长的加密算法。现有的许多广泛用于传统网络中的密码算法，如 RSA、ECC、AES 等，因为传感网缺乏基础的网络设施以及节点资源受限等，很难被直接应用。随着技术的进步，传感器节点的资源和能力都将逐步增强。起初被认为不可能使用的低开销的非对称密码算法开始被逐渐地接受，如轻量级 RSA 算法和 ECC 算法等。随着应用规模的扩大，低开销的轻量级非对称密码算法将成为热点研究领域。

2）安全协议。

①SPINS 协议。PeiTig 等提出的 SPINS 传感网安全框架协议，实现了数据机密性、完整性以及消息鉴别等安全服务。SPINS 协议包含实现数据机密性、数据完整性以及双向消息鉴别等基础安全机制的 SNEP 子协议和提供了传感网广播鉴别的 μTESLA 子协议。SNEP 协议是专为传感网设计的，是一个低通信开销，实现了数据机密性、通信机密性、消息鉴别、完整性认证、新鲜性保护的简单高效的安全协议。μTESLA 协议是针对传感网的广播认证协议的安全条件"没有攻击者可以伪造正确的广播数据包"设计的，其主要思想是先广播一个通过密钥 Kmac 认证的数据包，然后公布密钥 Kmac。这样就可以保证在密钥 Kmac 公布之前，没有节点能够得到认证密钥的任何信息，也就没有办法在广播包被正确认证以前伪造出正确的广播数据包。

②TinySec 链路层安全架构。TinySec 是由 Karlof 提出的一种无线传感网链路层安全架构，其主要目的是解决数据机密性、数据包鉴别和数据完整性这三个方面，采用分组加密算法 Skipjack 或者流加密算法 RC5。TinySec 对传感网链路层安全协议进行了详细设计，具有能量资源、延迟以及带宽消耗比较低的特性，为进一步研究传感器安全提供了一个比较基础的平台。但也有诸多缺点，其没有充分考虑资源消耗、捕获节点以及物理篡改等攻击，在这些方面的防范能力较差。

③LiSP 轻量级安全协议。轻量级传感网安全协议 LiSP 由一组入侵检测系统和临时密钥管

理机制构成。其中，入侵检测系统用于检测攻击节点，临时密钥 TK 管理机制用于对临时密钥 TK 进行更新，防止针对网络通信的攻击。LiSP 的核心是其贡献了一种无需重传以及应答的密钥广播方法，能够在很小的开销的情况下验证临时密钥的正确性，及时发现并恢复所丢失的密钥，实现了密钥的无缝更新，并能够允许内部节点之间的一定量的时间偏移。

3）密钥管理。作为确保网络安全的基础技术，密钥管理也是传感网的安全基础。由于传感网中节点多、网络拓扑动态变化等特点，传统的节点间均两两共享一个密钥的方式由于存储开销过大，无法直接适用于传感网。因此，在设计密钥管理方法时，除需要考虑传感网节点间能够建立安全通道外，还需考虑：新加入的节点也能够与已有节点之间建立安全通道；传感网应具有节点被捕获后的抗毁性，并能够及时撤销被捕获的节点；防范伪造节点的加入，防止数据数据包的侦听和篡改；不影响网络的可扩展性等。

4）安全路由。路由协议是传感网的关键技术之一。目前，已有多种传感网路由协议被提出来。需要从两个方面着手设计安全的路由协议：一方面要保证路由协议的路由信息在传输过程中免遭篡改和破坏，即要保障路由信息在传输过程中的可鉴别性和完整性，通常利用加密、鉴别、入侵检测等技术。另一方面是结合传感网中具有大量的冗余节点的特点，使用多条可行路径中的未遭受攻击的路由进行数据传输，这种方式极大提高了路由的可靠性和稳定性，能够抵抗更多的针对传感网路由协议的攻击，改善了传感网通信的质量和效率。

5）入侵检测。传感网节点极易遭受捕获等各种攻击，传感网入侵检测首先要能够对异常节点进行监测，然后是能够识别出恶意节点。而由于传感网资源受限，在传感网中是无法直接使用传统的入侵检测机制的。与传统的入侵检测技术相同，入侵检测、跟踪和响应构成了传感网入侵检测的核心部分。通过发现入侵，到定位入侵，再到对入侵作出响应，从而抵抗入侵者的攻击，传感网入侵检测技术的框架如图 7.5 所示。

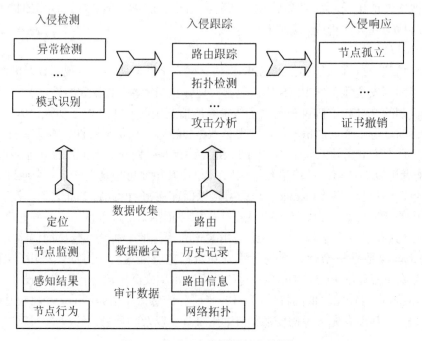

图 7.5　传感网入侵检测技术的框架

6）访问控制与权限管理。传感网作为一种面向服务的网络，必须确保只有合法的用户且拥有相应的权限后才能访问传感网的服务，必须具备访问控制和权限管理的能力。

目前，已有多种传感网访问控制和权限管理方法被提出来，包括鲁棒性传感网访问控制方法，只有用户获得通信范围内的 n 个传感器节点的认证和授权后，才能访问网络。传感网权限管理方法中，采用了用户权限撤销机制，通过及时撤销用户的权限来确保传感网的安全。在传感网用户鉴别方法中，采用对称密码机制实现对用户的访问控制，且不产生额外的开销。

7.3　物联网网络层安全

7.3.1　物联网网络层的安全威胁

物联网的网络层主要为城际网和骨干网，通常是指融合了多种类型网络的下一代新型网络。由于骨干网络的封闭性较强，所以网络层主要存在的安全威胁是路由攻击，如对路径拓扑和转发数据的恶意行为，以及拒绝服务攻击等。由于主要是有线或终端－基站无线传输，所以与感知层的路由攻击方式有所不同。

1. 物联网终端自身安全

随着物联网业务终端的日益智能化，终端的计算和存储能力不断增强，物联网应用更加丰富，这些应用同时也增加了终端感染病毒、木马或恶意代码所入侵的渠道。一旦终端被入侵成功，之后通过网络传播就变得非常容易。另一方面，物联网终端往往都是受限资源设备，其自身系统平台缺乏完整性保护和验证机制，平台软/硬件模块容易被攻击者篡改，内部各个通信接口缺乏机密性和完整性保护，在此之上传递的信息容易被窃取或篡改。

2. 承载网络信息安全

物联网的承载网络是一个多网络互联互通的开放性网络，随着网络融合加速及网络结构的日益复杂，物联网基于无线和有线链路进行数据传输面临的安全威胁更加复杂，安全风险更大。攻击者可以随意窃取、篡改或删除链路上的数据，并伪装成网络实体截取业务数据及对网络流量进行主动与被动分析；对系统无线链路中传输的业务与信令、控制信息进行篡改，包括插入、修改、删除等。攻击者通过物理级和协议级干扰，伪装成合法网络实体，诱使特定的协议或者业务流程失效。

3. 核心网络安全

全 IP 化的移动通信网络和互联网及下一代互联网将是物联网网络层的核心载体，大多数物联网业务信息要利用互联网传输。移动通信网络和互联网的核心网络具有相对完整的安全保护能力，但对于一个全 IP 化开放性网络，仍将面临传统的 DoS 攻击、DDoS 攻击、假冒攻击等网络安全威胁，且由于物联网中业务节点数量将大大超过以往任何服务网络，并以分布式集群方式存在，在大量数据传输时将使承载网络堵塞，产生拒绝服务攻击。

7.3.2　物联网核心网安全典型安全防护系统部署

互联网或者下一代网络（Next Generation Network，NGN）将是物联网网络层的核心载体，互联网遇到的各种攻击仍然存在，甚至更多，需要有更好的安全防护措施和容灾机制。物联网终端设备处理能力和网络能力差异巨大，应对网络攻击的防护能力也有很大差别，传统互联网安全方案难以满足需求，并且也很难采用通用的安全方案解决所有问题，必须针对具体需求而制定多种安全方案。图 7.6 为物联网核心网络安全防护系统网络拓扑结构图。

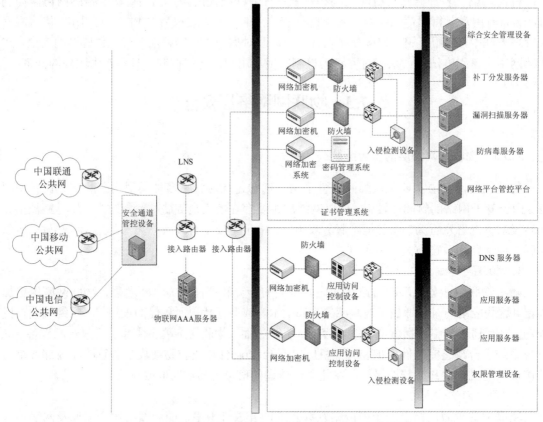

图 7.6　物联网核心网络安全防护系统网络拓扑结构图

1. 综合安全管理设备

综合安全管理设备能够对全网安全态势进行统一监控，实时反映全网的安全态势，对安全设备进行统一的管理，能够构建全网安全管理体系，对专网各类安全设备实现统一管理；可以实现全网安全事件的上报、归并，全面掌握网络安全状况；实现网络各类安全系统和设备的联防联动。

2. 证书管理系统

证书管理系统签发和管理数字证书，由证书注册中心、证书签发中心及证书目录服务器组成。系统结构及相互关系如图 7.7 所示。

3. 应用安全访问控制设备

应用安全访问控制采用安全隧道技术，在应用的网终端和服务器之间建立一个安全隧道，并且隔离终端和服务器之间的直接连接，所有的访问都必须通过安全隧道，没有经过安全隧道的访问请求一律丢弃。应用访问控制设备收到终端设备从安全隧道发来的请求，首先通过验证终端设备的身份，根据终端设备的身份查询该终端设备的权限，根据终端设备的权限决定是否允许终端设备的访问。

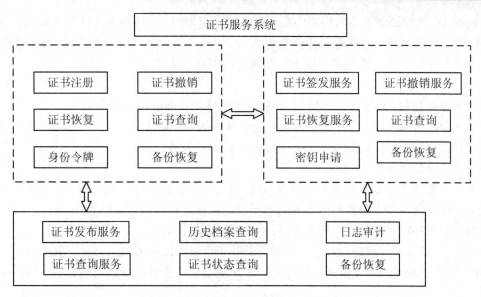

图 7.7 证书管理系统组成及关系示意图

4. 安全通道管控设备

安全通道管控设备部署于物联网服务器与运营商网关之间，用于抵御来自公网或终端设备的各种安全威胁。其主要特点体现在两个方面：透明，即对用户透明、对网络设备透明，满足电信级要求；管控，即根据需要对网络通信内容进行管理、监控。

5. 网络加密机

网络加密机部署在物联网应用的终端设备和物联网业务系统之间，通过建立一个安全隧道，并且隔离终端设备和中心服务器之间的直接连接，所有的访问都必须通过安全隧道，网络加密机采用对称密码体制的分组密码算法，加密传输采用 IPSec 的 ESP 协议、通道模式进行封装。在公共移动通信网络上构建自主安全可靠的物联网虚拟专用网（VPN），使物联网业务系统的各种应用业务数据安全、透明地通过公共通信环境，确保终端数据传输的安全保密。

6. 漏洞扫描系统

漏洞扫描系统可以对不同操作系统下的计算机（在可扫描 IP 范围内）进行漏洞检测，主要用于分析和指出安全保密分系统计算机网络的安全漏洞及被监测系统的薄弱环节，给出详细的检测报告，并针对检测到的网络安全隐患给出相应的修补措施和安全建议，提高安全保密系统安全防护性能和抗破坏能力，保障安全保密分系统运维安全。

7. 防火墙

防火墙阻挡的是对内网非法访问和不安全数据的传递。通过防火墙，可以过滤不安全的服务和非法用户。防火墙根据制定好的安全策略控制（允许、拒绝、监视、记录）不同安全域之间的访问行为，将内网和外网分开，并能够根据系统的安全策略控制出入网络的信息流。

8. 入侵检测设备

入侵检测设备为终端子网提供异常数据检测，及时发现攻击行为，并在局域或全网预警。攻击行为的及时发现可以触发安全事件应急响应机制，防止安全事件的扩大和蔓延。入侵检测设备在对全网数据进行分析和检测的同时，还可以提供多种应用协议的审计，记录终端设备的应用访问行为。入侵检测设备由控制中心软件和探测引擎组成，控制中心软件管理所有探测引擎，为管理员提供管理界面查看和分析监测数据，根据告警信息及时作出响应。探测引擎的采集接口部署在交换机的镜像接口，用于检测进出的网络行为。

9. 防病毒服务器

防病毒服务器用于保护网络中的主机和应用服务器，客户端分服务器版和主机版，分别部署在服务器或者主机上，监控中心部署在安全保密基础设施子网中。防止主机和服务器由于感染病毒导致系统异常、运行故障，甚至瘫痪、数据丢失等。

10. 补丁分发服务器

补丁分发服务器部署在安全防护系统内网，补丁颁发系统采用 B/S 构架，可在网络的任何终端通过登录内网补丁分发服务器的管理页面进行管理和查询各种信息；所有的网络终端需要安装客户端程序以对其进行监控和管理；补丁颁发系统同时需要在外网部署一台补丁下载服务器（部署于外网，与互联网相连），用来更新补丁信息（此服务器也可以下载病毒库升级文件）。补丁颁发系统将来可以根据实际需要在客户端数量、管理层次和功能扩展上进行无缝平滑扩展。

7.4 物联网应用层安全

物联网应用层是对网络传输层的信息进行处理，实现智能化识别、定位、跟踪、监控和管理等实际应用，包括信息处理和提供应用服务两个方面。物联网应用层的安全问题主要来自各类新业务及应用的相关业务平台。物联网的各种应用数据分布存储在云计算平台、大数据挖掘与分析平台，以及各业务支撑平台中进行计算和分析，其云端海量数据处理和各类应用服务的提供使得云端易成为攻击目标，容易导致数据泄漏、恶意代码攻击等安全问题，操作系统、平台组件和服务程序自身漏洞和设计缺陷易导致未授权的访问、数据破坏和泄漏，数据结构的复杂性将带来数据处理和融合的安全风险，存在破坏数据融合的攻击、篡改数据的重编程攻击、错乱定位服务的攻击、破坏隐藏位置目标攻击等。此外在物联网应用层，各类应用业务会涉及大量公民个人隐私、企业业务信息甚至国家安全等诸多方面的数据，存在隐私泄露的风险。

7.4.1 物联网应用层安全威胁

在应用层，攻击者可以根据已知的应用漏洞（缓冲区溢出、跨站点脚本和 SQL 注入等）、错误配置（如简单密码）或后门获得较高的权限，破坏应用的秘密性。物联网应用层面临的安全威胁主要包括以下几类。

（1）隐私泄露：物联网应用均宿于常见的操作系统和托管服务之上，如果软件更新不及时，攻击者可根据已知的漏洞非法获得用户的数据（用户密码、历史数据、社交关系）；或根据查询结果，分析终端的位置和身份隐私。

（2）拒绝服务攻击：由于互联网中的攻击代价较小，采用 DoS 或 DDoS 攻击，攻击者可破坏应用的可用性。

（3）恶意代码：通过已知漏洞，攻击者可上载恶意代码，造成访问用户的软件被感染。

（4）业务滥用：物联网中可能存在业务滥用攻击，例如非法用户使用未授权的业务或者合法用户使用为定制的业务等。

（5）身份冒充：物联网中存在无人值守设备，这些设备可能被劫持，然后用于伪装成客户端或者应用服务器发送数据信息、执行操作。例如，针对智能家居的自动门禁远程控制系统，通过伪装成基于网络的后端服务器，可以解除告警，打开门禁进入房间。

（6）应用层信息窃听、篡改：由于物联网通信需要通过异构、多域网络，这些网络情况多样，安全机制相互独立，因此应用层数据很可能被窃听、注入和篡改。此外，由于 RFID 网络的特征，在读写通道的中间，信息也很容易被中途截取。

（7）抵赖和否认：通信的所有参与者可能否认或抵赖曾经完成的操作和承诺。

（8）重放威胁：攻击者发送一个目的节点已接收过的信息，来达到欺骗系统的目的。

（9）信令拥塞：目前的认证方式是应用终端与应用服务器之间的一对一认证。而在物联网中，终端设备数量巨大，当短期内这些数量巨大的终端使用业务时，会与应用服务器之间产生大规模的认证请求消息。这些消息将会导致应用服务器过载，使得网络中信令通道拥塞，引起拒绝服务攻击。

（10）社会工程：物联网用户间存在一定的关系，如果攻击者可能通过社会工程，可分析或获得额外的信息，进而进行其他攻击。

物联网的应用层威胁与互联网应用类似，但物联网应用的社交性、地域局部性使得更难防范攻击。

7.4.2　物联网云计算安全技术

云计算平台提供的服务应该是高效的、高可靠性的，即云计算平台提供的服务不能中断，在面临恶意攻击时要具备抵抗外来攻击的能力，应该避免系统崩溃的风险。

云安全包括两个方面，首先是对于云计算技术自身保护工作，称云计算安全，主要包括如何保障云计算中数据完整性和机密性，服务的可用性，隐私权的保护等。其次是通过云的方式为互联网用户提供安全防护措施，也就是云计算技术在计算机互联网安全领域的应用，称安全云计算，例如基于云计算的木马检测技术、病毒防治技术等。

1．云安全框架

云计算平台为物联网应用提供安全的数据存储、超强的计算能力，因此必须保证云计算平台本身的可靠性，也就是说要构建物联网的可信环境。一方面云计算平台应该与传统的计算平台一样采取严密的安全措施，从物理安全、系统安全、网络安全、数据库安全等方面做好安全防护工作，保证云计算平台本身具备抗攻击能力；另一方面，云计算平台要向物联网用户证明自己具备数据隐私保护能力。云计算安全体系参考模型如图 7.8 所示。

2．云安全服务

云计算能够提供多样化的服务，安全也是云能够提供的服务之一，从本质上讲，安全云服务与其他云计算或云存储服务是一样的。安全云服务使用集中化的计算能力，突破传统安全设备或安全软件的固有性能限制，通过更充分的资源供给实现安全水平的巨大提升，这也催生了一些全新层面的安全应用，改变了用户部署安全、使用安全的方式。

根据我国云计算未来的发展，国内云计算安全专家从云的各个层面给出了详细的云安全服务系统技术框架，指出了未来云安全服务的路线图，如图 7.9 所示。

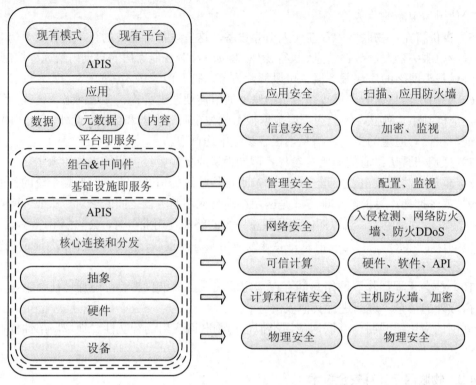

图 7.8 云计算安全体系参考模型图

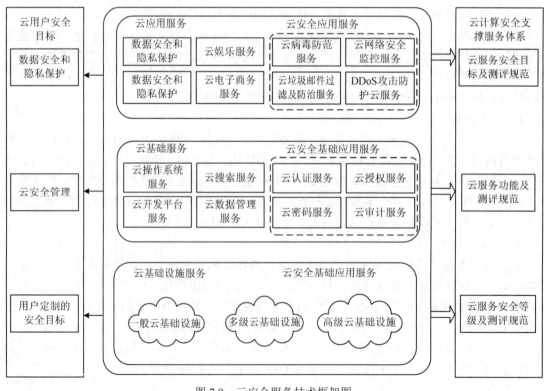

图 7.9 云安全服务技术框架图

3. 云安全关键技术

基于云计算的物联网应用平台安全涉及的安全技术很多，包括硬件安全技术、网络安全技术、数据安全技术、服务安全技术等。云计算应用系统核心安全问题是数据和服务安全。在云安全平台中存储的有静态数据、动态数据和共享服务，不同的存储类型需要采用不同的安全技术进行防护。其中静态数据主要采用数据加密技术；动态数据主要采用动态加密技术；数据传输采用传输协议加密技术；服务需要采用相关的服务安全技术。

4. 安全云平台

云平台安全包括云计算与存储安全、云应用安全。云计算与存储安全的主要目的是保障平台基础设施的安全、基础软件的安全，保证数据在汇聚与存储、融合与处理、挖掘与分析过程的安全性，常采用的安全机制包括数据隔离与交换、数据库安全防护、数据备份、数据检错纠错、文件系统安全性、访问控制和身份鉴别、统一安全管理等。云计算与存储安全通过数据隔离与交换、冗余备份数据，将数据存放在不同的数据中心中，以保证个别存储设备的故障不影响整个存储系统的可用性；通过数据库防护技术满足数据库的数据独立性、数据安全性、数据完整性、并发控制、故障恢复的要求；通过采用检错和纠错技术使系统迅速发现错误并找寻备份数据来完成数据存取访问，保证数据的正确读写；通过文件系统加密实现存储系统安全；通过访问控制和身份鉴别技术有效地控制用户对虚拟机等存储资源的访问，将用户对存储系统的访问限制在一定的范围内，从而保证其他用户数据的安全性，防止越界访问。统一安全管理包括对平台使用权限、脆弱性、漏洞、病毒木马及恶意程序的监控。

7.4.3　区块链技术增强物联网安全应用前景

区块链与物联网都具有去中心化和分布式的特点。区块链系统网络是典型的 P2P 网络，为数据提供完整性保护的分布式存储。利用区块链技术的安全特性可以为物联网安全问题提供解决途径。

1. 区块链技术的工作原理

区块链的基本工作过程如图 7.10 所示，当节点 A 向节点 B 转账时，产生的交易信息会以区块的形式以 P2P 的方式广播到网络中所有有效节点，节点通过共识机制对该区块进行认证，当该区块的正确性和有效性被认可后，该区块按顺序被添加到网络现有区块链中，A 向 B 的转账完成。由于区块链中的信息得到了网络中大部分节点的一致性认同，因此该信息是无法擦除和篡改的，且所有节点都可以读取和查询交易信息。

区块链由区块通过链式结构形成，交易信息和区块之间的关系都存储在区块中，每个区块由区块头和区块内容组成。区块中的信息由安全散列算法或哈希（Hash）密码学技术计算得到，安全散列算法可以保证计算结果的唯一性和不可逆性。如对输入进行更改，则输出的散列值会发生变化，从而可以验证数据的完整性。

2. 区块链技术的安全特性

区块链解决了在不可靠网络上可靠地传输信息的难题，由于不依赖于中心节点的认证和管理，因此防止了中心节点被攻击造成的数据泄露和认证失败的风险。区块链以其数学算法和数据结构，相比传统网络安全防护具有以下特点：

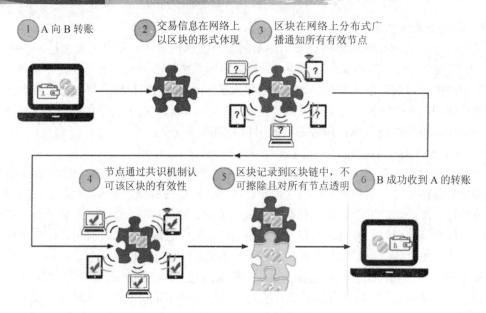

① A 向 B 转账   ② 交易信息在网络上以区块的形式体现   ③ 区块在网络上分布式广播通知所有有效节点

④ 节点通过共识机制认可该区块的有效性   ⑤ 区块记录到区块链中，不可擦除且对所有节点透明   ⑥ B 成功收到 A 的转账

图 7.10　区块链工作示例

（1）基于共识的节点信任。传统网络的用户认证采用中心认证方式，整个系统的安全性完全依赖于集中部署的认证中心和相应的内部管理人员身上。如果认证中心被攻击，则所有用户的数据可能被窃取或者修改。而在区块链节点共识机制下，无需第三方信任平台，写入的数据需要网络大部分节点的认可才可以被记录，因此攻击者需要至少控制全网络 51%的节点才能够伪造或者篡改数据，这将大大增加攻击的成本和难度。

（2）数据的防篡改性。区块链采用了带有时间戳的链式区块结构存储数据，为数据的记录增加了时间维度，具有可验证性和可追溯性。当改变其中一个区块中的任何一个信息，都会导致从该区块往后所有区块数据的内容修改，从而极大地增加数据篡改的难度。另外，区块存储采用的散列值算法也保证了数据的完整性。

（3）抵抗分布式拒绝服务（DDoS）。区块链的节点分散，每个节点都具备完整的区块链信息，而且可以对其他节点的数据有效性进行验证，因此针对区块链的 DDoS 攻击将会更难展开。即便攻击者攻破某个节点，剩余节点也可以正常维持整个区块链系统。区块链可用于增强网络空间安全，区块链与物联网都具有去中心化和分布式的特点，区块链的身份认证、数据安全存储等安全特性具有解决物联网设备认证、数据完整性等安全问题的潜力。

区块链应用于增强物联网安全上分为物联网物理非可信域和区块链域，如图 7.11 所示。物理非可信域包含不同类型海量的物联网设备，设备将有物理世界具备的信息（如设备身份信息、位置信息、交易信息等）传输到区块链域，在区块链系统中的网络节点完成对信息的加密记录和存储，保障物联网域设备信息的真实性和完整性。

（1）区块链用于物联网设备认证。区块链技术可以采用非对称加密算法和智能合约，利用 P2P 网络中的网络设备节点对物联网接入设备进行鉴权。待接入物联网设备需向物联网平台和网络设备节点发送接入和鉴权请求，区块链系统根据节点共识机制来对接入设备的身份标识进行认证和管理，保证设备接入物联网平台的合法性。Filament 公司已经通过分布式部署 Taps 无线传感器节点，结合区块链技术对物联网设备的唯一身份标识进行认证和管理。

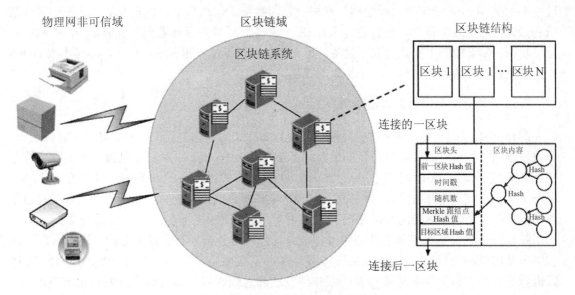

图 7.11　区块链应用于物联网示例

（2）区块链提供物联网设备数据保护。区块链系统可以通过部署适当的验证节点对物联网设备生成的数据按区块存储，并把数据作为区块链交易向整个网络广播等机制，从而保护区块中物联网数据的完整性。全球最大规模的区块链公司 Guardtime 通过区块链分布节点之间的协商来提升智慧医疗中数据的机密性和完整性，实现了爱沙尼亚 100 万份用户医疗数据的安全性保证。

（3）区块链用于物联网防 DDoS 攻击。由于区块链采用节点共识机制，当小部分节点被攻击者控制时，剩余节点可以通过共识机制来区分恶意和正常节点，例如在节点共识协议中加入周期性检验，节点周期性对本身的区块链数据存储情况在网络中广播，如果部分节点存在数据被篡改情况，则其他节点可标识该节点不可靠，将其移除区块链系统，防止 DDoS 攻击和大规模的僵尸网络形成。

7.5　物联网安全案例

7.5.1　美国 DNS 服务遭 DDos 攻击

2016 年 10 月 21 日，美国 DNS 服务提供商 Dyn 遭受大规模攻击，导致诸多网站停止服务。据统计，这次攻击使得美国几乎半个互联网瘫痪。而且，这断断续续长达 6 个小时的攻击，毫不夸张地说，造成此次损失为天文数字。

此次事件的元凶是恶意软件"Mirai"源代码，黑客使用 Mirai 与物联网相结合，通过互联网搜索物联网设备，当扫描到物联网设备（包括网络摄像头、智能开关等）后就尝试使用默认密码登录（一般是 admin/admin，admin/123456 之类的弱密码，Mirai 病毒自带 60 个通用密码）。一旦登录成功，这台设备就成为"肉鸡"，开始被黑客操控攻击其他网络设备，由此造成了有史以来最大规模的 DDoS 攻击。被 Mirai 感染的设备中，约有 10% 参与了本次 DDoS 攻击。不过也不止是 Mirai，应该还有其他僵尸网络也共同参与了此次攻击。Dyn 表示，这是一次有组织有预谋的网络攻击行为，来自超过千万 IP 来源。千万 IP，意味着至少 0.4%的 IPv4 地址参与了攻击。如果的确主要是物联网设备，那么扣除保留地址、服务器地址等，参与本次 DDoS 攻击的物联网设备可能达到了一个惊人的比例。

7.5.2 乌克兰电网遭到攻击案例

2015 年 12 月 23 日，乌克兰电力部门遭受到恶意代码攻击，至少有三个电力区域被攻击，导致了该地区数小时的停电事故。安全公司 ESET 在 2016 年 1 月 3 日最早披露了本次事件中的相关恶意代码，表示乌克兰电力部门感染的是恶意代码 BlackEnergy（黑色能量），BlackEnergy 被当作后门使用，并释放了 KillDisk 破坏数据来延缓系统的恢复。同时在其他服务器还发现一个添加后门的 SSH 程序，攻击者可以根据内置密码随时连入受感染主机。

联合分析组根据对整体事件的跟踪、电力运行系统分析和相关样本分析，认为这是一起以电力基础设施为目标，以 BlackEnergy 等相关恶意代码为主要攻击工具，通过 BOTNET 体系进行前期的资料采集和环境预置，以邮件发送恶意代码载荷为最终攻击的直接突破入口，通过远程控制 SCADA 节点下达指令为断电手段，以摧毁破坏 SCADA 系统实现迟滞恢复和状态致盲，以 DDoS 服务电话作为干扰，最后达成长时间停电并制造整个社会混乱的具有信息战水准的网络攻击事件。特别值得注意的是，本次攻击的攻击点并不在电力基础设施的纵深位置，同时亦未使用 0Day 漏洞，而是完全通过恶意代码针对 PC 环节的投放和植入达成的。其攻击成本相对震网、方程式等攻击，显著降低，但同样直接有效。整体的攻击全景如图 7.12 所示。

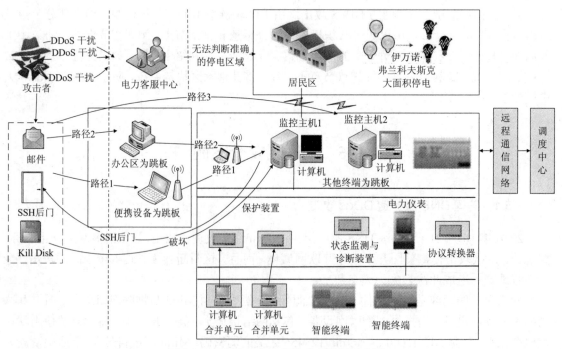

图 7.12　乌克兰停电事件攻击全程示意图

7.5.3　心脏出血漏洞

心脏出血漏洞（Heartbleed），也简称为心血漏洞，是一个出现在开源加密库 OpenSSL 的程序错误。心脏出血在通用漏洞披露系统中的编号为 CVE-2014-0160。该漏洞在国内被译为"OpenSSL 心脏出血漏洞"，因其破坏性之大和影响的范围之广，堪称网络安全里程碑事件。

2014 年 4 月，OpenSSL宣布 OpenSSL1.0.2-beta 及 1.0.1 系列（除 1.0.1g）中的TLS心跳扩展存在严重的内存处理错误。由于未确认心跳包长度与实际载荷长度匹配，因此当其处理畸形的心跳包时就会将心跳包后的内存区块一同发送给对端，从而导致信息泄漏。该漏洞可以被用于让每个心跳包显示至多 64 千字节的应用程序内存内容。OpenSSL 是为网络通信提供安全及数据完整性的一种安全协议，囊括了主要的密码算法、常用的密钥和证书封装管理功能以及 SSL 协议。多数SSL加密网站是用名为OpenSSL的开源软件包，由于这是互联网应用最广泛的安全传输方法，被网银、在线支付、电商网站、门户网站、电子邮件等重要网站广泛使用，所以漏洞影响范围广大。福布斯网络安全专栏作家约瑟夫·斯坦伯格写道"有些人认为，至少就其潜在的影响而言，Heartbleed 是自互联网允许商业使用起所发现的最严重的漏洞。"

7.5.4　高级持续性威胁

高级持续性威胁（Advanced Persistent Threat，APT），利用先进的攻击手段对特定目标进行长期持续性网络攻击的攻击形式。APT 攻击的原理相对于其他攻击形式更为高级和先进，其高级性主要体现在 APT 在发动攻击之前需要对攻击对象的业务流程和目标系统进行精确的收集。在此收集的过程中，此攻击会主动挖掘被攻击对象受信系统和应用程序的漏洞，利用这些漏洞组建攻击者所需的网络，并利用 0day 漏洞进行攻击。图 7.13 揭示方程式（Equation）恶意代码的演进、原理与机制。

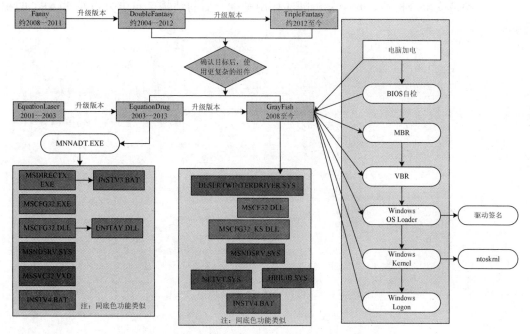

图 7.13　方式（Equation）恶意代码的演进、原理与机理

APT 攻击实施过程如下：

（1）下载真实的 APT：一旦进入组织内部，几乎在所有的攻击案例中，恶意软件执行的第一个重要操作就是使用 DNS 从一个远程服务器上下载真实的 APT。在成功实现恶意目标方面，真实的 APT 比初始感染要强大许多。

（2）传播和连回攻击源：一旦下载和安装之后，APT 会禁用运行在已感染计算机上的反病毒软件或类似软件。不幸的是，这个操作并不难。然后，APT 通常会收集一些基础数据，并使用 DNS 连接一个命令与控制服务器，接收下一步的指令。

（3）数据盗取：攻击者可能在一次成功的 APT 中发现数量达到 TB 级的数据。在一些案例中，APT 会通过接收指令的相同命令与控制服务器接收数据。然而，通常这些中介服务器的带宽和存储容量不足以在有限的时间范围内传输完数据。此外，传统数据还需要更多的步骤，而步骤越多就越容易被人发现。因此，APT 通常利用 DNS 会直接连接另一个服务器，将它作为数据存储服务器，将所有盗取的数据上传到这个服务器中。

APT 攻击防范方法如下：

（1）编辑使用威胁情报。威胁情报包括 APT 操作者的最新信息，从分析恶意软件获取的威胁情报，已知的网站，已知的不良域名、电子邮件地址、恶意电子邮件附件、电子邮件主题行，以及恶意链接和网站。威胁情报在进行商业销售，并由行业网络安全组共享。企业必须确保情报的相关性和及时性。威胁情报被用来建立"绊网"来提醒网络中的活动。

（2）建立强大的出口规则。除网络流量（必须通过代理服务器）外，阻止企业的所有出站流量，阻止所有数据共享、分类网站和未分类网站。阻止 SSH、FTP、Telnet 或其他端口和协议离开网络。这可以打破恶意软件到 C2 主机的通信信道，阻止未经授权的数据渗出网络。

（3）收集强大的日志分析。企业应该收集和分析对关键网络和主机的详细日志记录以检查异常行为。日志应保留一段时间以便进行调查。还应该建立与威胁情报匹配的警报。

（4）聘请安全分析师。安全分析师的作用是配合威胁情报、日志分析及对 APT 的积极防御。

第 8 章　智能交通

　　智能交通可以有效地利用现有交通设施，减少交通负荷和环境污染，保证交通安全，提高运输效率，因而，日益受到各国的重视。智能交通的发展和物联网的发展是离不开的，只有物联网技术概念的不断发展，智能交通系统才能越来越完善。智能交通是交通物联化的具体体现。

　　本章我们将学习以下内容：
- 智能交通的知识
- 基于 LBS 的智能交通系统
- 无人驾驶汽车
- 电动汽车

　　随着社会经济的发展，交通基础设施通行能力满足不了日益增长的交通需求。交通拥堵、交通事故、环境污染及能源短缺已经成为世界各国面临的共同问题。车载监控系统在交通拥堵和交通事故中起到调查取证的关键作用。在发达国家的工业化进程中，最初解决交通问题的传统办法是通过扩大交通基础设施规模来满足人民日益增长的需求。但是无论是发达国家还是发展中国家，由于土地、水域、岸线资源日益紧张，用于修建交通基础设施的空间越来越小，与此同时，交通在快速发展过程中所带来的负面效应日益显现。因此，人们开始向精准管理要效率，迫切希望通过加强对客观事物及其变化规律的认知来优化管理流程，提高交通运输整体效益和服务水平。而通信、控制、信息等先进技术的发展为智能交通系统的产生提供了有力的技术支撑。全球和我国的汽车销量趋势如图 8.1 所示。

图 8.1　全球和我国的汽车销量趋势

物联网时代的智能交通，全面涵盖了信息采集、动态诱导、智能管控等环节。通过对机动车辆信息和路况信息的实时感知和反馈，在 GPS、RFID、GIS 等技术的集成应用和有机整合的平台下，实现了车辆从物理空间到信息空间的唯一性双向交互式映射，通过对信息空间的虚拟化车辆的智能管控，实现对真实物理空间的车辆和路网的"可视化"管控。

作为物联网感知层传感器技术的发展，实现了车辆信息和路网状态的实时采集，从而使得路网状态仿真与推断成为可能，更使得交通事件从"事后处置"转化为"事前预判"这一主动警务模式，是智能交通领域管理体制的深刻变革。

8.1 智能交通系统

随着道路总量、机动车保有量的增加，城市交通管理不可能只依赖于传统的管理方法和技术，而必须发展智能交通系统（Intelligent Transportation System，ITS）。智能交通系统可以有效地利用现有交通设施，减少交通负荷和环境污染，保证交通安全，提高运输效率，因而，日益受到各国的重视。图 8.2 所示为我国智能交通系统的产业规模。

单位：亿元

图 8.2　我国智能交通系统的产业规模

8.1.1　智能交通的定义及发展

智能交通系统是未来交通系统的发展方向，它是将先进的信息技术、数据通信传输技术、电子传感技术、控制技术及计算机技术等有效地集成运用于整个地面交通管理系统而建立的一种在大范围内、全方位发挥作用的，实时、准确、高效的综合交通运输管理系统，如图 8.3 所示。

在世界道路协会编写的《智能交通系统手册》中，智能交通系统的定义是：对通信、控制和信息处理技术在运输系统中集成应用的统称。这种集成应用产生的综合效益主要体现在挽救生命、节省时间和金钱、降低能耗以及改善环境、保护生态等方面。ITS 发展的最终目标是交通运输的高效、安全、舒适和可持续发展。

智能交通系统的组成如图 8.4 所示，其中信息管理中心是 ITS 的核心，为 ITS 实现交通信息的共享提供基础。

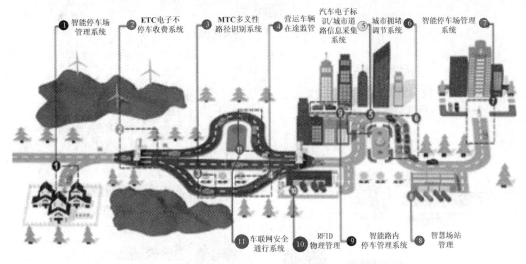

图 8.3 综合交通管理系统

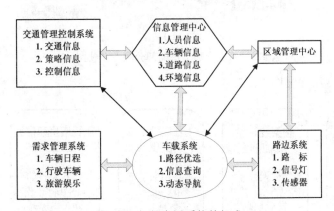

图 8.4 智能交通系统的组成

智能交通是一个基于现代电子信息技术面向交通运输的服务系统。它的突出特点是以信息的收集、处理、发布、交换、分析、利用为主线，为交通参与者提供多样性的服务，如图 8.5 所示。

（a）

图 8.5 智能交通提供的部分服务

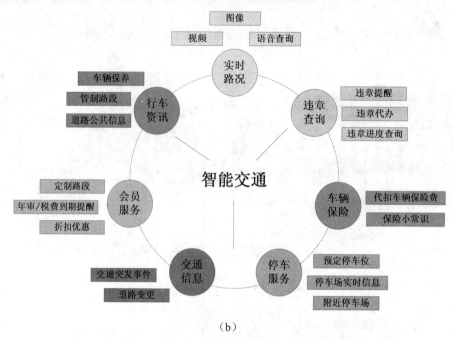

（b）

图 8.5　智能交通提供的部分服务（续图）

智能交通的发展路线如图 8.6 所示。

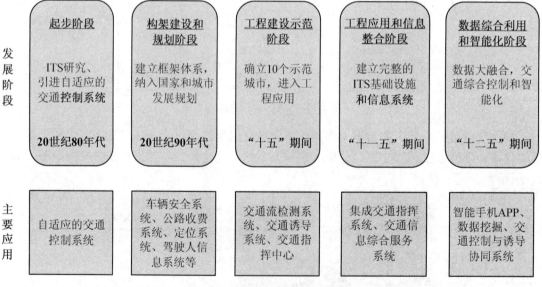

图 8.6　智能交通的发展路线图

8.1.2　智能交通的主要特征

（1）交通要素泛在互联。包括道路、桥梁、附属设施等交通基础设施，车辆、船舶等运输装备，以及人和货物在内的所有交通要素，在新的传感、自组网、自动控制技术环境下，能够实现彼此间的信息互联互通和自动控制，交通基础设施、运输装备将具备多维感知、智慧决策、远程控制、自动导航等功能，实现主动预测、自动处置，如图 8.7 所示。

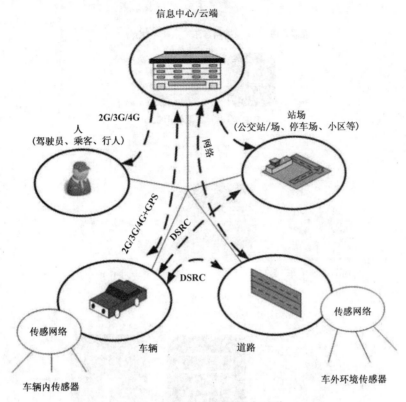

图 8.7　交通要素的泛在互联

（2）虚拟与现实相结合，线上与线下相配合。未来的交通运输系统将由用户在网络上提出客货运输需求，运输系统在接收网上运输需求以后，利用大数据、云计算、人工智能等技术手段在网络上解析运输需求，提出运输策略，制定运输计划，然后再交由线下的交通运输设备设施去完成实际的运输生产。例如，现在已经比较广泛使用的各种打车软件（顺风车、滴滴打车等），如图 8.8 所示。

共享单车是指企业在校园、地铁站点、公交站点、居民区、商业区、公共服务区等提供自行车共享服务，是一种分时租赁模式。共享单车是一种新型环保共享经济。共享单车实质是一种新型的交通工具租赁业务——自行车租赁业务，其主要依靠载体为自行车（单车）。可以很充分利用城市因快速的经济发展而带来的自行车出行萎靡状况，最大化地利用了公共道路通过率。同时起到锻炼身体的作用。

随着共享单车在全国各大城市迅速铺开，"共享经济"的概念迅速普及，共享汽车也随之悄然进入了人们的视野。这些共享汽车平台也像共享单车的发展模式，率先在北京、上海、广州等大型城市布局，虽然各家平台投放车辆以及网点的数量有多有少，但均已在市场上引起一定反响。共享汽车的出现为人们的生活带来方便快捷，但新事物的诞生还是需要和社会实际情况不断磨合。

（a）各种打车软件

ofo 共享单车　　摩拜共享单车　　永安行共享单车

（b）各种共享单车软件

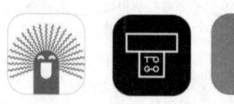

GoFun 共享汽车　　ToGo 共享汽车　　一度共享汽车

（c）各种共享汽车软件

图 8.8　各种手机软件 APP

（3）门到门一体化综合运输。对用户而言，未来的交通运输系统就是一个整体的运输服务提供商。用户无需了解交通运输系统内部的构造与运作方式，只需要提供从 A 到 B 的运输需求，系统自然会提供一整套解决方案，包括票务的"一票制"，运输组织的多式联运、无缝衔接、连续性和全程性。例如，河北通过交通"一卡通"、客运"一票制"、货物运输"一单制"，让京津冀交通一体化更便民、利民，如图 8.9 所示。

图 8.9　京津冀一卡通

（4）应需而变，为用户提供适应性服务。在全面感知、实时通信、海量数据分析能力不断提升的前提下，用户与系统平台交互更加频繁密切，使交通运输系统更加具有与人类相似的智慧，可以根据实际情况的变化，应需而变，为各类用户提供个性化的、多样化的、以人为本的运输服务。

"互联网+"便捷交通就是借助移动互联网、云计算、大数据、物联网等先进技术与理念，促进互联网与交通运输行业各领域、各环节的融合创新，激发线上线下互动的新业态、新模式广泛涌现，满足更便捷出行、更人性服务和更科学决策的需求，如图 8.10 所示。

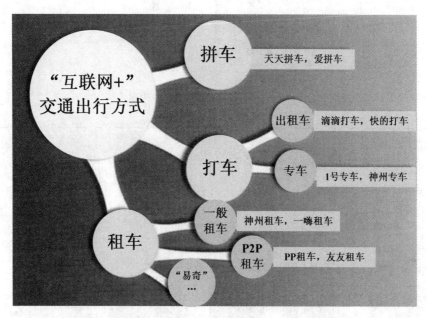

图 8.10　互联网+交通

（5）运输生产组织和管理高可靠性和高效能。智慧交通包含智能化的交通基础设施、智能化的交通运输装备、智能化的运输组织服务等。生产组织和管理者对各种运输要素的掌握更加详细、及时、准确，对各种风险能够更加有效地控制和应对，并能够通过智能技术使运输生产的策略更加科学，运输生产组织和管理可靠性更高，效能更高。

8.1.3　智能交通系统的体系结构

智能交通系统具有典型的物联网架构，由感知层、传输层、数据处理层和应用层组成，如图 8.11 所示。通过感知，获得车辆、道路和行人等全方位的信息，将采集到的信息通过传输层"运送"到数据处理层，根据不同的应用和业务需求，对数据进行分析、处理、融合，然后将信息传输到应用层，应用层实施重要信息的存储管理，并通过各种终端及时发布相关信息，如公交指示信息、交通诱导信息等。

（1）感知层。感知层通过传感器、射频识别（Radio Frequency Identification，RFID）、电子不停车收费系统（Electronic Toll Collection，ETC）、视频采集、全球定位系统（Global Positioning System，GPS）等获取道路、车辆、出行者、环境等多方面的实时信息。

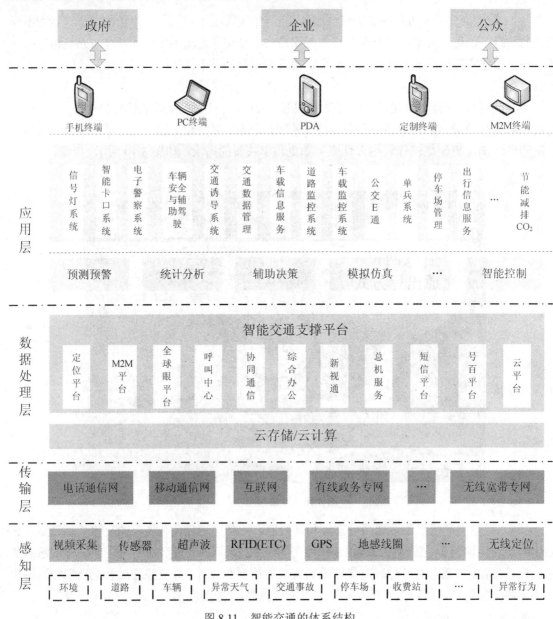

图 8.11　智能交通的体系结构

在感知层，对车来说主要是对自身运行状况的监控与感知，包括获取车辆所处的位置、运行的速度和方向，获取车辆的油门、刹车的状态，对于电子收费系统，车上要安装车载单元（On Board Unit，OBU）设备。在车对车自身状态的感知方面，现在的运输工具本身就是一个局域传感网系统，加载大量的各种传感器，对车辆的各个部件以及运行状态进行实时全面监控，包括压力传感器、加速度传感器、角速度传感器（陀螺仪）、流量传感器、气体传感器和温度传感器等多种类型。随着传感器技术的不断发展，微机电系统（Micro-Electro-Mechanical Systems，MEMS）传感器以其可靠性高、精度准确、成本较低并且可适应汽车苛刻环境的优点，成为目前车用传感器主流。目前每辆汽车上大约有 25～40 只 MEMS

传感器，越高档的车使用的 MEMS 传感器也越多，可以达到上百只。近年来，MEMS 传感器技术不断成熟，主要向着微型化、多功能化、集成化、智能化的方向发展，以不断提高传感器的精度和抗干扰能力，逐步取代汽车内使用传统机电技术的传感器。汽车传感器如图 8.12 所示。

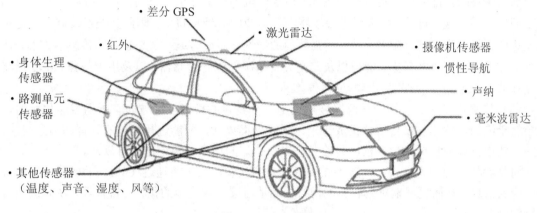

图 8.12　汽车传感器

对道路而言，则包括接收车辆运行信息的路侧设施，探测天气及路面状况的道路天气传感器，对车辆通行进行检测的红外或微波探测设备、视频监控设备，用于电子收费的 RSU 设备等。道路传感器有感知车辆的，比如早期应用的地埋式线圈，现在应用的红外、微波以及视频识别等技术；有感知道路状态的，比如路基灾害监控、道路天气系统、路面状况（雨、雪、冰）监控等，如图 8.13 所示。

图 8.13　路面监控

交通车辆检测方面，地埋式线圈之前有比较广泛的应用，但对路面有破坏，布放需断路施工，并且后期维护不易，也无法提供全面的综合数据。随着微波、雷达等技术由军用转民用，也被应用于交通车辆检测，其优点是环境适应性强、易安装、能检测多条车道，其主要问题同样是无法提供全面的综合数据。目前主要应用的是视频检测，视频检测提供交通管理所需的多种交通流量参数，直接提供实时监控图像，适合单机多车道甚至多方向检测。视频检测面临的主要问题是因光线、雨雪、积水反光等环境因素造成的成像质量低，因此其技术发展主要是依靠先进的图像处理技术，排除干扰，增强环境适应性。而在对道路状态感知的传感器方面，比较受关注的是用于监测桥梁、隧道以及路基灾害状况的光纤传感器，以及用于气象状态、道路温度和状态、道路湿滑程度检测的道路气象站。

各种传感器发展中，智能传感器技术也是一个重要的技术发展方向。所谓智能传感器，是指将单纯的传感器与微处理器集成起来，既能采集数据，又能进行数据的处理和信息交换，内部可实现自检、自校、自补偿、自诊断，提高感知的精度、稳定性和可靠性。

对于参与交通的人而言，一般不需要感知人的状态，人主要通过 GPS、手机等手持设备获取交通信息，从而更好地规划自己的出行；或是通过车载设施的预警、告警等，及时调整对车辆的操控。

（2）传输层。传输层是在现有网络的基础上建立起来的，主要承担着数据传输、汇聚功能。在物联网中，要求传输层能够把感知层感知到的数据无障碍、高可靠性、高安全性地进行传送。在智能交通系统的传输层中，目前主流的电话通信网、移动通信网、互联网、企业内部网、各类专网等网络都是重要的核心网络；主要使用的应用技术是接入技术以及各种延伸网等交通信息传输技术。车车通信系统如图 8.14 所示，图 8.15 所示为典型的车路通信。

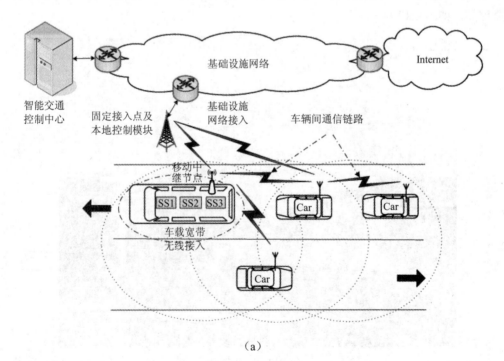

（a）

图 8.14　车车通信

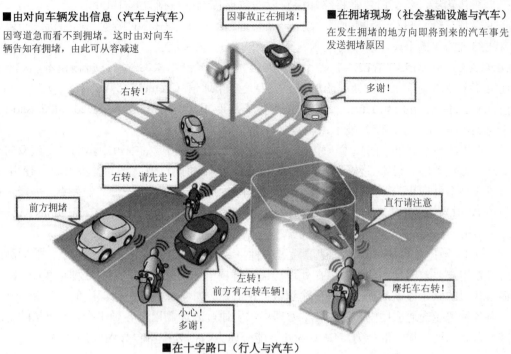

■由对向车辆发出信息（汽车与汽车）
因弯道急而看不到拥堵。这时由对向车辆告知有拥堵，由此可从容减速

因事故正在拥堵！

■在拥堵现场（社会基础设施与汽车）
在发生拥堵的地方向即将到来的汽车事先发送拥堵原因

多谢！

右转！

右转，请先走！

前方拥堵

直行请注意

左转！
前方有右转车辆！

小心！
多谢！

摩托车右转！

■在十字路口（行人与汽车）
电动车及行人在想要过人行横道时，可通过发送信息告知周围车辆，放心穿过道路

（b）

图 8.14　车车通信

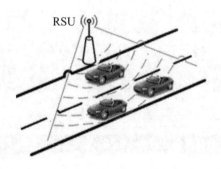

RSU

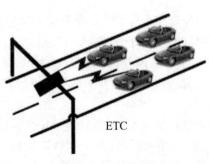

ETC

图 8.15　ETC 系统

在传输层，各交通要素将感知层获取的数据传输给数据处理中心或直接传递给交通要素（主要是车辆）进行分析和处理。对于需要传递给数据处理中心的场景，通常需要有线或无线、有线结合的传输手段，涉及的技术包括 GRPS/3G 等移动通信技术和无线局域网络（Wireless Local Area Networks，WLAN）等无线接入技术以及光纤以太网等有线传输技术。对于直接传递给车辆或路侧单元进行处理的场景，主要是车车通信（Vehicle to Vehicle，V2V）和车路通信（Vehicle to Infrastructure，V2I），主要依靠专用短程通信技术（Dedicated Short Range Communications，DSRC）技术，也可采用 WLAN 技术。

DSRC 并不是单一的技术，而是指主要用于交通运输领域的中短距离的单向或双向通信技术，目前在美国、日本、欧洲采用的 DSRC 技术各不相同，彼此之间并不兼容。使用 DSRC，可以实现多种应用，例如 DSRC 目前在日本和欧洲主要应用于电子收费系统，美国正在研究使用 DSRC 技术实现 V2V 和 V2I 通信。此外，欧洲在研究的 CALM（Continuous Air-interface Long and Medium Range）技术，也以 V2V、V2I 为主要的应用场景。

（3）数据处理层。数据处理层通过各种平台对多种数据或信息进行处理，然后高效组合出符合用户要求的信息的过程。在处理层需要解决的主要问题是，通过各种车载的、路侧的传感器获得的原始数据，通过网络传输到数据中心后，如何对数据进行深度的处理和分析，形成支撑各种智能交通应用的二次数据。处理层主要通过云计算以及各种平台，为海量的交通信息提供存储和处理加工的能力。SecCloud 智能交通大数据处理平台如图 8.16 所示。

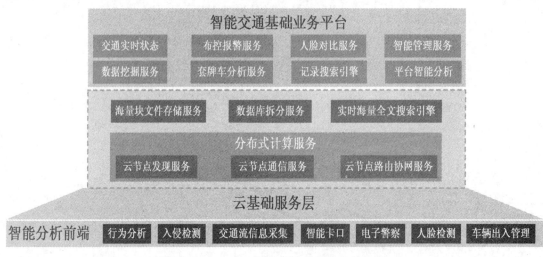

图 8.16　SecCloud 智能交通大数据处理平台

SecCloud 智能交通大数据处理平台提供人、车和交通流信息的海量数据存储和实时数据搜索分析服务，具有强大的流数据、人车特征数据、异常事件管理能力。根据需要在云端部署交通信息采集和处理，利用平台进行智能分析、前后端融合管理和数据挖掘。解决智能交通的数据增长快、应用负载波动大、信息实时处理要求高等难点问题，满足智慧城市的交通数据共享和高速扩展的重大需求。

（4）应用层。应用层的主要功能是把感知和传输来的信息进行分析和处理，做出正确的控制和决策，实现智能化的管理、应用和服务。这一层解决的是信息处理和人—机界面的问题。图 8.17 至图 8.19 分别为交通诱导信息发布流程、交通诱导系统和停车场管理系统。

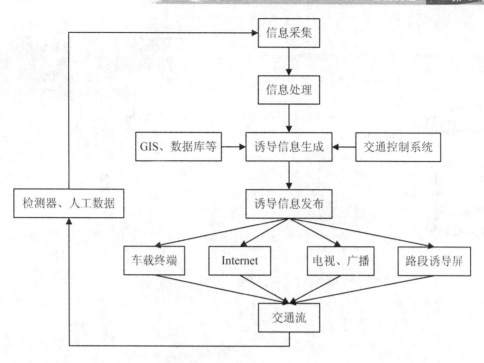

图 8.17 交通诱导信息发布流程

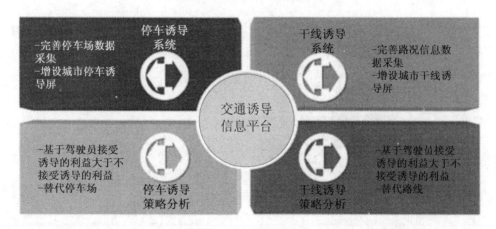

图 8.18 交通诱导系统

　　用户可以通过智能手机、平板电脑、PC、车载设备、定制设备以及机器对机器（Machine To Machine，M2M）等各种终端使用相关应用。例如，智能手机上的 APP 软件"车来了"，不仅可以提供公交车的到站距离、预计到站时间，还能显示整条公交线路的通行状况，让用户不再盲目等待，有效缓解用户候车的不安全感，同时改变用户出行方式，如图 8.20 所示。

　　通过智能手机，使用各种打车、拼车软件，不仅能随时找到附近的出租车，还能提前预约车辆，对用户来说不仅方便了出行，还经济实惠。

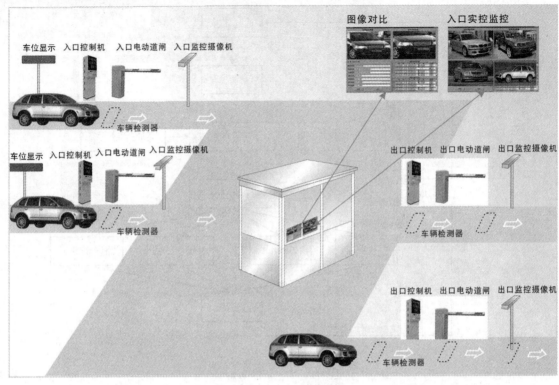

图 8.19　停车场管理系统

图 8.20　APP 软件"车来了"

8.1.4 智能交通系统的关键技术

物联网时代的智能交通，全面涵盖了信息采集、动态诱导、智能管控等环节。通过对机动车辆信息和路况信息的实时感知和反馈，在 GPS、RFID、GIS 等技术的集成应用和有机整合的平台下，实现了车辆从物理空间到信息空间的唯一性双向交互式映射，通过对信息空间的虚拟化车辆的智能管控，实现对真实物理空间的车辆和路网的"可视化"管控。

作为物联网感知层传感器技术的发展，实现了车辆信息和路网状态的实时采集，从而使得路网状态仿真与推断成为可能，更使得交通事件从"事后处置"转化为"事前预判"这一主动警务模式，是智能交通领域管理体制的深刻变革。

ITS 是目前世界交通运输领域的前沿研究课题，为了实现交通运输服务和管理的智能化，它融合了电子信息技术、通信技术、计算机技术、控制技术等各种新技术，对传统的交通运输系统进行了深入改造，将人、路、车有机结合起来，以达到最佳的和谐统一，建立起一个广泛、全面、及时、准确、高效的，且集成多学科和技术的大型综合交通管理系统。智能交通系统所涉及的技术领域如图 8.21 所示。

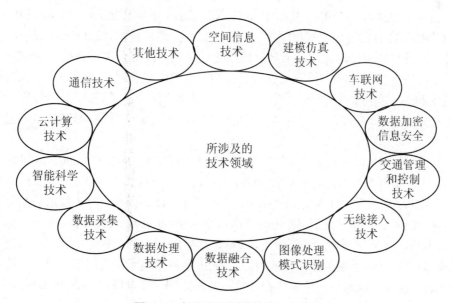

图 8.21 智能交通所涉及的技术领域

（1）数据采集技术。交通数据采集技术分为固定式和移动式两种，固定式采集技术又分为接触式和非接触式交通检测技术。常用的接触式交通检测技术有环形线圈感应式检测技术、地磁车辆检测技术、气压管与压电检测技术；非接触式交通检测技术主要包括微波检测技术、视频检测技术、红外线检测技术和超声波检测技术。移动式采集技术是指将传感检测设备安装在车辆上，通过车辆的行驶采集实时道路交通信息。

（2）数据处理技术。数据处理技术用于分析交通量、速度、车道特征等信息，并进行事故预测、选择控制策略。交通信息具有巨量性、多源异构性、层次性的特点，数据压缩、信息融合和智能决策技术的出现，为智能交通系统信息的处理提供了智能化的方法。专用的智能交通系统数据压缩技术要求运用信号处理领域内的恰当的数据压缩方法去除交通信息的时间和空间相关性，常用的方法有 Huffman 编码、LZW 编码，前沿的压缩方法有小波变换编码、分形编码等。

（3）数据融合技术。在智能交通系统中，数据融合技术主要应用于交通信息检测和采集、交通流融合分析、车联网分类识别、车联网诱导控制、车辆定位导航等五个方面。数据融合是多源信息综合处理技术，将来自不同信息源的数据按一定的准则加以分析、处理与综合。信息融合采用的主要方法有卡尔曼滤波技术、贝叶斯估计、人工神经网络和综合统计分析等技术。

（4）通信技术。用来传输所获取的信息以及处理后待传送的信息，其中包含通信所使用的相关协议。智能交通系统中的通信技术分为有线通信和无线通信两种，其中无线通信技术又包括无线电通信、卫星通信和移动通信技术。

光纤通信技术用于构建高速公路或城市道路计算机广域网与局域网，目前主要用于动态称重，道路、隧道及桥梁安全检测，高速公路收费和交通流量监测系统。无线电通信技术包括无线电广播、无线电数据广播和无线数字音频、多媒体广播，无线电广播技术已经得到大面积应用。卫星通信技术广泛应用于以车辆动态位置为基础的交通监控、调度、导航等服务。

最常见的移动通信技术主要包括全球移动通信系统（Global System for Mobile Communication，GSM）、GPRS、3G、4G、DSRC。通用分组无线业务（General Packet Radio Service，GPRS）是最常用的无线传输手段。第三代移动通信技术（3rd-Generation，3G）技术具有数据、音频、视频传输能力，能与互网络无缝对接，第四代移动通信（4th-Generation，4G）技术是在 3G 技术上的一次更好的改良，相较于 3G 通信技术来说一个更大的优势是将 WLAN 技术和 3G 通信技术进行了很好的结合，使图像的传输速度更快，让传输图像的质量和图像看起来更加清晰。DSRC 是一种专用于交通领域的短程通信系统，DSRC 技术已经广泛应用于 ETC 中。

（5）无线接入技术。主要包括 IEEE 的 802.11、802.15、802.16 和 802.20 等标准。WiFi 的覆盖半径可达 100 米左右，在 ITS 中，WiFi 主要用于车辆传感网（Vehicular Sensor Network，VSN）中，WiFi AP 通常用作路侧无线路由，与车载 RFID 传感器进行无线通信从而获取并上传车辆信息。还包括如 Ad Hoc 技术，其中车辆自组织网络（Vehicular Ad-hoc Network，VANET）是 Ad Hoc 网络在智能交通中的最新应用，VANET 结合 GPS 和无线通信网络，为处于高速运动中的车辆提供一种高速率的数据接入网络；ZigBee 网络技术主要用于交通信息传感网和交通信号控制系统；蓝牙技术是一种支持设备短距离通信的无线电技术，可应用于智能公交系统、城市路边停车诱导管理系统、车载电话等。车载环境下的无线接入（Wireless Access in the Vehicle Environment，WAVE）是专门为车间通信设计的车载无线通信网络，主要由 IEEE P1609 和 IEEE 802.11p 协议组成，主要可以用于智能交通系统、车辆安全服务及车上互联网接入。

（6）空间信息技术。4S 技术是全球定位系统（GPS）、遥感技术（Remote sensing，RS）、地理信息系统（Geographic Information System，GIS）和专家系统（Expert System，ES）的统称，是空间技术、传感器技术和计算机技术、通信技术相结合，多学科高度集成的对空间信息进行采集、处理、管理、分析、表达、传播和应用的现代信息技术。

定位导航通过测量多颗已知位置的卫星到用户接收机之间的距离，迅速确定用户在地球上的具体位置（三维坐标），可广泛应用于道路交通管理、航空运输、铁路运输以及海运和水运。全球系统主要有美国的 GPS、俄罗斯的 GLONASS、中国的北斗卫星导航（如图 8.22 所示）以及欧洲的 Galileo 四大系统。

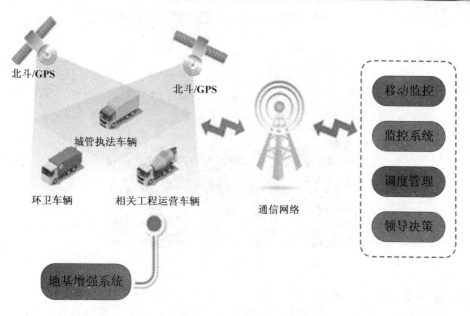

图 8.22　北斗卫星导航系统

　　北斗卫星导航系统由空间段、地面段和用户段三部分组成，可在全球范围内全天候、全天时为各类用户提供高精度、高可靠定位、导航、授时服务，并具短报文通信能力，已经初步具备区域导航、定位和授时能力，定位精度10米，测速精度 0.2 米/秒，授时精度 10 纳秒。北斗卫星导航系统空间段由 5 颗静止轨道卫星和 30 颗非静止轨道卫星组成，如图 8.23 所示，35颗卫星在离地面 2 万多千米的高空上，以固定的周期环绕地球运行，使得在任意时刻，在地面上的任意一点都可以同时观测到 4 颗以上的卫星；地面段包括主控站、注入站和监测站等若干个地面站；用户段包括北斗用户终端及与其他卫星导航系统兼容的终端。

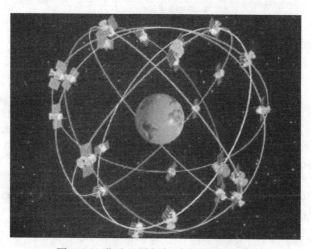

图 8.23　北斗卫星导航系统的卫星部署

　　遥感是通过非接触观测识别地面上各类物体，获取地面物体的形状、大小、位置及其相互空间关系，用于获得交通量、路面参数、车辆速度、车间距、气象、费用等有关信息，如图8.24 所示。

限速60km/h

图 8.24   智能交通中的遥感技术

地理信息系统处理、管理多种地理空间实体数据及其关系，用于分析和处理在一定地理区域内分布的各种现象和过程，解决复杂的规划、决策和管理问题，并将有效集成遥感与定位导航信息资源，用于智能交通信息服务。目前的 3D-GIS 和 Web-GIS 发展迅猛，未来将朝着数据标准化、系统集成化方向发展，并与云计算、物联网等新技术融合，提供基于位置的服务等社会化应用服务。

（7）车联网技术。车联网是利用装载在车内和车外的感知设备，通过无线射频等识别技术，获取所有车辆及其环境的静、动态属性信息，再由网络传输通信设备与技术进行信息交换和通信，最终经智能信息处理设备与技术对相关信息进行处理，根据不同的功能需求对所有车辆的运行状态进行有效的监管和提供综合服务的高效能、智能化网络，如图 8.25 所示。

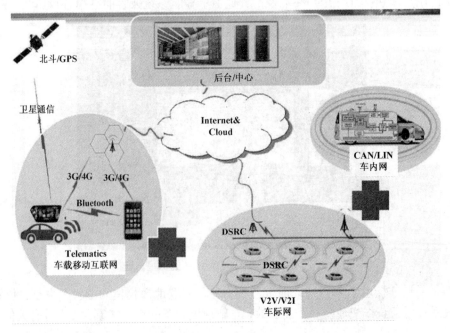

图 8.25   车联网

车联网是物联网技术在智能交通中的应用。车联网系统发展主要通过传感器技术、开放智能的车载终端系统平台、无线通信技术、语音识别技术、海量数据处理技术以及数据整合技术等相辅相成配合实现。车联网涉及的技术如图 8.26 所示，车联网的体系架构如图 8.27 所示。

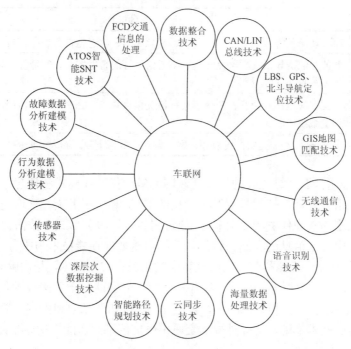

图 8.26　车联网涉及的技术

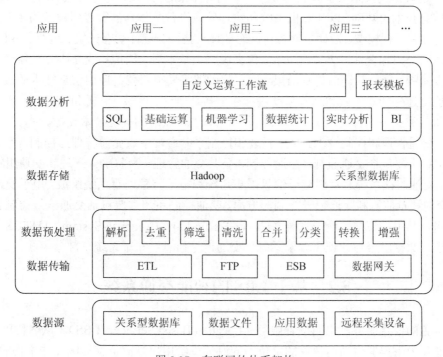

图 8.27　车联网的体系架构

在国际上，欧洲的 CVIS、美国的 IVHS、日本的 VICS 等系统通过车辆和道路之间建立有效的信息通信，已经实现了智能交通的管理和信息服务。车联网提供的主要应用见表 8.1。

表 8.1　车联网的主要应用

分类	具体应用
安全	事故现场预警、十字路口处预警、紧急制动、超速警告、逆行警告、禁止疲劳驾驶
交通管理	智能交通诱导系统、路径导航、交通信号灯的智能控制、智能停车场管理系统、电子不停车收费系统
公共交通服务	公交卡（地铁）计费、公交车运行情况预报系统、公交车实时监控系统、公交车智能调度系统
商业增值业务	Internet 接入（提供在线视频、网络游戏、数据下载、聊天等服务）

（8）云计算技术。云计算是一种基于互联网的新一代计算模式和理念。云计算通过互联网提供并面向海量信息处理，把大量分散、异构的 IT 资源和应用统一管理起来，组成一个大的虚拟资源池（共享的软硬件资源和信息），通过网络，以服务形式，按需提供给用户。云计算技术为智能交通中海量信息的存储、智能计算提供重要的使能技术与服务。

（9）智能科学技术。智能科学，是研究智能的本质和实现技术，是由脑科学、认知科学、人工智能等综合形成的交叉学科。目前，具有重要应用的智能科学关键技术包括主体技术、机器学习与数据挖掘、语意网格和知识网格、自主计算、认知信息学和内容计算等。智能科学为智能交通提供智慧的技术基础，支持对智能交通中海量信息的智能识别、融合、运算、监控和处理等功能。

（10）建模仿真技术。仿真技术是一门多学科的综合性技术，它以控制论、系统论、相似原理和信息技术为基础，以计算机系统和物理效应设备及仿真器等专用设备为工具，根据研究目标，建立并运行模型，对研究对象（已有的或设想的）进行动态试验、运行、分析、评估、认识与改造的一门综合性、交叉性技术。仿真由三类基本活动组成：建立研究对象模型，建立并运行仿真系统，分析与评估仿真结果。汽车驾驶训练模拟器就是应用仿真技术的成果。仿真技术对智能交通各功能领域和运营活动进行建模仿真研究、试验、分析和论证，为智能交通体系的构建和各类业务项目实施运行提供决策依据和不可或缺的关键技术支撑。

（11）交通管理和控制技术。交通管理和控制系统通过生成交通管理与控制方案，管理和诱导交通流，主要包括交通监视、交通控制、公共交通管理、紧急事件管理和交通组织优化控制等技术。交通监视系统通常由交通信息采集系统和电子警察处罚系统组成，用于交通动态信息采集、交通违章监测和交通信号控制等方面。交通控制系统主要包括交通信号控制和城市交通诱导技术，其中城市交通诱导系统（Urban Traffic Flow Guidance System，UTFGS）可由车载诱导系统、数据融合与处理平台子系统、交通诱导信息发布子系统三部分组成。

8.2　基于 LBS 的智能交通系统

基于位置的信息服务，也叫位置服务（Location Based Service，LBS）。从名称可以看出，其核心功能是为用户提供当前位置的定位，同时提供给用户当前位置周围一些事物的信息。

8.2.1 相关概念

地理信息系统（GIS）是一种特定的空间信息系统。它是在计算机硬、软件系统支持下，对整个或部分地球表层（包括大气层）空间中的有关地理分布数据进行采集、存储、管理、运算、分析、显示和描述的技术系统。其主要功能有：

（1）数据采集和编辑。

（2）地理数据管理。

（3）制图功能。

（4）空间查询和分析。

（5）地形分析功能。

作为一种先进的计算机软件系统和体系，地理信息系统能够为用户提供的信息不仅仅是简单的文字和数据，而是一幅幅空间图形和图像。通常，位置图往往比文字更能对空间问题进行说明，通过位置图，人们可以更加直观地获得深刻的印象。

GIS 可以分为五部分：人员，是 GIS 中最重要的组成部分，开发人员必须定义 GIS 中被执行的各种任务，开发处理程序；数据，精确的、可用的数据可以影响到查询和分析的结果；硬件，硬件的性能影响到软件对数据的处理速度；软件，不仅包含 GIS 软件，还包括各种数据库、绘图、统计、影像处理及其他程序；过程，GIS 要求明确定义一致的方法来生成正确的可验证的结果。如图 8.28 所示。

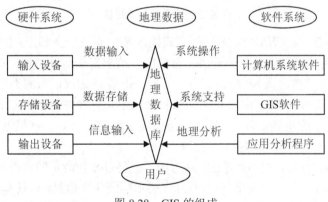

图 8.28　GIS 的组成

同时，由于移动通信技术的不断发展，人们提出了走出固定网络、有线互联束缚的要求，于是移动蜂窝通信技术（以 GSM 为代表）、全球定位系统（GPS）、无线应用通信协议（Wireless Application Protocol，WAP）、蓝牙等无线通信技术都相继出现。基于位置服务正是在这种背景下应运而生。简单地说，LBS 是通过移动终端和移动网络之间的相互配合，确定移动用户的实际地理位置，然后通过空间数据的查询和挖掘，提取出用户所需要的与其地理位置相关的服务信息，并以合适的方式返回给用户的技术。

基于位置的服务是指通过电信移动运营商的无线电通信网络（如 GSM 网、CDMA 网）或外部定位方式（如 GPS）获取移动终端用户的位置信息，在 GIS 平台的支持下，为用户提供相应服务的一种增值业务。它包括两层含义：首先是确定移动设备或用户所在的地理位置，其次是提供与位置相关的各类信息服务。随着智能手机终端的普及，为人们提供了更多的基于位置的移动增值服务。

　　LBS 是一种具有移动性且能够在 4A（Anytime，Anywhere，Anybody，Anything）条件下进行服务的全新概念的 GIS。同时，它也是一个综合的应用平台，包括 GPS、GIS、空间数据库、移动通信技术、互联网技术等。LBS 系统分为 LBS 服务提供商（Services Provider，SP）、位置服务平台（Location Services Platform，LSP）和目标移动台（Target Mobile Station，TMS）三个部分，服务流程如图 8.29 所示。

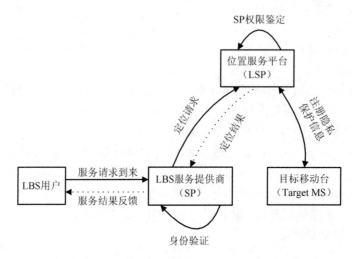

图 8.29　LBS 服务流程图

　　LBS 用户通过短消息、WAP 和 Web 等方式接入 SP，提交服务请求；SP 验证用户的身份，检查该用户是否具备使用这项业务的资格，再将定位请求发送给移动运营商的 LSP；LSP 对 SP 的权限进行鉴定（包括确认 SP 是否在系中注册，SP 提出定位请求的类型，SP 是否欠费等）后结合 Target MS 在 LSP 中注册的隐私保护信息来决定是否允许此次定位请求，若定位请求经过验证后可以被允许，则实施定位，并将定位结果发送回 SP；最后，SP 根据 LSP 提供的 Target MS 的位置信息为用户提供相应服务。

　　LBS 最为典型的应用是在智能交通领域方面，它把 GIS 功能延伸到用户桌面或移动终端，通过建立图示化操作控制平台，以地理图形方式展示车辆状态信息，包括车辆行驶状态信息和待命车辆信息。用户可直观浏览并进行必要的操作，迅速进行必要调度，增强调度决策能力，如智能公交和智能出租车。

8.2.2　体系架构

　　根据国内外的研究成果，ITS 应该包括交通服务系统、交通系统、公共交通系统、紧急救援系统、电子收费系统、停车系统等子系统。以 LBS 为核心的 ITS 体系架构由客户层、中间件层、应用服务层和数据访问层组成，如图 8.30 所示。客户层是融无线通信、计算机、无线定位于一体的个人终端；中间件层提供一组与第三方无线定位系统集成的应用程序设计接口（Application Programming Interface，APIs），它支持与多种定位技术的连接；应用服务层由 ITS 的子系统和空间服务器组成，提供地图生成、邻近查找、地理编码、路径规划、身份认证、收费等服务；数据访问层为 ITS 存储和管理各种地理信息、交通信息和车辆信息。

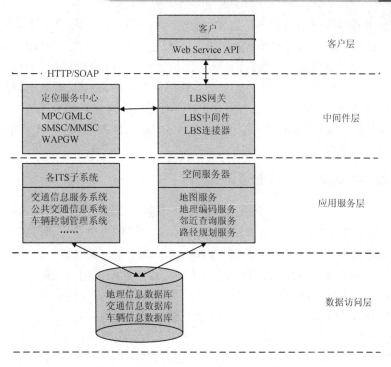

图 8.30 以 LBS 为核心的 ITS 体系架构

（1）客户层。客户层是融无线通信、计算机、无线定位于一体的个人终端，包括 GPS 接收机、无线通信模块、数据处理单元等。GPS 接收机用来接收 GPS 卫星的 C/A 码。接收头外接天线，内部有低噪声放大器，经差分处理，实现对 GPS 信号的跟踪、锁定、测量，并提供计算位置的数据，由 RS-232 输送到移动单元处理机。数据处理单元及通信模块负责处理 GPS 接收头传来的定位，以及接收监控中心送来的无线控制信号并控制数据的正常发出。鉴于当前的无线网络带宽，移动客户端目前也可采用本地存储部分数据，并给予一定"智慧"的策略，使之能够直接在客户端进行查询和路径操作，但复杂的操作和详细的交通查询仍然必须与服务器端交互。

（2）中间件层。中间件层是一个承上启下的综合平台。它一方面要符合 OpenLS 和 MLP 等规范要求，兼容多种移动定位技术；另一方面要为移动商提供各种运营维护管理能力，如身份认证、计费等各种服务。身份认证服务包括对申请定位服务的用户以及被定位用户进行身份认证；计费服务可以根据地图范围、服务，以及位置的不同给出详细的计费细节，同时还支持被定位用户付费的模式。中间件层的特性包括：

1）支持多种定位方式，包括由移动站/GPS 为主导的定位技术和由基站主导的定位技术，支持与多种定位中心，如 MPC/GMLC、SMSC/MMSC、WAPGW 等之间的集成和连接。

2）能够与现有各种类型的无线网络兼容，包括 GSM、CDMA 和 GPRS 网络。

3）支持流量控制、负载平衡以及错误反馈等功能。

（3）应用服务层。应用服务层由交通服务系统、公共交通系统、车辆控制系统等 ITS 的子系统和空间服务器组成。空间服务器提供地图、地理编码、邻近查询和路径规划等 GIS Web 服务。中间件层接受客户端发出的各种服务请求，将这些请求转给空间服务器处理，处理的结果再通过中间件层返回给客户端。其中，地图服务负责接受用户对地图的请求，通过地理访问引擎从数据库获得各种图形数据和栅格影像数据并进行相应处理，然后把结果返回给用户；地理编码服务根据通信地址查找经纬度坐标或根据经纬度坐标匹配相应的地址；邻近查询服务根据用户所在位置的某一邻域范围，查找用户感兴趣的信息，并返回给用户；路径规划服务负责响应最佳路径的请求，根据道路网络（或公交线路网络）及相关道路交通（数据库中的各种权值）返回最佳路径和行进指南，并通过地图服务以地图化的方式表现出来。

（4）数据访问层。数据层采用大型关系数据库系统（如 Oracle）对地理信息、交通信息、车辆信息等数据进行管理。

8.2.3 LBS 在智能交通系统中的应用

如果交通参与者、交通工具、交通道路、交通设施、交通信息者等实体能够进行实时交互，那么交通参与者合理选择交通工具和交通路线，交通管理者通过交通设施合理控制各个交通道路的交通流量就有了科学决策的基础。LBS 正是通过在正确的时间、正确的地点、向正确的人群提供正确的位置，从而在智能交通系统中有着广泛的应用，例如车辆的导航、跟踪、监控、调度与安全，事件响应，获取与定制，进入区域提示，按位置收费等。

（1）车辆导航、跟踪、监控、调度与安全。通过将车辆的位置和电子地图进行匹配，可以实时了解当前车辆的行进方向、速度和前方道路的情况。用户可以进行经过多个途径点的路线计划，或预先设定行车路线，当行驶的车辆偏离该路线时给予提示。用户还可以查询预定线路的交通状态，这对于经常往返于某条固定线路的用户非常有用。因为事先了解交通堵塞情况，能够帮助他们及时到达目的地。目前使用广泛的电子地图，例如高德地图、百度地图，不仅能为用户提供避堵路线方案规划、智能计算到达目的地所需的时间、摄像头提醒、车道信息、最近的服务区等动态导航功能，还可以提供离线下载、地图搜索、全新引擎、叫车服务等功能，如图 8.31 所示。

  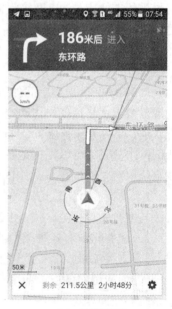

（a）目的地设置　　　　　（b）路线选择　　　　　（c）导航页面

图 8.31　电子地图

对于出租车、公共汽车、高等级公路客运、危险品运输、长距离货运、物流配送等运输车辆，部门可随时对车辆进行跟踪和监控。监控中心可通过多种方式监视车辆的运行轨迹，通过对车辆的监控可以加强对车辆的集中和调度，提高交通运输效率，有效改善城市交通状况。例如，出租车部门可以监控出租车的行车路线对顾客来说是否合理；公共汽车和客运公司可以合理调整运能并进行车辆的调度；货运公司可以了解并控制整个运输作业的准确性(发车时间、到货时间、卸货时间、返回时间等)；物流配送公司可以更有效地制定送货路线从而降低成本，用户也可以随时查询自己的货物所处的位置。当车辆遭遇事故或被盗时，可利用车载报警系统向监控中心发出紧急报警，监控中心接警后通过卫星定位跟踪，锁定车辆的具体位置并处警，发出遥控锁车指令，使车辆强行熄火减速以至停驶。

（2）事件响应。出租车、搬家公司或货运调度中心在接到移动设备的订车请求后，把客户的位置和电话号码通知给客户附近的空车。同时客户收到应答，获得车辆所在位置和到达时间，例如滴滴打车、快的打车、嘀嗒拼车、UBER、神州专车等 APP 软件，常见打车软件的流程如图 8.32 所示。

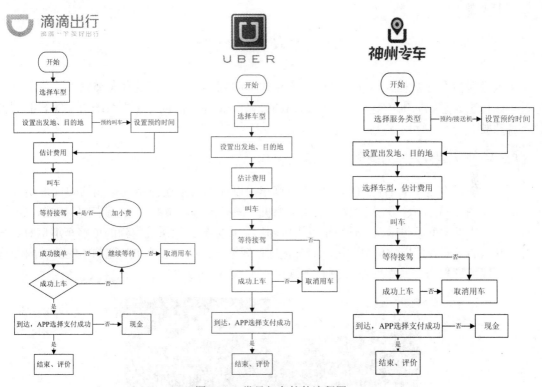

图 8.32　常见打车软件流程图

接处警中心在接到被盗、遇劫、车祸或其他紧急灾害事故的报警后，启动自动跟踪系统和监听录音系统，记录车辆位置和状态，并迅速向报警位置发送应答信号。同时通知相应的处警部门，例如消防部门，向报警位置附近相应的处警实体发出紧急求救和调度信号，使处警实体迅速及时地赶到报警位置。

紧急救援中心在接到车辆故障、突发疾病（如心肌梗死）的求救信号后，定位求救位置并有效地调度救援车辆，以最快的速度，走最合理的路径赶往求救现场。野外在接到电力、电信、地下管网、石化等设备抢修的命令后，迅速定位故障设备，赶往现场。

（3）获取与定制。利用移动设备可以随时获取周围重要信息。如选择重要的设施（Point Of Interest，POI）、停车场、加油站、汽车维修厂、自动售货机、自动取款机、公用电话、超市、银行、医院、药店、学校、邮局、剧院、酒店、旅游景点等。按照距离当前位置的远近，立刻就能收到该设施的列表及其详细信息，例如位置、距离、地址、状态等。用户如果选择预购物品的商标、型号、价格、特征等，立刻就能收到附近满足需求的商店的详细信息，以及到达该商店的行进路线。选择前进路线中的交通信息，立刻就能收到沿途线路的交通状况、限速、单双行、转向限制、红绿灯、路面质量、桥梁的宽度和载重、立交桥的高度等信息。有些用户，特别是经常往返于固定线路的用户，可以在指定时间定制交通堵塞、交通事故、新建道路、道路施工、气候变化及停车位等信息。

（4）进入区域提示。当车辆进入或离开指定区域（如交通管制区域）时，将得到提示或告警。

（5）按位置收费。根据车辆的当前位置或所在区域进行收费，将有助于减少闹市区上下班时间的车流量。

8.3　无人驾驶汽车

无人驾驶汽车也被称为自动驾驶汽车或轮式移动机器人，它在没有人类输入的情况下，通过车载传感器感知周围环境，并根据所获取的信息，依靠车内以计算机系统为主的智能驾驶仪实现驾驶。

8.3.1　无人驾驶汽车的概念

无人驾驶汽车是一种智能汽车，主要依靠车内以计算机系统为主的智能驾驶仪来实现无人驾驶，如图 8.33 所示。无人驾驶汽车利用相机、激光雷达、微波雷达、超声传感器、GPS、里程表、磁罗盘等车载传感器，感知车辆周围环境，并根据感知系统得到的道路车道信息、车辆位置和状态信息、障碍物信息，构建局部地图，规划局部路径，并实时控制车辆的转向和速度，使车辆能够安全、可靠地在道路上行驶。

图 8.33　无人驾驶汽车

另外，在漆黑的夜晚行车需要不时打开远光灯，但刺目的灯光可能干扰对向驾驶员的视线。美国福特汽车公司开发的夜间无人驾驶汽车技术，可以使未来的汽车不需要远光灯这个零件。装在汽车顶上的激光感应（Light Detection And Ranging，LiDAR）系统每秒钟发出 280 万束激光，形成一张能实时感应周边环境的激光网。这张网捕捉到的信息与雷达收到的信号结合，形成一张高清立体地图，使汽车能够识别道路方向、地形和标志物，如图 8.34 所示。

图 8.34　使用 LiDAR 技术的无人驾驶汽车

无人驾驶汽车涵盖了自动控制、计算机、电子信息、人工智能等多门学科，系统结构非常复杂，不仅具备加速、减速、制动、前进、后退以及转弯等常规的汽车功能，还具有环境感知、任务规划、路径规划、车辆控制、智能避障等类似人类行为的人工智能。它是由传感器系统、知识库、机械装置及行为控制器等组成的相互联系、相互作用、融合视觉和听觉信息的复杂动态系统。

8.3.2　无人驾驶汽车的体系结构

无人驾驶汽车整体系统结构采用功能分解，包括四层：感知系统、全局路径规划、局部路径规划、决策与控制系统，保证了整个系统具有很好的规划推理能力，能够满足无人驾驶汽车的自主性要求。无人驾驶汽车体系结构如图 8.35 所示。

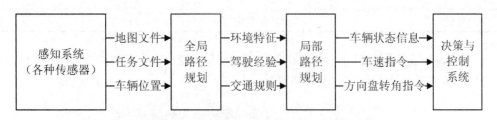

图 8.35　无人驾驶汽车体系结构框图

四个层次分别实现不同的功能：

（1）感知系统。该层根据各种传感器（如 GPS、车载视觉系统、车载毫米波雷达、车载激光雷达等）给出的环境信息数据提取环境特征信息，获取道路场景、车辆姿态等作为全局路径规划和局部路径规划的输入量。

（2）全局路径规划。全局路径规划层根据地图文件和任务文件以及车辆当前的位置规划从起始点到目标点的基于路径最短的道路，并且给出相关子任务以及道路信息。

（3）局部路径规划。局部路径规划层根据感知的环境信息、自身车辆的位置、姿态信息以及全局路径规划给出的子任务，知识数据库（即驾驶员经验数据库和交通规则数据库等）规划出一条从车辆当前位置到子目标点的无碰撞路径，局部路径规划层要求具有较高的实时性和智能性，以满足复杂动态的车辆行驶环境。

（4）决策与控制系统。决策与控制系统通过局部路径规划和驾驶行为决策机制，确定车体速度、方向、刹车等指令；行驶过程中依赖传感器获取的实时信息，结合反馈机制，实现自适应行驶控制与驾驶安全。

整个驾驶过程是各种传感器信息的获取、融合、分析、识别、处理、规划、决策、控制的综合过程，涉及多元数据的融合感知、动态场景地图构建、局部路径规划、智能决策控制等方面研究。其中行驶环境感知系统相当于无人车的眼睛及大脑，是无人车智能性高低的关键因素。

8.3.3　典型的无人驾驶汽车

量产无人驾驶汽车的实现主要需要经历四个阶段：驾驶员辅助阶段、半自动驾驶阶段、高度自动驾驶阶段和完全自动驾驶阶段（见表 8.2）。在完全自动驾驶阶段，系统具有完全的车辆控制权，整个驾驶过程无需驾驶员参与，典型的代表是 Google（谷歌）公司和百度公司研制的无人驾驶汽车。

表 8.2　无人驾驶汽车的进化史

阶段	特点
驾驶员辅助阶段	车道偏离警告系统 正面碰撞警告系统 盲点信息系统
半自动驾驶阶段	紧急自动刹车系统 紧急车道辅助系统
高度自动驾驶阶段	堵车辅助系统 全球第一个自动驾驶技术
完全自动驾驶阶段	欧洲环保型道路安全列队行车项目

（1）Google 无人驾驶汽车。谷歌最新发布的无人驾驶汽车的车型为 2 人座，没有方向盘，没有油门、刹车踏板，其外观如图 8.36 所示。

图 8.36　Google 无人驾驶汽车

Google 公司的无人车具有完备的感知能力和高水平的人工智能，可以指引车辆正确行驶。Google 无人驾驶汽车的结构如图 8.37 所示。

图 8.37 Google 无人驾驶汽车的结构

涉及的关键技术如下：

1）激光测距仪：Google 无人驾驶汽车的一个"突出"的特点就是其车顶上方的旋转式激光测距仪，该测距仪能发出 64 道激光光束，帮助汽车识别道路上潜在的危险。该激光的强度比较高，能计算出 200 米范围内物体的距离。

2）用于近景观察的前置相机：车头上安装的相机可以更好地帮助汽车识别眼前的物体，包括行人、其他车辆等。这个相机还会负责记录行驶过程中的道路状况和交通信号标志。

3）前后保险杠雷达：在 Google 的无人驾驶汽车的前后保险杠上面一共安装了四个雷达，可以保证 Google 的无人驾驶汽车在道路行驶时处在安全的跟车距离上。

4）从空中读取自己精确的地理位置：充分利用 GPS 技术定位自己的位置，然后利用 Google 地图，可以实现最优化的路径规划。但是，由于天气等因素的影响，GPS 的精度一般在几米的量级上，并不能足够精准。为了实现定位的准确，Google 需要将定位数据和前面收集到的实时数据进行综合判断，车子不断前进，车内的实时地图也会根据新情况进行更新，从而显示更加精确的地图。

5）后轮上的超声传感器：后轮上的超声传感器有利于保持汽车在一定的轨道上运行，不至于跑偏。同时在遇到需要倒车的情况时，这些超声传感器还能快速测算后方物体或墙体的距离。

6）车内设备：在车内还装备一些高精度的设备，比如高度计、陀螺仪和视距仪，帮助汽车精确测量汽车的各种位置数据。

7）传感器数据的协同整合：所有传感器收集到的数据都会在汽车的 CPU 上进行计算和整合，从而让自动驾驶软件带来更安全舒适的用户体验。

8）对交通标志和信号的解析：Google 的无人驾驶汽车能够识别基本的交通标志和信号。比如说前车的转向灯开启时，Google 汽车可以做出相应的反应。还有各种限速、单行道、双行道和人行道标识等，这些都可以通过 Google 相应的软件进行解读。

9）路径规划：在 Google 无人驾驶汽车前往目的地之前，需要对路径进行规划。Google 的系统能够建立所选路径的 3D 模型，包含了交通标志、限速和实时交通状况等信息。而且随着汽车的行驶，车载软件还可以按照捕捉到的信息不断对地图进行更新。

10）适应实际道路行为：我们都知道实际上的道路交通状况和交通法规还是略有不同的。有时候会出现闯红灯的人，甚至还能看到在道路上逆行的汽车，所以对实时状况的把握也格外重要。

（2）百度无人驾驶汽车。与谷歌无人车不同，百度无人车保留了方向盘和踏板。百度无人车最核心的就是其人工智能系统，也叫作百度的汽车大脑。无人驾驶汽车就是一台移动的计算机，要拥有看、听、说、思考、决策、行动等能力，而这些能力都是百度多年积累下来的能力。比如百度的语音识别、图像识别、机器学习等技术优势，为无人车提供了重要支撑。百度在无人车方面的优势有两个：一是百度汽车大脑技术，包括精准地图、传感技术、机器学习、人工智能等；二是中国政府很重视，可以利用政策之利实现弯道超车。百度无人驾驶汽车外观如图 8.38 所示。

图 8.38　百度无人驾驶汽车

8.3.4　无人驾驶汽车存在的问题

（1）网络安全与隐私保护。在 Seapine 公司的研究中，有 52%的受访者担心黑客会黑进无人驾驶汽车系统，接管对车辆的控制。无人驾驶汽车通过连网实现工作，因此有机会被攻破而中断。尤其是在高速公路上，当周围汽车都处在高速行驶时，目标车辆被黑客控制，例如当采取了刹车指令时，则后果不堪设想。同样，黑客也能利用传感器获取车上人员的各种隐私。

（2）传感器在雨雪天的运行。汽车传感器在雨雪天的性能会有所减弱，最好的解决方式就是通过不断地实践以及测绘。然而，测绘技术在无人驾驶汽车领域还远不够成熟。

（3）风险避让规则的预设。软件开发人员在编写代码时，把足球和孩子都视作障碍物。但是现实生活中，一颗足球和一个孩子突然窜到马路上是一个概念么？或者其他车辆失控，周围都有行人，如果无人驾驶汽车不躲闪就会造成车内乘客伤亡，那么无人车是向左还是向右躲闪？如图 8.39 所示。综合以上情况，存在的问题是如何为无人驾驶汽车预设风险避让规则。

图 8.39　无人驾驶车该如何抉择

（4）风险避让规则的设置人员。无人驾驶汽车预设风险避让规则由谁设置？制造商？立法者？车主本人？谁来制定这个规则，谁就有可能被推到道德的风口、伦理的浪尖上。这已经不是程序算法多么精妙、传感仪器多么灵敏的问题了，程序传达的终究还是人的意愿，而这就成了严峻的道德立场问题。这是无人驾驶车给人类社会带来的全新问题。

（5）事故责任由谁来承担。如果无人驾驶汽车导致了事故的发生，那这个责任由谁来承担？制造商？车主本人？保险公司？反正不会让无人驾驶车本身来担责，就目前的人机关系来看，所有的问题都要归结为人的问题，而非机器人的问题。

8.4　电动汽车

随着环保理念的不断深入人心，政府和企业也意识到发展更清洁环保、更高效的新能源汽车来取代传统的油耗汽车的重要性和紧迫性。大量普及以电动汽车为主的新能源汽车，推进交通发展模式的转变，提高电动汽车的保有量，将有效减少尾气污染，也直接减少了对石油资源的依赖，不仅缓解了能源危机，减少了环境污染的来源，而且促进了人与自然的和谐共处。

8.4.1　电动汽车的基础知识

电动汽车（BEV）是指以车载电源为动力，用电机驱动车轮行驶，符合道路交通安全法规各项要求的车辆。由于对环境影响相对传统汽车较小，其前景被广泛看好，但当前技术尚不成熟。目前市场上的电动汽车按动力来源分为纯电动汽车、混合动力汽车、燃料电池汽车。目前电动汽车充电形式多种多样，但总体上可归纳为传导式充电、更换电池方式充电、移动充电以及现在比较热门的无线充电，如图 8.40 所示。

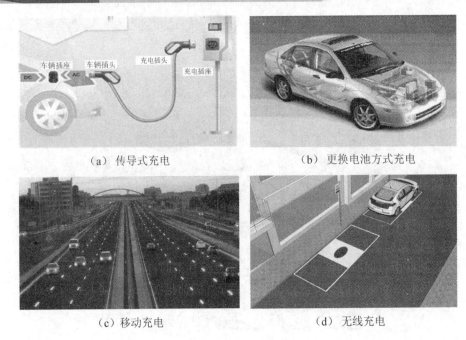

（a）传导式充电　　　　　　　（b）更换电池方式充电

（c）移动充电　　　　　　　（d）无线充电

图 8.40　常见的电动汽车充电方式

8.4.2　电动汽车的智能运营支撑系统

基于智能运营集成体系架构，充电运营商可以提供全程化、智能化的充电业务，缩短了充电业务准备环节的时间，提升了充电服务的效率，也提升了用户的充电体验质量。同时，基于城域的物联网技术，电动汽车移动到任何位置，都可以被感知，可以实时检测车辆的安全状况，并反过来及时通知驾驶员，确保行程的安全。电动汽车的智能运营支撑系统的架构如图 8.41 所示。

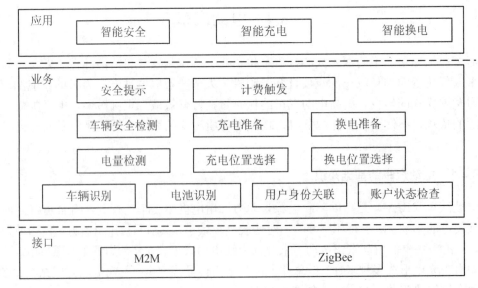

图 8.41　智能运营支撑系统的架构

智能运营支撑系统利用 RFID、传感器、图像识别等技术，通过 GPRS/3G、WiFi、Internet 等通信手段，将具有身份标识的电动汽车、动力电池、充电设施、用户汽车、智能电网等相关主体进行互联，实现基于物联网的电动汽车智能充电、换电服务网络的自动化运行与管理，如图 8.42 所示。

图 8.42　电动汽车智能充电控制架构

造成电动汽车保有数量偏低的最重要的原因就是没有足够的电能支撑汽车行驶足够的里程。针对电动汽车在普及过程中存在的问题，需要设计一套电动汽车智能导航服务系统。车载导航系统的产品使用方式主要分为三类：嵌入式车载导航仪、便携式导航仪、手持式导航仪。

电动汽车智能导航服务系统的核心内容是路径导航、能源管理和规划、充电导航、标识导航、辅助导航。其本质是提供用户最优的路径，规划路径考量的要素除了传统意义上的行驶距离最短、行驶时间最短、消耗费用最低等，还增加了与电动汽车相关的考量要素：路径最为畅通、消耗能源量最低、充电时间最短、充电方式最便捷等。

8.4.3　电动汽车的发展趋势

电动汽车未来将逐渐由政府主导的公用车辆（公交、出租、环卫等）逐渐向私人乘用车辆发展。充电设施也将逐渐由快充和换电逐渐向慢充为主、快充为辅的模式发展，如图 8.43 所示。

图 8.43　电动汽车及充电设备

第9章　智能家居

本章导读

物联网的发展为智能家居引入了新的概念及发展空间。通过物联网，各种智能家庭终端（如空调、热水器、空气净化器、电压力锅、自动炒菜锅等）以有线或无线的方式相互连接组成家庭网络，并延伸到公共网络，实现信息在家庭内部终端之间，家庭内部网络与公共网络之间的充分流通和共享。通过家庭网络，实现家庭安防、家庭智能控制、能源智能计量、节能低碳、远程教育、远程医疗等功能，为用户提供更加高效、节能、舒适、便捷、人性化的服务。

本章我们将学习以下内容：

- 智能家居的发展现状
- 智能家居主要功能和特点
- 智能家居主要实现技术和系统构成
- 新技术下智能家居的发展趋势

所谓的智能家居指的是通过综合采用先进的计算机、通信和控制技术，建立一个由家庭安全防护系统、网络服务系统和家庭自动化系统组成的家庭综合服务与管理集成系统，从而实现全面的安全防护、便利的通信网络以及舒适的居住环境的家庭住宅。完整的智能家居系统一般有照明控制系统、电器控制系统、安防门禁系统、消防报警系统、远程控制系统等组成，整个系统实现了信息的采集、输入和输出、集中控制、远程控制、联动控制等功能。本章将介绍物联网在智能家居方面的应用、相关技术及其发展趋势。

9.1　智能家居概述

智能家居（Smart Home），也被称为智能住宅（Smart House）、家庭自动化（Home Automation）、网络家居（Network Home）、电子家居（Electronic Home）、数码家居（Digital Home）等，是智能建筑在住宅领域的延伸。智能家居是建筑艺术、生活理念与电子信息技术等现代科技手段结合的产物，其主要目的是为用户营造良好的家居环境，方便用户的日常生活。

9.1.1　智能家居的定义

智能家居是指在传统住宅的基础上，利用计算机技术（Computer）、通信技术（Communication）、自动控制技术（Control）及图形显示技术（CRT）等，通过有效的传输网络，将家居生活中有关的设施集成，从而为住宅内部设施与家庭日常事务的管理提供高技术、智能化、互动化手段。通过构建高效的管理系统，智能家居可以提升家居环境的安全性、舒适性、便利性以及艺术性，实现环保节能。图 9.1 为比尔·盖茨的智能豪宅，全方面展示了智能生活场景，厨房、客厅、家庭办公、娱乐室、卧室等一应俱全，触摸板能够自动调节整个房间的光亮、背景音乐、室内温度，就连地板和车道的温度也都由计算机自动控制。此外，房屋内部的所有家电都通过无线网络连接，同时配备了先进的声控及指纹技术，进门不用钥匙，留言不用纸笔，墙上有耳，随时待命。

图 9.1　比尔·盖茨位于华盛顿湖畔的智能豪宅

简单来说，智能家居就是以住宅为平台，安装有智能家居系统的居住环境。而实施智能家居系统的过程就称为智能家居的集成。理解智能家居系统的集成就要了解它的"六大关键技术和三大基本功能单元"。

其中，六大关键技术包括综合布线技术、网络通信技术、安全防范技术、自动控制技术、医疗电子技术和音视频技术。其中综合布线技术是大多数智能家居系统采用的方式，但也有少数系统采用其他代替方式，如电力载波等。对于不同的方式，会采用相对应的网络通信技术以完成信号的传输，因此网络通信技术是智能家居集成六大关键技术中的核心。除此之外，安全防范技术与自动控制技术也是智能家居系统集成中不可或缺的。随着人们对安全的关注，安全防范技术越来越得到深入的应用，如今在小区及户内可视对讲、家庭监控、家庭防盗报警、与家庭有关的小区一卡通等领域都有广泛应用。而自动控制技术是实现家居设备的自动控制，家庭能源的科学管理的核心技术。医疗电子技术的融入为智能家居生活带来了健康保健、卫生防疫方面的功能，与当今人们对健康问题越来越关心和人口老龄化日趋严重的时代背景相契合。而为了提高智能家居生活的舒适性与艺术性，体现以人为本的宗旨，音视频技术在当今智能家居系统中得到了广泛应用，主要体现在音视频集中分配、背景音乐、家庭影院等方面。

目前智能家居一般要求有三大基本功能单元：第一，要求有一个家庭布线系统，如电力线、电话线、互联网线缆、控制网络线缆等；第二，必须有一个兼容性强的智能家居中央处理平台，以实现对住宅内部设施的集中控制；第三，真正的智能家居至少需要三种网络的支持，即宽带互联网、家庭内部信息网和家庭控制网络。

智能家居模型如图 9.2 所示。

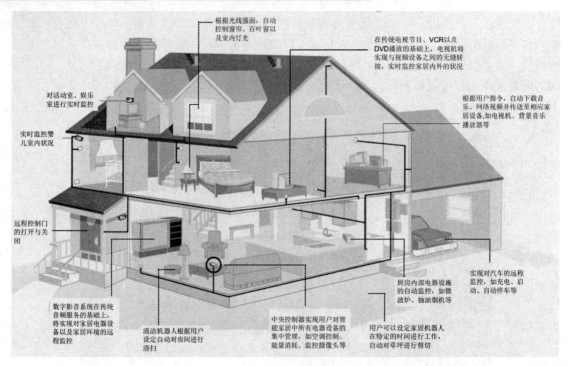

根据光线强弱，自动控制窗帘、百叶窗以及室内灯光

在传统电视节目、VCR以及DVD播放的基础上，电视机将实现与视频设备之间的无缝转接，实时监控家居内外的状况

对活动室、娱乐室进行实时监控

根据用户指令，自动下载音乐、网络视频并传送至相应家居设备，如电视机、背景音乐播放器等

实时监控婴儿室内状况

远程控制门的打开与关闭

实现对汽车的远程监控，如充电、启动、自动停车等

数字影音系统在传统音频服务的基础上，将实现对家居电器设备以及家居环境的远程监控

清洁机器人根据用户设定自动对房间进行清扫

中央控制器实现用户对智能家居中所有电器设备的集中管理，如空调控制、能量消耗、监控摄像头等

厨房内部电器设施的自动监控，如微波炉、抽油烟机等

用户可以设定家居机器人在特定的时间进行工作，自动对草坪进行剪切

图 9.2　智能家居模型

9.1.2　智能家居的功能

1. 传统的智能家居

根据智能家居系统中智能终端设备所实现的功能，可以将其划分为几个子系统，如图 9.3 所示。

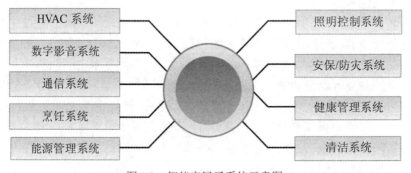

HVAC 系统

照明控制系统

数字影音系统

安保/防灾系统

通信系统

健康管理系统

烹饪系统

清洁系统

能源管理系统

图 9.3　智能家居子系统示意图

（1）HVAC（Heating，Ventilation and Air Conditioning）系统。其主要任务是根据用户需求和厂商设计，对家居环境中的温度、湿度、粉尘等环境参数进行实时监测和调节，确保为用户提供一个稳定、健康、舒适的家居生活环境。

（2）照明控制系统。该系统的主要功能包括：主人离开房间时，自动关闭该房间的照明设备；主人进入房间时，自动开启该房间的照明设备；根据室内光线强弱，对照明设备的工作强度进行调节；配合其他系统展现绚丽多彩的灯光效果。灯光控制系统的运用可以节约能源，减少用户开支。

（3）数字影音系统。智能家居的数字影音系统除了向用户提供传统的影音服务外，还将变得更加智能，主要体现在：用户离开时，自动关闭影音设备；根据用户设置，录制并存储某个时间段内的电视节目；搜索互联网，在线播放或者下载用户喜爱的影音文件；影音文件在多个影音设备之间无缝转接。智能化的数字影音系统既可以为用户提供更加舒适、便捷的服务，又可以减少用户开支。

（4）安保/防灾系统。该系统的主要功能包括监测非法入侵，自动报警并通知用户；自动监测入侵人员位置，记录相应影音资料；自动监测火灾、煤气泄漏、水管泄漏等威胁用户生命安全的突发情况，并向用户发出警报。通过安保/防灾系统，实现对用户的人身、财产安全更好的保护。

（5）通信系统。该系统的主要功能有：向用户提供互联网、视频、电话服务；楼门视频、对讲机服务；住宅内部各房间之间的对讲机服务；自动监测用户位置，将来电转接至相应房间内的对讲机或影音设备。

（6）健康管理系统。该系统主要负责检测用户的生理指标，建立用户健康数据库；对超出正常范围的指标，及时通知用户并给出相应建议，或联系私人医生；实时监控有特殊需求的用户（如老人、儿童），一旦发现异常，自动拨打 120 或为用户创建远程医疗服务，并与监护人取得联系。

（7）烹饪系统。与传统烹饪系统相比，智能家居的烹饪系统允许用户对烹饪设备进行远程监控，使用更加方便。

（8）清洁系统。一般情况下，清洁系统会产生较大的噪声，如洗衣机、吸尘器等，需要根据用户指令或自动选择在合理的时间段内（如用户外出时）进行工作；还需要正确地识别和清扫住宅中的垃圾。

（9）能源管理系统。该系统的主要任务是通过智能电表实时接收供电公司发布的动态电价，并根据动态电价安排可控智能终端的工作与否。例如将洗衣机、汽车充电等对时间要求不高的服务调整到低电价的时间段内工作，以达到节约开支的目的。

2. 基于物联网的智能家居

随着物联网技术的不断发展与完善，智能家居范畴被进一步扩展。物联网的出现为智能家居带来了第二次的发展生机。基于物联技术的智能家居摆脱了传统智能家居的种种限制束缚，让家居生活朝着更加智慧的方向发展升级。

（1）基于物联网的远程监控。智能家居系统在电信宽带平台上，通过 IE 或者手机远程调控家居内的摄像头，从而实现远程监视。此外，住户还可通过 IE 或者手机控制家用电器，如远程控制电饭锅煮饭，提前烧好洗澡水，提前开启空调调整室内温度等。

（2）基于物联网的家庭医疗监护。利用 Internet，智能家居如今可以实现家庭的远程医疗和监护。这种类型的延伸不仅有助于身心健康，而且会降低医疗保健成本。不需要走进医院，在家中即可以将测量的血压、体温、脉搏、葡萄糖含量等参数传递给医疗保健专家，并和医疗保健专家在线咨询和讨论，省去了在医院排队等候的麻烦。

（3）基于物联网的信息服务。利用 Internet 可以让用户在任何时间、任何地点获得和交换信息，同样，智能家居连网后可以畅游网络信息世界。

（4）基于物联网的网络教育。利用 Internet 的智能家居为网络教育的发展提供了新的契机，学校和家长通过家居中基于 Internet 的教育工具可以实现更加紧密的合作，并在家庭和课堂之间建立桥梁。在智能家居中，不管哪个年龄段的人都可以享受教育资源，进行终身教育和学习。

9.1.3　智能家居的特点

设计完善的智能家居系统应具备以下几个特点：

（1）舒适。智能家居以住宅为平台，其本意是运用现代科技为人们提供更加舒适的居住环境。因此，在设计过程中必须以人为本，充分考虑用户的生活习惯及感受。违背了舒适这一特点，不仅用户难以接受，智能家居这一概念也变得毫无意义。

（2）使用简单。智能家居服务对象为普通大众，大都缺乏专业知识。因此，只有使用起来简单方便的系统才能普遍为用户所接受。违背了这一特点，智能家居系统只能作为少数人群的专利，难以推广。

（3）可以远程监控。随着电子技术的发展和物联网概念的提出，网络大融合成为必然的发展趋势，智能家居也不能例外。而且随着生活节奏的加快，人们对家居环境实现远程监控的需求也越来越高。因此，只有具备远程监控功能的智能家居才能顺应发展潮流，反之，难逃被淘汰的命运。

（4）保密性好。智能家居系统与互联网的融合，一方面方便了用户对家居环境的实时监控，但另一方面也使网络黑客入侵智能家居系统成为可能，为用户带来了风险。因此，好的智能家居系统必须具有良好的保密性，确保用户的身份不被假冒，用户信息不被侵犯。

（5）稳定性好。由于智能家居以住宅为平台，布线布局结构复杂，安装成本相对较高，一旦安装完成，可能会运行十余年甚至数十年的时间，期间难免会出现设备故障等问题。设计完善的智能家居系统应该具备自动识别、处理故障的能力，保证系统本身的稳定性。

（6）兼容性好。一套完整的智能家居系统必然包含多种由不同公司生产，遵循不同技术标准的电子设备。只有具备了良好的兼容性，各电子设备之间才可能实现交互，智能家居系统才可能成为一个有机的整体。良好的兼容性也为日后添加、删除设备，拓展系统提供了条件。

（7）智能化。家居系统的智能化主要体现在通过一系列的传感设备对家居环境进行感知与评估，并且按照用户或厂家设定的逻辑，控制家居系统中的执行器，作出相应的响应。这也是智能家居系统区别于传统家居系统最显著的特点。

（8）节能减排。智能家居系统可以根据家居环境的变化，按照特定的逻辑及时地调节电子设备的工作强度甚至于关闭不需要的电子设备；既有效地控制了能源消耗，保护了环境，又降低了用户开支。这也是智能家居系统区别于传统家居系统的一大特点。

9.2　智能家居的发展状况

智能家居概念的起源甚早，但一直未有具体的建筑案例出现，直到 1984 年美国联合科技公司对位于美国康涅狄格州哈特佛市的一座废旧大楼进行改造时，采用计算机系统对大楼的空调、电梯、照明等设备进行监测和控制，并提供语音通信、电子邮件和情报资料等方面的信息服务，才出现了世界上首栋"智能型建筑"，从此也揭开了全世界争相建造智能家居的序幕。

9.2.1 国外的发展状况

智能家居概念的形成是一个循序渐进的过程。在 20 世纪 70 年代末期，美国出现了应用于家用电器的家用总线；20 世纪 80 年代初，随着大量采用电子技术的家用电器面市，住宅电子化出现；20 世纪 80 年代中期，将家用电器、通信设备与安全防范设备各自独立的功能综合为一体后，形成了住宅自动化概念。比较有代表性的是 1984 年美国康涅狄格州对一栋都市办公大楼进行了初步的智能化改造，改造后的建筑具备了监控照明、空调、电梯等电器设备的能力，可以算的上是智能家居的开山之作。

20 世纪 80 年代末，通信与信息技术的发展，出现了通过总线技术对住宅中各种通信、家电、安防设备进行监控与管理的商用系统，也就是现在智能家居的原型。自 1998 年微软提出"维纳斯计划"之后，相关行业都在积极推动智能家居产业的发展，并取得突破性进展。其中，欧美日等发展最为突出，并相继提出智能家居方案，智能家居产业在这些国家和地区取得了长足的发展，如美国的 X-10、Lonwork，日本的 HBS 和欧盟的 EIB 等，在国际上都有较高的知名度。到了 21 世纪初，智能家居已经在日本、韩国、新加坡、欧洲等经济比较发达的国家和地区得到迅速发展。

日本是一个智能家居比较发达的国家，呈现出开发、设计、施工的规模化与集团化，强调以人为本，注重功能，兼顾未来发展与环境保护的特点。一些电器公司设计了既聪明又好看的前卫家具，它们可连接互联网，还能辨认声音，通过语音可以使唤它们做家务及收集所需信息。

韩国智能家居发展可以用 4A 加以描述，即 Any Device、Any Service、Any Where、Any Time，其智能家居设备在功能细分上更加规范化。智能手机领域的优势为韩国家居智能化发展奠定了一定的基础，三星、LG 等企业在智能家居领域的布局也进一步推动着整个韩国家居智能化的进程。此外，韩国政府对智能小区和智能家居采取多项政策扶持，目前韩国 80% 以上的新建项目采用智能家居系统。由韩国 LG 电子开发的 HomNet 智能家居系统，在韩国的用户已经超过 6 万，是目前最为普及的系统之一。除了政府的扶持，韩国智能家居业发展的领先地位还得益于数字化的全面普及。

2007 年后，欧洲智能家居进入快速发展阶段，英国、法国、德国、意大利、西班牙等国的智能家居呈现个性化发展态势。这一时期欧洲智能家居的某些方面甚至有超越美国之势，特别是在能源的产生、传输、管理和服务上，有效提高了个体家庭的能源管理，优化了能源消费。

9.2.2 我国的发展状况

在我国，随着物联网、云计算、大数据、移动互联网、人工智能等技术的不断升级，与"智能""智慧"相关的产品逐步发展起来。我国智能家居的发展经历了以下几个阶段：

2000 年——智能家居概念年：各小区的开发商在住宅设计阶段已经或多或少考虑了智能化功能的设施，在房地产的销售广告中，已开始将"智能化"作为一个"亮点"来宣传。

2001 年至 2002 年——智能家居研究开发年：有些机构和公司开始引进国外的系统和产品，在一些豪华的公寓和住宅中已经看到它们的踪迹。

2002 年至 2004 年——智能家居实验年：国内一些公司的网络产品逐渐进入市场。

2004 年至 2005 年——智能家居推广年：新建的住宅和小区大部分配备一定的智能化设施和设备，我国自行设计和生产的可连网的家用电器/设备也有相当的规模。

2006 年至 2015 年——智能家居普及年：整个市场将以我国自行研究和开发的系统和产品为主，国外的产品将在高档系统产品占有一席之地。

2016 年至未来几年——智能家居快速发展年：如今我国已有智能家居生产企业上百家，青岛海尔、快思聪、上海索博、河东 HDL、安居宝、瑞讯科技、Bechamp 波创、威易、KOTI、Control4、求实智能、狄耐克、天津瑞朗等一些知名品牌在国内智能家居发展中起到重要的推动作用。

国家对物联网、智慧城市等大型项目的推动，更使得智能家居产业在我国获得了快速的发展。国家的智慧城市建设已经从一线城市逐步推广至二三线城市，智慧社区建设迈上新台阶，各类政策出台，引导我国智能家居的发展。

9.3 智能家居系统

目前，对智能家居系统的研究主要集中在三个方面：智能家居通信网络、智能控制中心、智能终端。本节将从这三个方面对智能家居系统进行详细阐述。

9.3.1 智能家居通信网络

智能家居通信网络是指在家庭内部通过有线或无线的传输介质将各种电气设备和电气子系统连接起来，采用统一通信协议，对内实现资源共享，对外通过网关与外部网络互联进行信息交换的网络。网络的拓扑结构是抛开网络物理连接来讨论网络系统的连接形式，网络中各站点相互连接的方法和形式称为网络拓扑。它的结构主要有星型结构、总线结构、树型结构、网状结构、蜂窝状结构等。在智能家居网络中用得比较多的是星型结构和总线结构。

智能家居通信网络主要包括信息网络和控制网络。信息网络是利用计算机网络和软件技术，提供 Internet 访问、电子邮件、电子商务、家居自动化、视频点播等服务。而控制网络主要是利用数据采集和自动化控制技术，实现家居设备管理、安全防范、自动抄表、一卡通等功能。信息网络和控制网络通过系统集成达到完美结合则是实现家居数字化和智能化的点睛之笔，也是实现基于物联网的数字家庭信息智能综合处理系统的基础。

基于物联网的智能家居系统中，控制网络主要使用了 BACnet 通信协议、X10 协议、HomePlug 协议、HomePNA 协议、WiFi 网络协议、ZigBee 技术等。

（1）BACnet 协议。BACnet 作为一个开放、不拘泥于固定厂商的网络通信协议，其发展起源于 1987 年 6 月在田纳西州纳什维尔举行的美国冷冻空调协会标准委员会（Standard Project Committee）会议。BACnet 在 1995 年时成为美国国家标准协会及美国冷冻空调协会的建筑自动化控制网络传输协议（ASHRAE/ANSI SSPC 135）标准，并在 2003 年时被采纳为 ISO 标准。BACnet 协议的出现打破了市场上设备种类繁多且互不兼容的局面。

BACnet 协议可以划分为四层，其架构如图 9.4 所示，分别对应于 OSI 七层网络模型中的物理层、数据链路层、网络层以及应用层。四层网络模型的运用，既可以减小通信过程中网络控制信息的长度，也可以降低 BACnet 设备的复杂度，便于开发和生产。BACnet 在智能家居系统中的应用如图 9.5 所示。

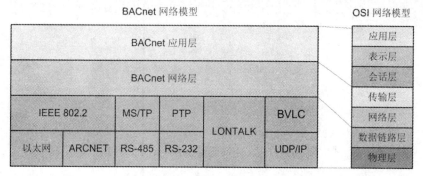

图 9.4 BACnet 协议架构

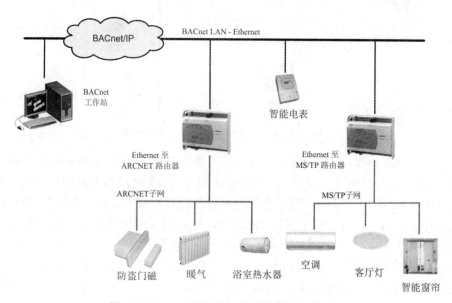

图 9.5 BACnet 协议在智能家居系统中的应用

　　BACnet 协议兼容多种传输媒介和传输技术，可以满足各种小型、中型乃至大型系统的不同需求。基于 RS-232 的端到端通信协议，传输距离在 15 米以内，传输速率在 9.6Kb/s～115Kb/s 之间，适用于小范围内，两个设备之间的相互通信。基于 RS-485 的 MS/TP 总线协议，协议栈简单，支持总线联网，且对处理器性能要求不高，因此具有易开发、低成本的特点，适用于对传输速率要求不高且计算能力有限的小型监控系统，如空调系统和灯光控制系统。对 Ethernet 和 ARCNET 传输技术的支持，使 BACnet 适用于较大范围的高速率监控系统，如安保系统。而对 IP 协议的支持则使 BACnet 协议具备了向用户提供远程监控服务的功能。

　　（2）X10 协议。X10 协议是专门为智能家居系统制定的，以电力线或无线信号为传输媒介对电子设备进行控制的开放性国际标准。由于 X10 具有不需要重新布线、安装方便的优点，在欧美地区已经被广泛的应用于灯光、家用电器、背景音乐的控制等方面，如图 9.6 所示。

　　X10 系统网络主要由控制器、无线接收机、电力线以及终端执行模块组成。控制器以无线射频的方式发送用户指令，无线接收机接受无线信号后，以电力线将用户指令转发到相应终端执行模块，从而实现对家电的控制。另外，由于 X10 协议的传输速率较低，因此在智能家居系统中只能用于对智能家电的控制，不能用来传输音频信息。

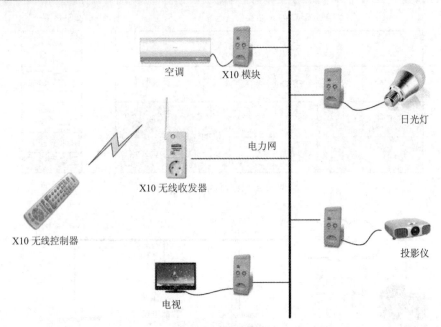

图 9.6　X10 协议在智能家居系统中的应用

（3）HomePlug 协议。HomePlug 协议是由家庭插电联盟（HomePlug Powerline Alliance）制定的网络传输协议，目的是利用住宅中广泛存在的电力线为传输媒介向用户提供高速率的宽带服务。如图 9.7 所示，智能家居系统中的终端设备以有线或无线的方式与相应的 HomePlug 适配器进行连接，通过电力线网络进行数据传输，分别向用户提供高清电视（HDTV）、网络视频下载、语音（VoIP）、互联网、游戏、远程网络摄像头等服务。由于 HomePlug 协议以现有的电力线网络为传输介质，安装过程中不需要重新布线，建设时间短，节约成本，并且用户可以随时随地通过电源插座进行数据传输，使用简单、方便，因此受到国内外的广泛关注。

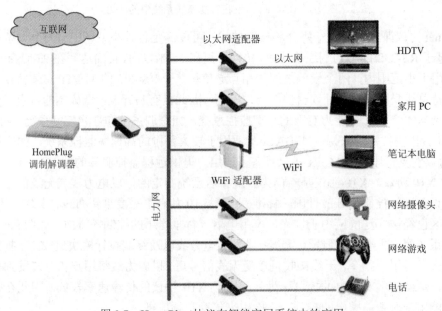

图 9.7　HomePlug 协议在智能家居系统中的应用

HomePlug 协议工作频率较低，因此可以覆盖较大的范围，信号传输距离通常情况下可达 1 千米。在媒体接入层（MAC 层），HomePlug AV 分别定义了竞争区间和无竞争区间：竞争区间内，终端设备采用载波侦听多路访问/冲突避免（CSMA/CA）技术进行数据传输，主要向用户提供对时延要求不高的数据传输服务，如网络电话、网络视频下载等；无竞争区间则采用时分多路复用（TDMA）技术，终端设备在系统分配的相应时隙内传输数据，主要向用户提供对实时性要求较高的数据传输服务，如高清电视（HDTV）、网络摄像头等。另外，家庭插电联盟发布的最新版本的 HomePlug 协议，其物理层传输速率在以电力线为媒介的系统中可达 500Mb/s，而在以同轴电缆为媒介的系统中可达 700Mb/s。

（4）HomePNA 协议。HomePNA 技术是由家庭电话线网络联盟（Home Phoneline Networking Alliance）制定的网络传输协议，目的是利用住宅中的电话线或有线电视线缆（同轴电缆）向用户提供视频、语音以及数据服务，如图 9.8 所示。智能家居系统中的终端设备可以通过相应的 HomePNA 适配器或网桥接入 HomePNA 网络，使用方便。由于采用住宅中存在的有线电缆作为传输媒介，HomePNA 技术与 HomePlug 技术一样在安装过程中不需要重新布线，安装简单，成本低。

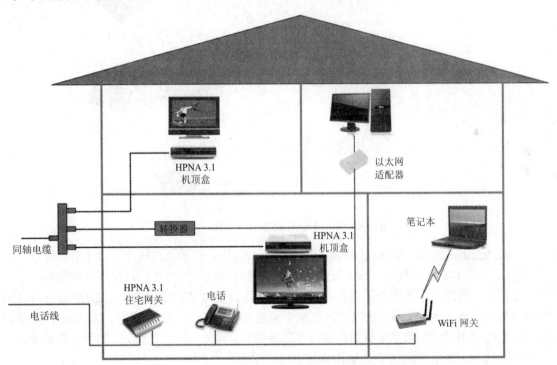

图 9.8　HomePNA 协议在智能家居系统中的应用

最新版本的 HomePNA 协议支持系统工作在多个频带范围内：以电话线为传输媒介时，HomePNA 系统工作在 4MHz～20MHz 或者 12MHz～28MHz 的频率范围内，信号传输距离在 300 米左右，最高传输速率可达 160Mb/s；在以同轴电缆为传输媒介时，HomePNA 系统可以工作在 4 个频带范围内，即 4MHz～20MHz、12MHz～28MHz、36MHz～52MHz 以及 4MHz～36MHz，信号传输距离在 1000 米左右，最高传输速率可达 320Mb/s。对多个传输频带的支持使得 HomePNA 系统可以兼容传输介质中原有的语音、传真以及数字用户线路（xDSL）等服务。在媒体接入层，HomePNA 协议同时采用载波侦听多路访问/冲突避免技术（CSMA/CA）和时分多路复用技术（TDMA），CSMA/CA 技术可以提高系统的带宽利用率，主要向用户提供对传输时延要求不高的数据服务，而 TDMA 技术的运用可以向用户提供对实时性要求高的数据传输服务。HomePNA 系统最多可以容纳 64 个终端设备。由于 HomePNA 具有较高的传输速率且支持实时传输，因此可以向用户提供高清电视（HDTV）服务以及交互式网络电视服务（IPTV）。

（5）WiFi 网络协议。WiFi 的特点是：无线传输，无需布线；发射功率较低，绿色安全；网络自动配置，使用简单；兼容性好，易于拓展，但是 WiFi 不支持实时数据传输。因此，在智能家居系统中，WiFi 技术主要用于向移动终端提供对时延要求不高的数据传输服务，如网络视频下载、电子邮件、网络电话等，如图 9.9 所示。

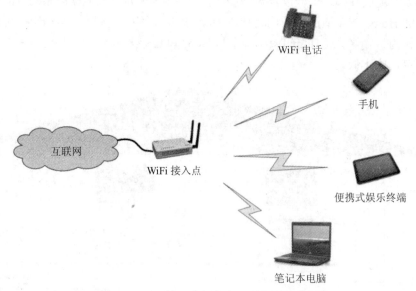

图 9.9　WiFi 协议在智能家居系统中的应用

（6）ZigBee 技术。本书前面章节详细介绍了 ZigBee 技术及其特点，此处不再赘述。由于 ZigBee 技术具有复杂度低、成本低、功耗小、网络自组织等特性，且安装过程简单，不需要重新布线，因此，非常适合在智能家居系统中应用。通过 ZigBee 网关，ZigBee 网络可以实现与 BACnet、LonWorks 网络的交互，从而实现对 ZigBee 节点的远程监控。ZigBee 技术在智能家居系统中主要用于信息采集和终端设备远程控制，具体包括灯光控制、环境参数监测、安保/防灾、窗帘远程控制等方面，如图 9.10 所示。

（7）e 家佳（ITopHome）协议。e 家佳的"数字电视接收设备与家庭网络系统平台标准"为中国第一个家庭网络推荐性行业标准。e 家佳于 2004 年 7 月成立，囊括了海尔、同方、网通、春兰、长城等 200 多家国内外成员单位，其制定的标准涵盖了主干网通信协议、网络系统体系结构及参考模型、控制子网通信协议、控制子网一致性测试等规范。其显著特征是实现了家电、计算机、通信设备的相互关联。

e 家佳标准以其先进的技术性和高度实用性，在获得用户和国家认可的同时，也赢得了国际上的注目。e 家佳的会员目前已达 247 家，目前以海尔的 U-HOME 智能家居系列产品为代表。

图 9.10　ZigBee 协议在智能家居系统中的应用

　　（8）闪联（IGRS）协议。信息设备智能互联与资源共享协议（简称 IGRS）自 2003 年 7 月开始由闪联标准工作组负责制定。其标准 1.0 版本已于 2005 年 6 月被正式颁布为国家行业推荐性标准，成为我国 3C 协同领域的第一个国家标准。此外，基于闪联标准的各项开发工具和测试认证工具也已经基本完成，并在逐渐完善和更新中。

　　从技术角度来看，智能家居系统的关键是对家庭网络的引入，智能家居系统的实现离不开家庭网络。国外家庭网络的概念始于 20 世纪 70 年代。开始时各公司自定标准，导致市场的开拓和技术的进步极为缓慢。近年来，遵循统一标准已成为业内共识。目前，国际上用于智能家居和家庭网络中占主导地位的标准有美国的 XlO 和 CEBus、欧洲的 EIB、日本的 HBS。其他相关的技术规范有 Bluetooth、HAVI、Home PNA、Jini、ZigBee、OSGi、Home RF 等。虽然这些标准和规范各有侧重点，但大部分标准主要是围绕家庭内部组网和设备互联互通、互操作及即插即用等方面。

9.3.2　智能控制中心

1. 传统智能控制中心

　　智能控制管理系统的核心是智能控制中心的设计，在可供选择的技术平台中，主要有三种：基于 PC、单片机和嵌入式系统，分别代表了我国智能家居行业技术特点。智能家居主控制器作为家居网络的核心，实现一个家居的管理和控制功能，完成显示、控制、报警等任务，并通过家居网络与上层智能家居管理系统和底层实现数据交换。

（1）基于 PC 架构系统。PC 架构系统是以家用计算机作为主控制器，通过总线同各个设备、以太网相连，计算机充当了一个网关和处理器的角色，同时在计算机上安装专门开发的软件管理系统，对家居各个设备进行管理。这种方案借助了现代计算机的强大功能和普及优势，开发周期短，开发难度下降，但需要计算机 24 小时开机，造成电能的较大消耗和智能家居控制系统的成本提高，适用性下降。PC 架构系统出现在我国智能家居的萌芽阶段，基本停留在向使用者展示智能家居的概念，实用性不强，且由于系统容易受到病毒的攻击，稳定性也很差。

（2）基于单片机架构系统。以单片机作为核心处理单元，加上定制的硬件和软件，共同组成控制系统。其实用性、易用性和专业性都有了很大程度的提高。但随着新功能的不断增加和性能的不断提升，必须采用多片单片机联合控制，造成电路设计较复杂，系统稳定性不高，扩展能力不强。此外基于单片机架构的系统不能植入操作系统，实现多任务实时控制和处理以及网络远程监控方面存在不足。

（3）基于嵌入式架构系统。嵌入式架构系统是以嵌入式系统为核心，以专门设计的嵌入式主控制器作为智能家居网络控制平台，实现家居内部、外部网络的连接以及内部网络中家电和设备的连接与控制。这种架构可以植入各种操作系统，在控制方面具有强大优势，嵌入式系统适合比较复杂的应用，扩展能力强，功耗低，采用数字电路设计，结构简单，稳定性强，嵌入式控制器成为家居控制器的首选。缺点就是开发周期长，标准不统一。随着嵌入式技术更加广泛的应用及成本的降低，基于嵌入式系统的智能家居网络控制系统已经成为目前数字智能家居的发展方向。

2. 基于云计算的智能控制中心

随着智能家居全生态系统研究的逐渐推进，智能家居产品正向着全面管理、智能联动的方向发展，云计算正好为智能家居全生态系统的综合管理提供了强大的计算分析平台。因此除了上面提到的几种控制技术外，当今先进的智能家居系统还引入了云计算技术，有力地促进了智能化的真正实现，同时云计算带来的经济、易用的特点让更多普通消费者也能体验到智慧生活。

云计算是基于互联网的相关服务的增加、使用和交付模式，通常涉及通过互联网来提供动态、易扩展且经常是虚拟化的资源。基于云计算的智能家居系统就是在传统智能控制中心的基础上加入了云平台（数据中心）。云数据中心是一个提供云服务的服务集群，提供以下功能：通过 Internet 接收来自家庭网关的数据并存储，根据内置策略或来自控制端的指令，将控制数据传输给家庭网关；通过 Internet 与控制端连接，向控制端提供系统的实时数据或历史数据，接收来自控制端的指令；内置大量家用设备控制模型，供家庭网关控制使用；对存储的大量数据进行数据挖掘，寻找可供进一步利用的知识。云计算在智能家居系统中的地位如图 9.11 所示。

3. 智能控制设备

智能家庭网关是用于连接家庭局域网与互联网，并在这两个网络之间进行通信方式与通信协议转换，可与家庭智能用电设备、服务中心主站进行数据交互，支撑智能用电业务的设备。智能家庭网关是家庭控制的枢纽，支撑安防报警、家电控制以及用电信息采集业务；通过网络方式与智能交互终端、智能手机等产品进行数据交互。如图 9.12 所示。

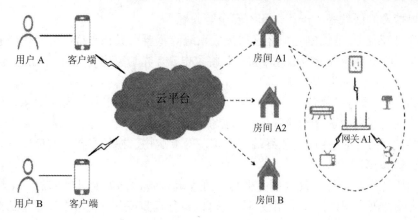

图 9.11 基于云计算的智能家居系统图

图 9.12 智能家庭网关实物图

在普通智能家庭网关的基础上，加入网络路由、交换、无线 AP 等功能，形成 AP 型智能家庭网关产品。

9.3.3 智能终端

智能终端是指具备开放操作系统的移动终端，支持用户安装和卸载各种应用程序，并提供开放的应用程序开发接口以供第三方开发应用程序，通常与智能家居应用服务器紧密结合来灵活地获得应用程序和数字内容，帮助家庭与外部保持信息交流畅通。

1. 智能终端的功能

家庭智能终端是智能家居实现智能化的一个重要载体，通过它智能家居系统能实现系统信息的采集、信息输入、信息输出、集中控制、远程控制、联动控制等功能。家庭智能终端的功能一般包括如下几个方面：

（1）家庭安防：安全是居民对智能家居的首要要求，家庭安防由此成为智能家居的首要组成部分。家庭安防报警、门窗磁报警、紧急求助报警、燃气泄漏报警、火灾报警等。当家庭智能终端处于布防状态时，红外探头探测到家中有人走动，就会自动报警，通过蜂鸣器和语音实现本地报警；同时，报警信息报到物业管理中心，还可以自动拨号到主人的手机或电话上。

（2）可视对讲：通过集成与显示技术，家庭智能终端上集成了可视对讲功能，无需另外设置室内分机即可实现可视对讲的功能。

（3）远程抄表：水、电、气表的远程自动抄收计费是物业管理的一个重要部分，它的实现解决了入户抄表的低效率、干扰性和不安全等问题。

（4）家电控制：家电控制是智能家居集成系统的重要组成和支持部分，代表着家庭智能化的发展方向。通过有线或无线的连网接口，将家电、灯光与家庭智能终端相连，组成网络家电系统，实现家用电器的远程控制。

（5）家庭信息服务：物业管理中心与家庭智能终端相连，对住户发布信息，住户可通过家庭智能终端的交互界面选择物业管理公司提供的各种服务。

（6）增值服务：通过家庭智能终端可以实现网上购物、视频点播等增值服务。

2. 智能终端的形式

智能家居将让用户通过智能终端方便地管理家庭设备，比如通过触摸屏、无线遥控器、电话、互联网或者语音识别控制家用设备，更可以执行场景操作，使多个设备形成联动。智能终端的形式主要来源于用户的使用习惯，目前主要有以下两种形式。

（1）触摸屏。就目前的智能家居市场而言，触摸屏仍然是智能终端的主要形式，智能家居系统的功能强弱取决于触控屏的功能强弱。如图 9.13 所示。

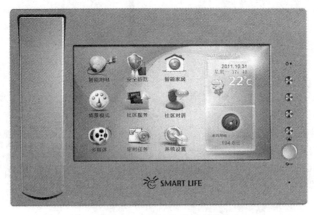

图 9.13　智能终端实物图

智能终端作为智能家居的主控制管理平台。智能终端承担了智能家居系统的控制、管理功能，由于系统的结构决定了系统只能配置原厂商的其他控制子系统，如家庭报警子系统、楼宇对讲系统等，同时通常带有 RS-458、TCP、IP 以及厂商专用的控制总线。如果要扩充其他品牌的控制系统比较困难。同时，智能终端大多采用嵌入式系统，一般是以 ARM 加 DSP 组合芯片作为控制终端的核心 CPU 和 Linux 操作系统，在这样的情况下，智能终端作为系统的控制、管理核心，系统如果脱离它便无法正常运行，各功能终端必须在智能终端的控制管理下才能运行。

（2）智能手机。随着智能手机的普及，它已经不仅仅是一个通信工具，更多的具有了计算机的功能，由于其本身具有的便捷性，智能手机在我们的生活中扮演着重要的角色。可以通过手机随时随地遥控各类家用电器。控制对象：电灯、插座、空调、窗帘、门窗磁等。智能家居的控制终端和智能手机的操作方式非常相似，已有智能手机直接作为智能家居的控制终端的产品出现，目前的技术做到智能手机和智能家居系统结合不是问题，无论从操作习惯还是普及程度上来看，智能手机向智能家居控制终端过渡已成为一种趋势。随着科技的发展，智能手机将成为了智能终端的一种重要形式。

9.4　新技术下智能家居发展趋势

9.4.1　云计算在智能家居中的应用

在智能家居时代，云计算技术将会变成重要技术支撑。对于智能家居来说，其所有功能均建立在互联网与移动互联网这个基础上，可以说智能家居就是物联网子系统，通过各类传感器，采集相关的信息，并通过对这些信息的分析、反馈，实现相关的功能。智能家居有庞大的硬件群，每一个硬件无时无刻不在搜集数据，这些庞大的数据不仅包括用户基本信息，还包括音频和视频信息，如远程视频监控与远程对话等。这就需要有容量足够大的存储设备，而目前普通的存储设备很难跟得上数据存储所需要的增长速度，且存在存储数据丢失的危险，一旦关键数据丢失，很有可能造成极大的损失。"云"应运而生，云计算可以将庞大的数据资源集中起来，实现自动管理，用户可以随时随地申请部分资源。

基于云平台的智能家居系统，以云平台为核心实现存储和计算，综合利用嵌入式技术、传感器技术、短距离无线通信技术以及智能化音视频处理技术形成"以人为中心"的智能家居系统，在这种智能家居系统中，云平台提供用户认证、数据存储以及与家庭网关相连的编程接口等基础服务，在这些基础服务上，云平台可以提供一个软件生态系统，实现语音识别、图像识别、手势识别等智能化应用服务。

智能家居网关作为家庭内部网络与云平台相连的通道，使网关从传统智能家居既负责通道又负责管理的任务中解放出来，一是减少成本，二是提高稳定性。此外，用户终端可以通过手机、平板电脑等登录云平台获得智能家居定制化服务，只要用户拥有相应权限，就可以在家中或外地方便地控制智能家居系统。

目前，使用云平台技术的智能家居系统多为无线系统，相对传统的有线系统，其布线更简单，管理更高效以及智能化更灵活。对于基于云平台的智能家居系统，其核心功能在于背后提供的服务。当大多数智能家居系统都利用分布式云端系统进行场景运算和学习时，智能家居才能真正实现用户的无感操作，摆脱对于手机 APP 等遥控手段的限制，所以云端服务，称为未来智能家居发展和竞争的一个方向。

9.4.2　人工智能在智能家居中的应用

人工智能是一个综合性很高的研究领域，研究范畴广阔且复杂，涵盖了自然语言处理、知识表现、智能搜索、推理、规划、机器学习、知识获取、组合调度问题、感知问题、模式识别、逻辑程序设计、软计算、不精确和不确定的管理、人工生命、神经网络、复杂系统、遗传算法等一系列分支研究。

2016 年是智能家电元年，普通用户对智能家电的理解就是加装 WiFi 模块入网的传统电器，但实际上，连网只是第一步，也是最基础的一步，普通用户目前只能加入到第一阶段，而随着智能家电体量的扩大，许多用户接触到的第一体量级爆品就是智能家电产品，如智能空调。虽然智能家电产品不是人工智能产品，最终却要演化到家居人工智能体系中去。目前第一步正在我国大范围地进行中，实现全面家电连网的目标。第二步，是具有自动化的家电，可以跟许多传感器联动，例如各种品牌的空调、净化器可以与温湿度传感器、环境监测套装联动。第三步，是家电的人工智能学习，如空调可以根据室内外的温度、用户习惯、用户当前状态来完成无感式操作。当新的万物互联的时代来临时，智能家居的形式与现在的形式将会发生很大的变化，人工智能的兴起也将加速智能家居领域的变化形式。

总之，如果没有人工智能进入智能家居，没有让智能家居产品拥有"会思考、能决策"的能力，那么智能家居的发展和应用都会受到很大的限制。

9.4.3　AR 技术在智能家居的应用

AR（Augmented Reality，增强现实）是一种实时地计算摄影机影像的位置及角度并加上相应图像、视频、3D模型的技术，这种技术的目标是在屏幕上把虚拟世界套在现实世界并进行互动。使用者可以戴上具有 AR 技术的眼镜，就像戴上一个普通眼镜一样，因为镜片透明，可以清晰地看到外部世界；镜片同时还是一个显示器，能够在真实世界的基础上增加 3D 仿真动画技术，进而产生一种虚实结合的效果，来构建出逼真的家居场景模型。如营造出较为真实的白天、夜晚及室内外效果，增强用户的沉浸感，并模拟实现家居中各种智能控制功能。

AR 是新一代智能终端控制平台，AR 产品可以隔空控制智能家居设备，如开关灯、调整光亮度、开关空调、开关电视等，完全是隔空的操作方式，不用触碰任何硬件，与智能语音的操控方式一样不需要触碰任何介质。通过增强现实技术，电器的功能就会自动响应，不再需要亲自走过去操作或者用 APP 控制。举个形象的例子，比如用户坐在沙发上需打开距离自己 5 米的电风扇的开关，可以对着开关处做抓取手势，AR 设备便可以在全息界面上显示一个巨大的拟物转钮让用户控制电扇的开关，或者可以对着电扇做出旋转动作，电扇便可以开始转动。

总之，AR 设备将会把智能家居的易用程度和方便程度提高一个档次，可以让用户能够比用智能手机更方便地控制家居，将成为更好的终端方式。

第 10 章　智能物流

本章导读

　　智能物流通常是指利用物联网技术实现货物从供应方向需求方的智能转移过程，包括智能运输、智能仓储、智能配送、智能包装、智能装卸以及智能信息的获取、加工和处理等多项基本活动，为供应方提供最大化的利润，为需求方提供最佳的服务，同时也应消耗最少的自然资源和社会资源。

　　本章我们将学习以下内容：
- 智能物流的基本概念与特征
- 智能物流的一些国内外典型应用
- 智能物流的发展应用趋势

10.1　物流信息化发展概述

　　物流活动随着商品交易的产生而出现，主要是为了完成商品从生产者到购买者的时间与空间上的转移，它伴随着商品经济的发展而不断发展。物流信息（Logistics Information）是指反映物流各种活动内容的知识、资料、图像、数据、文件的总称。广义的物流信息指与物流活动有关的信息和与其他流通活动有关的信息，如商品交易信息和市场信息等，狭义的物流信息指与物流活动（如运输、保管、包装、装卸、流通加工等）有关的信息。物流信息技术是指现代信息技术在物流各作业环节中的应用，是物流现代化的重要标志。

10.1.1　我国物流发展历程

　　我国物流的概念是改革开放后从日本引入的，但在物流概念引入之前，我国实际上一直存在着物流活动，即运输、保管、包装、装卸、流通加工等物流活动。其中主要是存储运输即储运活动。但是这些物流活动相对粗放，效率低下。从对现代物流的认识和发展过程看，我国物流事业大致经历了以下六个发展阶段，如图 10.1 所示。

图 10.1　物流发展历程

1. 物流筹备阶段

新中国成立后到改革开发以前，中国仍处于传统的计划经济体制的环境，国家对生产资料和主要消费品实行计划生产、计划分配和计划供应。商业、粮食等流通部门自成体系，分别成立了本部门的供销公司、批发零售网点和仓储、运输队伍，按计划储存和运输；铁路、航空等专业运输部门也各自拥有储运企业。我国在这一时期只有传统的储运活动，即传统的物资运输、保管、包装、装卸、流通加工等活动，它还不算是真正意义上的现代物流活动。

2. 物流起步阶段

1978 年党的十一届三中全会以后，改革开放首先从农村突破，进而向城市推进，引入外资。伴随着市场取向的经济体制改革，为经济发展注入活力。三中全会前夕，国家物资总局牵头，组织了国家计委、财政部、省市等政府相关部门和部分大专院校考察日本物资管理，首次把"物流"概念介绍到中国。之后，一些专业刊物出现了介绍物流知识的文章。1984 年 8 月，我国第一个物流专业研究团体——中国物流研究会成立。随着改革开放的深入，现代物流理念进入中国，越来越多的大专院校、研究机构开始研究现代物流理论。有关物流的著作相继出版，物流讲座和研讨会陆续举办，物流知识得到传播和普及。

3. 物流实践阶段

20 世纪 90 年代初至 90 年代中后期，物流实践范围得到拓展。其主要表现是，随着零售业连锁超市等新型业态的出现，作为面向零售连锁业提供物流服务的配送中心在提高物流服务水平、降低物流成本和交易成本等方面的作用受到高度重视，对配送和物流系统的研究向深层次发展，配送实践活动逐步向其他行业渗透，进而推动了现代物流事业的发展。1999 年 11 月，国家经贸委与世界银行组织召开"现代物流发展国际研讨会"。

4. 物流信息化阶段

21 世纪初，随着电子商务对传统交易方式的改变，物流作为实现电子商务交易的商品供应保障系统，由于自身发展滞后，成为电子商务应用的瓶颈，制约了电子商务的发展。党中央提出科学发展观，推动经济结构调整和发展方式转变，把大力发展服务业作为经济发展的重大举措。我国加入世界贸易组织，对外开放迈出新的步伐，外资物流企业"抢滩"中国，国有物流企业重组转型，民营物流企业加速成长。企业对物流的重要性有了新的认识和更为深入的思考，开始积极研究开发并引进适应信息化与电子商务环境的物流管理与运作模式，加强物流信息化建设和物流网络建设。

5. 物流全面发展阶段

2006 年 3 月，十届全国人大四次会议批准的《国民经济和社会发展"十一五"规划纲要》提出"大力发展现代物流业"。2009 年 3 月国务院印发《物流业调整和振兴规划》，现代物流的产业地位在国家层面得到确立，我国现代物流业进入全面快速、持续稳定发展的新阶段。其主要表现是，物流事业发展进入了一个新阶段，对物流的认识更加全面和成熟；物流管理从宏观层面到微观层面全面铺开，在发展现代物流的问题上有了统一的认识，发展方向逐步明确；物流产业地位在国家层面得到确立，政府将发展现代物流业作为了一项重要的产业政策；物流理论研究和物流教育水平显著提高。

6. 物流中长期规划深入实施阶段

国务院连续出台物流降本增效措施，把降低物流成本作为深化供给侧结构性改革的重要任务，物流业作为支撑国民经济发展的基础性、战略性产业，仍将处于转型升级的战略机遇期。

我国物流业正处于以转型升级为主线的深入发展实施新阶段,行业发展逐步从追求规模数量增长向质量效益提升转变,从成本要素驱动向效率提升、创新驱动转变,从单纯降低物流成本向降本与增效协同发展转变,传统的物流产业通过引入新技术、新模式、新理念、新机制,做好转型升级"加法",提升供给侧结构性改革成效,正在加快释放行业发展新动能。随着新一轮科技革命的兴起,物流业与互联网深化融合,将加速实现连接升级、数据升级、模式升级、体验升级和智慧升级;随着产业变革的持续深入发展,全球价值链和产业链体系逐步重构,将加速实现物流社会化、专业化、一体化、柔性化、集中化、个性化和国际化发展。围绕新时期五大发展理念,物流业也将向更加创新、协调、绿色、开放、共享的方向发展。

在电子商务蓬勃发展的现阶段,我国现代物流发展正逐步追赶国际先进水平,尤其在冷链物流、自动分拣仓储配送、烟草物流配送等应用领域。在我国政府的支持下,物流、通信、互联网、电子商务等各类企业在物流技术及推广应用方面加强合作,不断缩小我国物流与发达国家的差距。

10.1.2 物联网技术对物流的影响

随着物联网理念的引入,技术的提升,政策的支持,物联网将给我国物流业带来革命性的变化。与发达国家相比,我国的智能物流起步晚,基础设施落后,理论研究及人才培养相对匮乏。而物联网技术的出现和发展,将为我国智能物流超过发达国家提供一次新的发展机会。物联网技术对物流业的影响主要分别体现在传统物流行业和物流新范畴行业两方面,具体应用举例如图 10.2 所示。

图 10.2 物联网推动物流发展

传统物流行业应用相对成熟,首要集中在以下四类应用体系:

（1）商品的智能可追溯网络体系:在医药、农商品、食物、烟草等职业范畴,商品追溯体系发挥着货品追寻、辨认、查询、信息收集与管理等方面的无穷作用,根据物联网技能的可追溯体系为保证商品的质量与安全提供了保证。

（2）物流过程的可视化智能管理网络体系:根据 GPS 卫星导航定位技术、RFID 技术、传感技术等多种技术,在物流过程中实时完成对车辆定位、运送物品监控、在线调度与配送可视化与管理等。现在,物流工作的透明化、可视化管理已初步实现,全网络化与智能化的可视管理网络还有待开展。

（3）智能化的公司物流配送基地:根据传感器、RFID 等物联网技术建立物流工作的智能操控、主动化操作的网络，完成物流配送基地的全主动化，完成物流与出产联动，并与商流、信息流、资金流全部协同。

（4）公司的智能供应链：根据物联网技术晋级智能物流和智能供应链的后勤保障网络体系，满足电商快速发展及智能制作等环境下产生的大量个性化需要与订单，协助公司精确预测客户需要，完成全部供应链的智能化。

10.1.3 物流发展趋势

一方面物流企业可以通过对物流资源进行信息化优化调度和有效配置，来降低物流成本；另一方面，物流过程中加强管理和提高物流效率，以改进物流服务质量。然而，随着物流快速发展使得物流过程越来越复杂，物流资源优化配置和管理的难度也随之提高，物资在流通过程中各个环节的联合调度和管理更加重要，也更加复杂，而我国传统物流企业的信息化管理程度还比较低，无法实现物流组织效率和管理方法的提升，阻碍了物流的发展。要实现物流行业长远发展，就要实现从物流企业到整个物流网络的信息化、智能化，因此，发展智能物流成为必然。

优物链（Ubique Chain of Things，UCOT）是由最新的 5G /IoT 电信和区块链技术驱动的数字化供应链生态系统，目前处于研发测试阶段。在优物链生态系统中，物联网跟踪商品流向，而区块链则保证整个供应链中的可信数据共享和互操作性，成功解决了传统 RFID 伪造及修改问题。在货物运输过程中，优物链（UCOT）的技术能够提供安全记录原材料在转移中不被篡改的方法，例如，牛肉的冷链运输需要温度的保持，若运输方没能达到温度的要求标准，可能会导致牛肉变质。在区块链的应用下，想要私下修改温度变成不可能，这一操作会即时通知到运输链上的各个环节，如供应商、收货人等。

智能物流是指通过智能硬件、物联网、大数据等智能化技术与手段，提高物流系统分析决策和智能执行的能力，提升整个物流系统的智能化、自动化水平。智能物流集多种服务功能于一体，体现了现代经济运作特点的需求，即强调信息流与物质流快速、高效、通畅地运转，从而实现降低社会成本，提高生产效率，整合社会资源的目的。

智能物流的未来发展将会体现出四个特点：智能化、柔性化、一体化、社会化。

智能化是物流发展的必然趋势，是智能物流的典型特征，它贯穿于物流活动的全过程，随着人工智能技术、自动化技术、信息技术的发展，其智能化的程度将不断提高。它不仅仅限于库存水平的确定、运输道路的选择、自动跟踪的控制、自动分拣的运行、物流配送中心的管理等问题，随着时代的发展，也将不断地被赋予新的内容。

柔性化是为实现"以顾客为中心"理念而在生产领域提出的，即真正地根据消费者需求的变化来灵活调节生产工艺。物流的发展也是如此，必须按照客户的需要提供高度可靠的、特殊的、额外的服务，"以顾客为中心"服务的内容将不断增多，服务的重要性也将越来越大，如果没有智能物流系统柔性化的目的是不可能达到的。

智能物流活动既包括企业内部生产过程中的全部物流活动，也包括企业与企业、企业与个人之间的全部物流活动等。智能物流的一体化是指智能物流活动的整体化和系统化，它是以智能物流管理为核心，将物流过程中运输、储存、包装、装卸等诸环节集合成一体化系统，以最低的成本向客户提供最满意的物流服务。

随着物流设施的国际化、物流技术的全球化和物流服务的全面化，物流活动并不仅仅局限于一个企业、一个地区或一个国家。为实现货物在国际间的流动和交换，以促进区域经济的发展和世界资源优化配置，一个社会化的智能物流体系正在逐渐形成。构建智能物流体系对于降低商品流通成本将起到决定性的作用，并成为智能型社会发展的基础。

通过智能物流系统的四个智能机理，即信息的智能获取技术、智能传递技术、智能处理技术、智能利用技术来分析智能物流的应用前景。

（1）智能获取技术使物流从被动走向主动，实现物流过程中的主动获取信息，主动监控车辆与货物，主动分析信息，使商品从源头开始被实施跟踪与管理，实现信息流快于实物流。

（2）智能传递技术应用于企业内部、外部的数据传递功能。智能物流的发展趋势是实现整个供应链管理的智能化，因此需要实现数据间的交换与传递。

（3）智能处理技术应用于企业内部决策，通过对大量数据的分析，根据客户的需求、商品库存、智能仿真等做出决策。

（4）智能利用技术在物流管理的优化、预测、决策支持、建模和仿真、全球化管理等方面应用，使企业的决策更加准确和科学。

智能新技术在物流领域的创新应用模式不断地涌现，成为未来智能物流大发展的基础，极大地推动行业发展。

10.2　物联网在物流行业的典型应用

10.2.1　应用历程

物流行业不仅是国家十大产业振兴规划中的一个，也是信息化及物联网应用的重要领域。它的信息化和综合化的物流管理、流程监控不仅能为企业带来物流效率提升、物流成本控制等好处，也从整体上提高了企业以及相关领域的信息化水平，从而达到带动整个产业发展的目的。物联网在物流中的应用发展并不是一个突变的过程，而是一个从信息自动提取、信息整合、物品局域联网、局部系统的智能服务与管控等向全网融合的智能物流逐步深化的过程。物流行业已经历经了如下几个物联网发展阶段，如图 10.3 所示。

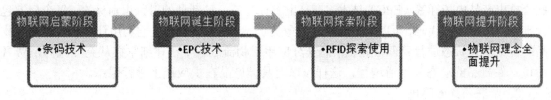

图 10.3　物流行业物联网应用历程

1. 物联网启蒙阶段

在启蒙阶段，物流行业的物联网的应用是从条码技术开始的。条码技术最早产生在 20 世纪 20 年代，诞生于 Westinghouse 的实验室里。最初是在信封上做条码标记，条码中的信息是收信人的地址，就像今天的邮政编码。为此 Kermode 发明了最早的条码标识，设计方案非常的简单，即一个"条"表示数字"1"，二个"条"表示数字"2"，依次类推。然后，他又发明了由基本的元件组成的条码识读设备：一个扫描器（能够发射光并接收反射光）；一个测定反射信号条和空的方法，即边缘定位线圈；使用测定结果的方法，即译码器。

图 10.4　某产品条形码

1988 年 12 月，我国成立了"中国物品编码中心"，并于 1991 年 4 月 19 日正式申请加入了国际编码组织 EAN 协会。近年来，我国的条码事业发展迅速，目前，商品使用的前缀码有"690""691"和"692"。从 20 世纪 90 年代中期，条码技术才开始在我国的物流行业中起步，最初主要是从生产线物流管理、现代物流配送中心开始应用。条码技术是实现 POS 系统、EDI、电子商务、供应链管理的技术基础，是物流管理现代化的重要技术手段。条码技术包括条码的编码技术、条码标识符号的设计、快速识别技术和计算机管理技术，它是实现计算机管理和电子数据交换不可少的前端采集技术。条码技术在我国物流行业的应用标志着物联网技术在我国物流行业应用的萌芽。

2.　物联网诞生阶段

随着信息系统不断应用，产品的唯一识别对于某些商品非常必要。而一维条码识别最大的缺点之一是它只能识别一类产品，而不是唯一的商品。目前较好的解决方法就是给每一个商品提供唯一的号码——EPC（Electronic Product Code）。EPC 采用一组编号来代表制造商及其产品，不同的是 EPC 还用另外一组数字来唯一地标识单品。EPC 是唯一存储在 RFID 标签微型芯片中的信息，这样可使得 RFID 标签能够维持低廉的成本并保持灵活性，使在数据库中无数的动态数据能够与 EPC 标签相链接。

EPC 技术是由美国麻省理工学院的自动识别研究中心（Auto-ID Center）开发的，旨在通过互联网平台，利用射频识别（RFID）、无线数据通信等技术，构造一个实现全球物品信息实时共享的"物联网"。EAN 和 UCC（目前已经合并并改名为 GS1，即 Globe Standard1）联合推出产品电子标签（EPC）技术。产品电子标签是一种新型的射频识别标签，每个标签包含唯一的电子产品代码，可以对所有实体对象提供唯一有效的标识。它利用计算机自动地对物品的位置及其状态进行管理，并将信息充分应用于物流过程中，详细掌握从企业流向消费者的每一件商品的动态和流通过程，这样可以对具体产品在供应链上进行跟踪。

3.　物联网探索阶段

随着物联网概念的引入，在我国物流领域开展了物联网应用。2004 年 4 月，我国举办了第一届 EPC 与物联网高层论坛。2004 年 10 月，举办了第二届 EPC 与物联网高层论坛，同年物联网相关的图书首次在我国出版。在这一时期，我国物流领域掀起组织了一系列关于 RFID/EPC 的会议，在各个物流领域，基于 RFID 技术的解决方案、应用案例不断涌现，智慧化的物流系统开始出现。

以 RFID 技术应用为例。首先，物流行业尝试在高附加值产品上应用 RFID 标签，从而在物流作业系统能够对高附加值产品自动识别与定位，使产品信息自动进入物流管理信息网络系统，实现对产品的生产、加工等物流的全过程进行信息追溯和网络检索查询。

其次，借助物流运作的单元化技术，在物流单元上应用 RFID 电子标签。由于物流单元是由很多物品所组成，整体价值较大，RFID 标签成本相对于物流单元的价值就很小了。以物流单元为终端节点，实现对物流单元的自动感知、定位、追踪、管理与控制，形成以物流单元为终端节点的物联网体系。其中最为典型的应用是"集装箱 RFID 货运标签系统"在航运物联网项目中的应用。"集装箱 RFID 货运标签系统"通过 RFID 无线射频识别技术与互联网的有机结合，可为货主、港口、船公司、海关、商检等相关单位提供集装箱实时状态信息，对提高集装箱运输的安全水平和运输效率具有重要的意义。目前，该系统已在中美、中日、中加、中马等多条国际航线上应用，"集装箱 RFID 货运标签系统"也因此成为我国第一个达到国际领先水平的系统，其系统规范也进入国际物联网标准体系，将由国际标准组织面向全球发布。

4. 物联网提升阶段

2005 年 11 月，国际电信联盟（International Telecommunications Union，ITU）借用了原来基于 RFID/EPC 技术提出的"物联网"概念，从更广泛的角度提升了物联网理念，发布了《ITU 互联网报告 2005：物联网》，宣布了无所不在的"物联网"通信时代来临，物联网理念得到了全面提升，形成了目前以感知技术、网络通信技术和智能应用技术为核心的三大物联网本质特征。

我国目前具备物联网本质特征的局域网或相对独立的网络系统非常多，优秀案例也非常多，新的探索与创新也非常多。例如，江苏省首个智能物流市场合作项目，"感知中国"智能交通的重要组成部分——中国太运物流信息中心（江苏虚拟物流园）物联网项目在江苏省互联网产业孵化基地正式启动。该项目建成后将具备物流企业集聚区、配套服务区、物流外包信息区三大功能，率先推进江苏物流行业从传统货运、仓储、停车场业态向着物流信息中心、货运代理、物流写字楼经济的现代物流方向进行转变，形成"物流企业集聚、信息网络运作、外包业务集中"的新物流业态特色，充分利用 GPS、3G、4G、RFID、互联网及部署规划中的 5G 技术等多种通信核心手段，一改我国物流行业中信息化传递的传统产业格局。项目已有包括货代公司、船运公司、航务公司、空运公司、快运公司等企业，初步形成区域总部经济模式。

特别需要指出的是，目前我国现代物流发展相对于国际先进水平整体上存在一定差距。物流技术水平近年来提升迅速，目前世界上最先进的物流技术与装备也陆续引入国内，在国内烟草、邮政、医药、汽车等领域尤其是电子商务领域有较多的应用。就整体行业而言，我国物流行业发展参差不齐，有世界上最先进的技术，也有止步不前的原始作业方法。整体技术水平的应用分布呈金字塔结构，其中先进的物联网技术就是塔尖部分，占的比例不大，落后的技术状况是塔基，占有较大比例。这决定了物联网技术虽然在物流业应用范围较广，但深度融合还处于探索过程。

10.2.2 典型行业应用

从目前看，美国依然引领物联网产业发展，但我国的相关技术研发与国外同步，虽然在核心技术方面还落后于他们，但我国有庞大的发展前景和市场空间，特别在电力、农业、医疗、交通、金融等各行业都有使用物联网技术成功案例，这些行业也被国外 IT 企业高度关注。

1. 国外物联网的一些典型运用

2011 年 1 月，全球领先的通信服务商英国电信（BT）与 Omnitrol Networks 合作，部署基于 RFID 的零售库存解决方案，该系统能够跟踪实际库存移动情况，并根据最小存货单位（SKU）跟踪单品周转率，同时可提前向零售店面经理发出实时补货提醒，实现供应链的可视化，帮助零售商大幅提高员工生产力，实现实时库存管理与追溯，创造更加智能化、协作更紧密的供应链。美国联邦快递公司（FedEx）所提供准时送达服务（Just In Time Delivery, JIT-D）。FedEx 每天要处理全球 211 个国家的近 250 万件包裹，其利用基于 Internet 的 InterNetShip 物流实时跟踪系统，准时送达率达到了 99%。作为国际大型零售业巨头，美国沃尔玛在智能化物流方面投入巨大。它拥有全美最大的送货车队，有近 3 万多个大型集装箱挂车，6000 多辆大型货运卡车，24 小时不停地工作。车辆全部安装了 GPS，调度中心可实时掌握车辆及货物的情况，如车辆在什么地方，离商店还有多远，还有多长时间能运到商店。通常沃尔玛为每家分店的送货频率是每天一次，做到始终能够及时补货，所以领先于竞争对手。一般来说，物流成本占整个销售额的 10%左右，有些食品行业甚至达 20%或者 30%。但是，采用智能物流系统调度后，沃尔玛的配送成本仅占它销售额的 2%。如此灵活高效的物流调度，使得沃尔玛在激烈的零售业竞争中能够始终保持领先优势。

2. 物联网在苏宁电器南京物流配送中心的运用

苏宁电器南京物流配送中心是一个物联网应用的典型案例。物联网技术在其中的应用，使这里有了不同于传统物流配送中心的崭新运转方式。配送中心的仓储运作，完全听从系统指挥，每件商品每移动一次，都要用终端扫描一次电子标签，将其在库内的最新动态告诉系统。在这个物流配送中心，每件入库商品必须有能被射频识别系统识别的"姓名"，这个"姓名"就是商品外包装上的电子标签。从商品入库的第一个环节开始，这个"姓名"就被终端扫描记入了系统，它什么时候移动，移到哪儿，全由系统安排。物联网中"物"的"姓名"是存储在电子标签上的电子产品编码，这种编码可全球识别。

3. 物联网在南京医药股份有限公司物流活动中的运用

在药品外包装盒上加装一个芯片，通过物联网技术，对药品在库、在售、在用等环节的全程质量安全提供可感知、可追溯体系的平台。购买药品后，可通过药品终端查询系统，读取该药品经历环节最真实的信息，做到放心购买。药品仓库中的门禁和货架上配有电子系统，药品进入仓库前，经过门禁扫描，读取药品包装盒上的信息，记录在案。药品按照门类装上电子货架，每过几秒钟，电子货架会自动扫描货架上所有的药品信息，查询药品摆放位置是否正确，药品是否临近过期限制等，一旦发现异常，电子货架会自动亮起红灯报警。

还可以通过设置电子货架，控制整个储存室的温度和湿度。电子货架的应用可以将平均库存周转期减少到 7 天，大大节省药品的库存成本和资金占用，从仓储环节上降低了药品售价。利用物联网还可以构建药品消费的电子商务系统。拖动鼠标，可从这个货架"走"到那个货架，就像现实中逛药店一样。选择货架上的一件药品点击打开，该药品就会被放大，可查看药品包装盒上的各种信息，包括服用禁忌、服用剂量等，如果确认无误，可点击购买，通过网上银行付款。市民还可通过系统点击视频对话，向药店销售员询问药品相关信息，或者向在线专家咨询病情，以对症下药。

4. 江苏物联网物流应用平台

物联网物流应用平台创新运用"三网融合"技术形成互联互通、高速安全的信息网络，应用 RFID、GPS、GIS、无线视频及多种物流技术，帮助企业构架数字化、网络化、可视化和智能管理系统，从而形成各级"物流公共信息平台"为信息节点的物联网络。

该平台包含了车货仓三方对接、危化品全方位监督等九大物联网示范工程，每个示范工程可为应用方提供融合通信、加油、保险等综合一体化服务，将使整体物流行业"感知"范围进一步拉大，实现多方共赢。

5. 物联网在我国烟草物流行业的应用

作为烟草行业物联网最典型和成功的应用案例，应该是目前由中烟电子商务公司牵头委托上海烟草集团建设的工商卷烟物流在途信息跟踪系统（简称在途系统），该系统的建设是站在行业整体物流信息化建设的高度，针对行业干线物流（工业到商业）以"多对多"的送货模式。为了避免工业企业重复建设和投资，为下一步进一步整合干线物流资源，满足行业工商协同信息交换需求，搭建行业统一的工商在途物流信息跟踪平台是非常必要和急需的。在途系统称得上是一个较为系统的行业级物联网闭环应用系统。在途系统如同物联网架构一样共分三层：

在感知层面：有车载和电子锁设备，通过该设备及时了解在途车辆的位置、状态、载货情况，以及车货箱门开关情况和安全报警等信息传递。

在网络层面：采用行业内联网或互联网，传送电子物流单证等信息，利用 GPRS 传送车载定位和报警等信息，利用 433、2.4G 等无线通信技术来监测车载和电子锁运行状态，包括开锁管理等功能。

在应用层面：建立行业统一的电子地图（GIS）和在途信息管理平台，实现在途信息的跟踪、展示、查询、监控、调度和统计分析等功能。

该平台分为两级部署，在行业层面部署着信息集成平台和信息交换接口，同时也具有一定的 GIS 展示和信息查询、调度、分析功能；在工业公司和省级局层面，分别由单位自己统一搭建个性化应用调度管理平台，通过行业平台对接信息提供个性化调度和管理服务。

在途系统主要有三个特点：一是先进性，该系统采用了目前现代物流领域里涉及的所有关键技术，如 GPS、GIS、GPRS、RFID、BI 等，是集所有现代物流技术的创新工程；二是物联性，该系统符合物联网所有的理念和定义，并利用了物联网三层架构，从感知层、网络层到应用层所涉及的主要物联网技术；三是标准规范性，通过该系统的建设有效地规范了行业物流运输过程作业标准，并通过该系统为贯彻落实行业物流单证标准起到了决定性作用。

通过在途系统的建设和实施推广，可以为行业工商企业提供干线物流在途信息服务、在途车辆实时跟踪监控、个性化车辆调度与管理、车载安全报警等信息服务和应用拓展功能；为行业工商协同、干线物流整合必将起到重要的支撑作用。

6. 物联网在危险货物运输线路透明化管理的应用

随着物联网概念的提出，浙江物流业已开始了物联网的相关应用，通过整合车载 GPS、运输车辆数据和电子路单系统实现危险货物运输线路透明化管理，可实现的范围包括出发点、终点，还包括中途经过的各种中转站、运输车辆的休息地点等。运输车辆在出发点和目的地要装、卸货物，在中途要停车休息，对于危险品运输来说，针对这些行为的监控和管理是整个物流运输过程中不可忽视的环节。

浙江省道路危险货物运输车辆采取安装 GPS 及使用电子路单的方式，较好地解决了这个问题。为了实现对危险货物运输车辆监控，要求道路危险货物运输企业的 GPS 监控管理平台与省级公共平台实现无缝对接，通过公共平台实现各省级监管平台间互联互通。上海世博会期间实现全部危险货物运输车辆联网联控，没有对接的车辆不能进入上海。另外，货主也可以使用 GPS 监控平台，对自己的货物进行动态监控。

危险品运输车辆是世博安保车辆监管中最为严格的，为此，交通运输部要求所有入沪危险品车辆报备路单。通过电子路单报备为危险品的安全运输提供数据监控，结合重点营运车辆 GPS 联网联控系统，为危险品运输中可能发生的意外事故的施救工作提供更加准确的信息，确保世博期间公路交通安全。

7. 物联网在冷链物流的应用

冷链物流是物联网细分应用领域之一，是指通过采用专用设施，使温度敏感性产品（乳制品、生鲜食品、园艺品、血液、疫苗等）从生产企业成品库到使用单位过程中的温度始终控制在规定范围内的物流过程。通过推广冷链物流，可以保证物品质量，减少物流损耗。

冷链物流利用 RFID 温度标签、3S（GPS、GIS、RS）技术及冷链物流信息化技术，RFID 温度标签内部装备有芯片和温度传感器，并且装有超薄的纽扣电池，能够连续使用五年以上。温度传感器随时收集到的温度信息不仅能够实时存储在 RFID 芯片里面，还能够通过 RFID 读写天线传送出去，并且可以实现远距离读写（最远距离 30 米）。

在食材保温箱放入冷链车之前，温湿度标签会被安装到物流车内，待装运出发后，开始持续记录物品所处环境的温湿度。标签信息通过无线方式发送数据，使用 ZigBee 微波标签，保证了信息能通过金属质地的保温箱发送到保温箱外的 PDA 中，这样物流车门口放置的 PDA 就能读到标签发送的数据，并显示出来。如果温度达到预设极限值，发出警报。系统控制 PDA 读取的时间，每隔几分钟控制 PDA 开关读取标签发送的数据，并且通过表格或者曲线的方式发送到物流中心的计算机。

如果物流车里的温度靠近预先设定的温度极限值，系统则会根据预先设定的方式报警，提醒司机调整物流车冷库的温度。该系统也可以配置 GPRS 模块，通过 GPRS 技术，物流中心可以通过 PDA 对物流车的温度进行监控，得出曲线或图表进行分析。当货物到达目的地，司机能即时凭警报信号检查温度出现异常的箱子。而系统亦会自动制作温度趋势图，以便能准确地知道在什么时间温度发生了怎样的变化。保温箱送到客户那时，能通过 PDA 查看整个物流过程中的温度变化情况，一旦发现某时刻温度的实时值超出极限值范围，客户可以选择不收货，司机不交货。

当食材存放在仓库中时，还可以通过 RFID 时时观测记录食材保温箱的温度信息，实现冷链产品（食品、农产品与医药等）全生命周期和全过程实时监管，促进冷链运输管理的透明化、科技化、一体化。

8. 物联网推进邮政物流变革

利用物联网技术，邮政部门将邮筒里安装 RFID 射频装置，通过无线连接技术与邮局的监控平台连接，实现对每个邮筒精确监控，便于有效配置邮递员资源。邮筒纳入自动监控后，可以从大街上延伸到小区、校园、工厂等地方，不再受地理限制。

2007 年，广州出现了橙绿双色邮筒，一个邮筒一半装信件，一半放快递。同城快邮上午寄下午就能到达，邮政物联网技术可以用到快递服务之中。

10.3　智能物流发展趋势

物联网发展正推动着我国智能物流的变革，我国智能物流将迎来大发展的时代。随着物联网理念的引入，技术的提升，政策的支持，相信未来物联网将给我国物流业带来革命性的变化，我国智能物流将迎来大发展的时代。虽然目前物流领域应用物联网还不是很广泛，但物流领域的应用更能体现物联网的价值。将来物联网应用发展到一定程度，物流将在整个物联网产业中发挥巨大作用，占据重要地位。因为物流关注的是物品流动过程，而物联网本身就是在物品流通过程中，物品和互联网的连接，因此其在物品流通过程中应用会更广泛。

近十年来，电子商务、新零售、C2M（Customer-to-Manufacturer，用户直连制造，又称短路制造）等各种新型商业模式快速发展，同时消费者需求也从单一化、标准化，向差异化、个性化转变，这些变化对物流服务提出了更高的要求。物流运作模式革新，推动物流需求提升。

物流行业与互联网结合，改变了物流行业原有的市场环境与业务流程，推动出现了一批新的物流模式和业态，如车货匹配、众包运力等。基础运输条件的完善以及信息化的进一步提升激发了多式联运模式的快速发展。新的运输运作模式正在形成，与之相适应的智能物流快速增长。

归纳概括起来，物流企业对智能物流的需求主要来自物流数据（形成层）、物流云（运转层）、物流设备技术（执行层）三大领域。

智能物流数据服务市场（形成层）：处于起步阶段，其中占比较大的是电商物流大数据，随数据量积累以及物流企业对数据的逐渐重视，未来物流行业对大数据的需求前景广阔。

智能物流云服务市场（运转层）：基于云计算应用模式的物流平台服务，在云平台上，所有的物流公司、行业协会等都集中整合成资源池，各个资源相互展示和互动，按需交流，达成意向，从而降本增效，阿里巴巴、亚马逊等纷纷布局。

智能物流设备市场（执行层）：是智能物流市场的重要细分领域，包括自动化分拣线、物流无人机、冷链车、二维码标签等各类智能物流产品。

未来物联网在物流业的应用将会出现如下几方面趋势：

（1）统一标准，共享物流的物联信息。目前，尽管物联网在物流业具有很多应用，但是大部分的应用还是局部的，不同的系统难以融合，各自的网络有各自的标准体系，形成的是一个个物联网信息孤岛。

虽然在物联网时代，很多物联网局部应用是闭环的和独立的，没必要实现全部的物品互联到一个统一的网络体系。但是，在物联网基础层面，统一的标准与平台是必须的，局部的物联网系统、物联局域网等都可以在统一的标准体系上建立。同一个物品在不同的物联网系统具有不同的编码，也具有不同的规则，给今后的网络融合及物联网应用会带来一系列的问题。

编码中心专家认为，统一的物联网基础（编码）体系是物联网运行的前提，只有在统一的体系基础上建立的物联网才真正能做到互联互通，做到信息共享和智慧应用。举例来讲，EPC 系统在物联网中的早期应用，比如配送系统、智能货架、航空运输、集装箱通关等，都运用了 EPC 系统相应的技术。在全球著名的制造商、销售商、技术提供商、技术产品提供商共同参与下，EPC 已经形成了较为完备的标准体系，其超高频 C1G2（Class1 Generation 2）标签协议等标准已经被接受为 ISO 国际标准。

建立统一的标准是物联网发展趋势，更是物流行业应用市场的需求，也是物流行业物联网的大趋势。目前这一问题也已经引起物联网业界广泛关注，但标准问题牵涉各种利益，我国物联网领域的标准之争将给我国物联网应用带来一系列问题。

（2）互联互通，融入社会物联网。物联网是聚合型的系统创新，必将带来跨系统、跨行业的网络建设与应用；随着标签与传感网的普及，物与物的互联互通，将给企业的物流系统、生产系统、采购系统与销售系统的智能融合打下基础。如社会化产品的可追溯智能网络就可以方便地融入社会物联网，开放追溯信息，让人们可以借助互联网或物联网手机终端，实时方便地查询追溯产品信息。这样，产品的可追溯系统就不仅仅是一个物流智能系统，它将与质量智能跟踪、产品智能检测等紧密联系在一起，从而融入人们生活。

不仅产品追溯系统，今后其他的物流系统也将根据需要融入社会物联网络或与专业智慧网络互通，如智慧物流与智能交通、智慧制造、智能安防、智能检测、智慧维修、智慧采购等系统融合，从而为社会全智能化的物联网发展打下基础，智慧物流也成为人们智慧生活的一部分。

（3）多种技术，物流领域集成应用。目前在物流业应用较多的感知手段主要是 RFID 和 GPS 技术，今后随着物联网技术发展，传感技术、蓝牙技术、视频识别技术、M2M 技术等多种技术也将逐步集成应用于现代物流领域，用于现代物流作业中的各种感知与操作。例如：温度的感知用于冷链；侵入系统的感知用于物流安全防盗；视频的感知用于各种控制环节与物流作业引导等。

（4）创新模式，物流领域不断涌现。物联网是聚合、集成的创新理念，物联网带来的智慧物流革命远不是我们能够想到的这几种模式，群众是真正的英雄，随着物联网的发展，更多的创新模式会不断涌现，这才是未来智慧物流大发展的基础。

（5）"物"有智慧，实现智慧物流变革。在物流行业，我国物联网的应用还仅仅处于"物联网"阶段，还仅仅实现了对"物"的联网，仅仅是实现了物流信息由过去的"告知"到主动的"感知"，在此基础上实现智能追溯、监控与可视化管理。即使是有智能的物流系统，也是建立在感知、联网基础上，借助于人的智能或信息系统的智能进行自动化和智能化应用，作为物流对象的"物"还是处于被动状态。

（6）隐私与安全问题。信息的安全性得不到保证，这是不容忽视的亟待解决的技术问题。人们自身以及其使用的各类物品都有可能随身携带着各类的标识性电子标签，非常容易在未知的情况下被恶意定位与追踪，个人的行踪以及相关隐私受到侵犯。目前，这类问题仍然没有一个很好的解决对策。若涉及的商业机密、个人隐私等被恶意获取以及操纵，后果将不堪设想。这不仅仅是技术问题，还涉及道德、法律等问题。

（7）相关政策法规问题。智能物流的发展不仅需要各类技术，更涉及整个物流行业、各家企业间的全力协作以及整合。就目前而言，相关的政策以及法规少之又少，不能够满足实际的需要，这就需要国家在相关产业政策的立法上走在前面，制定出适合整个物流行业发展的法规政策，保证智能物流向前稳定的发展。

（8）管理平台的开发。物流公共信息平台的主要功能是通过基础功能子系统，满足企业获取物流信息、网上报关、在线交易等需求，满足政府相关部门获取物流信息的需求，对不同用户的需求提供相应层次的信息等。因此，建立庞大的综合性的业务管理平台，提供各方面的信息管理，是确保物联网正常运行的基础。

第 11 章　智能诊疗

　　智能诊疗是通过构建医疗信息平台，利用先进的物联网技术，实现患者、医务人员、医疗机构和医疗设备等医疗元素的信息定义、信息采集与交互，使诊断和医疗过程信息化、智能化和互动化。智能诊疗系统的发展将带动整个医疗体系的现代化变革，其建立和推广是生物技术和信息科技发展的结晶，也是社会发展的必然，现已成为世界各国聚焦的热点。智能诊疗系统的全面普及需要公众、医院和政府的有效协调，蕴含巨大的市场和战略意义。

　　本章我们将学习以下内容：
- 智能诊疗概述
- 智能诊疗系统
- 医疗信息化
- 智能诊疗应用实例

11.1　智能诊疗概述

11.1.1　智能诊疗的概念和意义

　　智能诊疗是利用先进的医疗设备和物联网技术，通过构建医疗信息平台，实现患者、医务人员、医疗机构和医疗设备等医疗元素之间的信息交互，使诊断和医疗实现信息化和智能化。具体来讲，智能诊疗通过设计和开发用于医疗的智能设备和软件，对医疗元素的信息进行感知、定义和采集，根据医疗标准和医疗大数据，诊断并分析个体的生理和心理状况，并将有效信息通过互联网实现数据库的实时更新以及医患之间的信息互动。由此，区域内有限的医疗资源可全面共享，医疗体系随之升级，人们可获得极为便捷、及时和精准的医疗服务。智能诊疗系统还包括医疗物资管理和信息安全保护等。智能诊疗系统是物联网领域的重要产业之一，其发展将推进医疗信息数字化、医疗过程远程化、医疗流程科学化和服务沟通人性化的全面落实。图11.1 为智能信息化病房管理系统。

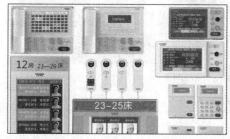

图 11.1　智能诊疗系统的组成部分之一：智能信息化病房管理系统

　　智能诊疗是一项系统性工程技术，涉及与物联网和生物医学相关的各种前沿科技，包括信息技术（Information Technology，IT）、生物技术（Biotechnology，BT）、纳米技术（Nanotechnology，NT）和环境技术（Environment Technology，ET），如图 11.2 所示，最新兴起的基因技术（Genetic Technology，GT）和先进材料极大地推进了智能诊疗的设备升级和技术更新。时至今日，电子病历、电子处方、远程会诊等系统已广泛应用，诊断无纸化、传输数字化、医疗智能化、平台集约化的诊疗手段将得以普及。智能诊疗系统增强了医疗体系的整合性、可预测性和可控性，使医疗过程可精准定位、智能分析并有效医治，实现诊疗的智能化和标准化。智能诊疗系统将建立智能、惠民、可及、互通的健康医疗诊断模式、医患交流模式、医疗预防模式、医院管理模式、资源投资模式、医保改革模式、政府公共卫生服务模式。

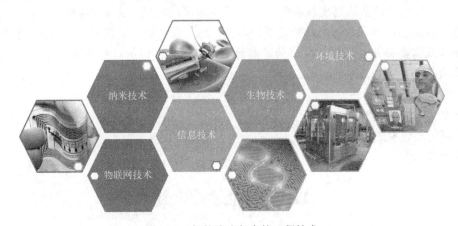

图 11.2　智能诊疗包含的工程技术

　　以新型健康医疗诊断模式为例，在医疗机构的指导下，患者可以将自己的个人电子健康档案和电子病历装进手机里，随身携带，进而可以通过手机来实现日常的医疗咨询，手机还可以提醒患者自己的健康状况和服药计划。医生则可以通过手机等智能移动终端开电子处方、书写病历、管理病人信息，甚至和病人进行远程视频诊断。辅以射频技术及感知技术，诊断、医疗、康复、护理、药品和财务管理等过程均可不同程度地实现电子化、可移动化、互动化和智能化。随着新型医疗技术的广泛应用，患者可以在住所、诊所、社区卫生服务中心、医生办公室和健康会所等地点得到治疗，使整个医疗系统的运行成本大幅降低。图 11.3 为数字化家庭医疗。

图 11.3　数字化家庭医疗

　　在完备的、标准化的个人电子健康档案基础上，通过跨区域医疗信息系统和智能诊疗运营平台，患者不必大病小病都跑去医院，而是快速找到附近可对自己病情进行有效诊断和治疗的社区医疗机构，甚至可以在家接受社区医疗机构的上门服务。患者还可以方便地进行远程预

2

2

约门诊和日常医疗咨询，避免了浪费大量时间排队挂号和检查，也解决了三甲大型医院人满为患的问题。通过医疗信息共享，小型医疗机构可以对患者进行治疗和护理，并可以发展"家庭病床"和日常陪护巡诊业务。在这样的平台和诊疗模式变革的影响下，无论是三甲大医院还是社区卫生服务中心，医疗机构都会从治"已病"和"末病"转而重视治"未病"，真正实现将医疗保险前移到全民健康管理和疾病预防，有效降低全社会的医疗投入和因疾病产生的各类社会资源损失。

医疗协作平台的建立同时可以使医疗机构的治疗和收费过程得到有效的监督。推动医疗智能化网络建设和电子处方电子病历应用，可以有效避免医疗事故并实现对用药成本的控制。医生用计算机或是数字手持设备，通过一个加密网络将处方直接传送至后台，通过在医院、药店和卫生管理当局连网共享的数据平台上进行统一登记和共享查询，电子处方系统可以非常方便地查询到患者的用药史和过敏源，还可以避免药物间的相互冲突引发不良反应。同时，医生也可以通过电子处方系统了解到病人目前的医药费用，根据价格对药品进行选择。由于直接与医保系统连网，患者也可以对自己未来产生的费用有一个明确的预计，决定是否选择某些不在报销目录之内的新药和特效药。图 11.4 为智能疹疗系统示意图。

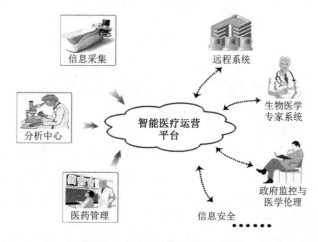

图 11.4　智能诊疗系统示意图

在城市化进程中我国面临人口流动带来的诸多社会问题，智能诊疗系统的发展是解决流动人口的医疗和医保报销等问题的重要手段。该系统以数字化病历和电子处方系统为基础，建立个人电子健康档案并连网，进而拓展到单个医院之外的社区、城市乃至更大范围，实现"跨区域医疗信息网络"和"医疗协作平台"。新医改也首次明确了对医院信息化的构建愿景"建立实用共享的医疗卫生信息系统：推进公共卫生、医疗、医保、药品、财务监管信息化建设为着力点，整合资源，加强信息标准化和归公服务信息平台建设，逐步实现统一高效、互联互通""加快医疗卫生信息系统的建设：完善以疾病控制网络为主体的公共卫生体系系统，以建立居民健康档案为重点，构建乡村和社区卫生信息网络平台，以医院管理和电子病历为重点，推进医院信息化建设，促进城市医院与社区卫生服务机构的合作，保证远程医疗"。智能诊疗利用现代信息技术及网络通信技术拓展了传统医疗的覆盖能力，打破了时间和空间限制，将有效缓解流动人口带给整个社会医疗系统的巨大负担。同时，它作为全社会泛在网的子系统之一，也是未来智慧城市的有机构成。

11.1.2　智能诊疗的主要特征

智能诊疗具有社会性和系统性两方面属性，表现在以下几个方面。

（1）智能诊疗具有根基性和成长性。发展智能诊疗需要完善的数据库作为基础，建设区域卫生信息平台和跨区域卫生信息平台，实施市民健康档案、健康卡，由医保和卫生管理部门实行就诊一卡通，建立可多方访问的市民健康档案数据库并不断实时更新。

（2）智能诊疗具有社会服从性。智能诊疗需要以人为本，以大众需求为基础，逐渐取得社会的关注和认可。智能诊疗的发展还需要政府的导向作用。政府应对社会医疗体系进行统筹规划，及时设定智能诊疗的行业标准和实施规范，适时引导有条件的医疗机构进行智能诊疗试点，并对相应的社会资本进行扶持和管理。

（3）智能诊疗具有系统整合性。智能诊疗系统包含先进的医疗平台、通信平台和监督管理平台，以实现数字化家庭诊疗、远程会诊和急救医疗等过程的智能性、便捷性和有效性。智能诊疗的整合性如图 11.5 所示。

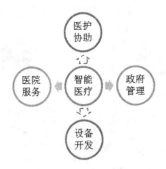

图 11.5　智能诊疗的整合性

（4）智能诊疗具有可靠性和统一性。智能诊疗系统的所有流程都要求高标准和高度统一，基于严格的操作规范和行业标准，系统可确保个人资料的安全性，同时满足医疗从业者和设备研发者对相关信息的需求。

（5）智能诊疗具有交互性。不论病人身在何处，被授权的医生都可以透过一体化的系统浏览病人的就诊历史、健康记录和保险细节等；病人也可以实时反馈自身境况，得到及时的、一致的护理服务。如图 11.6 所示。

图 11.6　远程健康监护系统的交互性

（6）智能诊疗具有协作性。智能诊疗系统在医疗服务、社区卫生、医疗支付、人身保险等机构之间交换信息和协同工作，可消除信息孤岛，建立一个整合的医疗网络。如图 11.7 所示。

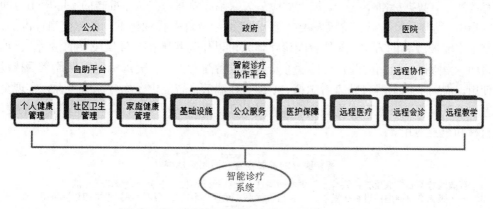

图 11.7　智能诊疗的协作性

（7）智能诊疗具有预防性。随着系统对信息的不断感知、处理和分析，可以实时地发现重大疾病即将发生的征兆，并由此实施有效响应。从患者层面来讲，通过不断更新个人病况，可对慢性疾病或者遗传疾病采取相对应的措施，有效预防疾病的发生或恶化。

（8）智能诊疗具有革新性和普及性。不断产生的用户需求、医疗技术和临床成果，将会激发智能诊疗系统的创新发展。随着系统内信息的不断积累，智能诊疗将越来越有效并得到迅速普及。

11.1.3　智能诊疗的发展现状

如图 11.8 所示，智能诊疗系统按照发展层次分为七个阶段：

第一阶段，业务管理系统，包括医院收费和药品管理系统。

第二阶段，电子病历系统，包括病人健康档案系统、诊断和用药记录等。

第三阶段，临床应用系统，包括计算机医生医嘱录入系统（Computerized Physician Order Entry，CPOE）等。

第四阶段，慢性疾病管理系统。

第五阶段，区域医疗信息交换系统。

第六阶段，临床支持决策系统。

第七阶段，公共健康卫生系统。

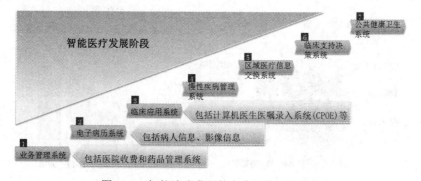

图 11.8　智能诊疗发展的七个层次（阶段）

　　我国处在第一、二阶段向第三阶段发展的阶段，还没有建立真正意义上的 CPOE，主要是缺乏有效数据，数据标准不统一，加上供应商欠缺临床背景，在从标准转向实际应用方面也缺乏标准指引。我国要想从第二阶段发展到第五阶段，涉及许多行业标准和数据交换标准的形成，这也是未来需要改善的方面。国外智能诊疗体系可以作为我国在本领域发展的参考，比如医疗保障方面，美国提供较高的医疗保险奖金；电子设备配置方面，美国免费提供数字手持设备供患者使用，借助于传感器自助查看脉搏、心跳、体温等；智能电子医疗系统方面，实现全国连网，患者输入身份证，即可查询到之前相关的病历。图 11.9 为我国当前医疗行业的主要问题、发展目标和重点应用。

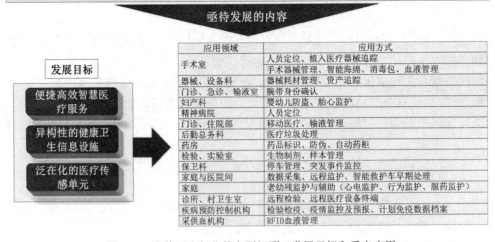

图 11.9　当前医疗行业的主要问题、发展目标和重点应用

　　无论是技术的发展、政策的支持，还是民众的需求，智能诊疗行业的快速发展都势在必行。从目前的现状来看，虽然我国智能诊疗行业起点较低，但行业发展速度较快，包括集成预约平台的建立、"先诊疗后结算"门诊预付费方式、智能商业平台的建立等。我国智能诊疗市场规模巨大，同时涉及周边广泛产业，直接触动包括网络供应商、系统集成商、无线设备供应商、电信运营商在内的利益链条，从而影响通信产业的现有布局。图 11.10 为我国智能诊疗的发展方向和市场规模。

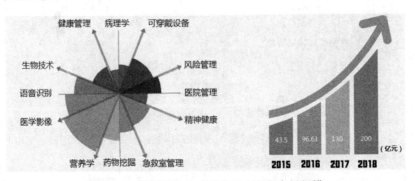

图 11.10　我国智能诊疗的发展方向和市场规模

近年来，随着移动互联、物联网技术的快速发展，由不同终端设备产生的数据量愈加庞大，据相关机构预测，在 2020 年大数据量将上涨至 44ZB。据了解，这些数据有高达 80% 都是来源于文本、图像、视频等非结构化数据，但是由于技术瓶颈，现有的 IT 系统无法识别这些非结构化数据，导致这些数据没有意义。在大数据时代，用于智能诊疗的图像识别、深度学习、神经网络等关键技术促成了"人工智能+智能诊疗"的新模式。"人工智能+智能诊疗"简称医疗 AI，属于人工智能应用范畴，泛指将人工智能及相关技术应用在医疗领域。人工智能对医疗领域的改造是颠覆性的，人工智能是从生产力层面对传统医疗行业进行变革，改造的是医疗领域的供给端。医疗 AI 不但能够识别大量的非结构化数据，而且可以提供数据洞察，随着智能程度不断提升，人工智能将带来可观的增量市场。国内外已经有一些高科技企业将这些认知计算和深度学习等先进技术用于医疗影像领域。

11.2　智能诊疗系统

智能诊疗系统以物联网技术为依托，以电子健康档案和电子病历的医疗卫生行业"云协作"平台为基础，通过各种先进的 ICT（Integrated Circuit Tester）能力的引入，构建丰富的"移动性、融合视频"业务体验，促进医疗卫生行业的全面协作。同时构筑以面向医院的远程医疗、面向政府的区域卫生信息化、面向公众的健康管理三大单元为核心的协作平台。

11.2.1　智能诊疗系统的整体框架

智能诊疗系统由硬件和软件两方面组成。硬件即涵盖医疗和服务系统中的所有智能设备和设施，一般专指对智能化起到核心作用的系统元件。软件层面内容非常广阔，包括系统构建标准、硬件组织协议、信息传输方式、数据处理模式、服务条款设定等，是智能诊疗的灵魂。硬件和软件统一整合在物联网的应用框架中，最终实现高效、稳定、可靠的智能化通信和诊疗服务。

在硬件架构上，通过高性能的服务器减少物理服务器的部署数量，大大降低软件支持成本、人员管理成本、维护成本以及降低能耗、节省空间，提高 RAS（Reliability，高可靠性；Availability，高可用性；Serviceability，高服务性）能力。在软件开发上，通过 IM、WebSphere、Lotus、Tivoli、Rational 的综合应用为打造智能诊疗平台提供信息整合和高附加值，有效整合临床与科研信息，以及医疗集团内部和医疗机构之间的各个系统，包括电子病历系统、医院管理信息系统、检验信息系统、医学影像存储与传输系统等，从而为医务人员提供统一方便的信息访问环境，为管理人员提供丰富的决策支持视图，并为区域化临床信息共享提供标准化信息基础。

在医疗系统架构上，通过综合医院信息系统（Hospital Information System，HIS）、影像归档和通信系统（Picture Archiving and Communication System，PACS）、数字化医院基础架构、医院集中存储与灾备系统、网格医疗归档解决方案（Grid Medical Archive Solution，GMAS）等一系列技术手段，将以人为本、以特定医院和区域为基础的智慧医疗转为实际应用。智能诊疗的落实必须符合国家政策和医疗标准，满足社会整体需求。实践证明，在合理的"智能运算"的整体框架下，借助成熟的方案，智能诊疗系统可助力医疗行业获得实质性革新，从而最有成效地体现物联网对社会发展和公众生活进步的意义和价值。图 11.11 为智能诊疗系统应用框架。

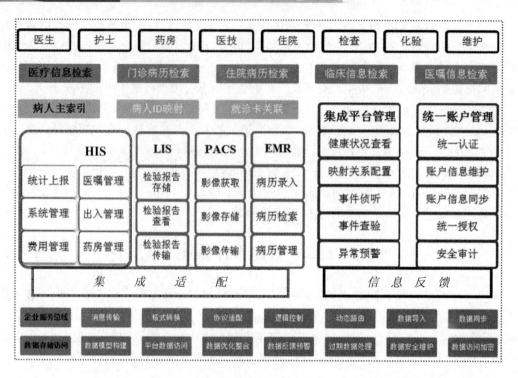

图 11.11　智能诊疗系统应用框架图

11.2.2　智能诊疗系统的硬件

1.　智能诊疗的硬件组成

先进的硬件设备是实现智能诊疗的保障，其设计和制造有赖于工艺和材料的创新，同时需要充分考虑医疗机构的应用环境和用户的整体需求，以及医学标准、工作流程和传统习惯。如图 11.12 所示。

智能诊疗的硬件设备主要包括：

（1）交互系统：网络会议、在线会诊、急诊等所需的高清影像录入设备。

（2）识别系统：智能卡或其他便携式识别芯片。

（3）传感系统：基于纳米技术与生物技术的生物传感器，将生物、医学表征转换为易于读取的电学或光学信号。

（4）分析中心：身高、体重、血压、血氧等一般性检查，血常规 18 项，心电图检查，X光、MRI、超声等，影像中心，临床医生工作终端。

（5）数据中心：服务器、台式计算机、笔记本电脑以及便携式存储终端。

（6）通信平台：多区呼叫、远程调控、无线路由等设备。

2.　智能诊疗的识别标签

相较于其他物联网系统，智能诊疗直接关系到生命安全，因而必须做到实时准确。比如，智能诊疗系统必须考虑复杂多变的应急医疗事件，尤其在一些大型的急救中心，经常出现因集体事故导致大批伤员同时涌入的情况，时间紧急且容不得半点差错。传统的人工登记不仅速度缓慢且错误率高，危重病人根本无法正常登记。智能诊疗的标签系统则可以对所有病人快速进行身份确认，完成入院登记，实时提供伤员身份和病情信息，并进行有步骤的后续急救，确保医院工作人员高效、准确和有序地进行抢救工作。在医疗行业，电子标签的应用对象包括人员和医用物品。如图 11.13 所示。

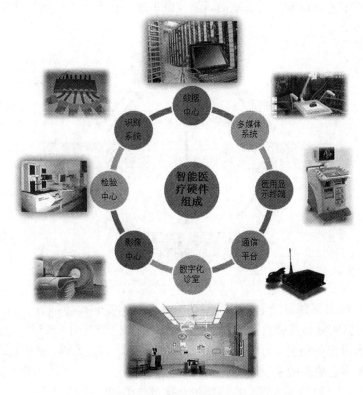

图 11.12　智能诊疗系统的硬件组成

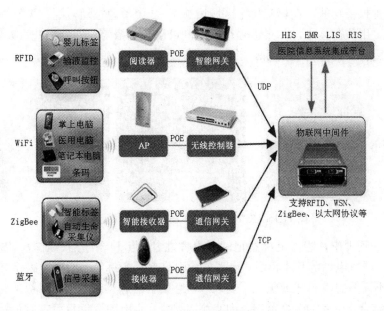

图 11.13　智能诊疗系统的标签

电子标签的实际结构因需而异，但前端数据采集的实现方式大同小异：电子标签一般通过多种方式附着在应用对象上，作为其身份唯一性标识，进而采集相关数据（比如血压、温度等）上传至阅读器，阅读器通过有线或者无线方式传输到后台主机系统，经过预先设定的软件分析，解析出有用信息，激发应用系统的后续控制机制。标签工作机制原理示意图如图 11.14 所示。

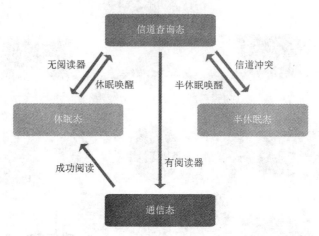

图 11.14　标签工作机制原理示意图

人员标签通常按照佩戴对象划分，主要有医院职员标签和病患标签。职员标签一般为常见的胸卡，可以根据实际需要整合高频或者低频芯片作为门禁使用，即通常使用的双频卡；在一些严格限制他人进出的场合，可以设置指纹、虹膜等生物识别元件。病患标签一般采用腕带状，可以方便地佩戴在病患的手腕或脚腕上，如图 11.15 所示。不同的病患类别采用不同的标签封装样式，例如：一般的病患带有白色腕带，携带传染病的病患则带有黄色腕带进行识别；一些特殊病人还需要整合脉搏、体温传感器件，这些数据将对医院进行实时医疗服务提供帮助。标签还可以设置报警功能，在标签特定区域增加 1～2 个紧急按钮，遇到突发事件可以随时呼救。整个标签采用防撕技术，如果遭强行破坏，可以主动报警。在新生儿母婴识别应用方面，婴儿标签会采用特殊洁净封装措施。

图 11.15　RFID 腕式标签在病人治疗中的应用

在对患者的管理中，患者的标签记录了患者姓名、年龄、性别、血型、以往病史、过敏史、亲属姓名、联系电话等基本信息。患者就诊时只要携带标签，所有对医疗有用的信息就直接显示出来，不需要患者自述或医生反复录入，避免了信息冗余和人为操纵的错误。将标签与医学传感器相结合，患者的生命状态，如心跳、脉搏、心电图等信息可定时记录到标签中，医生和护士能够随时了解患者的生理状态，为及时治疗创造条件。

资产标签附着在医疗器械或者物品包装上，多数为条状标签，根据不同用途标签也会有所差异，例如：一些经常需要重复查找定位的物资，可以绑定带 LED 灯的具有闪光功能的标签来提供视觉协助。在一些对存储环境要求较高的医疗物品（比如疫苗、血浆等）需要整合具有传感功能的有源标签进行实时监控，持续采集环境的温度、湿度和剩余有效期限等特征。如果某一特征超过预先设定的范围，则该有源标签将启动特殊标识或者报警。有毒物品的标签可以设置相应的警示标识。

标签信息由阅读器进行处理，根据与后台数据库数据交互方式的不同，智能诊疗的阅读器可以分为手持阅读器和基站式阅读器。手持式阅读器使用较为灵活，可由工作人员随身携带或者绑定在其他移动资产上作为数据转发站。如图 11.16 所示。手持式阅读器方便医护人员对所负责的片区内的病患进行巡检，确保病患处于正常养护状态中；也可方便后勤人员找寻医用物品，即时获取物品的基本信息等。基站式阅读器通常分布在一些特定区域，比如走廊、房门口和卫生间等，位置固定，作为后台数据解析时的地址信息的依据。基站式阅读器与天线连接，在目标区域内搜寻标签主动发送的各种数据并通过有线或者无线方式传输至后台服务器。阅读器与天线可以整合成一体，也可以根据实际情况将天线外置，以适应特定环境下的信号覆盖。

（a）eAgile 公司开发的 MicroWing inlay 标签 （b）英国 Technology Solution 公司推出的手持式阅读器

图 11.16 标签和阅读器

11.2.3 智能诊疗系统的软件

软件的设计需要建立在对众多医院信息化解决方案的功能分析和对基层医疗机构需求的仔细调研的基础之上。通过精选、融合已有软件功能，结合全新设计，构建出功能全面、结构精炼、操作简单、实用高效的整体化信息解决平台，实现硬件环境、数据信息格式和功能连接的统一，是智能诊疗系统中软件开发的关键任务。

1. 智能诊疗软件设计的基本要求

（1）灵活的配置部署方案。根据医院的规模和应用情况提供合理的解决方案，可完全独立运行，也可与不同厂商的放射信息系统（Radiology Information System，RIS）/医院信息系统（Hospital Information System，HIS）集成应用。图 11.17 为 RIS 与 HIS 的整合方式。

（2）标准的外部接口设计：提供标准的医疗数位影像传输标准 DICOM、医疗环境电子信息交换标准 HL7、医疗与临床编码规范 LOINC 接口，能直接与支持标准接口的设备和系统进行通信，方便互联和外部沟通。图 11.18 为 DICOM 和 HL7 之间的关系。

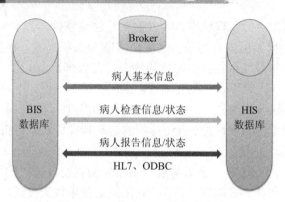

图 11.17　RIS 与 HIS 的整合方式

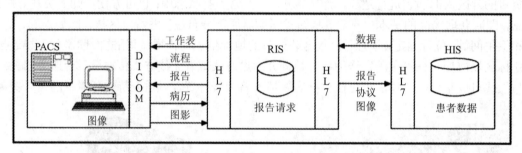

图 11.18　DICOM 和 HL7 之间的关系

PACS（Picture Archiving and Communication Systems，影像归档和通信系统）

（3）内部接口设计。内部数据通信应实现：系统负担小，传输效率高；系统开销少，标准升级容易；全面融入医院信息系统。

（4）非标准接口支持。拥有非标准设备的接入和非标准系统的集成能力，保证用户现有的资源能最大程度被利用。

（5）提高工作效率。数字化应得以全面落实，使得在任何有网络的地方调阅影像成为可能，提高医生的工作效率。

（6）提高医疗水平。通过人性化、专业化的软件，将医诊过程智能化和数字化。先进的图像处理技术应重点设计，让用户更直观、更准确地获得诊疗结果。便捷的资料检索调阅也应考虑，最大限度简化工作流程，辅助医生更快、更准确地做出诊断。

（7）提供资源积累。对于一个医院而言，典型的病历图像和报告是非常宝贵的资源，而无失真的数字化存储和在专家系统下做出的规范的报告是医院的宝贵技术积累。

2. 智能诊疗软件设计的技术保障

（1）标准化的硬件驱动和管理软件。当前医疗信息化取得了很大的进展，实现了计算机和网络技术在医疗卫生系统的广泛应用，很多医疗机构（医院、社区卫生服务中心、疾控中心等）构建了基本的业务信息系统 POS（Point Of Service）。但由于卫生信息系统的业务内容繁多，标准和规范也纷繁复杂，各信息系统技术差别较大，同时涉及不同的运行机构、监管部门等，造成了系统之间的相互独立和信息孤岛，特别是区域医疗卫生信息网络（Regional Healthcare Information Network，RHIN）内实现跨医疗机构的临床与医疗健康信息的共享和交换非常困难，这迫切需要构建统一完整的居民健康档案以及跨医疗机构的信息共享机制，使不同医疗机构的业务信息系统相互协同，实现居民电子病历和健康档案信息的共享和交换，避免病人在不同医院间的不必要的重复性检查。同时可预防和监控重大疾病，为相关部门提供全面准确的决策支持，从而达到提高医疗服务质量，降低医疗成本，减少医疗事故，提高公共卫生服务的目的。如图 11.19 所示。

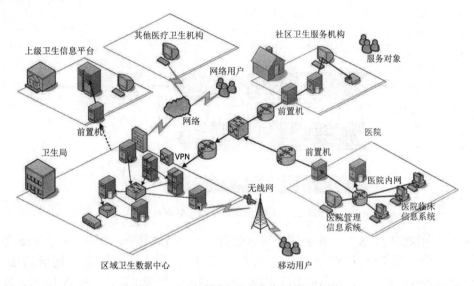

图 11.19　区域医疗卫生信息网络示意图

（2）基于"云"的数据存储。基于"云计算"的数据中心能够提供最可靠、最安全、最便捷的海量数据存储，其特点是将底层的硬件，包含服务器、存储与网络设备全面虚拟化，在上层的软件则是结合 SOA 架构，让数据中心可以随时满足运作环境需求。同时，严格的权限管理策略可以帮助用户放心地与指定的对象共享数据。这种模式能够节省大量的存储设备组建及维护工作，只需要少量的支出即可实现最好、最安全的数据存储。如图 11.20 所示。

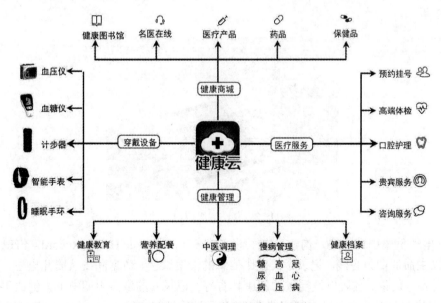

图 11.20　基于云数据的产品与服务

（3）专家数据库系统的建立。利用人工智能等先进技术，建立专家数据库系统，提供专家级的智能分析业务。基层医疗机构的医生可以将病情特征和检查设备的数据上传到该专家系统，系统通过智能诊断分析，能迅速给出分析结果，协助医生确诊。该手段的应用可有效提高基层医疗机构的诊断效率和准确度。图 11.21 为医疗专家系统数据处理方向。

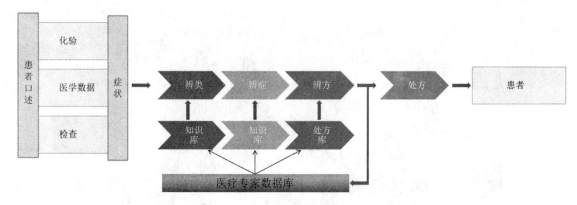

图 11.21　医疗专家系统数据处理方向

（4）终端软件的开发。应用程序是移动健康的重要组成部分，针对手机、iPad 等移动设备的操作平台，设计出相对应的操作软件，让用户随时随地可以得到所需服务。据 Research2Guidance 统计，世界各地的应用商店中，移动健康应用数量已突破 10 万，每日免费下载量达 400 万次，服务规模达到 260 亿美元。移动健康应用程序可分为两大类：健康和医疗，其中 85%为健康类应用，主要面向消费者和患者，而其余 15%则为医疗类应用，主要供医师使用。面向消费者的健康应用又可分为几个子类：身体素质训练、量化自我（如妊娠跟踪）、自我测试（如热量检测或心率传感等）。医生们则将应用程序用作了医疗设备的补充，利用先进的移动传感器帮助挖掘潜在的健康问题。这些应用可以实现地理定位、病历同步和信息共享。医生可通过授权软件记录和访问患者的信息。此外，这些应用还可用于疾病管理和药品管理。如图 11.22 所示。

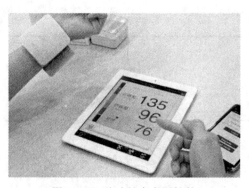

图 11.22　移动健康应用软件

（5）电子健康档案的统一构建。电子健康档案（Electronic Health Record，EHR）是以人为核心，以生命周期为主线，记录个人健康信息的档案数据。数据涵盖从婴儿出生，到计划免疫、历次体检、门诊、住院以及受过的健康教育等，记录人的生命周期中重大健康事件，从而形成一个完整的动态的个人终生健康档案。以电子健康档案为核心的区域医疗解决方案需结合区域医疗行业内的现状和具体需求，一般采用面向服务的架构（SOA）。如图 11.23 所示。

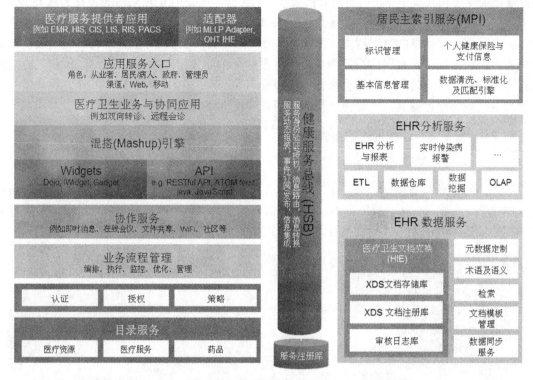

图 11.23 以电子健康档案为核心的区域医疗方案架构图

电子健康档案的架构具体包括：

（1）医疗服务提供者应用以及适配器：医疗机构已构建好的基本业务信息系统，以及为将这些系统接入到区域医疗解决方案而提供的适配器。

（2）应用服务入口、协同应用、混搭引擎等：区域医疗对象的访问进入和协同互动，以及相关的基础服务。

（3）协作服务：医疗从业人员使用即时消息等手段实现沟通和协作。

（4）业务流程管理：区域医疗中对业务流程的编排、执行、监控和优化。

（5）居民主索引服务：居民主索引系统（Master Patient Index，MPI），也可以称为 EMPI（Enterprise Master Person Index）实现病人的主数据管理，提供病人基本信息、索引信息管理和查询等服务。区域医疗中病人在社区建有健康档案，在多家医院就诊，并与相关公共卫生机构有关系。而每个机构都有各自的身份标识，如何关联这些标识，为每个人建立完整的信息视图，这是搭建电子健康档案系统的基础。MPI 采用 IHE PIX/PDQ 标准化方式，接收并管理人员信息和身份标识，提供查询和索引功能。

（6）EHR 分析服务：建立面向临床与健康的数据模型，实现多维度数据分析和临床数据挖掘。对居民的健康信息进行标准统一的管理，进而有效利用这些信息，给不同的用户提供不同的分析服务，包括：针对病人提供健康分析和预测，针对政府部门提供统计分析、疾病预测、预警、监控，针对医疗服务提供者提供决策支持、流程和资源优化分析、科研分析等。

（7）EHR 数据服务：是存储、管理和交换居民电子健康档案的系统，它是构造区域医疗卫生信息平台的基础。数据服务的核心是健康信息交换（Healthcare Information Exchange，HIE）。医疗文档的交换和共享是搭建电子健康档案系统的关键，可采用 IHE XDS 标准化方式开展。

在架构图的中间部分是健康服务总线（Health Service Bus，HSB），提供统一的总线接入服务。在区域医疗信息共享过程中，既包括诸如 EHR 数据服务、分析服务、居民主索引等基础服务，也包括医院、社区等卫生服务机构提供的基本业务信息系统 POS，以及业务协同和流程服务，例如双向转制、远程会诊、慢性病管理等。系统采用 SOA 架构以降低耦合度并对不同功能的系统进行封装，完成协议接入、消息转换、路由以及安全管理等。

11.2.4　智能诊疗系统的生物组件

1.　医疗传感设备

医疗传感设备是智能诊疗系统的特殊部分。根据特定的医疗要求而设计的医疗传感器利用生物化学、光学和电化学反应原理，将生理信号转换为光信号或电信号，通过对信号进行放大和模数转换，测量相应的生理指数。如图 11.24 所示。

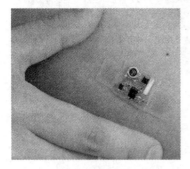 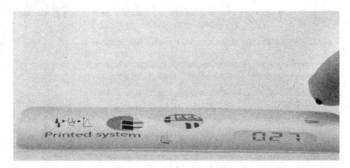

(a) 粘贴式生物传感器　　　　　　　　　　(b) 印刷式医疗传感器

图 11.24　医疗传感设备

医疗传感器由生物分子识别部分（识别器）和转换部分（换能器）构成。分子识别部分是传感器实现选择性测定的基础，被测样品在该部分可以引起某种物理变化或化学变化。能够特异性识别目标分子的物质一般是抗体和酶,这些具有特异性功能的物质与被测的目标分子结合成复合物，如抗体和抗原的结合、酶与基质的结合，复合物引起信号变化并被传感器处理。特异性影响医疗传感器的可靠性,而对化学变化或物理变化敏感的换能器则影响传感器的灵敏性。敏感元件中光、热、化学物质的生成或消耗等会产生相应的变化量，以此反映被测物质信息。生物化学反应过程产生的信息是多元化的，微电子学和现代传感技术的成果已为检测这些信息提供了丰富的手段。

医疗传感器根据敏感元件的不同可分为五类：微生物传感器、组织传感器、细胞传感器、酶传感器和免疫传感器。显而易见，所应用的识别器依次为微生物、动植物组织、细胞或细胞器、酶和抗体。医疗传感器根据换能器的不同可分为：生物电极传感器、半导体医疗传感器、光医疗传感器、热医疗传感器和压电晶体医疗传感器等，换能器依次为电化学电极、半导体、光电转换器、热敏电阻、压电晶体等。根据被测目标与分子识别元件的相互作用方式进行分类，可分为生物亲合型医疗传感器和竞争型医疗传感器两种。三种分类方法之间实际互相交叉使用。图 11.25 和图 11.26 分别为医疗传感器构件示意图和新型的医疗传感器示意图。

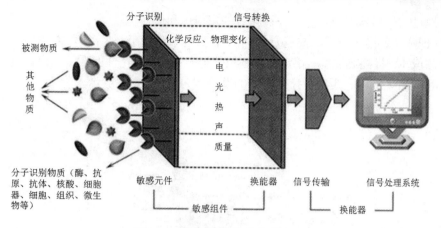

图 11.25 医疗传感器构件示意图

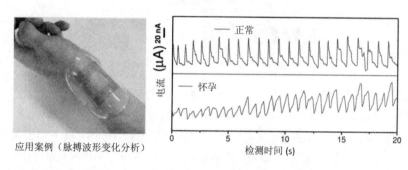

图 11.26 新型柔性可穿戴仿生触觉传感器

近年来，已经实用化的医疗传感器主要有酶电极、免疫传感器和半导体医疗传感器。目前，市场上出售的医疗传感器大多是第二代产品，它含有生物工程分子，能直接感知并测定出指定的物质。第三代或第四代的医疗传感器的典型代表是把硅片与生命材料相结合制成的生物硅片，这种有机与无机相结合的生物硅片比传统硅片的集成度要高几百万倍，且在工作时不发热或仅产生微热。生物硅片与先进的电子系统的广泛结合，可以创造出精细复杂的仿生系统。随着科技的不断发展，不同的生物元件将可与先进的电子材料结合，研制出多功能、高通量、超灵敏、智能化的新型医疗传感器。例如，基于微纳生物技术的微电子医疗传感器，可进入体内帮助医生解决传统医疗手段无法解决的问题。此外，纳米科技的高速发展赋予了医疗传感器新的生机，纳米工程技术将生物科学、信息科学和材料科学有机结合在一起，使新兴的医疗传感器兼具以下特点：

（1）多功能化：一款传感器可以感应多项生理指标，或者准确灵敏地区分多种不同的病征。

（2）微型化：随着微加工技术和纳米技术的进步，医疗传感器将不断地微型化，各种便携式医疗传感器的出现使人们在家中进行疾病诊断成为可能。

（3）兼容化与仿生化：传感器的人体兼容性不断提高，可以长期在人体表面甚至体内传输生理数据。此外，能代替生物视觉、听觉和触觉等感觉器官的医疗传感器，即仿生传感器也在不断发展。

（4）智能化与集成化：医疗传感器必定与计算机等智能终端紧密结合，自动采集并处理数据，提供综合性检测报告，实现采样、进样、结果一条龙的自动化系统。同时，芯片技术将越来越多地进入传感器领域，实现检测系统的集成化和一体化。

（5）低成本、高灵敏度、高稳定性和高寿命：医疗传感器技术的不断进步，必然要求不断降低产品成本，提高灵敏度、稳定性和延长使用寿命。这些特性的改善也会加速医疗传感器的市场化和商品化进程。新型医疗传感器的发展方向如图 11.27 所示。

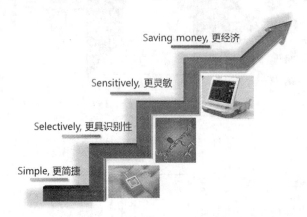

图 11.27　新型医疗传感器的发展方向

传感器中包含信号模拟处理组件，该组件主要是将传感器获得的信号加以放大，提高信噪比，同时对有效信号实现采样、调制、解调、阻抗匹配等。"放大"在信号处理中是第一位的，根据所用传感器以及所测参数的不同，放大电路也不同，例如用于测量生物电位的放大器称为生物电放大器。生物电放大器比一般的放大器有更严格的要求，在监护仪中最常用的生物电放大器是心电放大器，其次是脑电放大器。经过处理的模拟量被量化为数字量供计算机处理。

计算机部分是传感系统发展的重要部分，它包括信号的运算、分析及诊断。简单的计算机系统可实现上下限报警，例如对血压低于某一规定的值，体温超过某一限度的报警处理。复杂的系统则包括数台计算机和相应的输入、控制设备以及专业软件，可实现：

（1）复杂计算：如在体积阻抗法中由体积阻抗求差、求导，最后求出心排出量。

（2）叠加平均：排除干扰，高效、高精度采集信号。

（3）自动诊断：例如对心电信号的自动诊断，消除各种干扰和假想，识别出心电信号中的 P 波、QRS 波、T 波等，确定基线，区别心动过速、心动过缓、期前收缩、漏搏、二联脉、三联脉等。

（4）分析建模：根据医学指标，建立被监视生理过程的数学模型并提供规律性和概率性的分析数据。

2．健康监测设备

健康监测设备是现代智能诊疗系统的重要组成部分，主要对人体的关键生理参数进行监控，并将数据传送到通信终端上用于防护和提醒等。有别于医疗传感设备，健康监测的对象可以是病人，也可以是正常人。监测设备可以把测量数据传送到专用的监护仪器或者各种通信终端，如 PC、手机、PDA 等。例如，在需要护理的中老年人身上，安装具有特殊用途的传感器节点，如心率和血压监测设备，通过无线网络，家人和医生可以随时了解其身体状况。利用实时监测的生理数据可以跟踪药物疗效，对新药开发具有重要意义。

目前，健康监测设备主要将微型传感器置入可穿戴的载体，与人的手腕、膝盖、胸前等部位接触，包括压力、皮肤反应、伸缩、压力薄膜、温度等传感器。设备中的微处理器可对数据进行汇聚和压缩，来减少传输的数据量。监测设备采集的人体生理参数可发送到设置在家中的基站，并可通过通信网络传送给监护人和医生。连续、长时间、可靠的监控数据便于医生准确地掌握病人的身体状况。如图 11.28 所示。

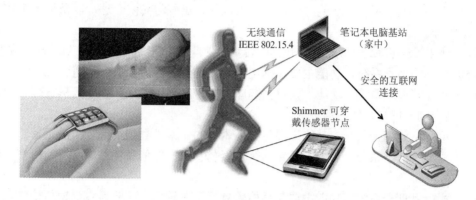

图 11.28　可穿戴健康监测设备

　　健康监测设备极大地拓展了智能诊疗的应用空间。集成温度、脉搏、呼吸、血氧水平等传感器的监测设备可监测老年人身体状况并在生命发生危险时及时通报其身体情况和位置信息。美国南加州 VivoMetrics 健康信息与监测公司研制出了嵌入无线传感器节点的"救生衬衫"，这种衬衫可以监测和记录血压、脉搏等 30 多种生理参数，并可以通过互联网发给医生。此外，纽约的 Sensatex 公司推出更先进的"智能衬衫"，这种衬衫通过嵌入在布中的电光纤维收集生物学信息，实现监测心率、心电图、呼吸和血压等多种生理参数的目的。

11.3　医疗信息化

11.3.1　医疗信息化发展背景

　　医疗信息化建设不仅能有效提升医生的工作效率，使医生有更多的时间为患者服务，而且可提高患者满意度和信任度，增强医院的核心竞争力。因此，医疗业务与信息化平台的逐步融合正成为国内医院，尤其是大中型医院信息化发展的新方向。基于医疗信息化系统，患者可以根据病情的需要，选择不同的就诊医院；其病历和最新诊断资料可以直接从计算机网络中调用和共享；就诊费用可通过医保网络，实现在线结算。医生也可以通过网络视频会议系统，对疑难病症进行会诊，并可以跟不同单位的专家沟通最新医学信息。

11.3.2　医疗信息系统的结构

　　医疗信息系统是现代化医院运营所必需的技术支撑环境和基础设施。医疗信息系统是以病人为中心，以患者基本信息、治疗过程、医疗经费与物资管理为主线，覆盖全院所有医疗、护理与医疗技术科室的管理信息系统，同时接入区域智能诊疗网络平台，实现远程医疗、在线医疗咨询与预约服务。

　　医疗信息系统是由医院计算机网络与 HIS 软件系统组成。如图 11.29 所示。医疗信息系统一般由以下几个子系统组成：

（1）门诊管理子系统。功能主要包括患者身份登记、挂号与预约、电子病历与病案流通管理、门诊收费与门诊业务管理。

（2）住院管理子系统。功能主要包括住院登记、病案编目、医务管理等。

（3）病房管理子系统。功能主要包括病人入住、出院与转院管理，以及护士工作站与医生工作站管理。

（4）费用管理子系统。功能主要包括收费价格管理、住院收费、收费账目管理与成本核算。

（5）血库管理子系统。功能主要包括用血管理、血源管理、血库科室管理。

（6）药品管理子系统。功能主要包括药库管理、制剂室管理、临床药房管理、门诊药房管理、药品查询管理与合理用药咨询。

（7）手术室管理子系统。功能主要包括手术预约、手术登记与麻醉信息管理。

（8）器材管理子系统。功能主要包括医疗器材管理、低值易耗品库房管理、消毒供应室管理。

（9）检验管理子系统。功能主要包括检验处理记录管理、检验科室管理与检验仪器设备管理。

（10）检查管理子系统。功能主要包括检查申请预约管理、检查报告管理、检查科室管理。

（11）患者咨询管理子系统。功能主要包括医院特色科室与主要医疗专家介绍，接受患者或家属通过互联网的在线医疗咨询或提供电话咨询，接受患者预约服务。

（12）远程医疗子系统。功能主要包括通过互联网实现多个医院的专家在线会诊、在线手术指导与教学培训服务。

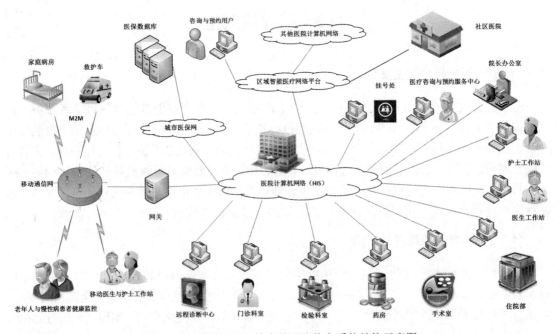

图 11.29　智能诊疗环境中的医疗信息系统结构示意图

11.3.3　医疗信息系统的基本功能

医疗信息系统的主要功能包括医疗信息服务、医院事务管理，以及在线医疗咨询预约、远程医疗培训与远程医疗服务。

1. 医疗信息服务功能

医疗信息系统的信息服务功能主要表现在：辅助决策、信息统计和分析、医疗服务质量管理。

从辅助决策的角度看，医院的每一项工作都是以用最高的工作效率，为患者提供最优质的服务为目标。医疗信息系统能够帮助医院的管理者迅速、准确地获得门诊病人的数量、病床使用率、危重病人情况、手术的数量与类型、药品储备情况、患者反馈的意见，以及医生与护士的情况等，为医院管理的科学决策提供可靠的依据。

从信息统计和分析的角度，医疗信息系统能够准确地统计和分析当日或当月的医疗数据、病人信息、病种数据、流行病病人就诊与治疗情况，以及医院经费状况。医院管理人员、科室负责人与医生可以方便地通过医疗信息系统查询某一时段、某一类的医疗数据、病人信息、病种医疗过程分析，以及药物治疗效果分析，为医疗、科研、教学服务。

从卫生经济管理的角度，医疗信息系统记录了患者医疗活动与相应的医疗费用。通过对医疗费用的分析，可以查询单病种平均治疗费用和人均治疗费用，以及各种费用的构成比例，为合理调整医疗费用，提高医疗服务质量提供重要的依据。

2. 医院事务管理功能

从事务管理功能的角度，医疗信息系统包括门诊管理、住院管理、药品管理、经费管理、医疗废弃物管理。门诊管理覆盖了患者从挂号、就诊、划价、收费、取药的全过程。住院管理覆盖了病人从入院、医生下达检查与治疗医嘱、手术及术后恢复到出院的全过程。药品管理覆盖了从制定采购计划、仓储药品管理、发放药品的数量/品种/财务管理，以及库存与有效期管理的全过程。经费管理覆盖了收费账目管理、自动分类记账与转账管理、价格管理、凭证生成与成本核算管理的全过程。医疗废弃物管理是正常医疗活动中不可或缺的组成部分，也受到社会的高度关注。医院管理信息系统可以通过电子标签技术，实现对每一件医疗材料从采购、入库、领取、使用、废弃的全过程进行精确的管理。

目前国内大多数医院都采用传统的固定组网方式和各科室相对比较独立的信息管理系统，信息点固定，功能单一，严重制约了医院信息管理系统发挥更大的作用。如何利用计算机网络更有效地提高管理人员、医生、护士及相关部门的协调运作，是当前医院需要考虑的问题。物联网技术在医院的应用可以更加有效地协调相关部门有序工作，提高管理人员、医生和护士的工作效率，提高医院整体信息化水平和服务能力。

3. 在线医疗咨询预约、远程医疗培训与远程医疗服务功能

医疗信息服务与医院事务管理主要是针对医院内部的管理，而在线医疗咨询预约、远程医疗培训与远程医疗服务涉及外部潜在的就诊人员，以及基于互联网的远程医疗培训与远程医疗服务。医院通过医疗信息系统网站向社会发布医院专业特色与医学专家信息，接受患者及其家属通过互联网或电话的医疗咨询和预约。随着信息技术在医疗卫生领域应用的深入，一些具有优质医疗服务资源的医院将通过医疗信息系统与其他医院联合开展远程医疗诊断、手术会商和指导服务，以及远程医疗教学与培训服务等。

医务工作者将医疗信息系统建设归纳为医院三个基本要素的管理。一是"人"，即医生、患者与医院管理人员；二是"物"，即药品、设备、器材；三是"网"，即医生为患者治疗服务的全过程。医疗信息系统改变了传统医院的管理模式，有效地提高了医院的管理水平与医疗水平。

11.4 智能诊疗应用实例

11.4.1 传染病人及传染物的监控

结合传染病疫情追踪管制系统和全球定位系统，各防疫和政府单位可以即时而且准确地掌握整个处理流程的动态信息。居家隔离和医疗院所产生的感染性废弃物，可在检疫单位发出通知的同一时刻进行定位，全程追踪和管制专用垃圾车载运，出现异常时可立即纠正，防止四处扩散，同时将动态追踪信息及时予以透明化，消除人们的疑虑，进而防止类似非典型肺炎疫情的院内感染管制问题和社会的恐慌。图 11.30 为具有智能监控功能的医疗回收车。

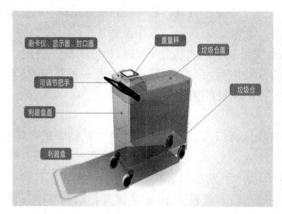
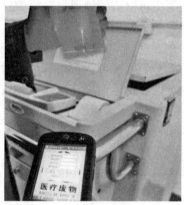

图 11.30　具有智能监控功能的医疗回收车

下面将以某医院呼吸科的医疗废弃物的处理和智能监控为例说明该监控过程：呼吸科的医疗废弃物（如输液皮管、包装盒、金属针头等）在相关条例的规范下将丢入指定垃圾袋。专门负责医疗废弃物回收的工人从医疗废物中转站领取医疗回收车，领取时工人需要刷卡开启回收车，回收车开启后自动开始工作，回收车的编号、本次领用日期及时间、领用人等信息发送到管理平台。工人推着回收车到各科室进行医疗废物回收，此时回收车处于封锁状态。到达呼吸科后，工人将科室配置的射频卡（由护士长负责保管）放置到回收车读卡器上，解锁回收车，然后将包装满废弃物的各个垃圾袋装入废物储藏箱，并使用回收车的封口机对医废垃圾袋进行封口。在护士长的监督下，工人随后依据废物分类，通过回收车称重装置，逐袋对医废进行称重。称重完成后回收车条形码打印机打印出包含对应废物相关信息（医院及科室信息、废物种类、废物产生的时间、废物重量、废物回收人员信息、废物投递人员信息等）的条形码。条形码打印结束的同时，回收车自动通过 GPRS 将对应废物信息上传到管理平台。条形码贴到对应医废垃圾袋的合适位置后，工人投入回收车中，例如，第一包为"RK00001"。随后，护士长收回射频卡，回收车废物储藏箱自动锁定，禁止投入新的废物或者将已投递废物拿出。回收箱废物放满后，工人通过回收车条形码打印机打印出包含中转箱废物信息（中转箱隶属单位、中转箱编号、投入中转箱废物的人员、时间、重量、类别、来源等）的条形码；条形码打印结束的同时，回收车自动通过 GPRS 将对应中转箱信息上传到管理平台。随后，工人将条形码贴到对应医废中转箱上，将回收车运到医疗废物中转站。此时，中转站管理人员使用射频卡，放置到回收车读卡器上，解锁回收车废物储藏箱，并用回收车自带的条形码扫描枪逐一扫描废物中转箱条形码，将中转箱编号、隶属单位等信息录入到回收车控制系统，完成医废中转站的回收确认。完成全部回收废物中转站确认后，中转站管理人员收回射频卡，回收车废物储藏箱自动锁定，到此完成了中转站医废的确认过程。此时，回收车自动通过 GPRS 将回收车的编号、本次归还日期及时间、归还人等信息发送到管理平台，并通过内置 GPRS 将本次回收车废物回收路线轨迹上传到管理平台。

之后，专用的医废运输车将当天产生的数千箱医疗废弃物搬运至医废处理基地。运输车司机备有"工作三件套"——手机、扫描枪、随身打印机。在将废物储藏箱装车之前，司机用扫描枪逐一扫描回收箱的条形码，这些箱子的信息自动录入手机系统并即时传到监管系统中。例如，系统中可实时显示"RK00001"跟随车辆的移动位置。废物储藏箱被运送至医废处理基地后，处理人员通过条码扫描确认回到基地。随后，回收箱被送入环氧乙烷消毒库，这个过程将有毒有害的医疗废弃物变成可处理的普通废弃物。数小时后，医疗废弃物被粉碎、压缩和焚烧。这些医疗废物在医院停留不会超过 24 小时，通过监管系统对医疗废弃物进行条码管理，坐在计算机前就可以监控从收集到无害化处理的每个环节，能方便地追根溯源。物联网技术对医用物资的管理和监控如图 11.31 所示。

- 在生产线上安装传感器，跟踪药品生产过程
- 药品包装时就植入传感器

- 根据传感器发射的信号来跟踪药品的转运和销售
- 防止失窃和假冒

利用药品包装上的传感器对医院内的药品库存和保质期进行控制

物联网技术（如RFID）为每袋血液提供各自唯一的身份，并为其存入相应的信息，这些信息与后台数据库互联，无论是在采血点，还是在调动点血库，或是在使用点医院，都能全程受到RFID系统的监控，血液在各调动点的信息可以随时被跟踪出来

图 11.31　物联网技术对医用物资的管理和监控

通过物联网技术对医疗废弃物的管理和监控过程同样适用于对医用物资的入院管理和监控。一些大型医疗中心一般都拥有庞大的重要医用资产和医用物品存储基地，医院后勤人员每天需要根据订单从成千上万件物资中寻找合适的物品。医用物品的外包装通常比较相像，但内

在物品的用途却差异巨大，因此，医院后勤部门通常需要花费巨大的人力物力查找、核对这些物品。况且，医用物品的存储必须按照严格的存储规范进行，在库房调整或者物品腾挪时经常会发生误置事件，导致物品大范围损坏或者流通到市场后产生严重的药品事故。在医药领域每年都会发生大量的处方、药品配送和服药等方面的错误，从而导致许多医疗事故，每年在这些方面造成的损失就高达 750 亿美元。物联网技术可以有效解决上述问题：在设置物资标签的基础上，医疗物资的追踪定位系统可以协助后勤人员妥善整理和放置各项医用物品，如果某些物品发生误置，系统可以通过不停闪烁的 LED 灯光提醒库房管理人员调整存储位置。在寻找相应的物品时，系统可以准确提示物品的位置，并且可以通过标签进行准确的信息核对，如果物品信息不正确，或有效期已过，则进行相应的提醒。此外，通过智能诊疗的药品供应链管理系统，可以追踪药品的生产、运送与销售过程，并且能遏制假冒伪劣药品的泛滥（目前假冒伪劣药品在全球药品市场中占据了 10% 的份额）。同时，药品的销售情况可以不断反馈给制药公司，及时调整药品的生产量。

智能化医疗物品管理的另一个发展方向是智能药物包装（IPP）。最近，瑞典包装专家 Cypak 为 Novartis 公司设计出具有 RFID 包装的高血压药物 Diovan。RFID 能够检测和追踪病人是否严格依照药品说明服药，监视病人遵守药物治疗处方的做法能帮助他们遵从药物治疗的预定时间表，因此提高服用药物的效果。利用 IPP 的每个包装都存储了病人移走药丸的日期和时间，当病人归还空的包装给药房的时候，药剂师将它放在一个具有网络连接的 Cypak RFID 阅读器上，从而显示出药品被服用的具体时间细节。数据也被上传到一个中央数据库，使得授权人员，包括医师和病人自己能得到这些数据。IPP 系统除了向药剂师和医生提供一个方法检查药物是否被正确地服用外，还可以帮助他们决定是否需要对没有正确服用药物的病人进行协助和教育。从病人药物包装中收集的数据也可以协助调查药物服用依从度的情况。IPP 包装的生产过程及 IPP 系统的信息流过程如图 11.32 所示。

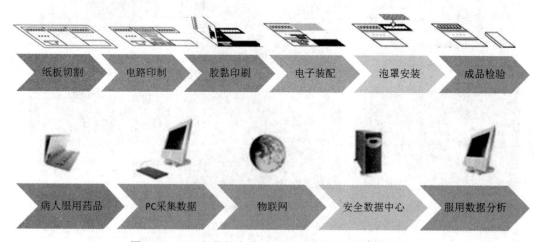

纸板切割　电路印制　胶黏印刷　电子装配　泡罩安装　成品检验

病人服用药品　PC采集数据　物联网　安全数据中心　服用数据分析

图 11.32　IPP 包装的生产过程及 IPP 系统的信息流过程

11.4.2　婴儿防盗识别系统

新生儿由于特征相似，而且理解和表达能力欠缺，如果不加以有效的标识往往会造成错误识别，结果给各方带来无可挽回的巨大影响。因此，对新生儿的标识除必须实现病人标识的功能之外,还要对新生儿及其母亲进行双方关联标识,用同一编码等手段将亲生母子联系起来,做到母亲与婴儿是一对匹配。单独对婴儿进行标识存在管理漏洞,无法杜绝恶意的人为调换。在医院工作人员和母亲之间进行轮流看护或临时转院时,双方应该同时进行确认,确保正确的母子配对。

　　新生儿出生后应立即在产房内进行母亲和婴儿的标识工作,产房必须同时准备两条不可转移的标签,分别用于母亲及新生儿。标识带上的信息应该是一样的,包括母亲全名和标识带编号、婴儿性别、出生的日期和时间以及其他医院认为能够清楚匹配亲生母子的内容。同时,产房可准备能够清楚采取婴儿足印和母亲手指印的设备,并用适当的表格记录相关信息和足印资料。标识之余,还能够充分保障标识对象的安全。当有人企图将新生儿偷出医院病房时,识别设备能够实时监测到而发出警报,并通知保安人员被盗婴儿的最新位置。母婴识别及婴儿防盗管理系统具有极大的灵活性、适用性、可靠性和完整性等优点,是物联网在智能诊疗方面的典型案例。如图 11.33 所示。

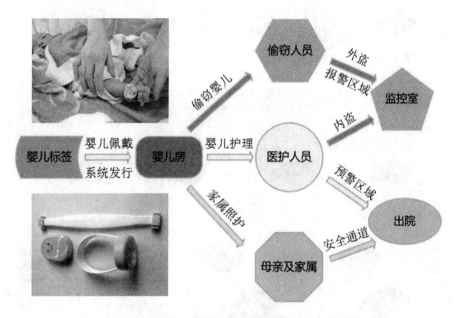

图 11.33　母婴识别防盗系统腕带标签及工作流程图

　　智能诊疗 RFID 母婴识别防盗管理系统通过婴儿和母亲佩戴腕带来识别和管理,婴儿腕带内含有有源远距离 RFID 标签,母亲腕带内含有源短距离 RFID 标签,并且保证婴儿腕带一旦被戴上,如果再取下,其有源标签就会经过系统发出报警信息。而且腕带具有防水防潮功能。婴儿的有源 RFID 用于系统识别其活动范围,婴儿及母亲距离相近时可用手持读卡器直观地识别配对关系。

　　提前将母婴配对使用的腕带都设置好配对关系,孩子出生就带上腕带,直至出院。在腕带数量上,可以根据母婴室房间数及床位数制作若干对,每个房间可以设置多对,再设置一些额外临时配对卡,以满足房间不够、临时安排的情况。腕带可以重复回收使用,也可以在出院时卖给家属作为纪念。母婴配对的腕带可以设计成一致的形状及花色等,不同母婴的腕带在外观上能够很容易区分。

母婴识别防盗系统（如图 11.34 所示）在活动空间内布置读卡器，用于采集婴儿的信息。婴儿所在的每个房间安装定位器（距离可调，3～8 米），过道走廊安装长距离读卡器（距离在 20 米）。每个婴儿腕带信息都会自动上传至应用软件管理子系统进行数据处理；在重要外围通道处，设计为只有授权人员才可以出入的方式，最大限度地杜绝无关人员随便进出。母亲和婴儿采取捆绑监控,婴儿不在母亲或者医护人员的带领下离开病房或者婴儿被误放到其他母亲的病房时，均会立即触发系统报警，最大限度减少抱错事件的发生。系统能够对部署设备的整个病房区域进行监控，同时能够实时监控佩戴防盗标签的病患所处的位置，并跟踪记录婴儿的移动情况，可以更加有效地实施监控和保护。在偷盗、设备被破坏、携带标签的婴儿未经许可进入监视区域等事件发生时，系统能够立即触发报警，并定位报警事件发生的位置，有效地提高报警的处理速度，及时遏止盗窃事件的发生。系统可以记录和导出所有的历史事件，详细地显示每个房间有哪些婴儿、母亲或护士，并且记录婴儿、母亲或护士行动的路线。

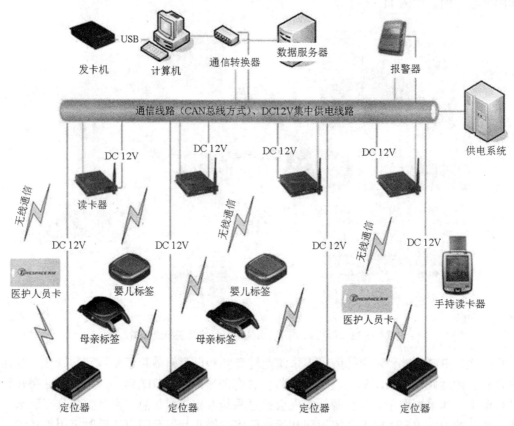

图 11.34　母婴识别防盗系统示意图

11.4.3　远程医疗

远程医疗是一项全新的医疗服务模式。它将医疗技术同计算机技术、多媒体技术、互联网技术相结合，可以提高诊断与医疗水平，降低医疗开支，满足广大人民群众健康与医疗的需求。广义的远程医疗包括远程诊断、远程会诊、远程手术、远程护理、远程医疗教学与培训。远程医疗主要包括以检查诊断为目的的远程医疗诊断系统，以咨询会诊为目的的远程医疗会诊系统，以教学培训为目的的远程医疗教育系统，以及用于家庭病床的远程病床监护系统。如图 11.35 所示。

图 11.35　远程医疗

远程医疗的应用范围很广泛，通常可用于放射科、病例科、心脏科、内诊镜与神经科等涉及的多种病例，具有巨大的发展空间。目前，基于互联网的远程医疗系统已经从初期的电视监护、电话远程诊断技术发展到利用高速网络实现实时图像与语音的交互，实现专家与病人、专家与医务人员之间的异地会诊。使病人在原地、原医院即可接受多个地方专家的会诊，并在其指导下进行治疗和护理。同时，医疗可以使身处偏僻地区（例如农村、山区、野外勘测地、空中、海上、战场等）和没有良好医疗条件的患者获得准确的诊断和治疗。我国东西部以及城乡医疗资源严重不平衡，发展远程医疗服务具有特殊的意义。目前，我国一些远程医疗中心通过与合作医院共建远程医疗中心合作医院的方式，整合优质资料，构建区域医疗服务体系，帮助基层医院提高医疗水平，带动合作医院的整体发展，为加速医院发展和解决患者就医难问题提供了一条有效解决途径。

11.5　智能诊疗发展趋势

随着移动互联网的发展，未来医疗向个性化和移动化方向发展，智能胶囊、智能护腕、智能健康检测产品等已经获得产业化发展。智能诊疗市场规模庞大，涉及的周边产业范围很广。智能诊疗产业的发展不仅将影响医疗服务行业，还将直接触动包括网络供应商、系统集成商、无线设备供应商、电信运营商在内的产业链条，从而影响通信产业的现有布局。同时，智能诊疗领域通过快速发展和变革，将逐渐形成高度集约、深层次协作、高科技水平的、系统性的、社会化的，集开发、生产、应用、反馈、整合为一体的高标准市场，包括以下几个方面：

（1）智能诊疗技术将被广泛用于外科手术设备、加护病房、医院疗养和家庭护理中，智能诊疗结合无线网技术、条码 RFID 技术、物联网技术、移动计算技术、数据融合技术等，将进一步提升医疗诊疗流程的服务效率和服务质量，提升医院综合管理水平，实现监护工作无线化，全面改变和解决现代化数字医疗模式、健康管理、医疗信息系统等的问题和困难，并实现医疗资源高度共享，降低公众医疗成本。

（2）依靠智能诊疗技术，实现对医院资产、血液、医疗废弃物、医院消毒物品等的管理；在药品生产上，通过物联网技术实施对生产流程、市场的流动以及病人用药的全方位的监控。

（3）依靠智能诊疗技术通信和应用平台，完成实时付费以及网上诊断、网上病理切片分析、设备的互通等；并将实行家庭安全监护，实时得到病人的各种各样的信息，实现自助服务和一条龙服务。

由此，智能诊疗将使看病变得简单。举一个最简单的例子：患者到医院，只需在自助机上刷一下身份证，就能完成挂号；到任何一家医院看病，医生输入患者身份证号码，立即能看到之前所有的健康信息、检查数据；带个传感器在身上，医生就能随时掌握患者的心跳、脉搏、体温等生命体征，一旦出现异常，与之相连的智能诊疗系统就会预警，提醒患者及时就医，还会传送救治办法等信息，以帮患者争取黄金救治时间。

当前，医生不再使用听诊器，而是在一款装置上用眼睛观察患者的心脏状况。该装置是一个高分辨率的微型超声波探头，体积大不过一个手机。医生可以明明白白地看到与心脏状况相关的一切实时信息，心肌的相关精细超声波图像可以作为常规体检的一部分，在数秒之内就可全部获得。而且，医生可以一边获取图像，一边与患者分享和讨论，还可以将视频记录载入电子病历，并发送给患者或相关医生。

不久的将来，在一个包罗万象的智能诊疗系统中，我们每个人都能看到一个"高分辨率的自己"，能够看到自己的每一个基因；同时，有关个人的遗传学、分子生物学、心理学和解剖学的详细档案更是全面准确地显示在系统的专有框架之中。我们能知道自己潜在的健康问题，提早做好保健措施；当有不适的时候，我们能获得系统的智能分析报告，还能够得到专业医护人员的远程协助。这便是我们绘制的智能诊疗系统的蓝图。

第 12 章　智能电网

随着电网规模的扩大和智能化程度的提升，具备应用价值的电网的各类信息范围更广，类型更多，密度更大，精度更高，物联网技术可全方位提高电力生产各环节信息感知的深度和广度，有助于提升电网系统的分析、预警、自愈及灾害防范能力。同时帮助实现清洁技术革命，能源清洁低碳转型，打造广泛互联、智能互动、灵活柔性、安全可控的新一代电力系统。本章在深入分析智能电网的主要特征、建设目标的基础上，对物联网在智能电网中的主要应用案例进行介绍。

本章我们将学习以下内容：
- 智能电网基础知识
- 智能电网主要涉及的信息通信技术
- 基于物联网的智能电网应用

智能电网就是将先进的传感测量技术、信息技术、通信技术、计算机技术、自动控制技术和原有的电网基础设施高度集成而形成的新型电网，是现有电网的智能化升级。其目的是提高电能使用效率，减小对环境的影响，提高供电的安全性和可靠性，减小电网的电能损耗，实施与用户间的互动和为用户提供增值服务等。智能电网涉及从发电到用户的整个能源转换过程和电力输送链，成为未来电网的发展方向。而物联网涉及从信息获取、传输、存储、处理、应用的全过程，可以为智能电网发、输、变、配、用、调度各个环节重要运行参数的在线监测和实施信息掌控提供技术支撑，成为智能电网的信息感知末梢。物联网技术可以全方位提高智能电网各个环节的信息感知深度和广度，为实现电力系统的智能化以及信息流、业务流、电力流的融合提供高可靠性技术支撑。

12.1　智能电网概述

智能电网具有数字化、智能化、网络化、双向互动的运行特征，因此数字化传感、智能化调度、网络通信等是智能电网建设的重要理论基础。智能电网的实现，首先依赖于电网各个环节重要运行参数的在线监测和实时信息掌控，因此物联网作为"智能信息感知末梢"，可成为推动智能电网发展的重要技术手段。智能电网主要是通过终端传感器在客户之间、客户和电网公司之间形成即时连接的网络互动，实现双向高效实时读取数据，从而整体提高电网的综合效率。而智能电网实现电力流、信息流、业务流高度一体化的前提在于数据的无损采集、流畅传输、有序应用，因此通信网络是坚强智能电网信息运转的有效载体。通过充分利用智能电网中多元、海量信息的潜在价值，可提高电网调度的智能化和科学决策水平，提升电力系统运行的安全性和经济性。

12.1.1 智能电网的定义

在不同的国家和地区，对智能电网的定义都不尽相同。本节将介绍美国、欧盟、中国对智能电网的定义以及支持项目。

1. 美国

美国国家标准与技术研究院（National Institute of Standards and Technology，NIST）给出的智能电网的定义是：智能电网指的是一个现代化的电力输送系统，它可以监视、保护并自动优化电网中相互连接的各种设备的运作，这些设备包括由高压输电网连接起来的集中式和分布式的发电系统、工业用户设备、楼宇自动化系统、能源储存装置、终端的电力消费，以及温度控制器、电动汽车、电器和其他家用设备。同时，智能电网还能主动预测和应对电网扰动。目前，美国主要关注电力网络基础架构的升级更新，同时最大限度地利用信息技术，实现系统智能对人工的替代。主要实施项目有美国能源部和电网智能化联盟主导的 GridWise 项目和 EPRI 发起的 Intelligrid 项目。

2. 欧盟

欧盟技术平台（European Technology Platform，ETP）给出的智能电网的定义是：智能电网指的是为了能有效提供可持续的、经济的、安全的电力供应，将电力与通信和计算机控制连接在一起，将所有电网用户的行为进行智能整合的供电网络。欧洲重点关注可再生能源和分布式能源的发展，并带动整个行业发展模式的转变。2005 年智能电网欧洲技术论坛成立。欧盟第 5 次框架计划（FP5）（1998—2002）中的"欧洲电网中的可再生能源和分布式发电整合"专题下包含了 50 多个项目，分为分布式发电、输电、储能、高温超导体和其他整合项目五大类，其中主要项目有 Dispower、CRISP 和 Microgrids。欧洲 2006 年推出了研究报告"欧洲智能电网技术框架"，全面阐述了智能电网的发展理念和思路。

3. 中国

我国给出的坚强智能电网的定义是建设以特高压电网为骨干网架，各级电网协调发展，涵盖电源接入、输电、变电、配电、用电和调度各个环节，集成现代通信信息技术、自动控制技术、决策支持技术与先进电力技术，具有信息化、数字化、自动化、互动化特征，适应各类电源和用电设施的灵活接入与退出，实现用户的友好互动，具有智能响应和自愈能力，能够提升电力系统安全可靠性和运行效率的新型现代电网。

为完成智能电网目标，国家电网公司大力推进特高压电网、"SGl86"工程、一体化调度支持系统、资产全寿命周期管理、电力用户用电信息采集系统和电力通信工程等建设，打造坚强电网，强化优质服务，为智能电网建设奠定了扎实的基础。目前，直流、交流特高压工程已正式投入运行，特高压系统和设备运行平稳，全面验证了特高压交流输电的技术可行性，设备可靠性，系统安全性，设计和施工方案的先进性以及环境的友好性，实现了我国在远距离、大容量、低损耗的特高压核心技术和设备国产化上的重大突破。

12.1.2 智能电网的建设目标

智能电网的建设目标为：

自愈——稳定可靠。自愈是实现电网安全可靠运行的主要功能，指无需或仅需少量人为干预，实现电力网络中存在问题元器件的隔离或使其恢复正常运行，最小化或避免用户的供电中断。

安全——抵御攻击。无论是物理系统还是计算机遭到外部攻击，智能电网均能有效抵御由此造成的对电力系统本身的攻击伤害以及对其他领域形成的伤害，一旦发生中断，也能很快恢复运行。

兼容——发电资源。智能电网不仅支持传统型电力，同时也能够无缝连接燃料电池、可再生能源以及其他分布式的地方和区域性发电技术。对小规模、地方化或就地发电形式的融合，使得居民用户、商业用户和工业用户自主发电并将多余电量以最小的技术或制度障碍卖给电网成为可能。

交互——电力用户。电网在运行中与用户设备和行为进行交互，将其视为电力系统的完整组成部分之一，可以促使电力用户发挥积极作用，实现电力运行和环境保护等多方面的收益。

协调——电力市场。与批发电力市场甚至是零售电力市场实现无缝衔接，有效的市场设计可以提高电力系统的规划、运行和可靠性管理水平，电力系统管理能力的提升促进电力市场竞争效率的提高。

高效——资产优化。引入最先进的信息和监控技术优化设备和资源的使用效益，可以提高单个资产的利用效率，从整体上实现网络运行和扩容的优化，降低它的运行维护成本和投资，将低成本发电的作用发挥到最大限度。协调当地配电状况与跨区域不同输电线路的拥堵状况，能够提高现有电网资产的使用率，减少电网堵塞和瓶颈，最终达到为用户节约成本的目的。

环保——支持分布式电源并网运行，做到"即插即用"；支持风力发电和太阳能等大规模可再生能源发电的应用；降低电能从生产环节到消费环节的损耗，提高电能利用率。

12.1.3　泛在电力物联网支撑我国电力系统发展

我国能源总量供不应求，相对于经济的增长势头，能源供需不均衡的状况长期存在。据测算，国内能源供应的缺口量，到 2030 年约为 2.5 亿吨标准煤，到 2050 年则增加至约 4.6 亿吨标准煤，其规模约占年能源需求量的 1/10。同时我国总体能源利用效率低下，综合能源效率不足 40%。因此，我们亟需大幅度提高能源综合利用效率，以减少能源消耗总量。此外，电网承受波动性，以及消纳可再生能源电力的能力受限，对大规模、高比例风电、光电等可再生能源的消纳问题仍然未找到经济有效的解决途径，这就需要寻求新的综合能源解决方案。

国家电网有限公司提出了"三型两网、世界一流"的战略目标，加快推进泛在电力物联网的建设。泛在网络将实现人与人、人与物、物与物之间信息的获取、传递、存储和处理，从而提供无所不在的连接和信息服务。而实现泛在网络的引领性思路是综合利用大数据、人工智能、移动互联网、物联网、云－雾－边缘协作计算、软件定义网络（Software Defined Networking，SDN）、网络功能虚拟化（Network Function Virtualization，NFV）等新技术融合无线通信、Internet 以及计算机等领域，使多种资源实现灵活无缝的调度，以满足未来网络高度发展的需求。

泛在电力物联网将在智能电网技术发展基础上，不仅关注电力系统本身结构和运行模式的转变，更加关注各类能源的综合利用，以期得到更高的能源全局效率，建立新的能源互联网理论支撑，其中的核心问题是解决多种能源形式的互联耦合机理和相关技术体系。

12.2 智能电网应用中的关键技术

智能电网即以物理电网为基础，将现代先进的传感测量技术、通信技术、信息技术、计算机技术和控制技术与物理电网高度集成而形成新型电网。智能电网建设必然产生世界上最大、最为智能、信息感知最为全面的物联网。物联网技术可以实现电力设备状态检测、电力生产管理、电力资产全寿命周期管理、智能用电，有助于实现智能用电双向交互服务、用电信息采集、智能家居、家庭能效管理、分布式电源接入以及电动汽车充放电，为实现用户与电网的双向互动，提高供电可靠性与用电效率以及节能减排提供技术保障。

基于物联网的智能电网应用如图 12.1 所示。面向智能电网应用的物联网应当主要包括感知层、网络层和应用层。感知层主要通过无线传感网络、RFID 等技术手段实现对智能电网各应用环节相关信息的采集；网络层以电力光纤网为主，辅以电力线载波通信网、无线宽带网，实现感知层各类电力系统信息的广域或局部范围内的信息传输；应用层主要采用智能计算、模式识别等技术实现电网信息的综合分析和处理，实现智能化的决策、控制和服务，从而提升电网各个应用环节的智能化水平。

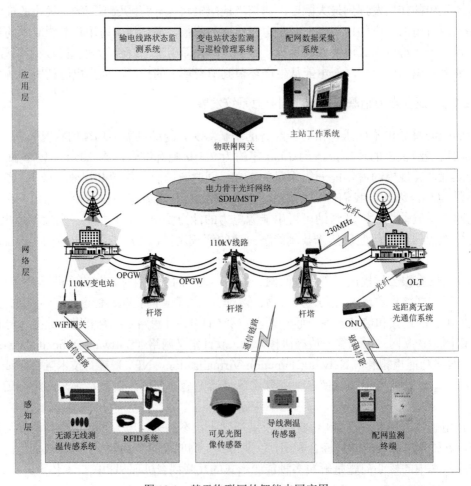

图 12.1 基于物联网的智能电网应用

　　面向智能电网的物联网从技术的角度分析，网络功能仍集中于数据的采集、传输、处理三个方面。一是数据采集倾向于更多新型业务。由于宽带接入技术的支持，物联网应用不局限于数据量的限制，在未来的大规模应用中可以提供更多的数据类型业务，如重点输电线路监测防护、大规模实时双向用电信息采集。二是网内协作模式的数据传输。以网内节点的协作互助为基本方式，解决数据传输问题。以各种成熟的接入技术为物理层基础，从 MAC 层以上，通过多模式接入、自组织的路由寻址方式、传输控制、拥塞避免等技术实现节点协作数据传输模式。三是网内数据融合处理技术。物联网不仅仅是一个向用户提供物理世界信息的传输工具，同时还在网络内部对节点采集数据进行融合处理，是一个具有高度计算能力和处理能力的云计算信息加工厂，用户端得到的数据是经过大量融合处理的非原始数据。

12.2.1　主要通信技术

　　目前，我国电力通信传输网已形成以光纤通信为主，微波、载波、卫星等多种传输方式并存的局面。电力通信骨干网作为信息通信网络中的中枢神经，在完成传输媒介光纤化，业务承载网络化建设发展的同时，运行监视和管理也正在逐步实现自动化和信息化。随着光纤通信技术的不断发展，各级电力光传输网络已经实现了互联互通，一级骨干通信网络形成了"三纵四横"的网架结构，华北、华东、华中、东北、西北五大区域已建成结构清晰、层次分明的骨干光纤环网，电网通信系统的传输交换能力、抵御事故能力、对业务的支撑能力、网络的安全可靠性和运行管理水平得到全面提升。为满足未来智能电网的发展需求，通信骨干网逐渐呈现出 SDH、MSTP、WDM、OTN、PTN 等多种传输技术体制并存的局面。在配用电方面，无线通信发挥巨大优势，无线通信可以是无线个人局域网（WPAN，IEEE 802.15）、无线局域网（WLAN，IEEE 802.11）、无线城域网（WMAN，IEEE 802.16）、无线广域网（WWAN，IEEE 802.20）、3G/B3G 通信、卫星通信、微波通信、短波/超短波通信、空间光通信等。

　　（1）光纤通信。光纤通信有许多优点，如频带宽传输容量大，传输损耗低，传输距离长，安全性高，体小质轻便于铺设，因此在智能电网通信中得到大量应用。常用的有光纤复合架空地线（OPGW）、全介质自承式架空光缆（ADSS）和光纤复合光缆（OPPC）等。OPGW 是把光纤放置在架空高压输电线的地线中，用以构成输电线路上的光纤通信网，这种结构形式兼具地线与通信双重功能，OPGW 具有较高的可靠性，优越的机械性能，成本也较低。这种技术在新铺设或更换现有地线时尤其合适和经济。ADSS 所用的是全介质材料，光缆自身加强构件能承受自重及外界负荷。其名称说明了这种光缆的使用环境及其关键技术：因为是自承式，所以其机械强度举足轻重；使用全介质材料是因为光缆处于高压强电环境中，必须能耐受强电的影响；由于是在电力杆塔上架空使用，所以必须有配套的挂件将光缆固定在杆塔上。所以 ADSS 光缆有三个关键技术：光缆机械设计、悬挂点的确定和配套金具的选择与安装。OPPC 是电力通信系统的一种新型特种光缆，是在传统的相线结构中将光纤单元复合在导线中的光缆，是充分利用电力系统自身的线路资源，特别是电力配网系统，避免在频率资源、路由协调、电磁兼容等方面与外界的矛盾，使之具有传输电能及通信的双重功能。

　　（2）SDH。同步数字体系（Synchronous Digital Hierarchy，SDH）是以复用、映射和同步方法组成的一个技术体制，为不同速率数字信号提供相应等级的信息传送格式，是信息业务承载网络中普遍采用的主要通信方式。SDH 定义了标准的传输速率体系和帧结构，其中映射是将各种速率的电信号经过码速调整后，装入相应的标准容器；定位是将帧信号指配进支路单元或管理单元；复用则是将多个低阶通道信号通过码速调整进入高阶通道的过程，由高阶通道信号分解为多个低阶通道信号则为解复用过程。

SDH 是一种将复接、线路传输及交换功能融为一体，并由统一网管系统操作的综合信息传送网络。在 SDH 网络中，不同传输速率的数字信号的复接和分接变得非常简单，只需利用软件即可从高速信号中一次分接出低速信号，SDH 的网络接口规范统一，可以在同一网络上使用不同厂家的设备，具有很好的横向兼容性，SDH 设备在帧结构中安排了丰富的、用于管理的开销比特，使网络的运行、管理和维护（OAM）能力大大加强，提高了网络的效率和可靠性。

（3）MSTP。多业务传输平台（Multi-Service Transfer Platform，MSTP）是通过映射、VC 虚级联、GFP、LCAS 以及总线技术等手段将以太网、ATM、RPR、ESCON、FICON、MPLS 等现有成熟技术进行内嵌或融合到 SDH 上，成为能支持多种业务的传输系统。

MSTP 融合了 TDM 和以太网二层交换，通过二层交换实现数据的智能控制和管理，优化数据在 SDH 通道中的传输，并有效解决 ADM/DXC 设备业务单一和带宽固定、IP 设备组网能力有限和服务质量问题。

（4）WDM。SDH/MSTP 传输技术采用的是单波长传输技术，随着高清视频、信息数据等各类业务对带宽需求的不断增加，它的一些技术瓶颈逐渐显露。采用单波长光载波和传统的电时分复用（TDM）相结合的技术受到电子迁移速率的限制，信号传输速率超过40Gb/s 已经十分困难，无法满足未来对通信网络大带宽、高速率的要求。因此波分复用（Wavelength Division Multiplexing，WDM）技术通过多个波长的复用增加单根光纤中传输的信道数来提高光纤的传输容量。

WDM 技术奠定了由电网路演进至光网路的基础，传统的电网路无法直接在光层进行多工、切换，或路由改接等动作，在网路节点需使用光电转换设备将光信号转换为电信号再将电信号转回光信号，因此总体传输速率会因使用光电转换设备而受到限制，无法将光纤与生俱来无限频宽的潜力好好发挥。WDM 是将两种或多种不同波长的光载波信号（携带各种信息）在发送端经复用器（亦称合波器，Multiplexer）汇合在一起，并耦合到光线路的同一根光纤中进行传输的技术；在接收端，经解复用器将各种波长的光载波分离，然后由光接收机进一步处理以恢复原信号。这种在同一根光纤中同时传输两个或众多不同波长光信号的技术，称为波分复用。WDM 本质上是光域上的频分复用 FDM 技术。每个波长通路通过频域的分割实现，每个波长通路占用一段光纤的带宽。WDM 系统采用特定标准波长，为了区别于 SDH 系统普通波长，有时又称为彩色光接口，而称普通光系统的光接口为"白色光口"或"白光口"。

目前，DWDM 从早期的 8 波、16 波系统逐步向 32 波、40 波甚至 80 波、160 波等更大容量演进。在系统成熟及大规模器件采购带来成本下降的推动下，40 波系统已成为干线网 DWDM 建设的主流，而新的编码、调制、放大、均衡等技术的采用，使 DWDM 的超长传送得以实现。超长传送技术可以大量减少 REG（电中继）的使用，同时节省机房、电源、配线、维护的成本，并结合 OADM（光分插复用）技术直接降低了网络投资成本。

（5）OTN。光传送网（Optical Transport Network，OTN），是以波分复用技术为基础，在光层组织网络的传送网，是下一代的骨干传送网。OTN 跨越了传统的电域（数字传送）和光域（模拟传送），是管理电域和光域的统一标准。

OTN 技术包括了光层和电层的完整体系结构，各层网络都有相应的管理监控机制，光层和电层都具有网络生存性机制。OTN 技术可以提供强大的 OAM 功能，并可实现多达 6 级的串联连接监测（TCM）功能，提供完善的性能和故障监测功能。OTN 设备基于 ODUk 的交叉功能使得电路交换粒度由 SDH 的 155M 提高到 2.5G/10G/40G，从而实现大颗粒业务的灵活调度和保护。OTN 设备还可以引入基于 ASON 的智能控制平面，提高网络配置的灵活性和生存性。

OTN 继承并拓展了已有传送网络的众多优势特征，能够很好适应目前面向宽带数据业务的传送技术之一，是目前光网络发展和应用的一个重要趋势。当采用 OTN 技术组建传送网骨干层时，一方面可以节省中间的 SDH 层面，降低了建设和维护成本；另一方面随着数据业务的增长，传统的 VC-12/VC-4 的颗粒已经不能满足大颗粒交叉连接的需要，而 OTN 设备具有 ODU1 这种大颗粒的交叉调度能力，而且 OTN 技术在提供与 WDM 同样充足带宽的前提下具备和 SDH 一样的组网能力。OTN 解决了传统 WDM 网络无波长/子波长业务调度能力、组网能力弱、保护能力弱等问题。因此，OTN 的应用受到越来越多的重视。

随着数据业务颗粒的增大和对处理能力更细化的要求，业务对传送网提出了两方面的需求：一方面传送网要提供大的管道，广义的 OTN 技术（在电域为 OTH，在光域为 ROADM）提供了新的解决方案，它解决了 SDH 基于 VC-12/VC4 的交叉颗粒偏小、调度较复杂、不适应大颗粒业务传送需求的问题，也部分克服了 WDM 系统故障定位困难，以点到点连接为主的组网方式，组网能力较弱，能够提供的网络生存性手段和能力较弱等缺点；另一方面业务对光传送网提出了更加细致的处理要求，业界也提出了分组传送网的解决方案，目前涉及的主要技术包括 T-MPLS 和 PBB-TE 等。

（6）PTN。分组传送网（Packet Transport Network，PTN）是指这样的一种光传送网络架构和具体技术：在 IP 业务和底层光传输媒质之间设置了一个层面，它针对分组业务流量的突发性和统计复用传送的要求而设计，以分组业务为核心并支持多业务提供，具有更低的总体使用成本（TCO），同时秉承光传输的传统优势，包括高可用性和可靠性，高效的带宽管理机制和流量工程，便捷的 OAM 和网管，可扩展，较高的安全性等。

PTN 支持多种基于分组交换业务的双向点对点连接通道，具有适合 PTN 各种粗细颗粒业务、端到端的组网能力，提供了更加适合于 IP 业务特性的"柔性"传输管道；具备丰富的保护方式，遇到网络故障时能够实现基于 50ms 的电信级业务保护倒换，实现传输级别的业务保护和恢复；继承了 SDH 技术的操作、管理和维护机制，具有点对点连接的 OAM 功能，保证网络具备保护切换、错误检测和通道监控能力；完成了与 IP/MPLS 多种方式的互连互通，无缝承载核心 IP 业务；网管系统可以控制连接信道的建立和设置，实现了业务 QoS 的区分和保证，灵活提供 SLA 等优点。另外，它可利用各种底层传输通道（如 SDH/Ethernet/OTN）。总之，它具有完善的 OAM 机制、精确的故障定位和严格的业务隔离功能，最大限度地管理和利用光纤资源，保证了业务安全性，在结合 GMPLS 后，可实现资源的自动配置及网状网的高生存性。

（7）ASON。ASON 是一种基于 SDH 或 OTN 网络，通过分布式或部分分布式控制平面自动实现配置连接管理的光网络，是以光纤为物理传输媒质，由 SDH 和 OTN 等光传输系统构成的智能的光传送网。

ASON 是一种具有灵活性、高可扩展性的能直接在光层上按需提供服务的光网络，分为传送平面、控制平面和管理平面。传送平面完成光信号传输、配置保护倒换和交叉连接，具有不同速率和多业务的物理接口；控制平面负责完成呼叫控制和链接控制功能，利用信令功能实现端到端自动连接的建立、释放以及检测和维护，并在发生故障时自动恢复连接；管理平面主要面向网络运营者，侧重于对网络运营情况的掌握和网络资源的优化配置，是控制平面的一个补充。ASON 独有的控制平面技术，用以完成传送平面呼叫控制和连接控制。控制平面节点的核心功能主要由连接控制器、路由控制器、链路资源管理器、流量策略、呼叫控制器、协议控制器、发现代理及终端适配器等八类组件构成。呼叫控制器和连接控制器用于完成信令功能，实现 ASON 中的分离呼叫和连接处理两个过程；路由控制器用于完成路由功能，为连接控制器将要发起的连接建立选择路由，同时还负责网络拓扑和资源利用等信息的分发；链路资源管理器用于完成资源管理功能，检测网络资源状况，管理链路占用、状态及告警等；协议控制器用于完成消息的分类收集和分发，负责将通过接口的消息正确送往处理模块；流量策略负责检查用户连接是否满足已协商好的参数配置；发现代理和终端适配器用于完成自动发现功能。

ASON 将静态的光传送网智能化，使之变为动态的光网络。将 IP 的灵活和效率、SDH 的保护能力、DWDM的容量，通过创新的分布式网管系统有机地结合在一起，形成以软件为核心的能感知网络和用户服务要求，并能按需直接从光层提供服务的新一代光网络。

（8）电力线通信。电力线载波（PLC）是电力系统特有的通信方式，如图 12.2 所示。电力线载波通信是指利用现有电力线，通过载波方式将模拟或数字信号进行高速传输的技术。PLC 具有极大的便捷性，只要连接到房间内任何的插座上，就可立刻拥有 4.5Mb/s～45Mb/s 的高速网络接入。PLC 利用 GMSK（高斯最小频移键控，移动全球通的调制方式）和 OFDM（正交频分复用）将用户数据进行调制，然后进行传输。最大特点是不需要重新架设网络，只要有电线，就能进行数据传递。但是电力线载波通信因为有以下缺点，导致 PLC 主要应用"电力上网"未能大规模应用。

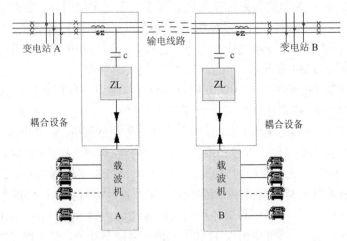

图 12.2　电力线载波通信系统框图

1）配电变压器对电力载波信号有阻隔作用，所以电力载波信号只能在一个配电变压器区域范围内传送。

2）三相电力线间有很大信号损失（10dB～30dB）。通信距离很近时，不同相间可能会收到不同信号。一般电力载波信号只能在单相电力线上传输。

3）不同信号耦合方式对电力载波信号损失不同，耦合方式有线－地耦合和线－中线耦合两种。与线－中线耦合方式相比，线－地耦合方式的电力载波信号少损失十几 dB，但不是所有地区电力系统都适用。

4）电力线存在本身固有的脉冲干扰。目前使用的交流电有 50Hz 和 60Hz，则周期为 20ms

和 16.7ms，在每一交流周期中，出现两次峰值，两次峰值会带来两次脉冲干扰，即电力线上有固定的 100Hz 或 120Hz 脉冲干扰，干扰时间约 2ms，因有干扰必须加以处理。有一种利用波形过 0 点的短时间内进行数据传输的方法，但由于过 0 点时间短，实际应用与交流波形同步不好控制，现代通信数据帧又比较长，所以难以应用。

5）电力线对载波信号造成高削减。当电力线上负荷很重时，线路阻抗可达 1 欧姆以下，造成对载波信号的高削减。实际应用中，当电力线空载时，点对点载波信号可传输到几千米。但当电力线上负荷很重时，只能传输几十米。

（9）无线通信。随着无线通信技术的发展，无线通信系统的特性发生巨大的变化。鉴于采用无线通信网不依赖于电网网架，且抗自然灾害能力较强，同时具有带宽大、传输距离远、非视距传输等优点，非常适合弥补目前通信方式的单一化、覆盖面不全的缺陷。无线通信技术按照传输距离大致可以分为四种技术，即基于 IEEE 802.15 的无线个域网（WPAN）、基于 IEEE 802.11 的无线局域网（WLAN）、基于 IEEE 802.16 的无线城域网（WMAN）及基于 IEEE 802.20 的无线广域网（WWAN）。

12.2.2　电力云

近年来，随着全球能源问题日益突出，世界各国都开展了智能电网的研究工作，而支撑智能电网安全、自愈、绿色、坚强及可靠运行的基础是电网全景实时数据采集、传输和存储，以及对累积的海量多源数据快速分析。因而随着智能电网建设的不断深入和推进，电网运行和设备检/监测产生的数据量呈指数级增长，逐渐构成了当今信息学界所关注的大数据，这需要相应的存储和快速处理技术作为支撑。

（1）智能电网大数据及其特点。智能电网中的大数据电网业务数据大致分为三类：一是电网运行和设备检测或监测数据；二是电力企业营销数据，如交易电价、售电量、用电客户等方面的数据；三是电力企业管理数据。

在智能电网中，大数据产生于电力系统的各个环节，包括：

1）发电侧。随着大型发电厂数字化建设的发展，海量的过程数据被保存下来。这些数据中蕴藏着丰富的信息，对于分析生产运行状态，提供控制和优化策略，故障诊断以及知识发现和数据挖掘具有重要意义。基于数据驱动的故障诊断方法被提出，利用海量的过程数据，解决以前基于分析的模型方法和基于定性经验知识的监控方法所不能解决的生产过程和设备的故障诊断、优化配置和评价的问题。另外，为及时准确掌握分布式电源的设备及运行状态，需要对大量的分布式能源进行实时监测和控制。为支持风机选址优化，所采集的用于建模的天气数据每天以 80%的速度增长。

2）输变电侧。2006 年美国能源部和联邦能源委员会建议安装同步相量监测系统（Synchrophasor-based Transmission Monitoring Systems）。目前，美国的 100 个相位测量装置（Phasor Measurement Unit，PMU）一天收集 62 亿个数据点，数据量约为 60 GB，而如果监测装置增加到 1000 套，每天采集的数据点为 415 亿个，数据量达到 402 GB。相量监测只是智能电网监控的一小部分。

3）用电侧。为准确获取用户的用电数据，电力公司部署了大量的具有双向通信能力的智能电表，这些电表可以每隔 5min 的频率向电网发送实时用电信息。美国太平洋天然气电力公司（Pacific Gas & Electric）每个月从 900 万个智能电表中收集超过 3TB 的数据。电动汽车的无序充放电行为会对电网运行带来麻烦，如果能合理安排电动汽车的充放电时间，则会对电网带来好处，变害为利，而前提是对基数很大的电动机车电池的充放电状态进行监测，也会产生大数据。

（2）云计算在智能电网中的应用。电网的智能化体现为能够全面、及时地掌握电网运行的信息，综合各自动化功能系统对信息分析的结果，做出最优的反应。因此，精确、快速、开放、共享的信息系统是智能电网的基础，也是智能电网与传统电网的最大区别。目前电网的信息平台建设仍然采用常规的数据存储与管理方法，基础架构大多采用价格昂贵的大型服务器，存储硬件采用磁盘阵列，数据库管理软件采用关系数据库系统，紧密耦合类业务应用采用套装软件，因此，系统扩展性较差，成本较高。智能电网环境下数据量将巨增，对可靠性和实时性要求更高，面对这些海量、分布式、多源异构的信息，使用常规的数据存储与管理方法会遇到极大的困难。云计算是一种新兴的计算模型，具备可靠性高、数据处理量巨大、灵活可扩展以及设备利用率高等优势，正成为信息领域研究的热点。其思想是使计算任务分布在大量的分布式计算机上，将众多分布式计算机中的处理器计算能力和数据资源整合在一起协同工作。云计算技术的出现给智能电网信息平台建设中遇到的上述问题的解决带来了机遇。它能够充分解决电网通信用户与电网间的实时交互信息呈爆发式增长困境，可在海量数据管理、智能决策、可视化管理和电网资源配置等方面取得广泛的应用。

目前，电力行业已经建成了大型的电力系统仿真中心，具有了一定规模的计算资源和存储资源，并实现了完善的分布式仿真计算方法，如图 12.3 所示。国家电网建成智能电网云仿真实验室。该实验室以建设智能电网云计算中心为使命，重点开展了智能电网云操作平台、智能电网云分布式数据库、智能电网云资源虚拟化管理平台和基于智能电网云操作平台的十大典型应用，包括云资源租赁系统、智能电网云搜索、智能电网云百科、云化数字图书馆、云化专利检索系统、国际合作业务云应用系统、智能用电海量信息存储与分析、电力视频云等。南方电网长期以来高度重视新技术的研究与应用，开展了包括电网企业公共信息模型（ECIM）、数据资源规划、SOA 技术规范、信息安全防护技术规范等一系列的技术标准与规范制定。

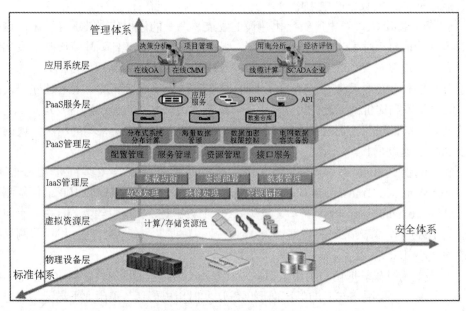

图 12.3　电力云总体架构图

因此，在智能电网技术领域引入云计算，能够在保证现有电力系统硬件基础设施基本不变的情况下，对当前系统的数据资源和处理器资源进行整合，从而大幅提高电网实时控制和高级分析的能力，为智能电网技术的发展提供有效的支持。

12.2.3 电力物联网信息安全防护

与电力系统的传统数据通信网络和有源无线传感网不同，无源无线传感网本身的特点决定了其安全防护的复杂性和独特性，例如传感节点有序地分布在未保护的环境（如沙漠、戈壁、山林等）中；部署于外置设备或设施（如变压器、输电线路、杆塔等）上的节点易被攻击者物理俘获而泄露敏感信息；攻击者利用无线通信的特性使用窃听、干扰等手段对网络进行攻击。

应用于电力系统的无源无线传感网的安全目标归纳为可用性、机密性、完整性、认证和抗抵赖性五个方面。

- 可用性是指无源无线传感网单个设备受到攻击时，网络能够自愈并正常工作；网络受到合谋攻击时，只能使得局部网络瘫痪，而不会影响整个网络。
- 机密性是保证网络的敏感信息不能被攻击者窃听。
- 完整性是保证信息的完整性不被破坏。
- 认证是节点间相互间信任机制的基础。
- 抗抵赖性是保证节点对于自身的行为不能抵赖。

因此针对以上目标，提出物理安全、网络安全、主机安全和应用安全四个层面，共十五类重点安全防护措施。

12.3 电力设施防护系统

随着国家农网改造工作的不断推进和深入，农村电力网络状况和配电设备得到了根本改善，但不法分子对电力设施特别是配电变压器的盗窃严重损害了供电企业的利益并给城乡居民的用电造成了障碍。因此，迫切需要运用科技手段，实时监测配电设备的运行参数，实现设备自身防盗报警。以多种传感器组成协同感知的网络，可实现对高压骨干输电线路侵害行为的有效分类和区域定位，实现对高压骨干输电线路的全方位防护。同时运用多种传感器组成协同感知网络结合 TD-SCDMA 网络等技术，在户外配网线路、杆塔、配电变压器等设备上部署、安装振动、位移、电压变化、红外线等传感器，采集、处理现场异常信息，实现自动报警功能与配网运行状态管理。

12.3.1 总体架构

电力设施防护系统（以下简称系统）由地埋震动传感器、杆塔倾斜传感器、杆塔无线（声）震动传感器、防盗螺栓传感器、无线被动红外线传感器、智能视频传感器、通信骨干节点等组成，系统总体架构如图 12.4 所示。

系统分为两部分：主站微机控制中心和远程图像数据监测控制终端，实现一个控制中心监测多个终端。当需要添加控制节点时，只需在现场安装好远程数据监测控制终端，同时在主站微机控制中心进行相应软件设置，即可对新加入的控制节点进行监控。远端设备安装在电力铁塔的监测点，负责铁塔的监测工作；监测中心的主要设备是 PC 和手机，终端设备负责接收图像信息和报警信息，同时可发送命令，主动命令远端设备采集图像信息，可以实现主动监测电力铁塔是否有入侵现象。

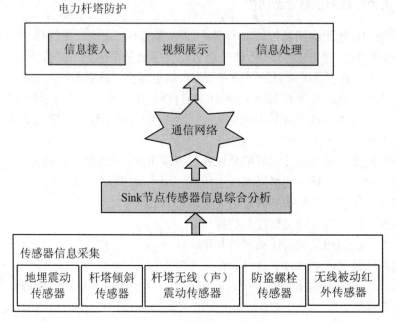

图 12.4　系统总体架构图

塔端设备监测点完成对铁塔周围的环境的监测，并实现相应的控制功能。当探测器探测到有人入侵时，单片机控制图像采集模块采集图像信息，并利用无线通信平台传输至数据监测中心。或者接收数据监测中心发送的采集图像短信或命令，采集压缩图像，发送到监测中心，使监测中心的管理人员利用 PC 可以观测了解铁塔现状，完成铁塔的远程监测。

监测中心由一台装有监测软件的 PC 和移动通信设备手机组成。监测中心软件负责监测整个系统的所有塔端设备，同时对采集的图像信息进行存档。

12.3.2　网络拓扑结构

系统是一个基于无线传感网的配电网状态监测系统，主要由中心信息处理与展示软件、骨干节点和信息采集节点组成。其网络拓扑结构图如图 12.5 所示。

杆塔防护相关传感设施主要围绕杆塔进行部署。该部分网络传输分系统采用带状分簇网络模式组建，骨干网络传输设备利用输电线路的一维尺度特征形成带状无线网络传输系统，其中，每个传感器可以和附近的骨干节点进行直接通信，传感器与骨干节点间一般采用单向通信链路，骨干节点支持的传感器数量最大为 256 个。通过网关设备将终端网络传输设备收集数据送往上层应用服务平台，终端传输设备通过一跳成簇的方式接入骨干传输设备。传输设备构成的多跳、单跳簇网络采用 2.4GHz 频段。

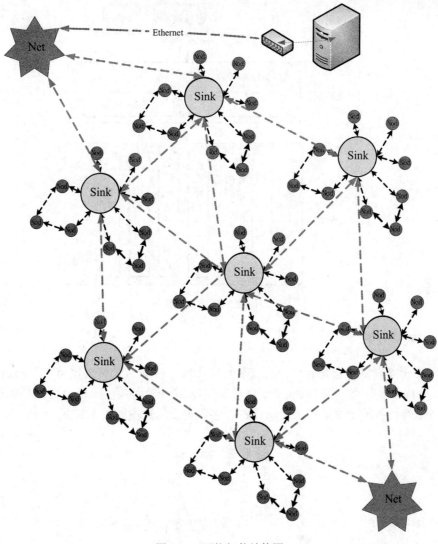

图 12.5 网络拓扑结构图

12.3.3 平台功能设计

系统软件平台主要由信息采集层、处理层和应用展示层组成，如图 12.6 所示。

信息分析：分析来自同一目标的多个传感器信息和多个目标的同类传感器信息，对目标的多个信息进行融合处理，滤除错误信息和冗余信息，实现低虚警的告警信号处理，快速发现目标被盗，及时发出告警信号。

信息处理：包括信息传送、信息规整、确认报警和误报警取消等，实现将报警信息通过通信网络即时通知相关人员。提供对报警信息进行综合分析和有人干预条件下进行规整，将各种监测信息综合分析为真实的报警信息。确认报警后，启动防盗工作流程和预案，针对即将进行或正在进行中的盗窃行为进行现场告警，电力人员介入，确保电力设施安全。

联动报警：与其他系统联动，将报警信息发送给相关的公安联动单位等，联合社会力量共同治理电网盗窃行为。

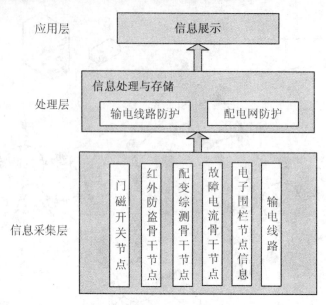

图 12.6　系统软件平台架构

12.3.4　实施效果

在配网变压器设备上选择合适位置安装杆塔无线（声）震动传感器节点、防盗螺栓传感器、被动红外传感器节点，通过采集变压器设备破坏、盗窃行为信息，综合分析形成报警信息，实现配电变压器设备的全面防护。配网设备传感器布设示意图如图 12.7 所示。

图 12.7　配网设备传感器布设示意图

（1）杆塔无线（声）震动传感器节点：基于声学特征信号分析的智能传感器，可以滤除正常情况下的环境、人员、物体引起的配变声振动，捕获、分析识别可疑振动，通过骨干通信节点向监控中心发出高可信度的预警信号。

（2）防盗螺栓传感器：在配电变压器固定螺栓上安装防盗传感器，在发生螺栓异常松动时，及时向监控中心发出预警信号。

（3）无线被动红外传感器节点：用低功耗的红外探头对配电变压器进行连续在线防盗布控，本红外传感器具有视场分布明确的特点，不易被周围行人、动物误触发，当红外事件触发后，自动启动杆塔无线（声）震动传感器节点协同处理，形成高可信度的告警信号。

（4）红外信号直接进入骨干通信节点。骨干通信节点内置电压检测单元，用于平时检测400V 侧的电压合格率等参数，当发生失电事件后，自动向监控中心报告该事件，以提示可能的变压器盗窃事件。骨干通信节点对下形成一个星型网络，该星型网不仅可以完成防盗数据的传输，还可以传输配变状态信息，例如配变的工作电压、电流、开关状态、工作温度、环境温湿度等信息。骨干通信节点对上形成一个长距离（2km）的网格网络，将监测的数据传输到变电站（有固网处），然后通过固网传输的监控中心，或通过可选的 TD-SCDMA 模块传输到监控中心。

在发生被盗过程中，现场骨干通信节点会发出警告声光信号，及时向监控中心、110 报警中心发出预警和报警信息，协助迅速处理线路、配变被盗事件。

12.4　电力设备移动巡检系统

随着电网规模的扩大，输、变、配电设备数量及异动量迅速增多且运行情况更加复杂，对巡检工作提出了更多更高的要求，我国电力生产近年来迅速发展，电力设施的规模也不断扩大，电网中的各类供电及配电系统规模也逐渐扩大，分布也日益复杂，所以对电力设备的易用、实时、稳定等性能也提出了更高的要求。因此，需要对电力设备及线路进行定期巡检，保障电网的安全稳定运行。

目前的巡检方式主要包括三种：传统的人工巡检方式、在设备上绑定二维码的巡检方式、机器人巡检。目前的巡检方式具有巡检效率低下，需要近距离扫描且不易维护，以及维护成本高，在高处和复杂地理环境下的巡检工作无法满足的缺点。此外，目前的电力设备中，大多没有安置传感器，尤其是温湿度传感器，不能实时掌握设备过热或过潮等问题。

结合日益发达的计算机信息技术、传感网技术、射频识别技术以及 GPS、GIS 技术实现现代化、信息化、自动化、智能化的输、变、配电设备巡检。

GIS 具有采集、分析、管理、决策及输出多种空间信息的能力，能够进行空间分析、多要素综合分析和动态预测，可产生高层次、高质量的地理空间信息，提供模拟分析方法和分析模型，从而为准确、高效地进行人员调度、生产设备管理提供科学依据。

GPS 近年来成为对地球空间各种事物进行定位和管理的研究热点，其全天候、无盲点、高精度、高实时性、高可靠性的优点都是其他定位技术无可比拟的。

通过本系统的实施，可以使电力企业对巡检人员实现有效的监督，提高巡检工作质量，帮助企业早期诊断并预测设备故障的发生，确保设备长期高效稳定运行，提高能效，获取更多的社会和经济效益。

12.4.1 系统功能设计

在现有巡检工作的基础上，在巡检路线上增加感知 RFID 标签、无源 RFID 标签，利用手持智能终端的 RFID 读卡功能和 GPS 定位功能，以及无线传感网技术、RFID 技术等无线通信新技术，提高输、变、配电环节巡检智能化水平。

系统具有自动化程度高、传输信息及时、技术先进、运行可靠的特点。

- 实现以 RFID 标签监督巡检人员确实到达现场并按预定路线巡视功能。
- 实现基于 GIS 技术的数据图形化显示、图形化操作功能。
- 采用 GPS 技术，实现自动定位巡检人员位置，自动探测巡检设备功能。
- 基于物联网的传感器网格技术，精确检测设备工作环境与状态，实现精确采集电力设备的运行信息功能。
- 通过网络实现巡检作业数据及时传送至生产管理中心功能。
- 采用内嵌作业指导书，确保正确、安全、高效进行现场巡检作业功能。
- 依靠现有人力资源管理系统，实现对巡检人员的调度、管理。
- 巡检任务制定、巡检任务下发、现场巡检作业监督、巡检数据回填流程实现 Web 发布，并和现有工作管理系统互联。
- 多种终端的可选性，可以满足各个不同部门对巡检设备管理的需求。提供可选的信息交互功能。

12.4.2 系统网络结构

采用 HTTP 协议以及 SSL 加密方式实现手持终端与智能电网传感网络应用系统一体化管理平台的数据交互。系统网络结构如图 12.8 所示。

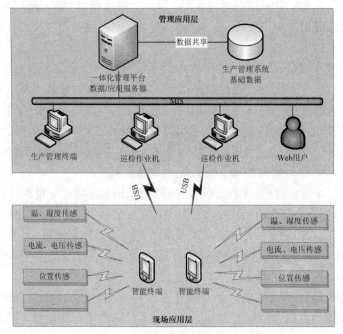

图 12.8　输、变、配电系统网络框图

12.4.3　功能设计

巡视管理：主要包括 GPS 范围内设备的自动发现，手动选择设备，设备基本信息的展示，巡检标准作业指导书的集成，设备缺陷隐患的录入，设备巡检结果的整理入库，设备巡检结果的管理，设备现场照片的采集管理，设备巡检参数的设置，设备巡检模式（GPS、非 GPS）的后台判断保存等。

内嵌作业指导书及历史记录查询功能，保证方便、正确、高效地完成巡视作业，完备记录设备运行状态。提供运行管理，方便进行设备测试。

数据管理：通过数据同步，及时进行任务数据回填，设备运行状况上报，帮助进行早期诊断并预测设备故障的发生，确保设备长期高效稳定运行。采用 HTTP 协议以及 SSL 加密方式实现手持终端与智能电网传感网络应用系统一体化管理平台的数据交互。

采用基于智能移动设备上的 GIS 展示模块，将现有输电生产管理信息系统中地图和电网设备信息加载并显示，提供对各种电网设备信息和主要的地理基础信息（道路、主要地物）的查询定位等基本 GIS 操作。巡检功能实现基于 GIS 定位巡检和手动选择相应杆塔设备巡检功能。系统结合应用支撑管理模块平台（Web），提供对应用支撑管理模块平台（Web）中安排的巡检任务同步到系统中功能，并在系统内对原有输电巡检中巡检项采用多级对话框等方式灵活简洁展示，提供给操作人员操作。对于外业操作人员巡检后记录的数据，系统提供回传、自动合并功能导入到应用支撑管理模块中，并可以正常在应用支撑管理模块中展示。从管理方式上实现基于 GIS 定位功能，允许操作人员在距离巡检目标设备一定距离内（由用户设置），可以完成巡检工作，并记录巡检时准确的 GPS 位置等相关信息。在此距离外时，系统锁定巡检功能，限制巡检工作发生。对于无法收集 GPS 信号的位置，系统提供人工直接巡检方式，对于巡检时操作人员的位置和巡检功能不进行限制，但在巡检结果中明确标明采用了手动巡检模式。

12.5　输电线路在线监测系统

高压架空输电线路容易受到气象环境（如大风、冰雪等）和人为因素影响而引起故障，从而导致输电线路设备损毁，影响输电线路的安全运行，严重时可会致大面积电力供应瘫痪，给国民经济造成重大损失。由微风造成的微风振动、导线风偏是高压架空线路上普遍存在的隐患，是造成高压架空输电线路疲劳断股的主要原因；强风条件造成的线路舞动一旦形成，持续时间一般可达数小时，对高压输电线路会造成极大的破坏作用；雨雪天气造成的线路覆冰，杆塔拉线结冰且对称的拉线结冰往往不平衡，会导致杆塔的倾斜，这也是输电线路安全保障的巨大隐患。

输电线路微风振动、舞动、覆冰、风偏、污秽、雷击等故障现象，大多数受当地恶劣气象环境影响所致。我国地域广大，输电线路具有危险点分散性大、距离长、难以监控维护等特点，由气象台提供的对某个地区的定时定点监测记录并不能完全准确地反映特定输电线路走廊的气象条件，输电线路走廊历史气象数据完全一片空白，给输电线路故障判断、预防及研究带来了一定的困难，给电力系统及人民生活造成极大的经济损失。电网公司实时监测导线覆冰情况，依托后台诊断分析系统对监测数据进行分析，实现对线路冰害事故的提前预测，并及时向运行管理人员发送报警信息，有效减少线路冰闪、舞动、断线、倒塔等事故的发生。

12.5.1 总体介绍

通过在整条输电线路的线路上部署多功能骨干节点、MEMS 加速度（陀螺仪）传感器节点，并在高压杆塔上布设泄漏电流传感器节点、通信骨干节点构成一个传感器簇，多个这样的簇构成线状网络并通过通信骨干节点构成整个智能电网输电线路在线监测系统。

杆塔和导线上安装的传感器以及实现的功能如下：

- 安装高清监控摄像机（可 360 度旋转，18 倍光学变焦），实现 720P 高清视频图像的采集并通过杆塔上的光纤复合相线（OPPC）或宽带无线通信模块回传。
- 安装音频设备以实现塔上语音交互。
- 安装风速传感器、风向传感器及温度、湿度、气压传感器以实现微气象监测。
- 安装导线温度传感器以实现导线温度实时监测。
- 安装泄露电流传感器以实现对泄露电流的实时监测和报警。
- 安装振动传感器、红外传感器、超声波（射频）传感器和微型麦克风传感器以实现防盗报警。
- 安装杆塔倾斜传感器以实现杆塔倾角的在线监测。

基于传感网络的智能电网输电线路在线监测系统的部署如图 12.9 所示。

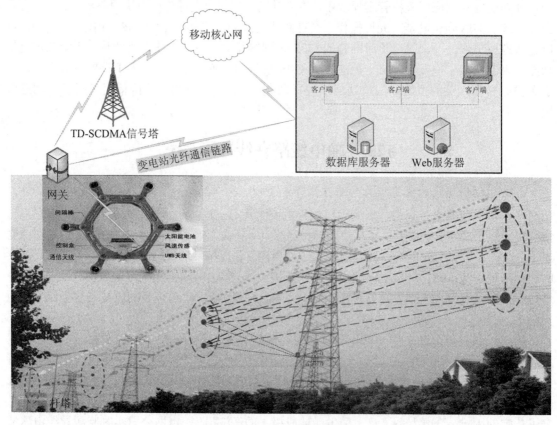

图 12.9 智能电网输电线路在线监测系统网络结构

由于输电线路分布范围广，跨越距离大，为保证传感信息的有效传输，避免传感信息丢失，在传感网中采用多跳组网协议，以多跳中继通信的方式使网络具备更远的信息传输距离，实现连接传感网基站功能，确保了传感器节点与电力专用网络或公共移动通信网络网关信息互通。传感网通过网关接入电力专用网络或无线网络，骨干节点能够对传感数据进行预处理，确保传感信息有效性，实现传感信息高效接入电力专用网络或移动通信系统的功能，为信息的进一步高效传输提供保障。无线通信系统实现了传感信息的远距离传输，提供了更加灵活、高速、便捷的信息传输服务，确保了信息传输的高效畅通，为输电线路现场与中心监测系统的互通互联提供了可靠优质的传输服务。

系统由地埋固定无线震动传感器节点、移动无线震动传感器节点、杆塔无线倾斜传感器节点、杆塔无线（声）震动传感器节点、无线防拆卸螺栓传感器节点、无线被动红外线传感器节点、智能视频传感器节点、TD-SCDMA 通信骨干节点等组成。系统分为两部分：主站微机控制中心和远程图像数据监测控制终端。这种设计方式可以实现一个控制中心监测多个终端的功能。当需要添加控制点时，只需在需要控制的现场安装好远程数据监测控制终端，同时在主站微机控制中心软件进行相应设置，即可对新加入的控制点进行监控。远端设备安装在电力铁塔的监测点，负责铁塔和线路的监测工作。各传感器外观图如图 12.10 至图 12.16 所示。

图 12.10 倾斜传感器

图 12.11 激光测距传感器

图 12.12 导线温度传感器

图 12.13 壁挂式震动传感器

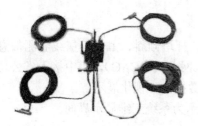

图 12.14 地埋振动传感器

图 12.15 智能防盗螺栓

图 12.16 环境微气象传感器

12.5.2　实施原则及应用范围

输电线路在线监测装置应满足以下基本要求：

- 不影响线路电气性能可靠性，安装的装置应满足相应电压等级的线路的电晕要求和无线电干扰要求。
- 不影响线路机械性能可靠性，安装的装置不能成为线路结构的薄弱点，不能带来结构上的隐患。
- 应充分考虑线路运行人员的高空作业环境，安装方式简单、方便、可靠。
- 应能在输电线路上长期稳定运行，能抵抗高压线路电磁场，适应各种恶劣气候，无需外在电源，免维护。
- 数据传输方式及存储方式符合标准，便于在线监测数据统一管理。

12.5.3　网络拓扑结构

网络传输分系统采用带状分簇网络模式组建，骨干网络传输设备利用输电线路的一维尺度特征形成带状无线网络传输系统，其中，每个传感器可以和附近的骨干节点进行直接通信，传感器与骨干节点间一般采用单向通信链路，骨干节点支持的传感器数量最大为 256 个。塔架间距为 400m～800m，即骨干节点之间间距最大 800m，骨干节点间通信为双向通信链路，构成带状拓扑多跳网络，部分长跨距杆塔布设 TD-LTE 节点或接入 3G 移动通信网络，有条件的杆塔也可以接入 OPGW 光网。通过网关设备将终端网络传输设备收集数据送往上层应用服务平台，终端传输设备通过一跳成簇的方式接入骨干传输设备。传输设备构成的多跳、单跳簇网络采用 2.4GHz 频段。

输电线路及杆塔网络传输系统组网方案如图 12.17 所示。

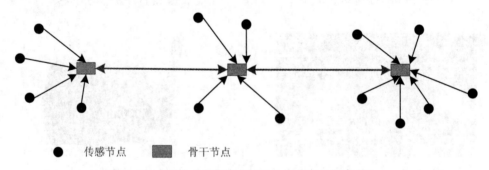

● 传感节点　■ 骨干节点

图 12.17　输电线路及杆塔网络传输分系统组网方案

12.5.4　系统功能

重点接入输电线路图像、微气象、导线温度、覆冰、杆塔倾斜、雷击等在线监测信息及防盗信息。将采集、加工后的数据传输到统一的状态接入网关机（CAG），集中接入省公司状态信息接入服务器，并与二维/三维 GIS 系统对接，实现数据的可视化展示。

输电线路在线监测内容如图 12.18 所示。图 12.19 所示为系统三维显示界面。

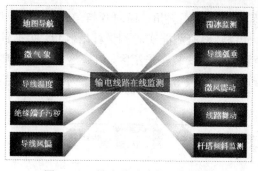

图 12.18　输电线路在线监测内容　　　图 12.19　输电线路三维显示（柱上变压器）

（1）气象监测。微气象环境监测包括风速、风向、最大风速、标准风速、气温、湿度、气压、降雨量、降水强度、光辐射强度。输电线路气象监测可以减小受到气象环境（如大风、冰雪等）和人为因素影响而引起故障灾害，避免输电线路设备损毁，保证输电线路的安全运行。图 12.20 所示为气象监测功能界面。

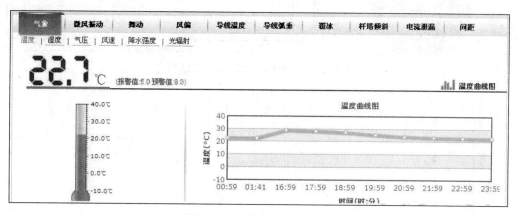

图 12.20　气象监测（温度）

（2）覆冰监测。雨雪天气造成的线路覆冰，杆塔拉线结冰且对称的拉线结冰往往不平衡，会导致杆塔的倾斜。覆冰监测依托后台及时发现事故并向运行管理人员发送报警信息，有效减少线路冰闪、舞动、断线、倒塔等事故的发生。图 12.21 所示为覆冰监测功能界面。

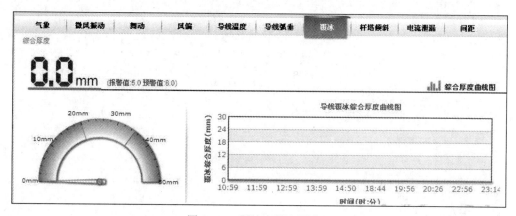

图 12.21　覆冰（综合厚度）

　　（3）杆塔倾斜监测。杆塔倾斜监测包括倾斜度、顺线倾斜角、横向倾斜角、顺线倾斜度、横向倾斜度。杆塔倾斜容易引起杆塔倒塌事故。杆塔倾斜监测能实时测量杆塔倾角，提前针对倾角过大的杆塔发出报警信息。杆塔倾斜状态监测装置应安装在采空区、沉降区和不良地质区段，如土质松软区、淤泥区、易滑坡区、风化岩山区或丘陵等。图 12.22 所示为杆塔倾斜监测功能界面。

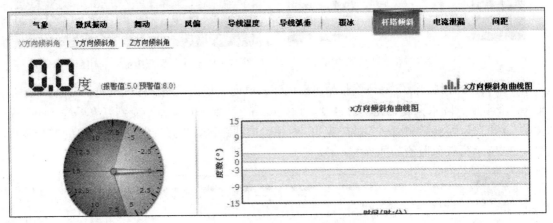

图 12.22　杆塔倾斜（X 方向倾斜角）

第 13 章　智能建筑

智能建筑通过数字通信技术、控制技术、计算机网络技术、电视技术、光纤技术、传感器技术及数据库技术等，构成各类智能化系统。包括可视电话、多媒体会议、网络通信、智能安防、环境监控等。物联网对智能建筑的影响无处不在，设备经各种传感器连网遍及大部分子系统（如建筑设备监控、视频监控、门禁、一卡通、多表合一、智能家居等），提高了建筑智能化水平。

本章我们将学习以下内容：
- 智能建筑的概念和发展状况
- 智能建筑的组成和基本功能
- 智能建筑的基本要求和系统建设
- 智能建筑的发展趋势
- 智能建筑应用案例

智能建筑（Intelligent Building）是一项集计算机、通信、自动化控制等高新技术为一体的综合系统工程，其智能系统工程设计由于与信息社会目标相适应，因此在方法、思想等方面都是对传统建筑技术的巨大变革和飞跃。人类社会活动的需求是建筑不断发展的根本动力，科学技术则是实现建筑两大基本目标——功能与美观的前提和手段。人们对建筑在信息交换、安全性、舒适性、便利性和节能性等诸多方面提出了更高要求。

13.1　智能建筑概述

智能建筑起源于 20 世纪 80 年代初期的美国，当时跨国公司为了提高国际竞争能力，适应信息时代的要求，纷纷兴建或改造用高科技装备的高科技大楼。同时高科技公司为了增强自身的竞争和应变能力，对办公和科研环境积极进行创新和改进，以提高工作效率。进入 20 世纪 90 年代，美国开始实施信息高速公路计划，作为其分支的智能建筑更受到重视。在智能建筑领域，美国始终保持技术领先的势头。新加坡政府为推广智能建筑，拨巨资进行专项研究，计划将新加坡建成"智能城市花园"。韩国也计划将其建成"智能岛"。印度政府于 1995 年起在加尔各答的盐湖开始建设"智能城"。英、法、德等国也相继在 20 世纪 80 年代末和 90 年代初发展了各具特色的智能建筑。进入到 21 世纪，随着"绿色、生态、可持续发展"概念的提出，智能建筑进入了智能化发展阶段。它作为当今高新技术与传统建筑技术的融合，已成为具有国际性的发展趋势和各国综合科技实力的具体象征。

13.1.1　基本概念

智能建筑融合了多个学科，是现代建筑技术、计算机技术、控制技术、通信技术及图像显示技术等现代技术相结合的产物，具有工程投资合理、设备高度监控、信息管理科学、服务优质高效、使用灵活便利和环境安全舒适等特点，是能够适应信息化社会发展需要的现代化新型建筑。智能建筑的概念在 20 世纪 80 年代末诞生于美国，90 年代初逐渐被人们所认同。智能化建筑的发展日新月异，智能化住宅更是人们生活质量提高的重要标志，人们对智能化住宅的需求促进了智能化建筑的发展。

楼宇控制系统的主要功能是对建筑物内部的能源使用、环境、交通以及供电进行统一监控与管理，以便提供一个既安全可靠、节约能源又舒适宜人的工作和居住环境。主要包括对中央空调、给排水、变配电、照明、电梯等系统的监控。这些系统一般运用在商场、宾馆、体育馆等大型的公共场所里。一般来讲，智能大厦除具有传统大厦建筑功能外，通常要具备以下几方面特点。

（1）安全性。智能建筑不仅要保证生命、财产、建筑物的安全，还要考虑信息的安全性，防止信息网中发生信息泄露和被干扰，特别是防止信息数据被破坏、篡改，防止黑客入侵。

（2）舒适性。智能化楼宇创造了安全、健康、舒适、宜人的办公、生活环境，使得生活和工作（包括公共区域）在其中的人们，无论是心理上还是生理上均感到放松。为此，空调、照明、噪声、绿化、自然光及其他环境条件应达到较佳或最佳状态。

（3）高效性。提高办公、通信、决策方面的工作效率，节省人力、时间、空间、资源、能耗以及建筑物所需设备使用管理的效率。

（4）可靠性。选用技术成熟的硬件设备和软件，使得系统运行良好，易于维护，出现故障时能及时修复。

（5）方便性。除了集中管理、易于维护外，还增加了多项高效的信息增值服务，足不出户，轻松购物。

对于智能建筑，目前各国没有统一定义，国内外几种有代表性的定义如下。

1. 美国对智能建筑的定义

美国智能建筑学会对智能建筑的定义为：通过对建筑物的四个要素，即结构、系统、服务和管理以及它们之间相互关联的最优考虑，为用户提供一个高效率、高功能、高舒适性和有经济效益的环境。

2. 欧洲国家对智能建筑的定义

智能建筑集团将智能建筑定义为：创造一种可以使住户有最大效益环境的建筑，同时该建筑可以有效地管理资源，而在硬件和设备方面的寿命成本最低。

3. 日本对智能建筑的定义

日本电机工业协会楼宇智能化分会对智能建筑的定义为：综合计算机、信息通信等方面最先进技术，使建筑物内的电力、空调、照明、防灾、防盗、运输设备等协调工作，实现建筑物自动化、通信自动化、办公自动化、安全保卫自动化和消防自动化。外加结构化综合布线系统（SCS）、结构化综合网络系统（SNS）、智能楼宇综合信息管理自动化系统（MAS），就是智能化楼宇。

4. 新加坡对智能建筑的定义

新加坡定义的智能建筑必须具备三个条件：一是具有保安、消防与环境控制等自动化控制系统，以及自动调节大厦内的温度、湿度、灯光等参数的各种设施，以创造舒适安全的环境，二是具有良好的通信网络设施使数据能在大厦内流通，三是能够提供足够的对外通信设施与能力。

5. 中国对智能建筑的定义

修订版的国家标准《智能建筑设计标准》GB/T50314－2006 对智能建筑定义为：以建筑物为平台，兼备信息设施系统、信息化应用系统、建筑设备管理系统、公共安全系统等，集结构、系统、服务、管理及其优化组合为一体，向人们提供安全、高效、便捷、节能、环保、健康的建筑环境。

13.1.2 发展现状

下面主要介绍国外智能建筑的发展。智能建筑与一般建筑的不同之处在于，智能建筑能够使人"足不出户，日理万机"。美国在 1981 年最初使用"智能"一词时，那时的含义与现在相比，具有相当大的区别。其他国家的情况也是如此，如日本的本田大厦、NTT 品川大厦等。这是因为智能建筑的兴起有着其特定背景，随着背景因素的变化，智能建筑的内涵也在不断变化。

"智能建筑"一词，首次出现 1984 年。当时，由美国联合技术公司（United Technologies Corporation，UTC）的一家子公司——联合技术建筑系统公司（United Technology Building System Corporation）在美国康涅狄格州的哈特福德市改建完成了一座名叫 City Place（都市大厦）的大楼，"智能建筑"出现在其宣传词中。它是由一座旧金融大厦引入信息技术改造而成的，并在大厦出租率、投资回收率、经济效益等方面取得成功。随后，引起了各国的重视和效仿，智能建筑在世界范围内得到迅速发展。在智能建筑的发展过程中，美国一直处于世界领先水平。

自第一座智能大厦诞生后，智能建筑便蓬勃发展，以美国和日本兴建最多。日本第一次引进智能建筑的概念是在 1984 年的夏天，其后 10 余年，相继建成了墅村证券大厦、安田大厦、KDD 通信大厦、标致大厦、NEC 总公司大楼、东京市政府大厦、文京城市中心、NIT 总公司的幕张大厦、东京国际展示场等。在法国、瑞典、英国等欧洲国家和新加坡、马来西亚等地的智能建筑也方兴未艾。据有关统计，美国的智能建筑将超过万幢，1986 年日本新建智能办公楼面积达 89 万平方米，占新建办公楼总面积的 6%，到 1988 年该比例已上升至 18%，日本 1995 年新建的大楼中 60%是智能建筑，大企业对智能化大楼的建设十分热情，同时，日本政府也积极推动，制定了四个层次的发展规划，即智能城市、智能建筑、智能家庭和智能设备。但随着日本泡沫经济的出现，日本智能建筑的发展速度与档次受到严重影响。

智能建筑的发展不仅产生了智能大厦，而且产生了智能住宅。德国弗劳恩霍夫研究会与 11 家公司联手合作，建成的世界首座"智能住宅"样板，向人们揭示了未来住宅的前景和计算机技术发展的新趋势。西班牙隆卡建筑事务所最近推出一种旋转式公寓住宅。位于美国西雅图的 Reflex 通信公司，从 1998 开始以其独特的技术提供网络接入及信息访问等服务；美国建筑专家巧妙构思，还研制出一种由计算机控制的旋转房屋。日本科技人员在东京的麻布地区修建了一座现代化的房屋，以解决与大自然如何协调的问题。我国目前年新增建筑面积约在 20

亿平方米左右，预计到 2020 年将新增建筑面积 300 亿平方米，总量达到 700 多亿平方米。未来，智能建筑节能是我国能源形势的客观要求，是市场发展的必然趋势。

13.1.3　国内设计标准

智能建筑的智能化系统工程设计宜由智能化集成系统、信息设施系统、信息化应用系统、建筑设备管理系统、公共安全系统、机房工程和建筑环境等设计要素构成。

智能化系统工程设计，应根据建筑物的规模和功能需求等实际情况，选择配置相关的系统。

1. 智能化集成系统

智能化集成系统的功能应符合下列要求：

（1）应以满足建筑物的使用功能为目标，确保对各类系统信息资源的共享和优化管理。

（2）应以建筑物的建设规模、业务性质和物业管理模式等为依据，建立实用、可靠和高效的信息化应用系统，以及综合管理功能。

智能化集成系统构成包括智能化系统信息共享平台建设和信息化应用功能实施。

智能化集成系统配置应符合下列要求：

（1）应具有对各智能化系统进行数据通信、信息采集和综合处理的能力。

（2）集成的通信协议和接口应符合相关的技术标准。

（3）应实现对各智能化系统进行综合管理。

（4）应支撑工作业务系统及物业管理系统。

（5）应具有可靠性、容错性、易维护性和可扩展性。

2. 信息设施系统

信息设施系统的功能应符合下列要求：

（1）应为建筑物的使用者及管理者创造良好的信息应用环境。

（2）应根据需要对建筑物内外的各类信息，予以接收、交换、传输、存储、检索和显示等综合处理，并提供符合信息化应用功能所需的各类信息设备系统组合的设施条件。

信息设施系统包括通信接入系统、电话交换系统、信息网络系统、综合布线系统、室内移动通信覆盖系统、卫星通信系统、有线电视及卫星电视接收系统、广播系统、会议系统、信息导引及发布系统、时钟系统和其他相关的信息通信系统。

此外，在通信接入系统、电话交换系统、信息网络系统、综合布线系统、室内移动通信覆盖系统、卫星通信系统、有线电视及卫星电视接收系统、广播系统、会议系统、信息导引及发布系统等方面均有相应的标准要求。

3. 信息化应用系统

信息化应用系统的功能应符合下列要求：

（1）应提供快捷、有效的业务信息运行的功能。

（2）应具有完善的业务支持辅助的功能。

信息化应用系统包括工作业务应用系统、物业运营管理系统、公共服务管理系统、公众信息服务系统、智能卡应用系统和信息网络安全管理系统等其他业务功能所需要的应用系统。

工作业务应用系统应满足该建筑物所承担的具体工作职能及工作性质的基本功能。

物业运营管理系统应对建筑物内各类设施的资料、数据、运行和维护进行管理。

公共服务管理系统应具有进行各类公共服务的计费管理、电子账务和人员管理等功能。

公众信息服务系统应具有集合各类共用及业务信息的接入、采集、分类和汇总的功能，并建立数据资源库向建筑物内公众提供信息检索、查询、发布和导引等功能。

智能卡应用系统应具有作为识别身份、门钥、重要信息系统密钥功能，并具有各类其他服务、消费等计费和票务管理、资料借阅、物品寄存、会议签到和访客管理等管理功能。

信息网络安全管理系统应确保信息网络的正常运行和信息安全。

4. 建筑设备管理系统

建筑设备管理系统的功能应符合下列要求：

（1）应具有对建筑机电设备测量、监视和控制功能，确保各类设备系统运行稳定、安全和可靠并达到节能和环保的要求。

（2）应采用集散式控制系统。

（3）应具有对建筑物环境参数的监测功能。

（4）应满足对建筑物的物业管理需要，实现数据共享，以生成节能及优化管理所需的各种相关信息分析和统计报表。

（5）应采用中文及良好的人机交互界面。

（6）应共享所需的公共安全等相关系统的数据信息等资源。

建筑设备管理系统应满足相关管理需求，对相关的公共安全系统进行监视及联动控制。

5. 公共安全系统

公共安全系统的功能应符合下列要求：

（1）具有应对火灾、非法侵入、自然灾害、重大安全事故和公共卫生事故等危害人们生命财产安全的各种突发事件的功能，建立起应急及长效的技术防范保障体系。

（2）应以人为本、平战结合、应急联动和安全可靠。

公共安全系统包括火灾自动报警系统、安全技术防范系统和应急联动系统等。

此外，在火灾自动报警系统、安全技术防范系统、应急联动系统等方面均有相应的标准要求。

6. 机房工程

机房工程范围包括信息中心设备机房、数字程控交换机系统设备机房、通信系统总配线设备机房、消防监控中心机房、安防监控中心机房、智能化系统设备总控室、通信接入系统设备机房、有线电视前端设备机房、弱电间（电信间）和应急指挥中心机房及其他智能化系统的设备机房。

机房工程内容包括机房配电及照明系统、机房空调、机房电源、防静电地板、防雷接地系统、机房环境监控系统和机房气体灭火系统等。

此外，在机房工程建筑设计、机房工程电源、机房照明等方面均有相应的标准要求。

7. 建筑环境

建筑物的整体环境应符合下列要求：

（1）应提供高效、便利的工作和生活环境。

（2）应适应人们对舒适度的要求。

（3）应满足人们对建筑的环保、节能和健康的需求。

（4）应符合现行国家标准《公共建筑节能设计标准》GB 50189有关的规定。

建筑物内空气质量应符合表13.1的要求。

表 13.1　空气质量指标

参数	值
CO 含量率（$\times 10^{-6}$）	<10
CO_2 含量率（$\times 10^{-6}$）	<1000
温度（℃）	冬天 18～24；夏天 22～28
湿度（%）	冬天 30～60；夏天 40～65
气流（m/s）	冬天<0.2；夏天<0.3

13.1.4　特点和优势

1. 智能建筑的主要特点

（1）智能建筑的复杂性特征。智能建筑的服务综合为几个子系统，如建筑物管理服务自动化、办公资源自动化、信息通信自动化。这些子系统的资源共享为整个系统的资源互补，这样能有效地构成一个综合系统来满足建筑物的各种复杂要求。有舒适性、高效性、方便性、适应性、安全性和可靠性的特征。

（2）智能建筑的开放性特征。智能建筑是现代科学技术与建筑科学及建筑艺术的结晶。现代科学技术与建筑科学及建筑艺术在不断发展变化着，新技术、新概念层出不穷。具体体现在建筑上，其智能化程度越来越高，因此为人们带来的学习、生活与工作的环境也越来越好。

（3）智能建筑的技术先进性特征。主要反映在建筑智能化系统的先进技术的应用方面，其先进技术的内涵，应该是现代办公自动化技术、现代通信技术、计算机网络技术和自动化控制技术等的综合体现和应用。

2. 智能建筑在技术和功能上的特点

（1）系统高度集成。从技术角度看，智能建筑与传统建筑最大的区别就是智能建筑各智能化系统的高度集成。智能建筑系统集成，就是将智能建筑中分离的设备、子系统、功能、信息，通过计算机网络集成为一个相互关联的统一协调的系统，实现信息、资源、任务的重组和共享。智能建筑安全、舒适、便利、节能、节省人工费用的特点必须依赖集成化的建筑智能化系统才能得以实现。

（2）节能。以现代化商厦为例，其空调与照明系统的能耗很大，约占大厦总能耗的70%。在满足使用者对环境要求的前提下，智能大厦应通过其"智能"，尽可能利用自然光和大气冷量（或热量）来调节室内环境，以最大限度地减少能源消耗。按事先在日历上确定的程序，区分"工作"与"非工作"时间，对室内环境实施不同标准的自动控制，下班后自动降低室内照度与温湿度控制标准，已成为智能大厦的基本功能。利用空调与控制等行业的最新技术，最大限度地节省能源是智能建筑的主要特点之一，其经济性也是该类建筑得以迅速推广的重要原因。

（3）节省运行维护的人工费用。根据美国大楼协会统计，一座大厦的生命周期为60年，启用后60年内的维护及营运费用约为建造成本的3倍。依据日本相关的统计，大厦的管理费、水电费、煤气费、机械设备及升降梯的维护费，占整个大厦营运费用支出的60%左右，且其费用还将以每年4%的速度增加。所以依赖智能化系统的智能化管理功能，可发挥其作用来降低机电设备的维护成本，同时由于系统的高度集成，系统的操作和管理也高度集中，人员安排更合理，使得人工成本降到最低。

（4）安全、舒适和便捷的环境。智能建筑首先确保人、财、物的高度安全以及具有对灾害和突发事件的快速反应能力。智能建筑提供室内适宜的温度、湿度和新风以及多媒体音像系统、装饰照明、公共环境背景音乐等，可大大提高人们的工作、学习和生活质量。智能建筑通过建筑内外四通八达的电话、电视、计算机局域网、因特网等现代通信手段和各种基于网络的业务办公自动化系统，为人们提供一个高效便捷的工作、学习和生活环境。

3. 智能建筑的环境方面特点

（1）舒适性。使人们在智能建筑中生活和工作，无论心理上，还是生理上均感到舒适。为此，空调、照明、消声、绿化、自然光及其他环境条件应达到较佳和最佳条件。

（2）高效性。提高办公业务、通信、决策方面的工作效率；提高节省人力、时间、空间、资源、能量、费用以及建筑物所属设备系统使用管理方面的效率。

（3）适应性。对办公组织机构的变更，办公设备、办公机器、网络功能变化和更新换代时的适应过程中，不妨碍原有系统的使用。

（4）安全性。除了保护生命、财产、建筑物安全外，还要防止信息网信息的泄露和被干扰，特别是防止信息、数据被破坏、删除和篡改以及系统非法或不正确使用。

（5）方便性。除了办公机器使用方便外，还应具有高效的信息服务功能。

（6）可靠性。努力尽早发现系统的故障，尽快排除故障，力求故障的影响和波及面减至最小程度和最小范围。

智能建筑并不是特殊的建筑物，而是以最大限度激励人的创造力，提高工作效率为中心，广泛地应用数字通信技术、控制技术、计算机网络技术、电视技术、光纤技术、传感器技术及数据库技术等高新技术，构成各类智能化系统。凡是按现代方式生活和工作的场所：工业建筑、民用建筑（办公、金融、医院、体育场馆、交通枢纽、学校、住宅、酒店、商场等）都可以建成智能建筑。

13.2 智能建筑的组成和基本功能

智能建筑是社会信息化与经济国际化的必然产物，是多学科、高新技术的巧妙集成，也是综合经济实力的象征。大量高新技术如多功能可视电话、多媒体技术、电子邮件、卫星通信、多模通信技术、感知技术、智能保安与环境控制等得到广泛、深入应用；未来的信息高速公路、能量无管线传输等尖端的高科技也会首先在这片沃土上扎根成长。

13.2.1 智能建筑的组成

智能建筑主要由三部分组成，即楼宇自动化系统（BAS）、通信自动化系统（CAS）、办公自动化系统（OAS），这三个自动化系统通常称为"3A"，它们是智能建筑必须具备的基本功能。然而，有些房地产开发商为了显示其更高的楼宇智能化程度，把安防自动化系统（SAS）及消防自动化系统（FAS）从楼宇自动化系统（BAS）中分离出来，提出"5A"型智能建筑。

用通俗的语言描述智能建筑的定义，也许更形象且易于被更多人接受。智能建筑的组成如图 13.1 所示（注：SIC 为智能建筑系统集成中心）。

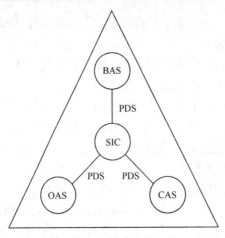

图 13.1　智能建筑的组成

综合布线 PDS 已发展为智能楼宇布线系统 IBS，并进一步发展为结构化综合布线系统。综合布线 PDS 采用模块化的灵活结构将 3A 系统和智能建筑系统集成中心（SIC）进行巧妙的连接，便成为一个完整的智能化建筑系统的基本内容与结构，如图 13.2 所示。

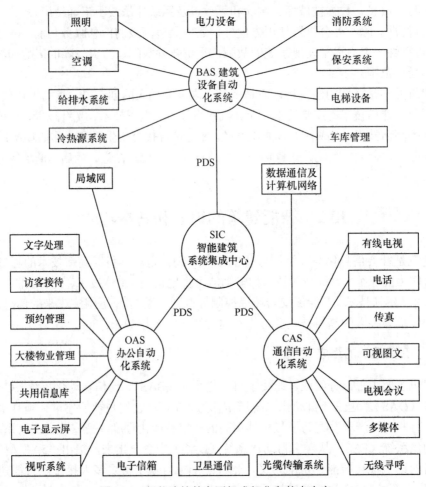

图 13.2　智能建筑的主要组成部分和基本内容

结构化综合布线系统一般由工作区、水平布线、垂直布线、楼层设备间、中心机房等几部分组成，有的工程还有各建筑单体之间的建筑群子系统。

（1）楼宇自动化系统。楼宇自动化系统是将建筑物内的供配电、照明、给排水、暖通空调、保安、消防、运输、广播等设备通过信息通信网络组成分散控制、集中监视与管理的管控一体化系统，随时检测、显示其运行参数，监视、控制其运行状态，根据外界条件、环境因素、负载变化情况自动调节各种设备使其始终运行于最佳状态，从而保证系统运行的经济性和管理的科学化、智能化，并在建筑物内形成安全、舒适、健康的生活环境和高效节能的工作环境。

（2）办公自动化系统。办公自动化不断使人的办公业务活动依赖于人以外的各种设备中，并且由这些设备和办公人员构成服务于某种目标的人机信息处理系统。其目的是尽可能充分利用信息资源，完成各类电子数据处理，对各类信息进行有效管理，提高劳动效率和工作质量，同时能进行辅助决策。

传统的办公系统和现代化的办公自动化系统的本质区别就是信息存储和传输的介质不同。传统的办公系统是使用模拟存储介质，所使用的各种设备之间没有自动地配合，难以实现高效率的信息处理和传输。现代化的办公自动化系统，是利用计算机把多媒体技术和网络技术相结合，使信息用数字化的形式在系统中存储和传输。办公自动化技术的发展将使办公活动朝着数字化的方向发展，最终实现无纸化办公。

（3）通信自动化系统。智能建筑中的通信自动化系统具有对于来自建筑物内外的各种语音、文字、图形图像和数据信息进行收集、存储、处理和传输的能力，能为用户提供快速、完备的通信手段和高速、有效的信息服务。通信自动化系统包括语音通信、图文通信、数据通信和卫星通信四个部分，具体负责建筑物内外各种信息的交换和传输。

（4）综合布线系统。综合布线系统是建筑物内所有信息的传输通道，是智能建筑的"信息高速公路"。综合布线由线缆和相关的连接硬件设备组成，是智能建筑必备的基础设施。它采用积木式结构、模块化设计，通过统一规划、统一标准、统一建设实施来满足智能建筑信息传输高效、可靠、灵活性等要求。综合布线系统一般包括建筑群子系统、设备间子系统、垂直干线子系统、水平子系统、管理子系统和工作区子系统六个部分。

（5）系统集成中心。系统集成中心是智能建筑的最高层控制中心，监控整个智能建筑的运转。系统集成中心具有通过系统集成技术，汇集各个自动化系统信息，进行各种信息综合管理的功能。它通过综合布线系统把各个自动化系统连接成为一体，同时在各子系统之间建立起一个标准的信息交换平台。系统集成中心把各个分离的设备、功能和信息等集成为一个相互关联的、统一的和协调的系统，使资源达到充分的共享，从而实现了集中、高效和方便的管理和控制。

13.2.2 智能建筑的主要功能

智能建筑具有信息处理功能，而且信息的范围不只局限于建筑物内部，还能够在城市、地区或国家间进行；能对建筑物内照明、电力、暖通、空调、给排水、防灾、防盗、运输设备等进行综合自动控制，使其能够充分发挥效力。

（1）信息处理功能。信息范围能在城市、地区或国家间进行。

（2）能对建筑物内照明、电力、暖通、空调、给排水、防灾、防盗、运输设备等进行综合自行控制。

（3）能实现各种设备运行状态监视和统计记录的设备管理自动化，并实现以安全状态监视为中心的防灾自动化。

（4）建筑物应具有充分的适应性和可扩展性，它的所有功能应能随技术进步和社会需要而发展。

（5）各功能随着技术进步和社会发展所需具有可适应性和扩展性。

智能建筑的功能可用建筑智能化系统汇总（表 13.2）和智能建筑的三大服务领域（表 13.3）描述。

表 13.2　智能建筑总体功能按建筑智能化系统汇总

智能建筑管理系统			
办公自动化系统	建设设备管理系统		通信网络系统
	安全防范自动化系统	火灾自动报警系统	建筑设备自动化系统	
文字处理	出入控制	火灾自动报警	空调监控	程控电话
公文流转	防盗报警	消防自动报警	冷热源监控	有线电视
档案管理	电视监控		照明监控	卫星电视
电子账务	巡更		给排水监控	公共广播
信息服务	停车库管理		电梯监控	公共通信网接入
一卡通				VSAT 卫星通信
电子邮件				视频会议
物业管理				可视图文
办公 OA 系统				数据通信
				宽带传输

表 13.3　智能建筑的三大服务领域

安全性方面	舒适性方面	便利/高效性方面
火灾自动报警	空调监控	综合布线
自动喷淋灭火	供热监控	用户程控交换机
防盗报警	给排水监控	VSAT 卫星通信
闭路电视监控	供配电监控	专用办公自动化系统
保安巡更	卫星电缆电视	Intranet
电梯运行监控	背景音乐	宽带接入
出入控制	装饰照明	物业管理
应急照明	视频点播	一卡通

相对于传统建筑，智能建筑具有以下功能优势：

（1）提供安全、舒适和高效便捷的环境。智能建筑首先确保安全及健康，其防火与保安系统要求智能化；其空调系统能监测出空气中的有害污染物含量，并能自动消毒，使之成为"安全健康大厦"。智能大厦对温度、湿度、照度均加以自动调节，甚至控制色彩、背景噪声与味道，使人们心情舒畅，从而能大大提高工作效率。

（2）节约能源。在现代化建筑中，空调和照明的负荷耗电量很大。以大厦为例，其空调与照明的能耗约为总能耗的70%。因此，节能问题是智能建筑中必须重视的，在满足使用者对环境要求的前提下，智能大厦应通过其"智慧"，尽可能利用自然光和大气冷量（或热量）来调节室内环境，以最大限度减少能源消耗。区分"工作"与"非工作"时间，对室内环境实施不同标准的自动控制，下班后自动降低室内照度与温湿度控制标准，已成为智能大厦的基本功能。利用空调与控制等行业的最新技术，最大限度地节省能源是智能建筑的主要特点之一，其经济性也是该类建筑得以迅速推广的重要原因。

（3）节省设备运行维护费用。通过管理的科学化、智能化，使得建筑物内的各类机电设备的运行管理、保养维护更趋自动化。确保设备运行维护的经济性主要体现在两个方面：一方面系统能正常运行，发挥其作用可降低机电系统的维护成本；另一方面由于系统的高度集成，操作和管理也高度集中，人员安排更合理，从而使人工成本降到最低。

（4）满足用户对不同环境功能的需求。传统的建筑设计是根据事先给出的功能进行的，不允许改进。而智能建筑要求其建筑结构设计必须具有智能功能，除支持 3A 功能（即 BA、CA 及 OA）的实现外，必须是开放式、大跨度框架结构，允许用户迅速而方便地改变建筑物的使用功能或更新规划建筑平面。室内办公所必需的通信与电力供应也具有极大的灵活性，通过结构化综合布线系统，在室内分布着多种标准化的弱电与强电插座，只要改变跳接线，就可以快速改变插座功能，如变程控电话为计算机通信接口等。

（5）高新技术的运用能大大提高工作效率。在智能建筑中，用户可以通过国际可视电话、直拨电话、电子邮件、声音邮件、电视会议、信息检索与统计分析等多种手段，及时获得全球性金融商业情报及各种数据库系统中的最新信息，通过国际计算机通信网络，可以随时与世界各地的企业或机构进行商贸等各种业务活动。

（6）系统的集成是实现智能目标的保证。从技术角度看，智能建筑与传统建筑最大的区别就是智能建筑各智能化子系统的系统集成。智能化系统的集成是将智能建筑中分离的设备、各子系统、功能和信息通过计算机网络集成为一个相互关联的统一协调的系统，实现信息、资源和任务的重组与共享。也就是说，智能建筑安全、舒适、便利、节能和节省人员工资的目标必须依赖集成化才能达到。

13.3　智能建筑的基本要求和系统建设

智能建筑是在现代建筑技术的基础上，融合了物联网技术、云计算技术、现代通信技术、虚拟现实技术及现代计算机技术。人类从 20 世纪 90 年代以来，通信网络技术日新月异，如光纤通信技术、多媒体通信技术、无线通信技术、高速计算机网络及网络互联技术、接入网技术相继问世。可视电话、多媒体视频会议、有线电视、低功耗窄带广域网通信等新的通信业务不断推出，使得智能建筑中通信网络系统的内容十分丰富。

13.3.1　智能建筑的基本要求

（1）智能建筑的环境条件。

建筑环境——开放的建筑空间、综合布线方式、色彩合理组合、降低噪声措施等。

空调环境——温度、湿度、空气质量、风速等。

照明环境——照度标准、装饰照明、展厅照明、生活工作区照明等。

（2）智能建筑的环境条件。

1）建筑环境。建筑环境设计的内容包括很多方面，如空间的处理、家具布置、办公设备的放置、配线方式、噪声的控制、色彩的组合以及地板等内容。在现行设计中，配线主要分为垂直方向和水平方向。对于垂直方向的配线，大多是通过垂直管道井铺线。垂直配线仅仅是解决了智能建筑内的配线干线的铺设，而大量的支干线和分支线是沿水平方向铺设的。如果要将这些大量的支干线和分支线都预埋在楼板内铺设，是不可想象的。

2）空调环境。良好的空调环境是智能型建筑舒适环境的重要条件之一，要形成良好的空调环境就必须有适当的室内温湿度、较均匀的气流分布、新风换气、设备能正常工作和噪声小等，以及空调系统要经济合理，能根据办公功能或出租的要求，灵活改变空调分区。

3）照明环境。智能建筑的照明环境，不能简单地理解为只是为办公室提供足够的照度就可以了，作为环境，它必须与建筑师的总体构思相符合，必须与室内的色彩、家具相协调，这样就要求我们在设计时，对采用什么样的灯具、什么样的照明方式、灯具如何布置以及如何控制光源等加以认真研究，为办公人员提供舒适的、工作效率高的视觉环境。

（3）智能建筑的"六性"要求。

智能建筑提供的是一种优越的生活环境和高效率的工作环境，应具有以下"六性"的基本要求。

1）舒适性：使在智能建筑中生活和工作的人们，无论是在心理上还是在生理上都感到舒适。

2）高效性：能够提高办公业务、通信、决策方面的工作效率，节省人力、物力、时间、资源、能耗和费用，提高建筑物所属设备系统使用管理方面的效率。

3）方便性：除了办公设备使用方便外，还应具有高效的信息服务功能。

4）适应性：对办公组织结构的改变、办公方法和程序的变更以及办公设备更新变化等，具有较强的适应性；对服务设施的变更稳妥迅速，当办公设备、网络功能发生变化和更新时，不妨碍原有系统的使用。

5）安全性：除了要保证生命、财产、建筑物安全外，还要防止信息网中发生信息的泄漏和被干扰，特别是防止信息、数据被破坏、删除和篡改，以及系统的非法或不正确使用。

6）可靠性：具有发现故障早，排除故障快，故障影响小、波及面窄的特点。

13.3.2 系统建设

智能建筑是多种高新技术的结晶，是建筑技术、计算机技术、信息技术和自动控制技术相结合的产物，即所谓的3C+A技术（Computer、Control、Communication、Architecture）。

（1）计算机控制技术。计算机控制技术是计算机技术与自动控制技术相结合的产物，是构成楼宇自动化系统的核心技术之一。计算机控制系统由计算机、接口电路、被控对象、外部通信设备和生产过程监控等组成。计算机控制系统的控制过程可归纳为以下步骤。

1）发出控制初始指令。

2）数据采集：对被控参数的瞬时值进行检测并发送给计算机。

3）控制：对采集到的表征被控参数的状态量进行分析，并按给定的控制规律，决定控制过程，适时地对控制机构发出控制信号。

计算机控制系统由硬件和软件组成。硬件是指计算机本身及外部设备实体，软件是指管理计算机的系统程序和进行控制的应用程序。计算机控制系统硬件是基础，软件是灵魂，只有硬件和软件有机地配合，才能充分发挥计算机控制系统的优势。

（2）现代通信技术。现代通信技术是建立在通信技术和计算机网络技术相结合的基础上，是实现智能建筑内部、智能建筑与外部进行信息交流不可缺少的关键技术。现代通信的内容涵盖了语音通信、多媒体通信、移动通信、卫星通信、计算机网络等。通过综合布线系统，在一个通信网上同时实现语音、数据、图像、文本等信息的传输，通信网络正由模拟走向数字，由单一业务走向综合业务，由服务到家转变为服务到人，由电气通信走向光通信，由封闭式网络结构走向开放式结构。

信息高速公路由干线、支线和节点构成。它是在光纤干线上将信息（如图像、声音等）转换成数字信号，再经切换送到支线（电缆或电话线）上，最终送到节点（用户终端）。

1）干线部分。干线部分是信息高速公路的骨架，是局域网、有线网、数据库、无线网和程控网之间的桥梁。其中，局域网包括校园网、小型企业的信息网等；有线网包括有线电视、图文电视等；数据库包括图书资料、电子书刊以及各种信息数据等；无线网包括卫星通信、微波通信以及移动通信组成的无线寻呼、电话网、程控交换网等。

2）支线部分。支线部分构成某个局域的现代化信息环境。以校园网为例，它可提供图书资料服务、文件服务、打印服务、行政信息管理等功能。

3）节点部分。节点部分包括各种信息的发送和接收设备，构成用户的信息环境。按照信息环境的差异可以分为各种不同的用户，如办公室信息环境、家庭信息环境等。

（3）楼宇智能化系统的集成技术。

1）楼宇智能化系统集成的定义。系统集成是将智能建筑中分离的不同功能的子系统通过一定的技术手段使之集成为一个相互关联、统一协调的系统，以实现数据综合应用。建造智能建筑的目的是为了谋求低造价、高性能，在整个建筑生命周期获得高效益。楼宇控制系统的建立是为了智能建筑有一个舒适的环境，节约能源，尽快回收基本建设投资，并且始终高效益地运行。目前楼宇控制系统的设计人员正在竭力采用标准的、开放的交互操作控制系统，以集成多个暖通空调、照明、消防、安保、电梯、停车场、IC 卡等系统，这种以楼宇控制系统集成为平台的智能建筑集成十分必要。

2）系统集成的意义。智能化系统集成不是各系统的简单组合，而是计算机网络技术和分布式数据库技术经最优化的综合统筹设计，将各子系统或设备有机地综合在一起，实现信息共享与综合应用，通过对大楼集中监控和管理，可以全面地利用大楼内的综合信息和数据，提高物业管理水平，降低大楼总体运行费用，实现对大楼内各类事件的全局管理，提高对大楼突发事件的响应能力，提供给用户更安全舒适的工作环境和更高效的办公条件。

系统集成的意义还体现在节省投资成本、提高工程质量和降低工程管理费用等方面。早期建设的智能化大楼多数是分立系统，即各个智能化子系统独立设置，分开管理，各个子系统互不相关，硬、软件大量冗余，使系统建设费用增加。而集成系统采用最优化的综合统筹设计，可实现整个大厦内物理和逻辑上的硬件设备与软件资源的共享,利用最低限度的设备和资源来最大限度地满足用户对功能上的要求，节省了大厦的投资成本。

3）楼宇智能化系统集成监控。

① 供配电设备的监视：对供配电设备实行控制，对主要参数如电压、电流、视在功率、功率因数、频率等进行监视。

② 冷冻站设备的控制和监视：冷冻机一般有数台，在一般情况下需预留一台机组作后备，每个机组的开、关取决于定时时间表。定时时间表决定每天在什么时间开机、关机。在冷冻机的供水端和回水端安装冷冻水旁通阀，用来控制空调机单元和风机盘管单元开始关闭时系统产生的压力。同时，它也可用来在冷冻水供水端和回水端保持一定压力，使冷冻水流向空调机。

③ 空气调节机组的控制和监视：空气调节机组的启动、停止控制要预先在定时时间表中安排，空调机一周内每天的开机、关机由楼宇控制系统根据定时时间表自动控制。楼宇控制系统将存储每台空调机的运行时间，这些数据将按照要求在工作站向操作员显示。采用回风管温度来控制空调机阀门，当消防报警接点闭合时，把空调机关闭。当风量探头在发动机开动后仍未测得风量时，空调机的状态显示将显示故障。空调机过滤网堵塞时，压差开关动作，向系统发出报警情号。当回风湿度低于设定值时，开启加湿装置。当温度低于4℃时，防冻系统报警并执行相应的防陈保护程序。监视的运行参数和控制功能有回风温、湿度，送风温、湿度，调节新风风阀、回风风阀、冷冻水阀的开度，风机启停控制以及过滤器阻塞报警。

④ 新风机组的控制和监视：每台空调机都可选择手动或自动控制。在自动控制模式下，楼宇控制系统可以按预设时间自动控制空调机，执行相关的空调机程序和连锁功能。在手动模式下，楼宇控制系统功能失效，但监视功能仍然保留。新风机组监视的运行参数和控制功能有送风温度，室外新风温度，调节新风风阀、冷冻水阀的开度，风机启停等。

⑤ 通风设备的控制和监视：每台风机都由选择开关来选择手动、自动控制。根据控制区域内 CO、CO_2 探测器所测参数，控制风机启停。在定时时间表中安排一周内每天开机、关机时间，楼宇控制系统将存储每台风机的整个运行时间，这些数据将按需要向操作员显示。

⑥ 给排水系统的控制和监视：整个系统由若干台水泵和各类水池、贮水箱组成，每台水泵都可选择手动、自动控制。楼宇自控系统将根据水位的高低来操作泵的启停，存储每台泵的整个运行时间，并且自动更换泵的运行，以确保每台水泵有较平均的运行时间。当水位超过设定的高、低位置时，楼宇控制系统将给出报警信号。

⑦ 安保系统：如果火灾报警发生，或者发生偷盗或坏人破坏等事件，则可通过联动系统使公用广播及火灾事故广播转换到紧急广播，便于发出通知，组织人员进行疏散。另外对摄像机摄取的图像进行录像。

⑧ 停车场系统：纳入整个楼宇设备管理系统，对工作状态进行监视，在事故状态下如何运行也要由集成系统进行操作管理。

⑨ IC 卡系统：对重要区域及门锁实行 IC 卡管理，何人何时进入防范区域及大门都要进行管理，以提高安全程度。此外，IC 卡可一卡多用，这属于办公自动化的一项内容。

⑩ 火灾报警及自动控制系统：火灾报警的监视报警数据除了反映到消防控制室外，还要反映到楼宇控制室，这样可以起到双重保险的作用。有些连锁接点，如火灾报警后要关断有关风机阀门，则要统一考虑。依据我国消防部门的规范，对于火灾报警的自动控制，主要靠火灾报留和自动控制系统完成。

⑪电梯：应对电梯平时的运行状态进行监视，当发生火灾时，电梯应停靠首层。

（4）楼宇智能化系统集成方式。楼宇智能化系统集成方式，在国内还没有一个统一的定论，目前大型公共建筑 DMS 系统集成主要采用以下四种模式：

1）以节点方式进行系统集成。

2）以串行通信方式进行集成。

3）以建筑自控系统（BAS）为平台进行系统集成。

4）基于子系统平等方式进行系统集成。

第一种集成方式是系统集成最初的手段，现在 BMS 集成中很少应用。第二种方式由于采用串行通信在通信速度上过慢。第三种集成方式存在很大的缺陷，BAS 系统是一个相对封闭的体系，缺少向上开放的能力，与其他子系统的接口设备和接口软件局限于特定产品，因此系统集成能力有限，并且维护、升级成本过高。且 BAS 与 BMS 捆绑过紧，一旦 BAS 出现故障，BMS 也就宣告瘫痪，失去正常工作能力，不能管理和监控仍正常工作的子系统。因此，基于系统平等的集成方式相对受到青睐。

楼宇系统的集成技术包括两方面内容：一是分散控制系统，二是现场总线技术。总之，系统的集成是将计算机技术、控制技术、图形显示技术和通信技术汇集于一体，从而对现场设备进行分散控制，又方便地集中管理，真正体现其智能化优势。

13.4　智能建筑的发展趋势

智能建筑具有涉及多个行业的特点，它除了涉及自动化、计算机网络、通信、供暖空调以及土建等诸行业以外，已向环境保护和节能技术方面发展。国际上已有"智能建筑与绿色建筑结合起来"的提法。这一发展动向极其值得我们重视。因此，智能建筑的内涵和外延还会随着技术的发展而扩大。

智能建筑具有鲜明的设备系统特色，其生命周期比建筑物要短得多。而且大型公共建筑物设备系统庞杂，管理复杂。因此，必须从工程立项、设计、技术实施、验收、运行管理、更新改造全过程去考虑，并有一支高素质的技术队伍与之适应，才能建设一个运行良好，效益明显的智能化系统。

智能建筑技术发展异常迅速，计算机、网络、通信、控制、建筑领域的最新技术动向直接影响着智能建筑技术的发展，例如，宽带技术、无线通信技术、网络电器、绿色建筑等无一不在智能建筑中有所体现。因此，我们必须紧密跟踪这些高新技术的发展，吸收并消化，并将它们用在工程实践之中。

随着房地产事业的发展，智能建筑已经成为建筑现代化的标志之一，许多开发商和业主都以自己的产品冠以"智能建筑"为荣。随着人们生活水平的日益提高，对智能建筑的需求量也会急剧增大，智能建筑已成为一个国家综合经济实力的具体表征。当前国内的智能建筑开始转向大型公共建筑，例如，会展中心、图书馆、体育场馆等。据国外预测，21 世纪全世界的智能建筑将有一半以上在我国建成。

13.4.1　"互联网+"催生智能化建筑

随着信息化技术和水平的提升，BIM（建筑信息模型）、大数据、物联网、移动技术、云计算等，都可以打破传统发展模式。而这些技术手段都是通过"互联网"实现，进而作用于建筑行业，提高行业信息化水平，降低成本，提高效率。嫁接"互联网+"是智能建筑发展的热门趋势。智慧建筑是集现代科学技术之大成的产物，而"互联网+"理念的植入，为"智慧建筑"大厦的构建提供了无限可能。因此，智能建筑是建筑行业未来的必定趋势，从国家层面到各地，均已把智慧建筑纳入智慧城市建设的高度予以重点推广。目前，我国智慧建筑市场产值已超过千亿元，并且正以每年 20%～30%的速度增长，未来市场可达数万亿元。虽然国内智能建筑发展火热，但智能建筑行业还处于混乱局面。主要体现在以下几个方面：

第一，建筑各方配合不默契。配合不同类型的建筑项目有着不同的智能化要求。

第二，系统集成商的水平不高。智能建筑市场主要在建筑领域要有针对性地开发，满足工程各种要求。怎样把好的东西用好，要有设计、规划、施工、监理、验收一整套的流程，在这当中，与系统集成商的水平相关，系统集成商要与建筑领域相关部门很好结合。

第三，缺乏原创产品。我国建筑智能市场正处于成长期，未来行业集中度将逐渐提高。低端市场的竞争也日趋激烈，规模较小且不具备核心能力的厂商将会被淘汰；高端市场的增长将超过行业平均水平，但对进入者的资金实力和技术能力都将提出很高的要求。未来本土一些具备较强资本实力和技术能力的企业将能充分分享行业的成长，获得较快的发展。

虽然目前智能建筑发展局面较为混乱，但国家大力倡导的节能建筑、绿色建筑都与智能建筑联系密切。在市场自发需求和政策鼓励的推动下，我国建筑智能化市场前景还是十分乐观的。

13.4.2　与建筑信息模型技术的结合应用

建筑信息模型（Building Information Modeling，BIM）技术作为一种应用于工程设计建造管理的数据化工具，通过参数模型整合工程项目的各种相关信息，在项目策划、运行和维护的全生命周期过程中进行共享和传递，最早是随着计算机辅助设计（CAD）的普及和信息化技术的发展成熟逐渐在相关行业中被运用起来，并且在国际上已经形成了成熟的技术标准和较长时间的操作实践。

我国在 BIM 技术的推广普及上，可以说还处在起步阶段。在国内近几年大力推进城镇化建设的大环境下，建筑工程行业始终是国民经济支柱产业之一，但真正全面应用 BIM 进行建筑工程全生命周期管理的项目，占整个行业的比例还非常小，常见于一些城市地标性建筑，如上海市的上海中心大厦，南京市的南京青奥会议中心，广州市的广州东塔等。而这些建筑工程规模巨大，设计复杂的项目在引入 BIM 技术进行信息化管理之后，在规划、设计、工程建筑、管理维护等多个方面都收效显著，已经成为智慧城市建设领域中"智慧建造"的典型案例。

实际上，BIM 技术的推广应用写入了我国建筑行业的"十二五"规划，在我国传统的建筑工程行业实践中，信息化手段运用不足，工程效率偏低，单位能耗偏高等一系列问题长期存在。而 BIM 技术和其带来的工程项目全生命周期管理的理念，已经被实践证明可以在工程项目信息的各部门各专业共享，以及协同工作方面为建筑工程行业带来重大的技术变革，同时，通过这种共享和协同带来的管理效率提高，在降低单位能耗、节能减排方面也能取得显著效果。

随着我国产业信息化和智慧城市建设的不断深入，信息化技术的应用已经渐入人心，各类新型 IT 技术的发展和成熟，也使 BIM 技术在智慧城市建设中的应用前景日益明朗起来。智慧城市是一个有机的整体，而 BIM 技术是在建设过程中各相关部门协调、配合的关键要素之一。BIM 技术的贯彻应用，可以自始至终地贯穿各类工程建设项目的全过程，支撑建设过程的各个阶段，实现全程信息化、智能化。设计阶段，BIM 可以通过三维设计建模将建筑更直观地进行虚拟展示，帮助设计方提高设计效率，完善设计方案；招投标阶段，可以用三维模型来进行量化计算，使计算结果变得更迅速、更准确；施工阶段，可以对整个施工过程进行模拟，并为施工过程管理提供精细化的数据支撑和信息化支持；在运营维护阶段，BIM 可以为管理方提供完整的项目和建筑信息，直接降低管理成本，提高管理效率，避免管理风险。这一切都归功于 BIM 技术在建设过程中的应用。

我国的智慧城市建设，随着国家政策、产业发展、技术水平的不断调整和深入，已经进入实施推进阶段，BIM 技术和项目全生命周期管理理念，很可能会是未来智慧城市建设领域中一个新兴的热点。同时，BIM 技术结合物联网、GIS 等技术，不仅可以实现建筑智能化，建设起真正的"智能建筑"，也将在智慧城市建设、城市管理、园区和物业管理等多方面实现更多的技术创新和管理创新。

13.4.3　与绿色生态建筑相结合

绿色生态建筑是综合运用当代建筑学、生态学及其他技术科学的成果。绿色生态建筑在不损害生态环境的前提下，提高人们的生活质量及当代与后代的环境质量，其"绿色"的本质是物质系统的首尾相接，无废无污，高效和谐，开放式闭合性良性循环。通过建立起建筑物内外的自然空气、水分、能源及其他各种物资的循环系统来进行绿色建筑的设计，并赋予建筑物以生态学的文化和艺术内涵。在绿色生态建筑中，采用智能化系统来监控环境的温、湿度，同时实现自动通风、加湿、喷灌以及管理三废（废水、废气、废渣）的处理等，为居住者提供生机盎然、自然气息浓厚、方便舒适并节省能源、没有污染的居住环境。

建设部住宅产业化促进中心发布了《绿色生态小区建筑要点与技术导则》（以下简称《导则》），在该文件中专门提出了"绿化系统"，对绿化系统做了规范性的叙述。《导则》提出生态小区的绿化系统应该具备以下功能。

（1）生态环境功能。具备防晒、防尘、降湿、降噪及保持小区湿度等生态环境功能。

（2）休闲活动功能。能为住户提供户外活动交往场所，要求卫生整洁、适用安全、景色优美、设施齐全。

（3）景观文化功能。通过园林空间、植物配置，提供视觉景观服务。

《导则》对生态小区的绿化系统提出了如下要求：

（1）绿地率大于或等于 35%，绿地本身的绿化率大于或等于 70%。

（2）硬质景观中应使用绿色环保材料。

（3）提倡垂直绿化。

《导则》指出工程建设与技术要点有：

（1）小区规划提倡"开放空间优先"的观念，保持建筑群体、道路交通组织与绿地有良好的空间与视觉关系，使得绿地在通风、阳光、防护隔离、景观等众多方面起到较好的作用。

（2）为保证生态小区居民有充足的户外自然休闲空间，小区应设置集中公共绿地，集中绿地与住宅旁绿地应有机结合。

（3）小区绿地面积集中公共绿地必须满足规定的指标要求。

（4）公共绿地应该设置照明设施。

（5）绿地配置还应符合下列规定：

1）以乔木为绿化骨架，乔、灌、草互相结合，形成有一定面积的立体种植，使设计群落具有最大的自然性与生态效益。

2）住宅建筑的西侧应栽植高大乔木减少日晒。

智能大厦和智能小区都是智能建筑，二者都要有绿化系统进行支持。客观地讲，以前人们对于智能化建筑的人文景观工程的设计与实现的内容关注深度是不够的。实际上智能建筑的绿化系统已不是一般建筑的诸如园林空间、种植绿地和树木了，支持智能建筑的绿色系统与建筑本身、用户及文化浑然成为一个整体，有着丰富的文化底蕴，与现代科技、建筑艺术融合在一起，我们称之为智能建筑的人文景观工程。

智能建筑利用花、草、树木、雕塑、人造景观、绿色景观照明系统等，在建筑物的内部与外部空间进行人性化及艺术化配置，用以改善和美化智能化建筑物的环境。这种美化又分为人工部分与天然部分。智能化大厦及小区的绿化系统既具有很强的观赏性，同时也具有很强的使用性。在进行建筑设计时，绿化设计、景观工程设计要考虑人的活动特性，充分满足各种活动的要求。

未来智能建筑将从办公类向医院、学校、工厂、宾馆等各类建筑发展；与此同时，将在单幢建筑的基础上，向建筑群、综合智能化社区等大范围发展，并通过社区间广域网络、通信管理中心进而发展为智能化、信息化城市和信息化大社会。未来的智能建筑将与信息产业相互促进，共存共荣。围绕人们生产生活的综合信息服务将深入社会的各个角落，人们的工作与社会环境的传统界限将被打破，实现零时间零距离的交流。人们的生活观念和生活方式将发生巨大变化，到那时，随着智能建筑的普及，社会上关于智能建筑的提法将逐步淡化，并趋于消失。

13.5 智能建筑应用案例

上海中心大厦，是上海市的一座超高层地标式摩天大楼，其设计高度超过附近的上海环球金融中心，如图 13.3 所示。

图 13.3 上海中心大厦

1. 大厦概述

上海中心大厦作为一幢综合性超高层建筑，以办公为主，其他业态有会展、酒店、观光娱乐、商业等。大厦分为五大功能区，包括大众商业娱乐区域，低、中、高办公区域，企业会馆区域，精品酒店区域和顶部功能体验空间。其中"世界之巅"即是功能体验区，有城市展示观看台、娱乐、VIP 小型酒吧、餐饮、观光会晤等功能。另外，在大厦裙房中还设有容纳 1200 人的多功能活动中心。

上海中心大厦工程项目采用观念上的转变和机制上的创新，建立一种"建设单位主导、参建单位共同参与的基于 BIM 信息化技术的精益化管理模式"，实现参建各方尤其是建设单位对本工程建设项目进行有效的管理。项目参建各方的项目相关信息存储在公共的 BIM 数据平台中，而参建各方间也通过对 BIM 技术的应用和管理，通过虚拟平台形成了一种精益化的管理模式。当然，这个平台是在参建各方原有内部组织结构的基础上建立的一个可供共同工作的环型架构，可以真正实现信息的充分共享和无缝管理。

通过这种信息传递和管理的模式，建设项目信息在规划、设计、建造和运营维护全过程充分共享、无损传递，可以使建设项目的所有参与方在项目整个生命周期内都能够在模型中操作信息，在信息中操作模型，进行协同工作，从根本上改变过去依靠文字符号形式表达的蓝图进行项目建设和运营管理的工作方式。

在设计、施工、运营等不同阶段应用不同的软件技术手段达到不同需求，如图 13.4 所示。同时在项目的整体实施过程当中应用专业的协同管理平台进行项目协同管理，有效控制各种技术资料达到应用的有效性、唯一性和完整性，同时实现各部门数据的同步，如设计阶段通过 BIM 技术实现建筑的参数化设计、可视化设计、可持续设计及多专业协同，提高设计图纸的准确性、完整性和协调性；施工阶段通过 BIM 技术在施工 3D 协调、施工深化图施工现场监控、4D 施工模拟、机电安装模拟等方面的应用，实现对施工质量、安全成本和进度的有效管理；在监控运营阶段通过整合设计施工阶段的 BIM 模型及其构件信息数据，大大提升项目运营维护、应急预案、空间及资产管理中的管理水平。平台框架图如图 13.5 所示。

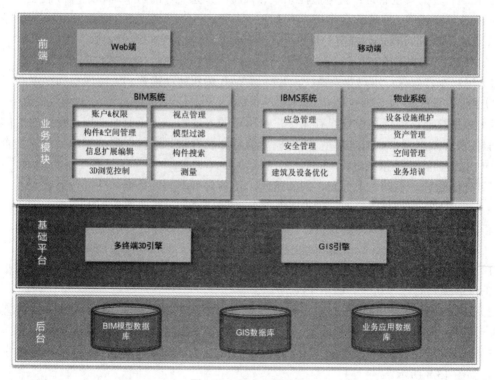

图 13.4 技术支撑架构

图 13.5　平台架构图

2.　平台功能

平台后台支撑工作需要数据处理、数据编码体系、账户登录、权限管理及与 IBMS 系统数据打通。

平面提供的基础功能有：①构件及空间：构件及空间的浏览与补充；②视点管理：视点列表、新增视点等；③测量工具：距离、面积、高度；④业务培训：系统原理、部署方案、运行状态等；⑤系统管理：用户管理、角色管理以及维护周期管理。

运营管理包括：①设备设施维护管理：设备日常维护、设备应急维修、备品备件管理、设备优化运行；②安全管理：视频监控系统、人流门禁系统、消防系统和危险源监控；③应急管理：应急预案管理、应急综合指挥、消防应急管理、应急疏散管理；④资产管理：资产展示、资产汇总；⑤空间管理：会议室管理、房产租赁管理及公共空间维护。

（1）后台支撑工作。

1）用户账户登录：用户登录系统，并打通 Web 端和移动端账户，实现不同终端同服务器的互联互通。

2）数据存储：BIM 模型信息存储于三维引擎的服务端，供浏览器调用，模型属性信息存储在服务器端数据库中，通过模型 ID 将模型信息和属性信息进行关联，实现模型属性查询，以及同 IBMS、物业等系统进行对接。

3）权限管理：不同用户分配不同的角色，使其具有不同的数据和功能访问权限。

4）与 IBMS 系统数据打通：同 IBMS 系统数据打通，可随时接入 IBMS 中如安防、门禁等动态信息。

（2）基础功能。

1）模型构建查看功能：在三维模型中实现构件属性信息、构件类型和相关链接文档（合同、工作单等）的查看功能。如图 13.6 所示。

2）3D 浏览和控制功能：实现在三维空间中自由浏览控制的功能，包括前进、后退、旋转、俯仰、缩放等操作，全方位展示模型。如图 13.7 所示。

3）视点管理：实现存储视点及访问视点的功能，方便快速定位一些常用或关键空间和设备。如图 13.8 所示。

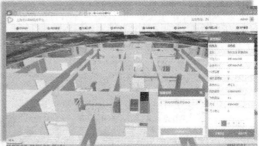

图 13.6　查看模型构建

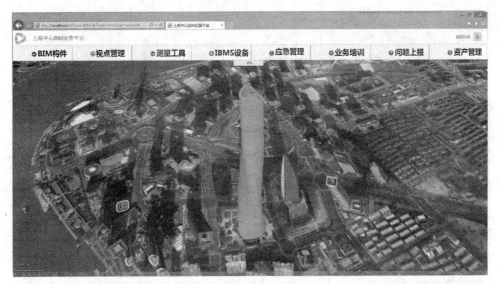

图 13.7　3D 浏览和控制

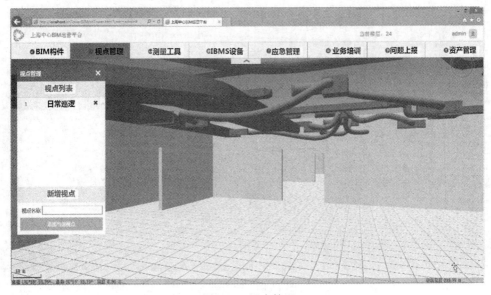

图 13.8　视点管理

4）测量功能：在三维空间实现长度、高度和面积的量算功能。

5）数据扩展和编辑功能：在模型中对某一构件进行数据扩展，如编辑修改某一设备采购日期，扩展添加其采购成本、设备编号等信息。如图 13.9 所示。

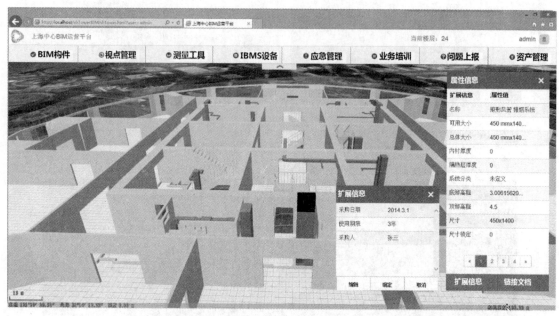

图 13.9　数据扩展和编辑功能

6）业务培训：利用三维模型对物业各专业系统的设施设备进行业务培训，内容包含系统原理、部署方案、运行状态、管路走向、控制点等及整体技术和运维档案。如图 13.10 所示。

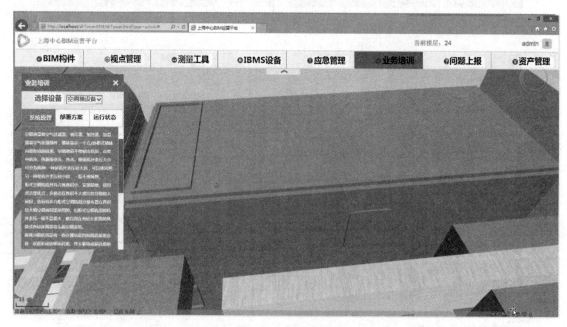

图 13.10　业务培训

（3）运营管理功能。

1）安全管理——视频监控。展示安防摄像机的设备模型及摄像机监控范围、盲区等，点击可查看设备信息、监控录像等。如图 13.11 所示。

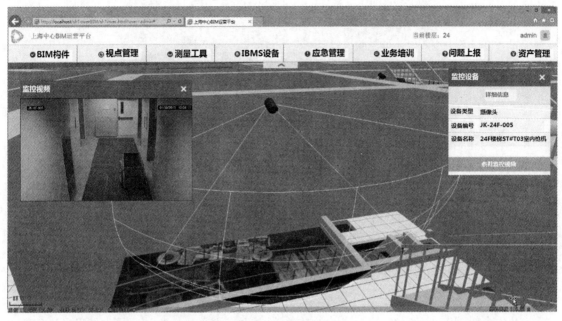

图 13.11 视频监控

2）安全管理——门禁系统。展示门禁一卡通的设备模型，点击可查看设备信息、门禁记录等。如图 13.12 所示。

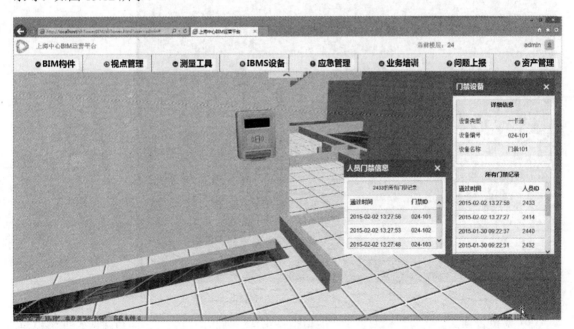

图 13.12 门禁系统

3）安全管理——消防系统。将烟感等消防设备信息接入进来，进行实时监测，方便定位并指挥人员进行处理。如图 13.13 所示。

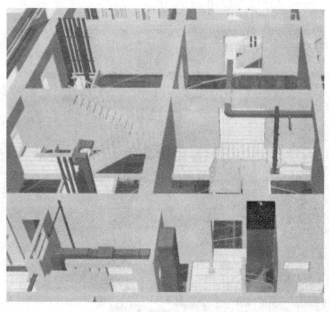

图 13.13　消防系统

4）安全管理——危险源监测。通过 IBMS 系统传感器控制，将运行异常的设备进行警告提醒，并帮助快速定位。如图 13.14 所示。

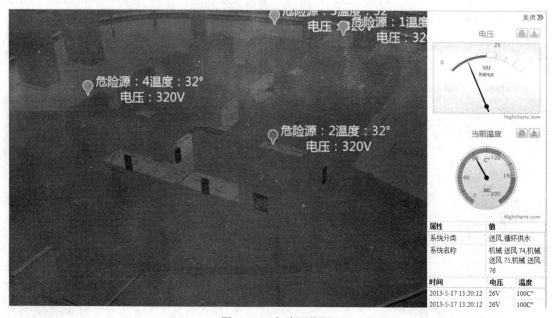

图 13.14　危险源监测

5）应急管理。包括应急预案管理、应急综合指挥、消防应急管理、应急疏散管理等模块，可模拟应急预案的过程，展示应急指挥信息，计算最优逃生路径，提供疏散建议等。

6）设备设施维护管理——问题上报。手机端上报的巡逻问题在 Web 端展示，可定位至上报问题位置，展示上报信息，并可记录问题处理信息。

7）设备设施维护管理——备品备件管理。通过二维码、NFC 标签以及系统编码等对大厦内备品备件进行有效管理，以确保出现问题时能在最短时间寻找到相应的设备替代品，此外备品备件的进出管理、库存比例等也一并记录显示。

8）空间管理——会议室管理。系统中高亮显示可使用会议室，帮助直观了解会议室占用情况及其他具体信息，以便管理者进行会议室管理，移动端方便客户进行会议室预定等。

9）空间管理——租赁管理。高亮显示可对外出租房产空间，帮助直观了解办公室租赁、水电费价格等信息，并以饼状图等多种形式显示当前房产租赁比例等状态，出现相应空间需要缴费等情况进行预警提示。手机端 BIM 模型演示如图 13.15 所示。

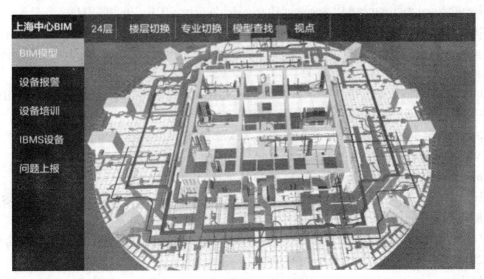

图 13.15　手机端 BIM 模型演示

参考文献

[1] Chen Xiangqian, Makki K, Yen K, et al. Sensor network security: A survey[J]. IEEE communications Surveys &Tutorials, 2009, 11(2): 52-73.

[2] Cho J, Shim Y, Kwon T, et al. SARIF: a novel framework for integrating wireless sensor and RFID networks. IEEE Wireless Communications[J], 2007, 14(6): 50-56.

[3] H Tsirbas, K Giokas, D Koutsouris."Internet of Things", an RFID - IPv6 Scenario in a Healthcare Environment[J]. Springer Berlin Heidelberg, 2010, 29: 808-811.

[4] Hirsch Matthias. In situ low-cost and adaptable braze tool evaluation system with vision analysis. roceedings of the Institution of Mechanical Engineers, Part B: Journal of Engineering Manufacture, 2015, 9: 1595-1602.

[5] http://baike.baidu.com/link?url=4IWxVTp9hiNnJJyaD571xPiPtPjKCtBWvfjNpDdrSiIiHPYY Bav2zwAO7HP1AToGuPK36tlGBLArjzlKAf5Wyq.

[6] http://www.360doc.com/content/16/0226/23/30824275_537668183.shtml.

[7] http://www.antiy.com/response/2015_Antiy_Annual_Security_Report.html.

[8] http://www.freebuf.com/articles/network/32171.html.

[9] Hyeon-Ju Yoon. A Study on the Performance of Android Platform. Computer Science &Engineering[D], 2012, 4(4): 532-537.

[10] David B, Krzysztof I. Smart grids: clouds, communications[J]. Open Source and Automation, 2014.

[11] McHann S E. Grid analytics: How much data do you really need[C]//Rural Electric Power Conference(REPC). Stone Mountain, GA: IEEE, 2013: C1-C3.

[12] Rodrigues J J P C. Neves P A C S. A survey on IP-based wireless sensor network solutions[J]. International Journal of Communication Systems, 2010, 23(8): 963-981.

[13] http://en.wikipedia.org/wiki/Ultra-wideband.

[14] Xingyi Ma, June Huh, Wounjhang Park, et al. Gold nanocrystals with DNA-directed morphologies, 2016, 12873.

[15] Xingyi Ma. Designable synthesis and biomedical applications of nanoplasmonic materials[D]. Korea University, 2015.

[16] Xuewen Wang, Yang Gu, Zuoping Xiong, et al. Silk-molded flexible, ultrasensitive and highly stable electronic skin for monitoring human physiological signals[J]. Advanced Materials, 2014, 1336-1342.

[17] Yajin Zhou, Xuxian Jiang. Dissecting Android Malware: Characterization and Evolution. Security and Privacy(SP), 2012 IEEE Symposium on. San Francisco, CA, 2012: 95-109.

[18] Zhong L C, Rabaey J, Guo C, et al. Data link layer design for wireless sensor networks[C], IEEE MILCOM 2011.

[19] 柏永榕. LTE 无线通信技术与物联网技术的结合与应用[J]. 互联网+应用，2018：120.

[20] 曹兰亭. 物联网技术在智能家居中的应用[J]. 数字技术与应用，2017（2）：137.

[21] 陈皓颖. 5G 移动通信技术下的物联网时代[J]. 信息技术，2018：175.

[22] 陈佳佳. 城市环境下无人驾驶车辆决策系统研究[D]. 合肥：中国科学技术大学，2014.

[23] 陈潇. 智能视觉分析及主动预警技术[A]. 中国工程物理研究院科技年报（2014 年版）. 2014：4.

[24] 程春，刘洋. 物联网技术在智能交通中的应用[J]. 山东工业技术，2015（7）：142-143.

[25] 程丽芬. 物联网建设中的短距离无线通信技术[J]. 通信技术，2018：39-40.

[26] 崔莉，鞠海玲，苗勇，等. 无线传感网研究进展[J]. 计算机研究与发展，2005，42（1）：163-174.

[27] 丁露，梅恪. 智能传感器在物联网领域中的应用[J]. 信息技术与标准化，2010（8）：22-25.

[28] 端木庆玲，阮界望，马钧. 无人驾驶汽车的先进技术与发展[J]. 农业装备与车辆工程，2014，52（3）：30-33.

[29] 方滨兴，关于物联网的安全[J]. 信息通信技术，2010（6）.

[30] 冯泽冰，方琳，区块链技术增强物联网安全应用前景分析[J]. 电信网技术，2018（2）.

[31] 付建胜，祖晖，谯志，等. 信息融合技术及其在智能交通领域中的应用[J]. 公路交通技术，2014（3）：120-125.

[32] 高连周. 大数据时代基于物联网和云计算的智能物流发展模式研究[J]. 网络与信息化物流技术，2014，33（6）：350-352.

[33] 郜睿杰. 基于 GIS 的智能导航系统的设计及实现[D]. 成都：电子科技大学，2013.

[34] 葛清，张强，吴彦俊. 上海中心大厦运用 BIM 信息技术进行精益化管理的研究[J]. 时代建筑，2013，2.

[35] 郭楠，徐全平. 传感网国际标准化综述. 信息技术与标准化[J]，2009，11：12-17.

[36] http://www1.hikvision.com/cn/jjfa_3.html.

[37] 胡卉. 智能交通系统及其关键技术在物流运作中的应用[J]. 铁道运输与经济，2009，31（11）：75-77.

[38] 胡铮. 电子病历系统[M]. 北京：科学出版社，2011.

[39] 黄磊. 基于 IEEE 802.15.4/ZigBee 技术的智能家居方案研究[D]. 武汉：武汉科技大学，2009.

[40] 黄治登. 智能视觉分析技术中运动目标检测方法的研究[D]. 广州：广东工业大学，2014.

[41] 惠晓林，孙振权. 智能配电网与物联网的融合[J]. 物联网技术，2011（8）：31-35.

[42] 纪德文，王晓东. 传感网中的数据管理[J]. 中国教育网络，2007，2：54-57.

[43] 冀芳，张夏恒. 跨境电子商务物流模式创新与发展趋势[J]. 中国流通经济，2015（6）：14-20.

[44] 蒋昌茂等. 基于 ZigBee、WiFi 无线传感网络的智能家居环境监测系统的研究与实现中国科技与创新，2018（01）：45-48.

[45] 孔令仲，唐鼎甲. RFID 在电子标签中的应用[J]. 信息化研究，2011，37（4）：61-65.

[46] 李凌霞，李冰冰. 基于 ZigBee 的智能居家养老系统设计[J]. 信息技术，2018（2）：78-81.

[47] 李祥珍，刘建明. 面向智能电网的物联网技术及其应用[J]. 电信网技术，2010（8）：41-45.

[48] 李野，王晶波，董利波，等．物联网在智能交通中的应用研究[J]．移动通信，2010，34（15）：30-34.

[49] 李玉芬，张永安，夏海燕．物联网及其在电力系统中的应用研究[J]．物联网技术，2014，8：67-69.

[50] 刘琛，邵震，夏莹莹．低功耗广域 LoRa 技术分析与应用建议[J]．电信技术．2016，5.

[51] 刘辰．基于 GIS 定位技术的移动物流配送系统客户端的设计与实现[D]．北京：北京交通大学，2013.

[52] 刘存信．智能视觉分析技术快步升级实战效能日益显现[J]．中国安防，2015，12：1.

[53] 刘建明．物联网与智能电网[M]．北京：电子工业出版社，2012.

[54] 刘龙强．"穿戴式医疗电子与健康云"企业联合研发创新中心关于健康服务业方面所做的工作[EB/OL]．江苏省发展和改革委员会，2014，9.

[55] 刘鹏宇．智能交通系统中的车对车宽带无线信道建模[D]．北京：北京交通大学，2014.

[56] 刘琪，闫丽，周正．UWB 的技术特点及其发展方向[J]．现代电信科技，2009（10）：6-18.

[57] 刘艳．基于 LonWorks 的智能照明系统设计[D]．南京：南京理工大学，2009.

[58] 刘亦恒．多种传感器融合技术在智能家居中的应用[J]．电子技术与软件工程，2016（24）：134.

[59] 刘真富，基于物联网的无线智能家居监控系统[D]．哈尔滨：哈尔滨工业大学，2013.

[60] 罗涛．基于 LBS 的信息推送系统在车联网中的应用研究[D]．武汉：湖北工业大学，2015.

[61] 梅发凯，周国华．EIB 智能控制系统原理及在智能建筑中的应用[J]．计算机与数字工程，2009，37（6）：185-197.

[62] 孟继军．基于 LBS 的车辆管理系统的研究[D]．成都：电子科技大学，2010.

[63] 钱志鸿，王义君．面向物联网的无线传感网综述[J]．电子与信息学报，2013，35（1）：215-227.

[64] 尚继英．现代智能建筑设计方法[M]．北京：气象出版社，2008.

[65] 沈苏彬．物联网的体系结构与相关技术研究[J]．南京邮电大学学报：自然科学版，2009，29（6）：1-11.

[66] 孙梦梦，刘元安，刘凯明．物联网中的安全问题分析及其安全机制研究[J]．保密科学技术，2011（11）：65-66.

[67] 孙志勇．5G 移动业务 OTN 承载解决方案[J]．中兴通信技术，2018，24（1）：13-16.

[68] 田成立，赵强．NB-IoT 低速率窄带物联网通信技术现状及发展趋势[J]．互联网+应用，2018：121.

[69] 王改华，姜波，刘楚湘．EIB 设备数据采集系统的设计与实现[J]．自动化仪表，2007，28（1）：52-53.

[70] 王建明，荆孟春，甄岩，等．基于物联网技术的配网状态监测与预警系统，ELECTRIC POWER ICT，2013，11（11）：45-48.

[71] 王娜，沈国民．智能建筑概论[M]．北京：中国建筑工业出版社，2010.

[72] 王若冲．智能交通系统无线接入协议性能研究[D]．北京：北京交通大学，2014.

[73] 王瑜，张继荣．无线传感网的时间同步[J]．西安邮电学院学报，2010，15（1）：143-147.

[74] 王郑杰．电动汽车智能导航服务系统的设计研究[D]．上海：东华大学，2015.

[75] https://wiki.hk.wjbk.site/wiki/指纹识别.

[76] 吴参毅. 智能视觉技术应用概括与展望[J]. 中国公共安全，2014，18：140-142.

[77] 夏英. 智能交通系统中的时空数据分析关键技术研究[D]. 成都：西南交通大学，2012.

[78] 辛煜，梁华为，梅涛，等. 基于激光传感器的无人驾驶汽车动态障碍物检测及表示方法[J]. 机器人，2014（6）：654-661.

[79] 修彩靖，陈慧. 基于混合体系结构的无人驾驶车辆系统[J]. 农业机械学报，2012，43（1）：18-21.

[80] 闫韬. 物联网隐私保护及密钥管理机制中的若干关键技术[D]. 北京：北京邮电大学，2012.

[81] 杨宝清. 现代传感器技术基础 [M]，北京：中国铁道出版社. 2001.

[82] 杨光，耿贵宁，都婧. 物联网安全威胁与措施[J]. 清华大学学报（自然科学版），2011（20）：1338-1340.

[83] 杨祎绪. 面向智能交通 LBS 的位置隐私保护研究[D]. 南京：南京航空航天大学，2012.

[84] 岳建明. 智能交通产业的技术创新联盟研究[D]. 北京：北京交通大学，2014.

[85] 张海龙，方粉玉，司崇占. 医院远程会诊系统技术方案探讨[J]. 中国医院管理，2011，7.

[86] 张丽萍. LiFi 技术发展综述[J]. 现代电信科技，2017，47（2）：42-48，55.

[87] 张明虎，纪东升，张艳茹. 基于 RFID 技术的仓储管理系统设计与实现[J]. 网络安全技术与应用，2015（5）：106-107.

[88] 张翼英，史艳翠. 物联网通信技术[M]. 北京：中国水利水电出版社，2018.

[89] 张翼英，杨巨成，李晓卉. 物联网导论（第二版）[M]. 北京：中国水利水电出版社，2016.

[90] 张鹰，赖文瞳. RFID 与 IPV6 技术融合研究[J]. 软件导刊，2015，14（4）：3-4.

[91] 赵斌. 信息化技术在上海中心大厦项目建设管理中的应用[J]. 建筑技术，2015，2.

[92] 赵盼. 城市环境下无人驾驶车辆运动控制方法的研究[D]. 合肥：中国科学技术大学，2012.

[93] http://www.ehomecn.com/text/zt2/20060311001.htm.